# 发电过程非线性模型预测控制

刘向杰　孔小兵　崔靖涵　姜　頔　著

科学出版社
北　京

## 内 容 简 介

本书从非线性模型预测控制存在的固有问题入手，阐述非线性模型预测控制的优化求解方法，完整构造基于输入输出反馈线性化的非线性模型预测控制策略，针对发电过程的复杂动态特性深入开展非线性模型预测控制的应用研究。全书共 7 章，第 1 章综述非线性模型预测控制的发展及其在发电过程控制中的应用；第 2 章全面讨论非线性模型预测控制的优化求解方法，包括经典的二次规划方法、现代启发式优化算法，以及近年来兴起的数据驱动方法；第 3 章详细构造基于反馈线性化的非线性模型预测控制；第 4 章运用输入输出反馈线性化构造双馈风力发电机组的非线性模型预测控制；第 5 章针对 160MW 燃油火电机组，构造基于模糊模型的非线性模型预测迭代学习控制，进而针对 1000MW 超超临界机组，构造基于模糊神经网络的分级递阶非线性模型预测控制；第 6 章深入研究火力发电系统的经济模型预测控制；第 7 章在深入研究"堆跟机"模式下核反应堆控制系统特性的基础上，构造核电机组蒸汽发生器水位的准最小最大模糊模型预测控制和重水堆空间功率分散预测控制。

本书是作者对二十年来在电力工程预测控制领域研究工作的梳理和总结，可供高等院校的教师和研究生、科研机构的研究人员以及电力企业的工程师参考。

**图书在版编目（CIP）数据**

发电过程非线性模型预测控制 / 刘向杰等著. —北京：科学出版社，2021.4
ISBN 978-7-03-068244-4

Ⅰ. ①发… Ⅱ. ①刘… Ⅲ. ①发电-非线性-线性模型-预测控制
Ⅳ. ①TM6

中国版本图书馆 CIP 数据核字（2021）第 040319 号

责任编辑：余 江 / 责任校对：王 瑞
责任印制：张 伟 / 封面设计：迷底书装

科 学 出 版 社 出版
北京东黄城根北街 16 号
邮政编码：100717
http://www.sciencep.com
北京厚诚则铭印刷科技有限公司 印刷
科学出版社发行 各地新华书店经销
*
2021 年 4 月第 一 版 开本：787×1092 1/16
2023 年 1 月第三次印刷 印张：17 3/4
字数：421 000

**定价：128.00 元**
（如有印装质量问题，我社负责调换）

# 序

模型预测控制理论自 20 世纪 70 年代诞生以来，历经四十余年的发展，理论体系逐渐完善，工业应用更加广泛。近十几年来，模型预测控制不仅是许多控制学者研究的热点问题，更成为广大工程技术人员关注的焦点。

电力工业在过去的二十年间发生了深刻的变化，发电过程控制不再是早期单纯的过程跟踪控制问题，更是以经济和环保为目标的系统综合优化控制问题。近年来，智能发电已成为电力生产过程的新趋势，它以安全、高效、清洁、低碳为目标，形成一种具备自趋优、自学习、自恢复、自适应、自组织等特征的发电运行控制与管理模式，而先进的智能控制技术必将在其中发挥越来越重要的作用。华北电力大学刘向杰教授的研究团队在模型预测控制的理论及应用领域开展了长期深入的研究，其新作《发电过程非线性模型预测控制》针对非线性预测控制发展过程的理论难题，详细列举了非线性预测控制的现代优化方法，完整构造了基于输入输出反馈线性化的非线性模型预测控制，从机理和数据等方面揭示发电过程的非线性内在特征，针对典型火力发电系统、百万级超超临界机组、风力发电系统以及核电站构造高效非线性模型预测控制策略。

该书主要针对发电过程优化控制问题，深入探讨非线性模型预测控制的理论、应用、和前沿技术问题，不仅有翔实的理论推导，也给出具体发电系统的控制器设计方法和仿真实验结果。

该书作者刘向杰教授是自动化领域研究成果丰硕、经验丰富的学者，同时也是具有多年预测控制教学经验的教师，该书是他多年来教学科研工作的经验总结。该书为电力工程预测控制领域的研究工作者、高校师生和工程技术人员提供了一部有价值的参考书，将为开展模型预测控制理论研究及其在工业过程控制中的应用起到重要的推动作用。

刘吉臻

2020 年 12 月

# 前　　言

模型预测控制(model predictive control, MPC)是诞生于20世纪70年代末的一种先进的优化控制算法。在过去四十余年的发展过程中，其理论体系不断完善，从最早基于非参数化模型的模型算法控制、动态矩阵控制以及基于参数化模型的广义预测控制等，发展到立足于最优控制理论基础，以Lyapunov稳定性分析方法作为保障，以不变集、线性矩阵不等式等作为基本工具的定性理论体系方法。MPC本质上是一种线性控制方法，采用线性模型和二次型目标，运用凸结构的二次规划能够得到可靠的优化解。

实际系统的强非线性给MPC的理论体系带来了巨大的挑战。若采用精确的非线性模型进行预测，需要在每个采样点通过序列二次规划求解复杂的非凸优化问题，并且其复杂程度随控制时域增大呈指数增加，难以达到全局最优解。微分几何中的输入输出线性化可将一类非线性系统转化为线性系统，但同时使得约束条件变为非线性，并且约束条件随系统状态变化而改变。该方法优点在于仅仅采用二次规划就可以实现在线优化，其缺点是整体设计过于保守，即仅当状态和输入不远离线性化点时，输入输出线性化才近似有效。为保证系统的稳定性，控制量必须在线性化点附近变化，控制计算的简化是以牺牲控制品质为代价的。

模型预测控制在20世纪90年代初便开始应用于发电厂过程控制领域。英国贝尔法斯特大学的Hogg教授课题组针对电厂锅炉汽轮机系统开展了卓有成效的预测控制研究，包括多回路广义预测控制、基于神经网络的约束多变量远程预测控制以及基于物理模型的分级抗干扰模型预测控制方法，这些开拓性的工作也为模型预测控制后来更为广泛地应用于电力工程奠定了基础。然而，限于当时预测控制理论体系的发展，Hogg教授课题组并没有很好地解决发电厂非线性动态问题。

在过去的二十年间，作者深入开展了非线性模型预测控制(nonlinear model predictive control，NMPC)的研究工作，从机理和数据等方面揭示发电过程的非线性内在特征，针对典型火力发电系统、百万级超超临界机组、风力发电系统以及核电站构造高效非线性模型预测控制策略，在IEEE汇刊等国际重要期刊发表系列研究成果，在国际上引起广泛关注。相关研究成果作者曾十余次应邀在中国自动化大会、中国过程控制会议等学术会议上做大会/专题报告。2015年，作者协同上海交通大学、吉林大学等高校在中国自动化学会控制理论专业委员会下创办了模型预测控制学组(现已更名为中国自动化学会预测控制与智能决策专业委员会)。2017年5月，第三届全国模型预测控制研讨会由华北电力大学主办。

本书针对非线性预测控制发展过程的理论难题，详细列举非线性预测控制的现代优化方法，完整构造基于输入输出反馈线性化的非线性模型预测控制策略，针对发电过程的复杂动态特性深入开展非线性模型预测控制的研究。

感谢国家自然科学基金(61673171, 62073136)对本书出版的资助和支持。

作　者

2020年12月于北京

# 目　录

**第 1 章　绪论**······························································································1
1.1　模型预测控制的发展历程······················································································1
1.2　非线性模型预测控制··························································································3
1.2.1　非线性模型预测控制存在的固有问题·······································································3
1.2.2　精确优化法与近似优化法······················································································4
1.2.3　非线性模型预测控制的有效方法············································································5
1.2.4　非线性模型预测控制的稳定性问题········································································10
1.3　智能发电厂模型预测控制·····················································································11
1.3.1　发电厂模型预测控制的背景与挑战········································································11
1.3.2　发电厂模型预测控制的研究现状···········································································15
**第 2 章　非线性模型预测控制的理论基础——非线性约束优化方法**·······························18
2.1　非线性模型预测控制的优化问题···········································································18
2.2　无约束的优化问题······························································································23
2.2.1　解析法············································································································23
2.2.2　直接法············································································································43
2.3　带约束的优化问题······························································································54
2.3.1　带等式约束的优化问题························································································55
2.3.2　带不等式约束的优化问题·····················································································58
2.3.3　带混合约束的优化问题························································································66
2.3.4　模型预测控制中基本的优化问题求解······································································81
2.4　现代启发式优化算法··························································································83
2.4.1　模拟退火算法···································································································84
2.4.2　遗传算法·········································································································87
2.4.3　蚁群优化算法···································································································93
2.4.4　粒子群优化算法································································································98
2.5　本章小结··········································································································102
**第 3 章　基于反馈线性化的非线性模型预测控制**······················································103
3.1　精确反馈线性化································································································105
3.1.1　单输入单输出系统精确反馈线性化········································································105
3.1.2　多输入多输出系统精确反馈线性化········································································107
3.2　线性控制结构····································································································110
3.3　约束处理··········································································································112
3.3.1　非线性约束的展开·····························································································113
3.3.2　迭代 QP 算法···································································································113
3.3.3　算法步骤·········································································································115
3.4　仿真结果··········································································································116

3.4.1 数字例子 …… 116
3.4.2 搅拌反应器 …… 118
3.5 本章小结 …… 121
**第 4 章 风力发电系统高效非线性模型预测控制** …… 122
4.1 双馈风力发电机组的非线性模型预测控制 …… 123
4.1.1 双馈风力发电机组控制的研究背景 …… 123
4.1.2 电网平衡情况下双馈风力发电机非线性模型预测控制 …… 125
4.1.3 电网不平衡情况下双馈风力发电机非线性模型预测控制 …… 140
4.2 永磁同步电机高效非线性模型预测控制 …… 154
4.2.1 永磁同步电机控制背景 …… 154
4.2.2 PMSM 非线性模型建立 …… 155
4.2.3 PMSM 状态反馈线性化 …… 156
4.2.4 PMSM 的约束模型预测控制策略 …… 158
4.2.5 仿真结果 …… 163
4.3 本章小结 …… 168
**第 5 章 火力发电机组的非线性模型预测控制** …… 169
5.1 基于模糊模型的非线性模型预测迭代学习控制 …… 169
5.1.1 T-S 过程模型的描述 …… 170
5.1.2 NMPILC 控制律求解 …… 172
5.1.3 NMPILC 系统收敛性分析 …… 175
5.1.4 锅炉-汽轮机系统仿真研究 …… 177
5.2 超超临界机组的分级递阶非线性模型预测控制 …… 185
5.2.1 研究背景 …… 185
5.2.2 超超临界机组的控制问题 …… 186
5.2.3 USC 系统的分级递阶非线性模型预测控制 …… 188
5.2.4 仿真结果 …… 195
5.3 本章小结 …… 204
**第 6 章 火力发电系统的经济模型预测控制** …… 205
6.1 火电机组稳定模糊经济模型预测控制 …… 206
6.1.1 锅炉-汽轮机模糊模型 …… 206
6.1.2 模糊经济模型预测控制器设计 …… 208
6.1.3 仿真研究 …… 213
6.2 基于深度神经网络的超超临界机组经济模型预测控制 …… 219
6.2.1 超超临界机组模型 …… 219
6.2.2 经济模型预测控制 …… 220
6.2.3 仿真研究 …… 226
6.3 本章小结 …… 232
**第 7 章 核电机组的非线性模型预测控制** …… 233
7.1 基于离线不变集的水位模糊预测控制 …… 233
7.1.1 蒸汽发生器水位控制系统 …… 234
7.1.2 水位模糊系统 …… 238

7.1.3 水位准最小最大模糊预测控制……240
7.1.4 数值仿真研究……245
7.2 重水堆空间功率分散模糊预测控制……248
7.2.1 反应堆功率控制系统……249
7.2.2 模糊建模……252
7.2.3 分散模糊预测控制……255
7.2.4 仿真结果……257
7.3 本章小结……263
**参考文献**……265

# 第1章　绪　　论

## 1.1　模型预测控制的发展历程

模型预测控制是一种先进的优化控制算法，由三个基本要素构成，即预测模型、滚动优化以及反馈校正。其中，预测模型用来预测系统未来一段时间内的动态行为，然后根据给定的约束以及性能要求进行在线滚动优化，并将当前时刻控制量施加于被控系统。最后利用检测的实时信息进行反馈校正，使得下一步的预测模型更加接近实际动态，在线优化问题更加可行。概括而言，模型预测控制具有以下内在特征和优势：

(1) 可以直接考虑被控过程的输入、状态以及输出约束条件。

(2) 控制算法嵌入显式过程模型，控制器的设计直接体现被控过程的动态。

(3) 将控制问题转化为优化问题，考虑对象未来的行为特征，并且可以直接处理耦合多变量系统。

早期的模型预测控制主要应用于石油冶炼过程，而近年来其在更广泛的制造行业中得到应用，如化工、食品工业、汽车制造、航空航天、冶金和造纸等。

20 世纪 70 年代，工业过程中产生了最早的模型预测控制算法。预测模型采用易于获得的非参数模型，并且无须进一步辨识就可直接进行控制器的设计。1978 年，Richalet 等在 *Automatica* 期刊上发表论文，提出了基于对象脉冲响应模型的模型预测启发控制，也称为模型算法控制(model algorithmic control，MAC)[1]，标志着模型预测控制的诞生。1980 年，Cutler 等提出了基于对象阶跃响应模型的动态矩阵控制(dynamic matrix control，DMC)，其相关研究成果发表在当年于旧金山召开的联合自动控制会议上[2]，随后 DMC 被广泛应用于化工过程控制中。上述模型预测控制算法均基于系统非参数模型进行预测，采用有限时域目标函数进行滚动优化，且滚动的每一步以实时信息进行反馈校正。20 世纪 80 年代，自适应控制的发展促成了另一类模型预测控制算法的研究。1987 年，英国牛津大学 Clarke 等首次基于受控自回归积分滑动平均(controlled auto-regressive integrated moving average，CARIMA)模型，提出了广义预测控制(generalized predictive control，GPC)[3]。这类模型预测控制算法比采用非参数模型的预测控制具有更加完备的理论基础，也因此带动了模型预测控制的理论研究。20 世纪 90 年代，模型预测控制的理论分析开始从定量转为定性，立足于最优控制理论基础，以 Lyapunov 稳定性分析方法作为稳定性保证的基本方法，以不变集、线性矩阵不等式等作为基本工具，形成了预测控制理论发展的主流。进入 21 世纪，非线性模型预测控制成为理论研究以及应用研究的重点和难点问题，特别是其优化求解、稳定性、鲁棒性等问题是近年来相关学者共同关注的焦点。在过去的二十年间，国内外关于模型预测控制的理论和应用研究都取得了巨大的发展，涌现出了一批优秀的综述性文献和论著：2000 年，英国伦敦帝国理工学院 Mayne 教授和美国威斯康星大学 Rawlings 教授等的综述文章 *Constrained model predictive control: Stability and optimality*[4]对模型预测控制的稳定性以及最优性进行了分析和总结。文章中首先介绍了预测控制的发展历程，列举了大量在过程控制中成功应用的文献，随后总结了目前分析预测控制稳定性与最优性的常用方法。这篇综述文章截至目前，已有超过5000次的引用，可见其对预测控制发展的重要作用，为研究预测控制的学者提供了有力的参考依据。随着非线性模型预测控制的发展，英国牛津大学的 Cannon 教授针对非线性模型预测控制在线优化问题的有效求解方法进行了综述[5]，列举了包括直接法和Hamilton-Jacobi-Bellman(HJB)法在内的几种有效的求解方法，为非线性模型预测控制的发展提供了求解基础。此外，德国斯图加特大学的 Allgoewer 教授从理论研究、计算求解以及实际应用三个角度阐述了非线性模型预测控制的研究现状[6]。文献[6]中第一部分回顾了非线性模型预测控制的理论研究基础，随后为了与实际应用结合，第二部分重点讨论了非线性模型预测控制的输出反馈问题。这篇综述是将非线性模型预测控制应用于实际工业过程的坚实桥梁。早在 2003 年，美国得克萨斯大学 Qin 和 Badgwell 的综述文章 *A survey of industrial model predictive control technology*[7]介绍了工业模型预测控制技术的发展简史，给出了 1995～1999 年的调查数据，但其中多以线性预测控制的应用为主。近年来，国内预测控制的研究也取得了大量阶段性的成果。2013 年，国内模型预测控制领域的著名学者席裕庚等在《自动化学报》上发表的综述文章《模型预测控制——现状与挑战》[8]总结了预测控制算法研究的新动向，并指出了未来可拓展的研究领域；陈虹等围绕非线性模型预测控制的算法、稳定性、鲁棒性和滚动时域估计等一系列研究成果进行了综述，并阐述了理论和应用方面未来的研究方向[9]；何德峰等进一步从这几个方面对近些年的最新研究进行了总结与展望[10]。刘向杰和孔小兵在《中国电机工程学报》上发表文章《电力工业复杂系统模型预测控制——现状与发展》[11]，全面综述了模型预测控制在电力生产过程和电力系统自动发电控制中的应用现状，并阐述了理论与应用方面有待进一步研究的几个主要问题。

此外，从预测控制诞生至今，国内外的知名学者均出版了其相关专著。1999 年，Camacho 教授从工程实践的角度，在 *Model Predictive Control* 一书中总结了 DMC 以及 GPC 的设计方法及设计技巧，并在书中第五章给出了 GPC 在实际工业过程中的应用实例，为过程控制中存在的实际问题提供了有效的解决方案[12]。2000 年，剑桥大学的 Maciejowski 编写了 *Predictive Control with Constraints*[13]一书，该书针对研究生课程学习，提供 MATLAB 仿真程序语言以及预测控制相关的工具箱，使得读者可以快速掌握预测控制的内在本质以及使用方法，为读者学习预测控制提供了有力工具。随后几年，预测控制的理论成为研究主流，并取得了一定的研究成果。2003 年由 CRC Press 出版的 *Model-Based Predictive Control: A Practical Approach* 一书从应用与理论两个角度全面地总结了预测控制理论，包括 GPC 的应用实例、稳定性以及最优性分析、可行性、鲁棒性等。但该书讨论的对象主要是线性系统，并未对非线性系统做出相关讨论[14]。近年来，随着预测控制理论体系的发展，有关其非线性、稳定性以及鲁棒性等问题的研究也取得了大量成果，并汇编成相关书籍。Kouvaritakis 和 Cannon 共同整理的文献 *Nonlinear predictive control: Theory and practice*[15]首次在理论研究和应用研究两个层面上讨论了非线性模型预测控制的潜在能力，包括反馈线性化、输出反馈以及与神经网络方法结合等几个方面。该文献的每一章都由不同的预测控制领域专家编著，从不同的角度讨论了非线性模型预测控制的发展状况以及存在的诸多问题，对非线性模型预测控制的后续发展起到了指导性作用。2009 年，Rawlings 与 Mayne 共同编写的书籍 *Model Predictive Control: Theory and Design*[16]针对包括线性系统以及非线性系统在内的一般系统给出了稳定性和鲁棒性的分析方法，为非线性模型预测控制理论研究提供了有力参考。该书也是 2000 年其综述文章 *Constrained model predictive control: Stability and optimality* 思想的细化和深入。2011 年，施普林格出版社出版的 *Nonlinear Model Predictive Control: Theory and Algorithms*[17]一书总结了 Grüne 教授团队对非线性模型预测控制在稳定性以及动态性能分析方面取得的研究成果。此外也包括部分其他研究团队取得的创新性的进展。该书不但具有深入的理论讲解，还包括相关程序语言的具体实现过程，使得非线性模型预测控制的学习更加立体化。除了传统的模型预测控制，Christofides 教授团队针对经济模型预测控制理论研究的难点问题，在 *Economic Model Predictive Control: Theory, Formulations and Chemical Process Applications*[18]一书中总结了其团队近年来取得的研究成果，这也是预测控制理论研究的突破性工作。上述的国外专家学者均根据自己研究过程中的思考以及相应的研究成果编写了一系列让读者受益的专著。此外，随着预测控制的蓬勃发展，国内预测控制领域专家也取得了显著的研究进展，并编写成书籍供读者学习。上海交通大学席裕庚教授以及吉林大学陈虹教授均出版了关于模型预测控制算法理论研究的相关专著[19,20]。早在 1991 年，席裕庚教授就出版了《预测控制》一书供读者参考学习。2012 年，席裕庚教授又出版了《预测控制》的第二版。较之第一版，第二版中加入了后期预测控制在理论研究上取得的结论性成果。2013 年，陈虹教授出版了《模型预测控制》一书，其深厚的理论分析过程使读者受益匪浅。2003 年，上海交通大学的李少远和李柠在《复杂系统的模糊预测控制及其应用》[21]一书中讨论了将模糊控制思想与预测控制思想结合，产生了一种更适用于工业应用的控制方法，即模糊预测控制。2008 年，李少远在《全局工况系统预测控制及其应用》[22]一书中从频域角度分析并得出了串级结构抗干扰性优于简单控制回路的结论。针对过程控制的纯滞后、有约束、大时间常数对象，阐述了串级广义预测控制算法的核心内容。邹涛等联合撰写了《模型预测控制工程应用导论》[23]，该书介绍了工业模型预测控制及相关建模、优化、性能评估的理论与方法，侧重于模型预测控制技术实施的完整性。

## 1.2　非线性模型预测控制

### 1.2.1　非线性模型预测控制存在的固有问题

工业应用中的模型预测控制大部分都采用线性动态模型(阶跃或脉冲响应模型)。其主要原因在于线性经验模型可直接由过程测试数据辨识获得。对于诸如冶炼一类的过程，控制目标主要是维持系统期望的稳定状态，而不是实现系统在操作点之间的快速切换。

充分准确的线性模型辨识能够满足此类系统的控制要求。而且，采用线性模型和二次型目标，运用凸结构的二次规划能够得到可靠的优化解。1997 年，Qin 和 Badgwell 总结梳理了 2200 余例模型预测控制的商业应用案例，2003 年模型预测控制的商业应用实例扩展到 4600 余例，在食品、汽车及航空航天工业等领域都有广泛的应用[7]。其中大部分预测控制算法都基于线性模型，且应用对象主要集中在冶炼、化工等领域。

然而，许多实际系统存在强非线性，若采用精确的非线性模型进行预测，需要在每个采样点通过序列二次规划(sequential quadratic programming，SQP)求解复杂的非凸优化问题，并且其复杂程度随控制时域的增大呈指数增加，难以达到全局最优解。相比较而言，线性模型预测控制理论较为成熟，其形成的二次规划(quadratic programming，QP)问题易于求解，闭环系统性能更易于分析。但是非线性系统的动态随操作点变化而频繁变化，线性模型在远离操作点时无法代表系统动态特性。因此，线性模型预测控制的许多优势能否推广到非线性模型预测控制，是控制学者面临的极具挑战性的问题。

### 1.2.2 精确优化法与近似优化法

根据非线性模型预测控制所采用的实时在线优化的不同方式，解决预测控制非线性问题的途径大致可分为两类，即精确优化法(exact optimization method)和近似优化法(approximate optimization method)。

精确优化法，即使系统达到“最优”。在此条件下，可以得到系统的非保守标称稳定结果[24]。de Nicolao 等详细阐述了非线性模型预测控制的精确优化法[25]。然而，精确优化法的在线优化通常是非凸问题。对于复杂系统而言，其在线计算量非常庞大，实际应用中难以实施。对于复杂的流程工业系统，需要构造高效的实时优化控制策略来保障控制系统的可靠性与安全性。

近似优化法成为近年来发展非线性模型预测控制的主要手段。其核心思想是运用近似处理方法，借助传统线性预测控制方法的优势，提高控制系统的优化效率，并最大限度地保证控制品质。例如，采用一簇线性模型或线性函数逼近非线性模型[26]、增加状态估计或系统辨识模块[27]等。

非线性模型预测控制解优化的突出难点在于约束条件的存在。微分几何中的输入输出反馈线性化(input-output feedback linearization，IOFL)是处理非线性系统的有效手段之一。如图 1-1 所示，在预测控制中，该方法可将一类非线性系统转化为线性系统，但同时使得约束条件变为非线性，并且约束条件随系统状态变化而改变[28]。采用该方法，其优点在于仅仅采用二次规划就可以实现在线优化，其缺点是整体设计过于保守，即仅当状态和输入不远离线性化点时，输入输出反馈线性化近似有效。为保证系统的稳定性，控制量必须在线性化点附近变化，控制计算的简化是以牺牲控制品质为代价的。围绕着约束非线性模型预测控制的近似优化问题，许多学者提出了有效的解决方案，例如，精确实现当前时刻控制量的约束而近似实现未来时刻控制量的约束[29]、采用自适应与学习算法克服系统与约束的非线性[30]等。总而言之，非线性模型预测控制往往在控制优化与计算量之间寻求一种平衡。下面介绍几类广泛应用的非线性模型预测控制方法。

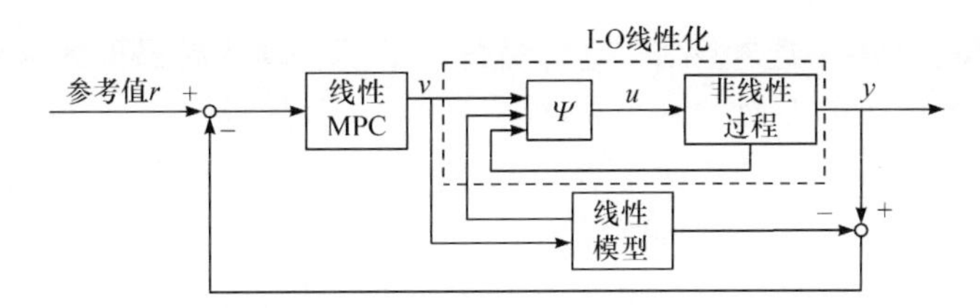


图 1-1 基于输入输出反馈线性化的非线性模型预测控制

### 1.2.3 非线性模型预测控制的有效方法

实际工业系统的强非线性问题在预测控制学界引起了广泛的关注，许多具有针对性的预测控制算法应运而生，包括模糊预测控制、神经网络预测控制、多模型预测控制以及基于数据驱动的模型预测控制。它们立足于系统过程的动态特性，从实施模型辨识、改进优化结构、引入学习模块等角度解决系统强非线性带来的优化求解难、计算负担重和控制性能差等问题。

1. 模糊预测控制和神经网络预测控制

模糊控制与预测控制有着内在的本质联系[21]：

(1) 模糊控制和预测控制都是控制不确定性系统的有效方法。

(2) 模糊控制的发展趋向是由规则向模型转化，而预测控制是典型的基于模型的控制，对象的模型可作为沟通二者的桥梁。

(3) 预测控制是一类基于模型的优化控制方法，而系统的复杂性与分析系统所达到的精度是相互制约的，因此研究模糊环境下的预测控制对于拓展预测控制的应用范围具有重要意义。

针对具有不确定性的非线性系统，将模糊模型作为预测模型设计模型预测控制器，是模糊预测控制常见的结构形式。在这种结构下，预测模型变为一组局部线性模型的组合，从而使得传统预测控制的优化机制和闭环稳定性分析方法都需要做出相应改变。在过去十几年间，很多学者针对此类问题展开了深入研究。Belarbi 等[31]针对模糊预测模型建立了基于终端约束集、兼顾控制目标和系统约束的多目标多自由度优化控制结构，并结合李雅普诺夫稳定性基本理论，推导了保证系统闭环稳定性的充分条件；香港城市大学冯刚教授团队[32]针对模糊模型的特殊结构，提出一种基于分段李雅普诺夫函数的准最小最大模糊预测控制方案，将 Belarbi 等的研究中的有限时域优化问题转化为等价的确定性规划问题，并通过线性矩阵不等式条件保证系统闭环稳定性。这种鲁棒模糊预测控制策略在核电站功率控制及蒸汽发生器水位控制中取得了成功应用[33,34]；上海交通大学李少远教授针对模糊动态环境下的满意优化问题开展了深入研究，将传统预测控制中的控制目标和系统约束模糊化，形成基于模糊规划方法求解的多目标优化问题[35]，这种优化结构在规模庞大、约束多样化的复杂工业过程控制中具有很高的应用价值。前期的模糊预测控制方法多采用并行分布补偿方法构造控制律，一定程度上造成了优化问题的保守性。鉴于此，夏元清教授团队建立了非并行分配补偿结构稳定模糊预测控制的完整理论体系[36]，这种方法在降低保守性和加快系统收敛方面都具有明显优势。

模糊预测控制的另一类典型结构是针对每个子模型设计局部预测控制器，再结合模糊决策实现对整个系统的有效控制。在这类结构下，如何处理子系统间的耦合和建立可靠的模糊决策机制成为问题的关键。维也纳大学的研究团队[37]首次针对模糊系统基于次优预测控制框架构建了协调模糊预测控制方法，解决了模糊子模型之间的耦合问题，实现了优化解的收敛性和系统闭环稳定性；西班牙学者 Francisco 等[38]在模糊决策机制上提出了改进方法，引入一种同时考虑经济性和系统约束的模糊推理机制，这种改进机制能够使控制性能更加平滑，提高了模糊预测控制系统的跟踪性能。

神经网络能够充分逼近复杂的非线性映射关系，是非线性系统建模与控制的重要方法，也成为实现非线性模型预测控制的关键技术之一。其核心是基于一个或多个神经网络，对非线性系统的过程信息进行前向多步预测，然后通过优化一个含有这些预测信息的多步优化目标函数，获得非线性模型预测控制律。其控制输入可基于非线性规划求解[39]，也可以基于拟牛顿法实现有效求解[40]。

神经网络在非线性模型预测控制中的作用主要体现在两个方面：一方面是网络建模[41]，用于过程的动态建模以获取对过程的预测信号；另一方面是控制网络[42]，它按照与预测控制目标函数相应的驱动信号来调整整个网络的权值，以实现对预测控制律的高精度逼近。法国学者 Najim 在研究中结合了建模网络和控制网络各自的优势[43]，利用一个递归神经网络作为建模网络对非线性过程进行递推式的多步预测，再采用一个多输入多输出的前馈网络作为控制网络，基于控制量约束和多步预测目标函数对控制网络的权值进行在线训练，得到当前及未来时刻的控制序列。

此外，神经网络模型还可与传统的线性化方法结合，如参与输入输出反馈线性化[44]及进行线性预测偏差补偿[45]，在非线性系统控制中发挥了重要作用。

将模糊规则和神经网络相结合也是解决预测控制中非线性问题的有效手段[46]，其核心是运用近似优化的方法，先利用模糊规则划分区域，再在每个区域内通过一簇线性函数以任意精度逼近非线性系统动态特性，进而将非线性控制的非凸优化问题转化为易于求解的凸优化问题。采用模糊神经网络方法可以在减少计算量的同时，尽可能保证控制品质，因而该方法在控制界引起了广泛关注[47]。

文献[48]提出了将模糊神经网络这种非线性建模技术融入预测控制框架中的两种方案。第一种为基于网络合成的控制器(图 1-2)，每一个控制器的设计和调整都是基于局域子模型的，控制器经模糊神经网络加权输出作为对象输入。第二种为基于局域模型的控制器(图 1-3)，控制器所采用的局域模型由非线性模糊神经网络模型在不同的操作点获得。这两种方法都避免了直接采用整体非线性模型，从而能够避免求解复杂的非线性优化问题。

实现约束功能是非线性模型预测控制所要达到的首要目标。上述两种控制方案也通过模糊神经网络的嵌入实现约束功能。在基于局域模型的控制器中，约束功能的嵌入是直观的。在此约束下，基于二次规划的优化技术取代了固定预测控制律。其缺点是计算量大幅度增加。对于基于网络合成的控制器，约束功能的嵌入并不直观，即通常不能确定每个控制器的约束如何满足总的约束。这可以通过采用特殊形式的网络结构来解决，例如，B-样条模糊神经网络中基函数形成单元划分，使得任意时刻的基函数输出之和都为 1，即 $\sum_j \mu_l^j(x) \equiv 1, \ x \in [x_{\min}, x_{\max}]$。在这种特殊的结构下，若局域控制器约束均成立，则总的控制器输出也不超出约束。这也是将模糊神经网络应用于预测控制的主要优势。

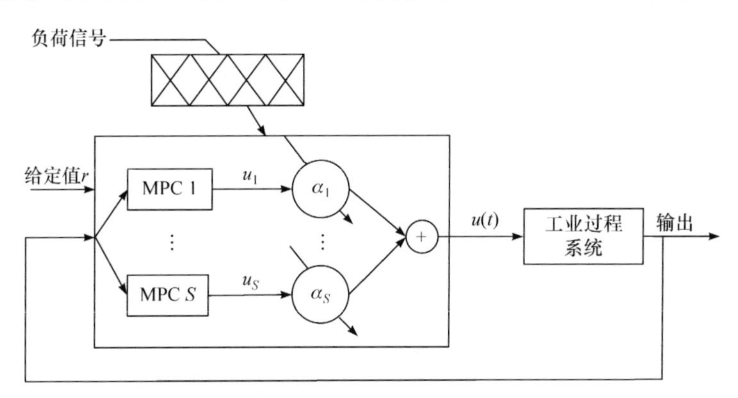


图 1-2　基于网络合成的控制器

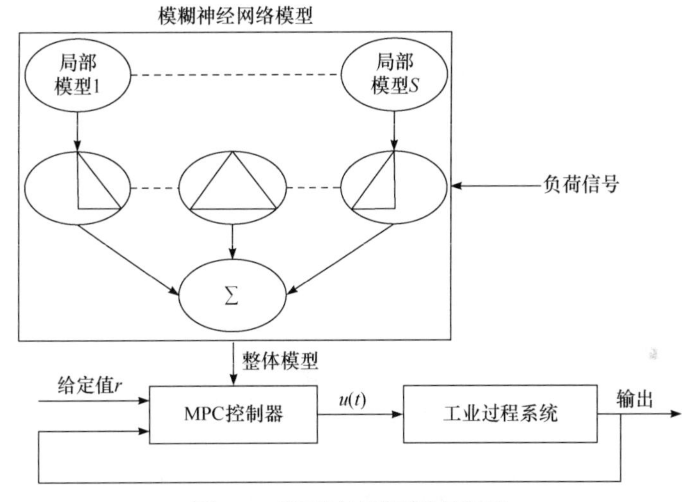


图 1-3　基于局域模型的控制器

2. 多模型预测控制

多模型方法是解决非线性控制问题的常用方法之一。图 1-4 中描述了多模型预测控制的基本结构，首先建立非线性对象的多模型描述，然后根据每个子模型或者子模型的组合设计多个控制器，整个控制器的输出是多个控制器的组合输出。通常，多模型预测控制的难点在于确定合适的模型以及控制器的切换方法。

常见的多模型建立方法包括在非线性系统的多个平衡点线性化[49]和采用模糊聚类算法辨识[50]等。在控制器选择方法上，早期的多模型控制多采用硬切换的方法选择控制器和相应的参考轨迹[49]，容易造成控制系统的抖振，因此很多学者致力于建立有效的模型调度算法。其中，大多数研究通过加权实现模型调度，包括采用递推贝叶斯概率加权[51]、三角形隶属度函数加权[52]及间隙度量函数加权[53]等，这些方法在线计算各子模型的匹配度，基于子模型加权得到的全局模型设计预测控制器，避免了控制器切换带来的问题。而对于大多数工业慢过程而言，增益调度是一种更为有效的多模型调度方法[54]，它通过选取缓慢变化的连续状态作为调度变量，可以实现多模型的连续变化，模型精度更高。此外，将模型切换规则以先验知识的形式引入多模型中也是一种有效的模型调度手段[55]，它直接从模型的层面解决多模型控制器切换问题，但是相应地导致了在线优化计算量增加，需要考虑控制性能与实时性的折中问题。

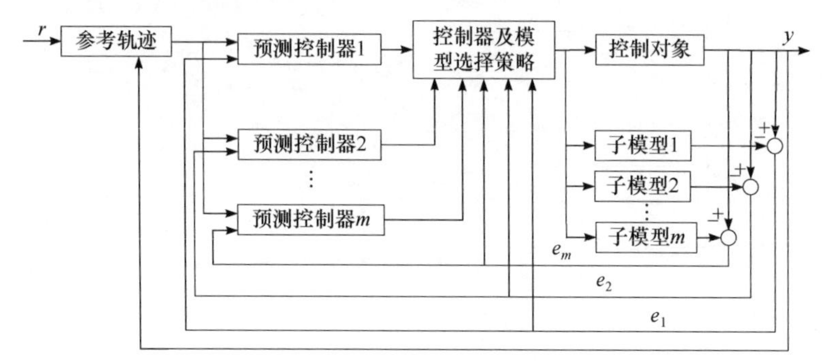


图 1-4　多模型预测控制

以多模型集描述非线性系统始终是一种近似方法。多模型预测控制在滚动优化时，采用的是当前时刻线性模型的预测输出，因此得到的控制率并不能保证在预测时域内是最优的。如何提高多模型预测控制的控制精度，是今后需要研究的内容。

3. 基于数据驱动的模型预测控制

现代工业对系统性能、产品质量和经济运行的要求越来越高，其自动化程度也显著增加，构建可靠的预测控制器是实现工业生产过程优化的有效途径。但是预测控制策略的有效性在很大程度上依赖于预测模型的准确性。复杂工业系统通常具有多变量、非线性、时变、强耦合、大时滞等特性，因此难以建立其精确的数学模型，这在一定程度上限制了预测控制在复杂工业过程中的应用。

工业系统运行中每时每刻都会产生并存储大量的过程数据，其中包含了过程操作、设备状态及外部环境等重要信息。在缺乏准确的过程模型的情况下，基于历史数据直接设计控制器能够更准确地预测系统状态,实现对系统性能的精确评估并做出合适的决策。数据驱动方法可以直接从系统的输入输出数据中提取系统的动态特性，它克服了传统建模方法必须掌握系统动力学知识的缺陷，十分适合于复杂系统控制。因此，将数据驱动技术融入传统的模型预测控制中成为提高预测控制实用性的新方向。近年来，基于数据驱动的模型预测控制已在国际上取得了许多应用成果，如网络控制[56]、汽车控制[57]、压电致动器控制[41]以及电力工业过程控制[58]等。

现有的数据驱动预测控制方法可按照模型分为三类：局部模型数据驱动预测控制、不确定模型数据驱动预测控制和无模型数据驱动预测控制。局部模型数据驱动预测控制通常需要利用数据构建系统的局部线性输入输出模型，如脉冲响应模型或阶跃响应模型，在此基础上设计控制器。上海交通大学李德伟教授团队[59]基于非线性过程数据通过神经网络建立阶跃响应模型，并通过动态矩阵控制实现对非线性系统的有效控制。但是单个线性模型通常无法准确描述复杂非线性系统的动态特性。将数据驱动方法与多模型预测控制相结合，基于系统的过程数据利用子空间辨识建立被控系统的多个局域模型[60]，能够以更高精度逼近系统的非线性动态，实现对复杂非线性系统的有效控制。

不确定模型数据驱动预测控制基于数据辨识得到系统参数，包括控制模型参数和系统随机干扰等，以降低系统不确定性对控制性能的影响。东南大学沈炯教授团队[61]基于输入输出数据辨识系统状态空间模型的参数，解决系统不确定性问题。刘向杰教授及其团队[58]则利用系统的输入输出数据训练模糊神经网络参数，构建复杂工业系统的预测控制策略。加利福尼亚大学伯克利分校 Borrelli 教授团队[62]基于真实世界数据辨识系统随机变量，提高了预测控制系统的鲁棒性。

无模型数据驱动预测控制针对难以建立机理模型的被控系统，仅根据过程数据设计控制器。这类控制策略通常包含自适应或学习环节，能够通过实时数据调整控制变量来逐步达到控制目标。Borrelli 教授团队[63]开发的学习模型预测控制器，能够通过学习过程数据，不断提高控制性能，是一种典型的无模型数据驱动预测控制策略。北京交通大学侯忠生教授团队[64]基于懒惰学习算法，发展具有自适应特性的无模型预测控制策略，仅依靠系统的输入输出数据进行控制器参数自调整，实现对难以建立模型的非线性系统的有效控制。

现有的基于数据驱动的模型预测控制方法仍然存在一定的局限性。工业过程的运行数据通常具有海量异构、多源多类的特点，采用简单的模型或者浅层神经网络建模，难以描述工业系统复杂的非线性特性，会导致模型泛化能力变差，从而使预测控制器的控制效果大打折扣。近年来，机器学习渐渐体现出其在大数据特征提取和动态拟合等方面的巨大潜力，人们开始利用机器学习中的方法解决高维数据的维度爆炸问题，但是机器学习在提高模型准确度的同时也大大增加了模型的复杂性，给控制器设计带来了一定困难。因此，如何将控制器设计与机器学习技术进行有效结合成为复杂工业过程预测控制方法研究的重要方向。从目前的研究成果来看，大致分为两个结合方向。

一方面是利用机器学习进行被控对象的动态拟合，根据学习得到的模型进行控制器的有效设计。可以利用学习方法对系统的全局动态进行建模，文献[65]针对被控系统建立一个集成的递归神经网络模型，再根据此模型设计稳定的经济模型预测控制策略。文献[66]利用回归树模型直接建立了预测控制的输出变量与控制变量之间的模型，大大降低了复杂系统预测控制器的设计难度。此外，也可以对模型的不确定性部分进行学习建模，从而提高预测的精度以及系统的鲁棒性。2013 年，Aswani 等发表在 *Automatica* 上的文献 *Provably safe and robust learning-based model predictive control*[67]从理论角度详细讨论了基于学习的模型预测控制在鲁棒性及控制性能上的优势，并将该方法成功应用于暖通空调系统[68]。

另一方面是直接将控制优化与机器学习相结合，从而更加有效地实现控制目标。文献[69]利用人工神经网络来近似预测控制器，从而减小在线计算量，保证实时性。文献[70]利用强化学习形成一类新的基于学习的模型预测控制优化技术，有效降低了在线计算成本。文献[71]直接采用预测控制作用下的工业过程数据训练深度学习网络，将建模与控制问题融为一体，在拟合系统动态的同时，预测系统未来时刻的状态并优化系统输出。此外，机器学习还以多种形式与预测控制实现有效结合，如基于事件触发的预测控制[72]、马尔可夫决策过程[73]以及随机情景预测控制[74]等。

### 1.2.4　非线性模型预测控制的稳定性问题

预测控制起源于工程实际,旨在解决传统的PID控制无法胜任的带约束的优化问题。它率先在工业界取得了成功应用，随之才激发了对其算法的理论研究。因此，在发展初期提出的模型算法控制、动态矩阵控制及广义预测控制等经典算法都旨在寻求控制的最优性，而并未考虑稳定性问题。从优化控制理论角度来看，即便模型能够准确体现对象特性，最优性并不一定意味着系统闭环稳定性。难以证明预测控制的闭环稳定性在一定程度上令其算法有效性受到一定质疑。20 世纪 90 年代开始，以 Mayne 和 Rawlings 为代表的研究学者以李雅普诺夫稳定性理论为基础，通过构造适当的算法结构，保证设定的李雅普诺夫函数随时间衰减，以建立稳定的预测控制算法，开创了预测控制稳定性研究的新局面。建立稳定的非线性模型预测控制的最直接方法是将预测时域和控制时域设置为无穷大。然而针对实际的问题，无穷时域是无法求解的。早期的解决办法是加入终端等式约束 $x_{k+P}=x_S$[75]，迫使控制器的目标函数变为系统的李雅普诺夫函数，从而使得系统稳定。实际上，这种约束也很难实时满足，因为需要无限次的迭代来寻求数值解。双模控制[76]放松了对稳定条件的要求，其主要思想是在期望稳定状态附近设置一个邻域 $W$，在此邻域内，系统可由线性反馈控制器达到期望稳定状态 $(x_{k+P}-x_S)\in W$。如果状态 $x_S$ 在该区域外，可通过加入终端约束，驱动状态 $x_S$ 在有限时间内进入该区域。一旦状态 $x_S$ 进入邻域 $W$，控制器切换到预先设定的线性状态反馈。

与双模控制思想类似的另一种方法称为准无穷时域非线性模型预测控制(quasi-infinite horizon nonlinear model predictive control)[24]。该方法通过适当选择终端不等式约束和终端罚函数，使系统状态在有限时域内进入终端不变集，再通过线性稳定控制器将系统状态驱动到稳态点。该终端控制只适用于保证终端稳定性，实际中不实施控制，从而避免了控制器的切换问题。这形成了基于终端代价函数、终端约束集和局部镇定控制器的经典“三要素”法，奠定了稳定模型预测控制策略研究的基础。为了扩大预测控制的稳定性区域，减小其保守性，英国拉夫堡大学陈文华教授的团队[77]引入线性矩阵不等式(linear matrix inequalities，LMI)技术，通过求解基于 LMI 的凸优化问题来确定使准无限时域 MPC 策略的吸引域最大化的终端加权矩阵和终端线性稳定控制律。随后，他与 Cannon 教授又分别提出利用非线性终端控制[78]和多面体不变集(polytopic invariant sets)[79]的非线性模型预测控制策略，进一步扩大了稳定性区域。

由于各种工业过程控制目标不尽相同，衍生了一系列针对某种具体工业问题的非线性模型预测控制算法，如考虑系统鲁棒性的鲁棒预测控制、着眼于过程经济性的经济预测控制以及关注系统随机性因素的随机预测控制等。这些特定预测控制算法的稳定性分析基于“三要素”理论，根据各自不同的控制结构对稳定性条件进行改进，实现控制系统的闭环稳定性。非线性鲁棒 MPC 中多采用线性多面体系统和范数有界系统描述非线性动态，将传统的目标函数最小化问题转化为“min-max”优化问题，采用 LMI 方法在每个时刻求解一个固定的线性状态反馈控制律[80]，保证由目标函数构成的候选李雅普诺夫函数随时间衰减。但这种基于LMI的非线性鲁棒预测控制计算复杂，保守性较强，使其在实际过程中很难应用。因此，很多研究致力于在保证算法稳定的前提下对算法做进一步的改进，以降低在线计算量，扩大初始可行域[81]。经济模型预测控制由于采用任意形式的目标函数，其稳定性分析无法直接采用“三要素”法，需要满足额外的约束条件使闭环系统稳定。预测控制的著名学者Rawlings教授在2011年指出若稳态优化问题满足强对偶性假设，则带终端等式约束的经济模型预测控制可以保证闭环系统的稳定性[82]；在时隔一年的另一论著中[83]，Rawlings团队放宽了强对偶性这一假设条件，指出当被控系统满足严格耗散假设条件时，带终端约束的控制策略可使闭环系统稳定；除此之外，其团队还提出了利用终端代价函数和终端不等式约束保证稳定性的经济模型预测控制框架，针对终端状态施加区域约束，并给出了相应的稳定性假设条件。在非线性随机预测控制中，由于存在随机参数或随机扰动，其稳定性分析基于概率论对传统鲁棒模型预测控制的LMI方法进行推广，通过概率不等式约束使系统的李雅普诺夫函数稳定。加利福尼亚大学洛杉矶分校的Christofides团队[84]给出了一种非线性随机预测控制稳定性的概率稳定性条件，实现闭环系统概率意义上的稳定。

除了基于“三要素”的经典稳定预测控制理论外，另外一种保证系统稳定的方法是采用渐缩约束$\|x(t+T)\| \leqslant \lambda \|x(t)\|$，$0<\lambda<1$，强制终端状态进入一个逐渐缩小的区域，从而确保闭环系统的稳定性[85]。但这种方法无法保证每个采样时刻约束优化问题的可行性，限制了其在实际过程中的应用。

非线性系统的控制问题一直是控制界的难点。非线性模型预测控制近年来取得了令人瞩目的进展。然而，非线性模型预测控制的全局优化问题、受限及可行性问题以及稳定性问题等都是尚待解决的难题。

## 1.3 智能发电厂模型预测控制

### 1.3.1 发电厂模型预测控制的背景与挑战

电力工业在我国的国民经济发展过程中起着举足轻重的作用。为满足电力供需总体平衡，在过去的十几年里，我国发电装机容量和发电量持续增长。图1-5显示我国2010～2018年总装机容量增长的情况。截至2018年底，全国全口径发电装机容量为190012万kW，其中，水电35259万kW(含抽水蓄能发电2999万kW)，占全部装机容量的18.56%；火电114408万kW(含煤电100835万kW)，占全部装机容量的60.21%；核电4466万kW；并网光伏17433万kW。发电装机结构进一步优化，全国非化石能源发电装机容量为77551万kW，占全国发电总装机容量的39.79%，比2017年提高2.1个百分点；新能源发电装机合计35860万kW，占比18.9%。单机100万kW级火电机组达到113台，60万kW及以上火电机组容量占比达到44.7%。图1-6显示截至2018年底各种发电形式所占百分比。可以看出，在我国的能源结构中，火力发电仍然占据着主导地位。

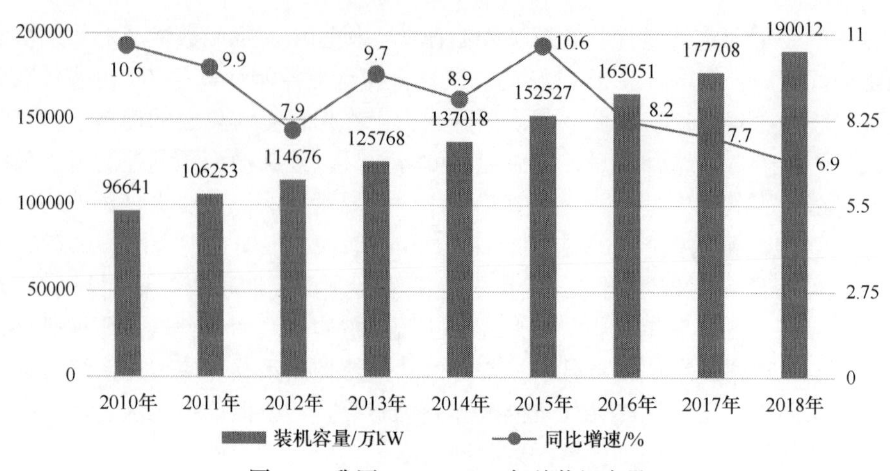


图 1-5　我国 2010～2018 年总装机容量

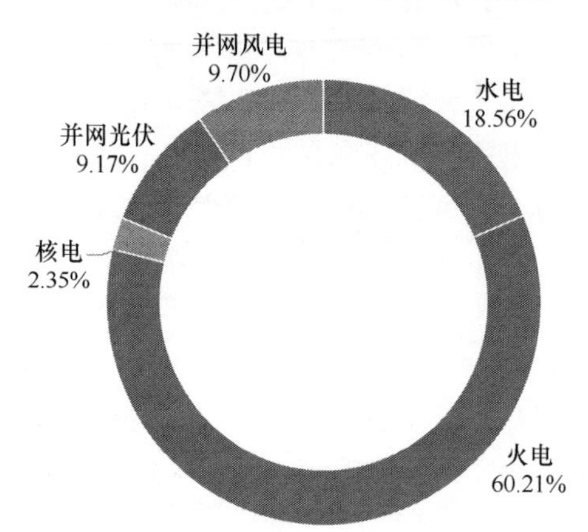


图 1-6　各种发电形式所占百分比
(其余发电形式 0.01%，图中未标出)

在我国能源大规模发展和能源结构转型的背景下，为了加快构建高效、清洁、低碳、循环的绿色能源生产体系，实现能源与信息深度融合的智慧能源发展策略，“智能发电”成为发电厂的必然趋势。发电过程是基于不同物理化学过程的能源转换过程，这种转换的机理不同，装备不同，规模不同，是一个极其纷繁复杂而且在不断进步的工程科学技术领域。“智能发电”是以自动化、数字化、信息化为基础，综合应用互联网、大数据等资源，充分发挥计算机超强的信息处理能力，集成统一的一体化数据平台、一体化管控系统、智能传感与执行、智能控制和优化算法、数据挖掘以及精细化管理决策等技术，形成一种具备自趋优、自学习、自恢复、自适应、自组织等特征的智能发电运行控制与管理模式，以实现安全、高效、环保的运行目标，并具有优秀的外界环境适应能力[86,87]。

为促进发电自动化技术的进步和科技创新的进程，2014 年 4 月在浙江绍兴成立了中国自动化学会发电自动化专业委员会。该委员会面向发电自动化专业的安全生产和技术进步，开展学术交流和学术研究，重点关注发电自动化专业重大技术问题的探讨。专业委员会团结和动员全国发电自动化专业和相关技术领域的科学技术工作者及有关专业人员，在全国发电集团公司、科研机构、设计院、高等院校、发电厂和制造单位间，搭建一个发电自动化的产、学、研、用联合研究、交流、技术咨询、项目评审、新技术和新设备应用推广、人才评价的平台。此外，还牵头和指导解决发电生产中自动化专业出现的共性和个性问题，普及发电自动化相关的科学技术水平，推广科技成果和传播生产技术经验；加强国内外有关科学技术团体、科技工作者的友好往来与合作交流；编辑发行自动化相关学术期刊和学术资料，建立维护自动化网站，利用网络促进科技成果的实用化和工程化；开展技术培训和基础教育工作，通过各种形式努力提高专业委员会会员的学术水平和业务水平，为国家推荐优秀的发电自动化科技人才。

2016 年 7 月，由华北电力大学刘吉臻院士牵头，联合原国电集团，成立了智能发电协同创新中心，致力于智能发电基础理论研究与关键技术开发。2016 年，在能源局的大力支持下，将智能发电正式写入《电力发展“十三五”规划》中：“发展智能发电技术，开展发电过程智能化检测、控制技术研究与智能仪表控制系统装备研发，攻关高效燃煤发电机组、大型风力发电机组、重型燃气机组、核电机组等领域先进运行控制技术与示范应用。”2018 年由华北电力大学刘吉臻院士牵头，联合多家高校和科研单位，成立了中国能源研究会智能发电专业委员会，秘书处挂靠在国电新能源技术研究院。几年来，围绕智能发电理论技术体系建设，起草发布了《国家能源集团公司智能发电建设指导意见》与智能发电技术规范，推动国家能源集团智能发电建设的全面开展。同时也得到了全国和北京市有关部门的大力支持，启动了一批理论技术攻关和工程应用研究课题。在国家能源集团的部署下，从 2017 年开始对国电内蒙古东胜热电有限公司两台 33 万 kW 机组做了智能化改造，建立了和原来的 DCS、MIS、SIS 完全不同的 ICS 系统平台，平台装备由北京国电智深控制技术有限公司生产制造，采用智能运行控制系统网络结构。和过去的系统不同：一是嵌入了智能化的控制算法，包括软测量在内的底层智能控制；二是生产数据的广泛收集与高效调用；三是大数据分析优化并直接形成大闭环的监控，把过去 SIS 的一些功能直接放到 ICS 当中，弥补了 SIS 只能看不能用的缺憾。在这个系统中，设置了三个功能区：智能控制、智能检测、运行监控。例如，在控制方面，实现了机组自启停(APS)、基于精准能量平衡的协调控制、基于深度神经网络的故障预警、基于多参数推理的报警根源分析、基于数据深度挖掘的锅炉燃烧优化、基于锅炉效率的氧量定值优化等功能。系统投用以后已经见到了成效，提升了机组的灵活性和变负荷的速率，2017 年，这两台机组在内蒙古电力(集团)有限责任公司同等规模的机组考核当中排名第一；通过冷端优化和锅炉燃烧闭环调整使机组的经济性进一步提升，降低供电煤耗 0.6g/(kW · h)。

智能发电厂是“智能发电”概念的一种有效实现形式，以新一代智能管控一体化系统为核心，全面开拓和整合电厂的实时数据处理及管理决策，覆盖发电厂全寿命周期。智能发电厂以统一的管控一体化平台作为支撑,围绕智能生产控制和智能管理两个中心，通过智能控制、智能安全、智能管理三个功能，融合智能设备层、智能控制层、智能生产监管层以及智能管理层，形成一种具备自趋优全程控制、自学习分析诊断、自恢复故障处理、自适应多目标优化、自组织精细管理等特征的智能发电运行控制与管理模式。

优化控制系统对智能发电厂的经济高效运行起着重要的作用。在电站众多的控制回路中，以主蒸汽温度控制为例，在额定工况下，主蒸汽温度越高，汽轮机的运行效率和经济效率就越高。百万级超超临界(ultra-supercritical, USC)单元机组，主蒸汽温度每升高10℃，机组运行效率大约提高 1.6%，煤耗也可以大大降低。然而，主蒸汽温度如果超出额定值(1000MW 机组通常为 605℃)，则会损害机组设备。因此，既需要将其设定值选得足够大，又要保证在响应过程中不超过额定值。即在保证系统安全运行的前提下，保证机组的经济性能。图 1-7 中两条曲线分别表示在 A 和 B 两种控制器下过热蒸汽温度(简称汽温)的概率密度函数。定义主蒸汽温度超过最大值的概率为风险度，A 控制器和 B 控制器的风险度为温度最大值 $T_{\max}$ 右侧概率密度曲线下的面积。对于相同的风险度，概率密度函数曲线越平坦，其均值就越小。在不增加风险度的前提下，A 的设定值可高于 B。A 的性能优于 B 的程度可用两种情况下设定值之差 $T_A^* - T_B^*$ 表示。

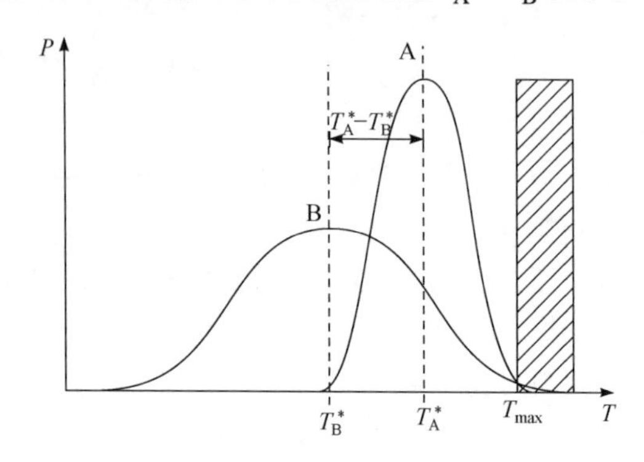


图 1-7　控制性能与经济特性的关系

因而，构建高性能控制器可以减少主蒸汽温度波动，允许系统采用高设定值，从而提高机组运行效率。另外，高性能控制器在减少主蒸汽温度波动的同时，也减小机械应力产生的微裂纹，降低机组维护费用，延长机组运行寿命，实现智能发电的最终目的。

在众多适用于工业过程的高性能控制器中，模型预测控制正是基于这样的目标，采用实时优化的策略使系统输出达到最优的一种先进控制策略。它易于建模，鲁棒性好，因而成为当今发电过程控制的主流方法。

模型预测控制在过去几十年广泛应用于炼油、化工、电力、造纸、冶金、食品加工等复杂工业过程控制中，其算法应用大部分基于线性动态模型。针对这些复杂工业过程，采用实时数据可以准确辨识出系统的线性模型。控制算法基于线性模型和二次型目标，运用二次规划能够得到可靠的凸优化解。

然而，电力生产过程是具有强非线性、不确定性和来自电网负荷频率干扰的复杂系统。在当今的电力工业中，发电企业必须快速适应电网负荷需求，而电网负荷需求的循环变换常常导致机组在大范围工况下变化。与此同时，随着可再生能源消纳量的升高和负荷峰谷差的加大，燃煤发电机组需承担深度调峰，形成强烈的系统非线性。因而，构造有效的非线性模型预测控制策略可以在大范围负荷变化和系统干扰情况下优化控制效果。针对电力生产的非线性动态过程，采用常规的非线性优化的序列二次规划技术，通常会导致模型预测控制在线优化问题成为非凸问题。同时，序列二次规划计算量庞大，尤其当预测时域和控制时域增加时，计算量呈指数增加。这使得寻找优化解更加困难，而且也难以达到全局优化解。这些难点问题均为构造发电厂的非线性模型预测控制带来了挑战。

### 1.3.2　发电厂模型预测控制的研究现状

电力生产过程是复杂的能量转化过程，其建模与控制的研究可追溯到20世纪70年代。在过去的四十余年里，许多控制学者做出了不懈的努力，取得了卓有成效的进展。表1-1列出了发电厂过程控制领域在过去五十年研究历史中的重要进展。

**表1-1　发电厂过程控制领域的重要进展**

| 年代 | 研究人 | 重要贡献 |
| --- | --- | --- |
| 20世纪70～80年代 | Åström团队 | 锅炉-汽轮机实验建模，160MW燃油机组模型 |
| | Lee团队 | 自动发电控制分析，发电控制优化 |
| 20世纪90年代 | Lee团队 | 发电过程控制先进算法：神经网络、模糊逻辑、遗传算法、鲁棒控制、核电站先进控制 |
| | Hogg团队 | 锅炉-汽轮机系统的远程预测控制 |
| | Pellegrinetti，Irwin团队 | 以控制为目标的具有时滞、测量噪声和负荷干扰的四阶模型，200MW机组的神经网络模型 |
| 21世纪 | Lee团队 | 锅炉-汽轮机协调控制、模糊控制、动态矩阵控制 |
| | Åström团队 | 锅炉-汽轮机实验建模 |
| | 刘吉臻团队 | 火力发电过程建模与先进控制、智能发电 |
| | 沈炯团队 | 火力发电过程建模与先进控制 |
| | 刘向杰团队 | 1000MW(深度)神经网络模型<br>火力发电、风力发电、核电站机组非线性模型预测控制 |

早在20世纪70年代初，著名控制理论与控制工程学家Åström就围绕着锅炉-汽轮机的实验建模开展了大量的研究工作，他和Eklund在*International Journal of Control*上发表的题为*A simplified nonlinear model of a drum boiler-turbine unit*的文章是开创性的工作[88]。1987年，Åström团队建立了160MW燃油机组三输入三输出的三阶非线性动态数学模型[89]，为后来许多控制学者深入研究先进控制策略提供了很好的依据，是建模工作的里程碑。Åström团队在2000年再次拓展了其建模工作[90]。除此之外，Pellegrinetti团队建立了以控制为目标的具有时滞、测量噪声和负荷干扰的四阶模型[91]，为发展火电机组的控制方法提供了有力的依据。20世纪90年代，Irwin团队率先建立了200MW机组的神经网络模型[92]。进入21世纪，超超临界机组在火力发电中占据了重要的地位，机组运行效率的提高和污染物排放量的减少都会对环境和效益产生深刻的影响。近年来，许多学者围绕着超超临界机组建模和控制开展了广泛的研究。刘吉臻院士团队建立了

1000MW 超超临界机组的三阶非线性动力学模型，该模型为有效的控制器设计以及仿真分析提供了有力支撑[93]；文献[94]对该模型结构做了进一步改善，并增加了闭环验证环节。随着神经网络技术和大数据存储技术的发展，基于数据驱动的超超临界机组建模方法得到了广泛应用。基于超超临界机组热动态依赖于负荷变化的特点，刘向杰教授团队于 2013 年率先建立了 1000MW 超超临界燃煤机组的神经网络模型，有效逼近了实际系统的动态特性[95]。2020 年，该团队率先建立了 1000MW 超超临界燃煤机组的深度神经网络模型，该项研究工作也是将人工智能应用于现代发电厂的有效尝试[96]。

20 世纪 90 年代，在国际电力生产过程自动控制领域活跃着两个著名的研究团队，即美国宾夕法尼亚州立大学的 Lee 团队和英国 Queen's University Belfast 的 Hogg 团队，他们均在此领域做出了杰出的贡献。

Lee 教授是电力系统控制领域的著名科学家。早在 20 世纪 70 年代初，Lee 教授将其分布参数系统控制与优化的成果发表在控制领域的顶级期刊 *IEEE Transactions on Automatic Control*[97]上。在随后长达四十余年的研究工作中，他在电力系统控制领域做出了杰出的贡献。20 世纪 70 年代，Lee 团队涉足自动发电控制分析领域[98]；20 世纪 80 年代，他们有关发电控制优化的研究成果在国际上引起很大反响[99]；20 世纪 90 年代是智能控制发展的高潮时代，他们创造性地运用神经网络[100]、模糊逻辑[101]、遗传算法[102]、鲁棒控制[103]等很好地解决了电厂控制问题。在此期间，他们在核电站控制领域也取得了重要的成果[104]，将大量的研究成果发表在电力能源控制的旗舰杂志 *IEEE Transactions on Energy Conversion* 和 *IEEE Transactions on Power Systems* 上。2000 年以后，Lee 团队在锅炉-汽轮机协调控制方面开拓性地运用了现代优化技术[105]、模糊控制[106]、自适应动态矩阵控制[107]，大大提高了电站运行效率。

自从英国学者 Clarke 于 1987 年提出广义预测控制以来，模型预测控制迅速应用于炼油、化工、电力等复杂工业过程控制中。英国 Queen's University Belfast 在整个 20 世纪 90 年代针对电厂锅炉-汽轮机系统开展预测控制的研究，在此领域发表高水平论文 200 多篇。他们编写的 *Thermal Power Plant Simulation and Control*[108]是火电厂热工仿真与控制领域的权威著作，成为二十多年来该领域研究学者的重要专业参考书。1991 年，仅仅在 Clarke 提出广义预测控制四年后，Queen's University Belfast 的 Hogg 团队便针对锅炉-汽轮机构造了多回路广义预测控制模型，仿真结果显示了其优于 PID 控制器的控制性能[109]。考虑锅炉-汽轮机的强非线性特性，Hogg 团队有效构造了神经网络来建模锅炉的全局动态模型，在此模型基础上设计了基于神经网络的约束多变量远程预测控制器[110]。2002 年，Hogg 团队构造了基于物理模型的分级抗干扰模型预测控制方法[111]。该方法针对汽包水位和执行机构的复杂非线性，采用分层控制策略：下层采用常规的 PI 控制使锅炉-汽包对象稳定；上层采用非线性基于物理模型的预测控制器以优化下层设定值及优化负荷指令，并且克服电网负荷频率的干扰。近年来，Hogg 团队设计的分级抗干扰模型预测控制策略已成为锅炉-汽轮机协调控制的有效方法。

以上所述的早期火力发电过程模型预测控制大部分采用线性模型，其主要原因在于线性经验模型可直接基于过程测试数据辨识获得。然而，火力发电系统是典型的复杂非线性系统。因此，如何应对非线性问题是火力发电过程模型预测控制的重要任务。采用非线性模型预测模型会使在线动态优化问题成为非凸优化问题，进而导致难以找到全局最优解甚至优化问题不可行。此外，非线性优化问题计算量庞大，尤其当预测时域增加时，其计算量将呈指数增加。

华北电力大学刘向杰教授团队围绕着火力发电过程非线性模型预测控制开展了卓有成效的研究工作。研究团队采用模糊神经网络模型来拟合火力发电系统非线性动态，并构造基于模糊神经网络的模型预测控制策略。针对火力发电过热汽温控制，设计基于模糊神经网络局部线性模型的局部广义预测控制器，并通过模糊规则构建非线性广义预测控制器[112]。针对 160MW 锅炉-汽轮机系统以及 1000MW 超超临界机组的协调控制系统，考虑过程状态约束以及输出约束，设计有效的基于模糊神经网络的模型预测控制策略[58,113]。文献[114]针对火力发电厂，提出了一种基于迭代学习控制的非线性模型预测控制算法，将迭代学习控制与反馈模型预测控制相结合，有效提高了机组负荷适应能力。此外，基于协调控制系统的分层结构，设计了基于模糊模型的分级递阶模型预测控制(hierarchical model predictive control，HMPC)策略[115]。近年来，火力发电厂的环保及经济高效运行得到了广泛关注，刘向杰教授团队考虑功率跟踪、煤耗率、节流损失等经济性能，设计了经济模型预测控制，并将该研究成果发表在国际知名控制期刊 *Journal of Process Control* 上[116]，这也是国际上首篇将经济模型预测控制应用于火力发电过程的文章。随后，刘向杰教授团队分别将模糊机理建模与经济模型预测控制结合[117]，使火力发电过程更加经济有效地运行，并保证了控制系统的可行性以及稳定性。2020 年，该团队针对 1000MW 超超临界机组开创性地设计了基于深度神经网络模型的稳定经济模型预测控制策略[118],该项研究工作是将基于大数据的人工智能技术与预测控制策略相结合的有益探索。此外，该团队还针对风力发电系统[119]以及核电站[33,34]构造了有效的非线性模型预测控制策略。

东南大学沈炯教授团队针对火力发电过程的非线性问题，深入开展先进控制策略的研究[60,120,121]。火力发电过程是复杂的工业运行过程，具有数据海量的特点，沈炯教授团队将数据驱动建模技术与预测控制相结合，与实际现场更加贴合，实现了火力发电的有效控制。我国在发电厂自动控制领域的研究主要集中在相关的专业院校，如华北电力大学、东南大学、清华大学、东北电力大学、上海电力大学等。在这些院校都设置了相关的热工自动化专业，为我国电力行业输送了大量人才，并结合我国电力行业需求，开展了卓有成效的科学研究工作。

预测控制应用于电力生产过程控制仍然面临着许多问题，如模型获取问题、优化的实时性问题、受限问题等。相信随着非线性模型预测控制理论与方法的不断发展，其工业应用也会越来越广泛和深入，并在智能发电中发挥重要作用。

# 第 2 章　非线性模型预测控制的理论基础——非线性约束优化方法

## 2.1　非线性模型预测控制的优化问题

工业过程预测控制广泛采用如图 2-1 所示的分级递阶模型预测控制结构[122]。上层基于工业过程的稳态模型进行实时优化(real-time optimization，RTO)，该层以工业过程的安全、稳定、经济运行为优化目标，精确求解系统稳态最优点。下层基于工业过程的动态模型设计相应的 MPC 控制器，使其跟踪上层给定的稳态最优点。在控制系统整体设计中，需要保证上层使用模型与下层使用模型的一致性。针对非线性系统，上层求解稳态最优点和下层构建模型预测控制器，均可归结为求解非线性优化问题。

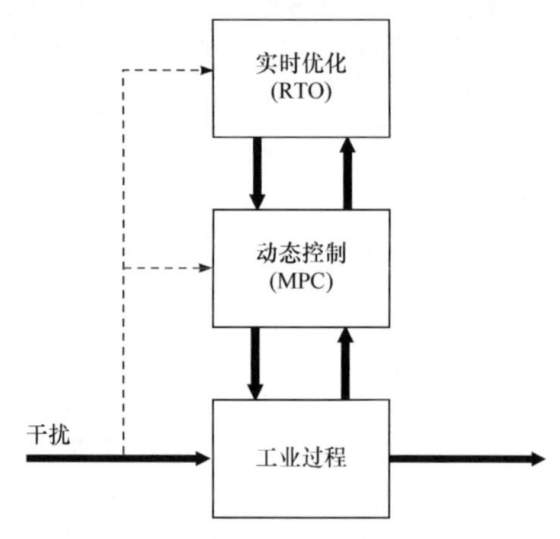


图 2-1　工业过程中分级递阶模型预测控制结构

为解决非线性模型预测控制中的优化问题，需建立被控工业过程的预测模型、定义衡量被控过程运行性能优劣的目标函数，并给出工业运行过程中的约束条件。

建立工业过程预测模型的基本方法有三种：机理建模、实验建模和数据驱动建模。机理建模是根据工业过程中实际发生的有关物质、能量、动量等平衡或者流动、传热、传质、化学反应等基本规律的变化机理获得相应的输入输出或状态空间等模型。实验建模是根据工业过程动态实验的实测数据，通过数学方法得到相应的模型。由于实际工业过程通常具有强耦合、多变量、大时滞等复杂特性，单纯的机理建模和实验建模难以建立精确的预测模型。近年来兴起的数据驱动建模可以直接从系统的输入输出数据中提取系统的动态特性，建立系统的黑箱或灰箱模型，可以有效应用于复杂系统建模。

经典的非线性模型预测控制通常采用如下的离散非线性状态空间模型表示：

$$
\begin{aligned}
z_{k+1} &= F_1(z_k, u_k, v_k, w_k) \\
y_k &= F_2(z_k, u_k) + \xi_k
\end{aligned}
\tag{2-1}
$$

其中，$u_k \in \mathbb{R}^{m_u}$ 是 $m_u$ 维的输入变量，即控制变量；$y_k \in \mathbb{R}^{m_y}$ 是 $m_y$ 维的输出变量，即被控变量；$z_k \in \mathbb{R}^{m_n}$ 是 $m_n$ 维状态变量；$v_k \in \mathbb{R}^{m_v}$ 是 $m_v$ 维可测扰动变量；$w_k \in \mathbb{R}^{m_w}$ 是 $m_w$ 维不可测扰动变量；$\xi_k \in \mathbb{R}^{m_y}$ 是 $m_y$ 维可测噪声向量；$F_1$ 和 $F_2$ 是表征系统动态特性的非线性函数。

就工程意义而言，目标函数是系统的性能指标，通常可以表示为控制量的函数形式。目标函数所需要选取的具体形式与所要解决的控制问题息息相关：一种是直接选取系统的技术或经济指标作为目标函数，这种形式通常用于工业过程分级递阶结构的 RTO 层中；另一种是误差积分型目标函数，这类目标函数是基于系统的给定值与被控量之间的偏差积分提出的，它是对状态量和控制量的综合要求，这种形式通常用于工业过程分级递阶结构的 MPC 层中。

在实际工业过程中，考虑系统物理约束或系统安全运行需求，控制量、被控量或状态量往往只能限制在一定范围内。例如，火电机组蒸汽阀门开度大小和变化率的限制、永磁同步电机转子电压限制等。此类约束一般可表示为与变量相关的线性不等式形式。另外，系统本身的动态特性也是一种约束，一般可表示为与变量相关的非线性等式约束形式。

在工业过程控制采用的分级递阶结构中，其上层(RTO 层)的优化问题一般归结为

$$
\min_{x_1} f_1(x_1) = f_{\mathrm{rto}}(z_k, u_k) \tag{2-2}
$$

其中，等式约束为

$$
\begin{aligned}
z_k &= F_1(z_k, u_k, \mathbf{0}, \mathbf{0}) \\
y_k &= F_2(z_k, u_k)
\end{aligned}
\tag{2-3}
$$

不等式约束为

$$
\begin{aligned}
& g_{\mathrm{rto}}(z_k, u_k) \leqslant 0 \\
& \underline{y} \leqslant y_{k+1} \leqslant \overline{y} \\
& \underline{u} \leqslant u_k \leqslant \overline{u}
\end{aligned}
\tag{2-4}
$$

其中，$f_{\mathrm{rto}}$ 为 RTO 层目标函数；$x_1 = [z_k; u_k]$ 为目标函数 $f_1$ 的自变量；$g_{\mathrm{rto}}(z_k, u_k)$ 是考虑安全等因素所设置的性能约束函数；$\underline{y}$ 和 $\overline{y}$ 为输出量的下限和上限；$\underline{u}$ 和 $\overline{u}$ 为控制量的下限和上限。

下层采用模型预测控制策略跟踪上层优化问题的稳态最优点 $(z_s, u_s, y_s)$。由于模型预测控制具有滚动优化的特点，下层 MPC 控制器的目标函数与未来有限时域或者无穷时域内的过程变量 $\{z_{k+j}\}$、$\{y_{k+j}\}$ 和 $\{u_{k+j}\}$ 有关。针对模型预测控制优化问题，对于可测噪声信号 $v_k$，将其影响加入模型中即可；对于不可测噪声信号 $w_k$，需要增加反馈校正环节以消除噪声信号的影响及计算当前时刻测量值与预测值之间的偏差 $b_k$ 并将其添加到预测模型中，修正对未来输出的预测[123]：

$$b_k = y_k^m - y_k \tag{2-5}$$

$$y_{k+j} = F_2(z_{k+j}, u_{k+j}) + \kappa b_k \tag{2-6}$$

其中，$y_k^m$ 为当前时刻测量输出；$\kappa$ 为反馈校正权值矩阵。

下层(MPC 层)优化问题的一般形式为

$$\min_{x_2} f_2(x_2) = \sum_{j=1}^{n_1}\left(\left\|z_{k+j} - z_s\right\|_{Q_j}^n + \left\|y_{k+j} - y_s\right\|_{R_j}^n\right) + \sum_{j=0}^{n_2-1}\left(\left\|u_{k+j} - u_s\right\|_{S_j}^n + \left\|u_{k+j+1} - u_{k+j}\right\|_{T_j}^n\right) \tag{2-7}$$

等式约束为

$$\begin{aligned} z_{k+j} &= F_1(z_{k+j-1}, u_{k+j-1}), \quad j = 1,2,\cdots,n_1 \\ y_{k+j} &= F_2(z_{k+j}, u_{k+j}) + \kappa b_k, \quad j = 1,2,\cdots,n_1 \end{aligned} \tag{2-8}$$

不等式约束为

$$\begin{aligned} \underline{y} \leqslant y_{k+j} \leqslant \overline{y}, &\quad j = 1,2,\cdots,n_1 \\ \underline{u} \leqslant u_{k+j} \leqslant \overline{u}, &\quad j = 0,1,2,\cdots,n_2 - 1 \\ \Delta\underline{u} \leqslant \Delta u_{k+j} \leqslant \Delta\overline{u}, &\quad j = 0,1,2,\cdots,n_2 - 1 \end{aligned} \tag{2-9}$$

式中，$x_2 = \left[z_k;\cdots;z_{k+n_1};y_k;\cdots;y_{k+n_1};u_k;\cdots;u_{k+n_2-1}\right]$；$n_1$ 为预测时域；$n_2$ 为控制时域；$\|\bullet\|^n$ 通常取为 $L_1$ 或 $L_2$ 范数$(n=1,2)$；正定矩阵 $Q_j$、$R_j$、$S_j$ 和 $T_j$ 为各误差的权重矩阵；$\underline{\bullet}$ 和 $\overline{\bullet}$ 分别表示变量的下限和上限。

当被控对象的模型为线性模型且目标函数为二次型时，优化问题为凸二次规划问题，存在唯一最优解。针对该类优化问题，许多学者构造了有效的求解方法。

当被控对象的模型为非线性时，通常优化问题非凸。这意味着寻求最优解非常困难，且即使有解，也无法保证全局最优。Scokaert 等已经证明：在模型准确且没有扰动的前提下，采用合理的 NMPC 算法，即使无法找到全局最优解，也能保证系统的名义稳定性(nominal stability)[124]。要实现名义稳定性，从理论角度来说，最直接的方法是将 NMPC 算法的预测时域和控制时域都设置为无穷大$(n_1, n_2 \to \infty)$。在合理的假设前提下，根据 Bellman 优化原理，无穷时域优化得到的开环输入和状态轨迹与闭环实现相匹配。因此，任何可行的轨迹都会收敛到期望的稳态，系统具有名义稳定性。

然而，针对实际问题采用无穷时域 NMPC 优化通常难以实现。因此，需要一种可实现的近似无穷时域优化方法，保证期望的闭环性能。

20 世纪 80 年代末，Keerthi 和 Gilbert 提出了在 NMPC 算法中加入如下终端状态约束的方法[125]：

$$z_{k+n_1} = z_s \tag{2-10}$$

增加此终端状态约束，原控制器的目标函数就成为闭环系统的 Lyapunov 函数，可保证系统的名义稳定性。由于多次优化才能使系统状态达到稳态值，因此在预测时域 $n_1$ 步满足此终端状态约束是十分困难的。

随后，Michalska 和 Mayne 提出了一种较为松弛的稳定性条件，其主要思想是：定义一个期望稳态 $z_s$ 的邻域 $W$，在这个邻域内，系统可以由一个常系数线性反馈控制器(辅

助控制器)控制，使其收敛到 $z_s$ [76]。该方法在 NMPC 算法中加入的约束形式为

$$\left(z_{k+n_1}-z_s\right)\in W \tag{2-11}$$

如果当前状态 $z_k$ 不在此区域内，则在 NMPC 算法中增加约束；当系统状态进入 $W$ 域内时，控制器切换到预先确定好的辅助控制器，使系统状态量收敛到 $z_s$。这一方法被称为双模控制(dual-mode control)。

在双模控制的基础上，有学者提出不需要切换控制器的准无穷时域(quasi-infinite horizon)NMPC 算法，其基本思想与双模控制类似：在控制算法中加入终端约束，当计算到有限时域 $j=n_1$ 结束后，假定采用简易的辅助控制器(线性稳定控制器)控制系统，由此可以计算出从 $j=n_1+1$ 到∞时刻的目标函数的上界，并把这一项作为终端惩罚项加入目标函数中。因此，无论系统当前处于什么状态，都可以采用带终端惩罚项的目标函数进行优化，无须切换控制器。

无论在上层进行实时优化，还是在下层采用传统 NMPC 控制、双模控制或者准无穷时域 NMPC 控制，目标函数均可统一描述为 $f(\boldsymbol{x})$ 形式；等式约束和不等式约束也可统一描述为 $h_i(\boldsymbol{x})=0\left(i=1,2,\cdots,p\right)$ 和 $g_j(\boldsymbol{x})\geqslant 0\left(j=1,2,\cdots,m\right)$ 的形式。

对于工业过程的分级递阶结构，RTO 层和 MPC 层的优化问题根据系统具体情况可分为无约束非线性优化问题、带等式约束的非线性优化问题、带不等式约束的非线性优化问题、带混合约束的非线性优化问题四类情况，如图 2-2 所示。

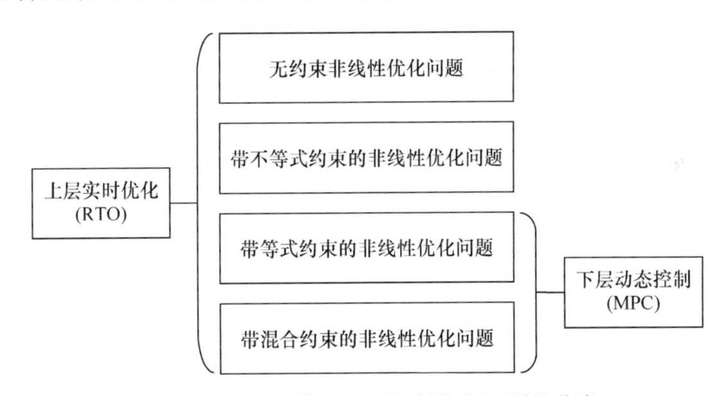


图 2-2　非线性模型预测控制优化问题的分类

RTO 层通过选取合适的性能指标定义了优化问题的目标函数来求解最优稳态点，达到计划调度的目的。在这种情况下，根据工业过程运行的实际情况，可能存在没有约束限制的情况，对应无约束优化问题；也可能存在针对系统模型、操作条件等的约束，对应带约束的优化问题，可能是等式约束、不等式约束或两者同时存在。

由于系统预测模型的存在，MPC 层的优化问题一定包含对模型的等式约束。当不存在控制量或输出量的约束条件时，非线性模型预测控制优化问题可归结为带等式约束的优化问题；当存在控制量或输出量的约束(一般为不等式约束)条件时，非线性模型预测控制优化问题可归结为带混合约束的优化问题。

因此，根据实际的工业控制过程中约束种类的不同，工业控制过程中的非线性分级递阶

模型预测控制优化问题可分为四类优化问题，它们的具体形式表示如下。

(1) 无约束非线性优化问题

$$\min_{\boldsymbol{x}\in\mathbb{R}^n} f(\boldsymbol{x}) \tag{2-12}$$

(2) 带等式约束的非线性优化问题

$$\begin{aligned} &\min_{\boldsymbol{x}\in\mathbb{R}^n} \ f(\boldsymbol{x}) \\ &\text{s.t.} \ h_i(\boldsymbol{x})=0, \quad i=1,2,\cdots,p \end{aligned} \tag{2-13}$$

(3) 带不等式约束的非线性优化问题

$$\begin{aligned} &\min_{\boldsymbol{x}\in\mathbb{R}^n} \ f(\boldsymbol{x}) \\ &\text{s.t.} \ g_j(\boldsymbol{x})\geqslant 0, \quad j=1,2,\cdots,m \end{aligned} \tag{2-14}$$

(4) 带混合约束的非线性优化问题

$$\begin{aligned} &\min_{\boldsymbol{x}\in\mathbb{R}^n} \ f(\boldsymbol{x}) \\ &\text{s.t.} \ h_i(\boldsymbol{x})=0, \quad i=1,2,\cdots,p \\ &\qquad g_j(\boldsymbol{x})\geqslant 0, \quad j=1,2,\cdots,m \end{aligned} \tag{2-15}$$

针对不同类型的优化问题，许多学者已经提出了多种不同的求解方法。无约束非线性优化问题可通过解析法和直接法求解，其中，解析法是运用函数、高阶导数等解析式获得最优解的方法，也称为梯度法，如最速下降法、Newton 法、共轭梯度法、共轭方向法、变尺度法(variable metric algorithm)等；直接法是通过数值迭代直到满足精度的方法，如单纯形替换法、步长加速法、方向加速法、模式搜索法、旋转方向法、鲍威尔共轭方向法等。如图 2-3 所示，带等式约束的非线性优化问题可通过消元法和拉格朗日法转化为无约束非线性优化问题求解。带不等式约束的非线性优化问题可运用内点法转化为无约束非线性优化问题直接求解，或者通过最优性条件(Kuhn-Tucker condition，KT 条件；Fritz-John condition，FJ 条件)转换为带等式约束的非线性优化问题间接求解。带混合约束的非线性优化问题可采用线性规划(linear programming，LP)、二次规划(QP)、序列二次规划(SQP)、容许方向法、罚函数法等方法转化为无约束非线性优化问题直接求解，或者通过最优性条件(Karush-Kuhn-Tucker condition，KKT 条件)转化为带等式约束的非线性优化问题间接求解。上述求解方法的核心可归结为：将带约束的非线性优化问题转化为无约束非线性优化问题，然后通过解析法或直接法求得最优解。

由于被控工业过程的系统模型通常是非线性模型，因此，根据实际工业过程建立的预测模型一般具有多个极值点，这一特点导致传统求解方法很难保证获得全局最优解，因此，如何跳出局部最优、获得全局最优解一直以来都是寻优算法设计所面临的巨大挑战。现代智能算法自 20 世纪 80 年代初兴起以来发展迅速，这些算法同人工智能、计算机科学与运筹学迅速融合，促进了复杂优化问题的分析和求解。将神经网络算法、模拟退火算法以及遗传算法等现代智能算法应用于非线性寻优，可以有效改善求解陷入局部最优的问题。

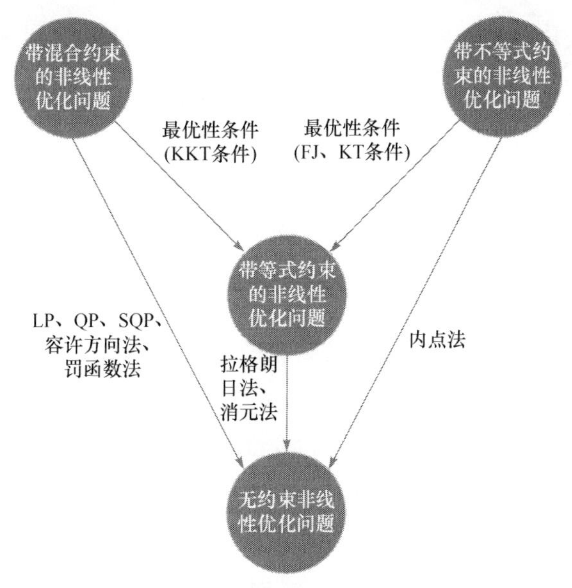


图 2-3　各类约束问题转化关系

## 2.2　无约束的优化问题

无约束优化问题求解是数值计算领域十分重要的课题之一，也是非线性模型预测控制优化方法的基础。因此对无约束优化问题求解的分析至关重要。

对于无约束优化问题(2-12)，一般采取解析法进行求解，通常包含以下五种。

(1) 直接解析法：计算函数的一阶导数、二阶导数，直接求解最优解。

(2) 最速下降法：也称为梯度法，这是早期的解析法，收敛速度较慢。

(3) Newton 法：收敛速度快，但不稳定，计算也较困难。

(4) 共轭梯度法：介于最速下降法和 Newton 法之间，收敛较快，效果较好，是一种比较有效的优化方法。

(5) 变尺度法：也称为拟 Newton 法，这是一类效率较高的方法。其中，Davidon-Fletcher-Powell 法(DFP 法)是最常用的方法。

针对不适合采用导数的问题，可以采用直接法寻优，这类方法适应性强，但收敛速度慢，其基本思想是：在一个近似点处选定一个有利的搜索方向，沿这个方向进行一维寻查，得出新的近似点。然后对新的近似点实行同样的操作，如此反复迭代，直到满足预定的精度要求为止。根据搜索方向的取法不同，可以有各种算法。例如，单纯形替换法，又称为交替方向法或坐标轮换法；步长加速法；方向加速法；模式搜索法；旋转方向法；鲍威尔共轭方向法等。

### 2.2.1　解析法

解析法是针对无约束优化问题，根据函数(泛函)极值的必要条件和充分条件，采用数学分析的方法求得其最优解析解的方法。该方法通常只能处理系统模型简单、具有明确数学解析表达式的优化问题。解析法分为直接解析法和以解析法为基础的最速下降法、Newton 法、共轭梯度法和变尺度法等数值解法。

1. 直接解析法

当无约束优化问题(2-12)的目标函数是凸函数时可使用直接解析法得到最优解。$f$ 是凸函数，是指 $f$ 具有如下性质：它的定义域是凸集，且对于定义域中任意两点 $\boldsymbol{x}_a$ 和 $\boldsymbol{x}_b$ 及任一小于 1 的正数 $\alpha$，式(2-16)都成立：

$$f\left(\alpha\boldsymbol{x}_a+(1-\alpha)\boldsymbol{x}_b\right)\leqslant\alpha f\left(\boldsymbol{x}_a\right)+(1-\alpha)f\left(\boldsymbol{x}_b\right) \tag{2-16}$$

如果无约束优化问题(2-12)的目标函数是二次可微函数，则该函数是凸函数的充要条件是：Hessian 矩阵

$$\nabla^2 f(\boldsymbol{x})=\begin{bmatrix}\dfrac{\partial^2 f(\boldsymbol{x})}{\partial x_1^2} & \dfrac{\partial^2 f(\boldsymbol{x})}{\partial x_1\partial x_2} & \cdots & \dfrac{\partial^2 f(\boldsymbol{x})}{\partial x_1\partial x_n}\\ \dfrac{\partial^2 f(\boldsymbol{x})}{\partial x_2\partial x_1} & \dfrac{\partial^2 f(\boldsymbol{x})}{\partial x_2^2} & \cdots & \dfrac{\partial^2 f(\boldsymbol{x})}{\partial x_2\partial x_n}\\ \vdots & \vdots & & \vdots\\ \dfrac{\partial^2 f(\boldsymbol{x})}{\partial x_n\partial x_1} & \dfrac{\partial^2 f(\boldsymbol{x})}{\partial x_n\partial x_2} & \cdots & \dfrac{\partial^2 f(\boldsymbol{x})}{\partial x_n^2}\end{bmatrix}$$

在定义域上为半正定的。通常在模型预测控制中取预测值与设定值偏差的 $L_2$ 范数为目标函数，同时权重系数矩阵均为正定的，因此该目标函数必为正定二次函数，即该目标函数是严格凸函数。根据函数(泛函)极值的必要条件，在无约束条件下，令梯度 $\nabla f(\boldsymbol{x})=0$，其中，$\nabla f(\boldsymbol{x})=\begin{bmatrix}\dfrac{\partial f}{\partial x_1} & \dfrac{\partial f}{\partial x_2} & \cdots & \dfrac{\partial f}{\partial x_n}\end{bmatrix}^{\mathrm{T}}$，求得极值点即最优解。

**【例 2-1】** 设一阶系统为

$$\begin{aligned}x_m(t_{i+1})&=ax_m(t_i)+bu(t_i)\\ y(t_i)&=x_m(t_i)\end{aligned} \tag{2-17}$$

其中，$a=0.8, b=0.1$。拟采用预测控制对其进行控制，取预测时域 $N_p=10$，控制时域 $N_c=4$，在当前时刻 $t_i$，已知 $\Delta x_m(t_i)=x_m(t_i)-x_m(t_{i-1})=0.1$，$y(t_i)=0.2$，求当前时刻的最优控制序列。

**解** 该系统的增广状态空间模型为

$$\begin{aligned}\begin{bmatrix}\Delta x_m(t_{i+1})\\ y(t_{i+1})\end{bmatrix}&=\boldsymbol{A}\begin{bmatrix}\Delta x_m(t_i)\\ y(t_i)\end{bmatrix}+\boldsymbol{B}\Delta u(t_i)\\ y(t_i)&=\boldsymbol{C}\begin{bmatrix}\Delta x_m(t_i)\\ y(t_i)\end{bmatrix}\end{aligned} \tag{2-18}$$

其中

$$\boldsymbol{A}=\begin{bmatrix}a & 0\\ a & 1\end{bmatrix},\quad \boldsymbol{B}=\begin{bmatrix}b\\ b\end{bmatrix},\quad \boldsymbol{C}=\begin{bmatrix}0 & 1\end{bmatrix}$$

定义向量

$$x(t_i)=\left[\Delta x_m(t_i) \quad y(t_i)\right]^{\mathrm{T}}$$

$$Y=\left[y(t_{i+1}|t_i) \quad y(t_{i+2}|t_i) \quad y(t_{i+3}|t_i) \quad \cdots \quad y(t_{i+N_p}|t_i)\right]^{\mathrm{T}}$$

$$\Delta U=\left[\Delta u(t_i) \quad \Delta u(t_{i+1}) \quad \Delta u(t_{i+2}) \quad \cdots \quad \Delta u(t_{i+N_c-1})\right]^{\mathrm{T}}$$

其中，$t_{i+j}|t_i$ 表示在 $t_i$ 时刻对 $t_{i+j}$ 时刻的预测。

基于系统的增广模型递推可以得到

$$Y=Fx(t_i)+\Phi\Delta U \tag{2-19}$$

其中

$$F=\begin{bmatrix} CA \\ CA^2 \\ CA^3 \\ \vdots \\ CA^{N_p} \end{bmatrix},\quad \Phi=\begin{bmatrix} CB & 0 & 0 & \cdots & 0 \\ CAB & CB & 0 & \cdots & 0 \\ CA^2B & CAB & CB & \cdots & 0 \\ \vdots & \vdots & \vdots & & \vdots \\ CA^{N_p-1}B & CA^{N_p-2}B & CA^{N_p-3}B & \cdots & CA^{N_p-N_c}B \end{bmatrix}$$

定义预测控制的目标函数为

$$J=(R_s-Y)^{\mathrm{T}}(R_s-Y)+\Delta U^{\mathrm{T}}\bar{R}\Delta U \tag{2-20}$$

其中，$R_s^{\mathrm{T}}=\overbrace{\left[1 \quad 1 \quad \cdots \quad 1\right]}^{N_p}$，$\bar{R}=r_w I_{N_c\times N_c}\,(r_w\geqslant 0)$，$r_w$ 是控制器平滑性能的权重系数，取 $r_w=10$。将式(2-19)代入式(2-20)，该预测控制的优化问题转化为一个无约束优化问题：

$$\begin{aligned}\min_{\Delta U} J &= f(\Delta U) \\ &=(R_s-Fx)^{\mathrm{T}}(R_s-Fx)-2\Delta U^{\mathrm{T}}\Phi^{\mathrm{T}}(R_s-Fx)+\Delta U^{\mathrm{T}}(\Phi^{\mathrm{T}}\Phi+\bar{R})\Delta U\end{aligned} \tag{2-21}$$

采用直接解析法解该优化问题，即令

$$\frac{\partial f(\Delta U)}{\partial \Delta U}=0 \tag{2-22}$$

解得

$$\Delta U=\left(\Phi^{\mathrm{T}}\Phi+\bar{R}\right)^{-1}\left(\Phi^{\mathrm{T}}R_s-\Phi^{\mathrm{T}}Fx(t_i)\right)=\left[0.1269 \quad 0.1034 \quad 0.0829 \quad 0.0650\right]^{\mathrm{T}}$$

即无约束优化问题(2-21)的最优解，该最优解的第一个元素 0.1269 即当前 $t_i$ 时刻的最优控制量。

2. 最速下降法

当预测控制器中取 $L_1$ 范数或者高阶范数为目标函数，或 RTO 中取经济指标作为目标函数，或目标函数是非线性函数时，不能保证目标函数是凸函数，这种情况下直接解析法将不再适用。如果无约束优化问题(2-12)的目标函数连续且具有一阶导函数，可以选择最速下降法求解最优值。

最速下降法是 19 世纪中叶由 Cauchy 提出的最早的求解多元函数极值的数值方法。该方法的基本思想是：目标函数沿着不同的方向有不同的下降速度，而沿最速下降方向(即负梯度方向)行进是最有利的。对于基本迭代格式

$$\boldsymbol{x}^{k+1}=\boldsymbol{x}^{k}+t^{k}\boldsymbol{p}^{k} \tag{2-23}$$

假定从点 $\boldsymbol{x}^k$ 出发沿某一方向 $\boldsymbol{p}^k$，使目标函数 $f$ 下降得最快。经证明，负梯度方向 $-\nabla f\left(\boldsymbol{x}^k\right)$ 为从点 $\boldsymbol{x}^k$ 出发使 $f$ 下降最快的方向，因此取点 $\boldsymbol{x}^k$ 的下降方向 $\boldsymbol{p}^k$ 为

$$\boldsymbol{p}^{k}=-\nabla f\left(\boldsymbol{x}^{k}\right) \tag{2-24}$$

按基本迭代格式(2-23)，每一轮从点 $\boldsymbol{x}^k$ 出发沿最速下降方向 $-\nabla f\left(\boldsymbol{x}^k\right)$ 进行一维搜索，其中步长因子 $t^k$ 必须满足：

$$t^{k}=\arg\min_{t\geqslant 0} f\left(\boldsymbol{x}^{k}-t\nabla f\left(\boldsymbol{x}^{k}\right)\right) \tag{2-25}$$

得到下一个迭代点 $\boldsymbol{x}^{k+1}$。当目标函数满足一定的条件时，所产生的点列必收敛于极小点。上述这种求解无约束极值问题的方法，称为最速下降法。

这个方法的特点是，每轮的搜索方向都是目标函数在当前点下降最快的方向。同时，将 $\nabla f\left(\boldsymbol{x}^k\right)=0$ 或 $\left\|\nabla f\left(\boldsymbol{x}^k\right)\right\|\leqslant\varepsilon$ 作为停止条件。其具体算法流程如图 2-4 如示，具体算法步骤如下。

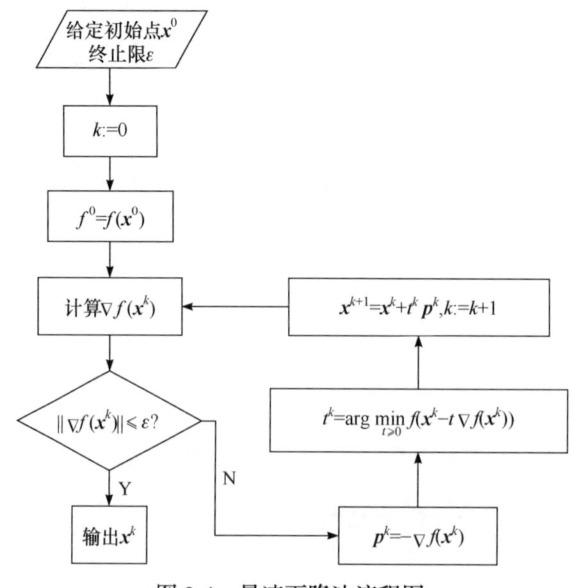


图 2-4　最速下降法流程图

**算法 2-1**：(最速下降法)

已知目标函数 $f(\boldsymbol{x})$ 及其梯度 $\nabla f(\boldsymbol{x})$，给定终止限 $\varepsilon$。

Step1：选取初始点 $\boldsymbol{x}^0$，令 $k:=0$，计算 $f^0=f(\boldsymbol{x}^0)$。

Step2：求梯度向量。计算 $\nabla f(\boldsymbol{x}^k)$，若 $\left\|\nabla f(\boldsymbol{x}^k)\right\|\leqslant\varepsilon$，停止迭代，输出 $\boldsymbol{x}^k$。否则，进入 Step3。

Step3：构造负梯度方向。取 $\boldsymbol{p}^k=-\nabla f(\boldsymbol{x}^k)$。

Step4：进行一维搜索。$t^k=\arg\min\limits_{t\geqslant 0} f(\boldsymbol{x}^k+t\boldsymbol{p}^k)$，令 $\boldsymbol{x}^{k+1}=\boldsymbol{x}^k+t^k\boldsymbol{p}^k$，$k:=k+1$，转 Step2。

**【例 2-2】**　用最速下降法求解例 2-1 的模型预测控制问题。

**解**　$\nabla f(\Delta\boldsymbol{U})=\dfrac{\partial f(\Delta\boldsymbol{U})}{\partial\Delta\boldsymbol{U}}=-2\boldsymbol{\Phi}^{\mathrm{T}}\left(\boldsymbol{R}_s-\boldsymbol{F}\boldsymbol{x}(t_i)\right)+2(\boldsymbol{\Phi}^{\mathrm{T}}\boldsymbol{\Phi}+\bar{\boldsymbol{R}})\Delta\boldsymbol{U}$

Step1：选取 $\boldsymbol{x}(t_i)=[0.1\quad 0.2]^{\mathrm{T}}$，初始 $\Delta\boldsymbol{U}^0=[1\quad 1\quad 1\quad 1]^{\mathrm{T}}$，$\varepsilon=0.0001$，$r_w=10$。

$$\nabla f(\Delta\boldsymbol{U}^0)=[24.4610\quad 24.3737\quad 24.1097\quad 23.6856]^{\mathrm{T}}$$

Step2：$\left\|\nabla f(\Delta\boldsymbol{U}^0)\right\|_\infty=24.4610>\varepsilon$，进入第 1 轮迭代。

第 1 轮迭代：

选取 $\boldsymbol{p}^0=-\nabla f(\Delta\boldsymbol{U}^0)$，计算 $t^0=\arg\min\limits_{t\geqslant 0} f\left(\Delta\boldsymbol{U}^0-t\nabla f(\Delta\boldsymbol{U}^0)\right)=0.0374$。

$$\Delta\boldsymbol{U}^1=\Delta\boldsymbol{U}^0+t^0\boldsymbol{p}^0=\begin{bmatrix}1\\1\\1\\1\end{bmatrix}-0.0374\times\begin{bmatrix}24.4610\\24.3737\\24.1097\\23.6856\end{bmatrix}=\begin{bmatrix}0.0846\\0.0878\\0.0977\\0.1136\end{bmatrix}$$

$$\nabla f(\Delta\boldsymbol{U}^1)=[-0.8741\quad -0.3335\quad 0.2805\quad 0.9604]^{\mathrm{T}}$$

因为 $\left\|\nabla f(\Delta\boldsymbol{U}^1)\right\|_\infty=0.9604>\varepsilon$，进入第 2 轮迭代。

第 2 轮迭代：

选取 $\boldsymbol{p}^1=-\nabla f(\Delta\boldsymbol{U}^1)$，计算 $t^1=\arg\min\limits_{t\geqslant 0} f(\Delta\boldsymbol{U}^1+t\boldsymbol{p}^1)=0.0495$。

$$\Delta\boldsymbol{U}^2=\Delta\boldsymbol{U}^1+t^1\boldsymbol{p}^1=\begin{bmatrix}0.1278\\0.1043\\0.0838\\0.0661\end{bmatrix}$$

$$\nabla f(\Delta\boldsymbol{U}^2)=[0.0264\quad 0.0256\quad 0.0250\quad 0.0257]^{\mathrm{T}}$$

因为 $\left\|\nabla f(\Delta\boldsymbol{U}^2)\right\|_\infty=0.0264>\varepsilon$，进入第 3 轮迭代。

……

第 4 轮迭代：

$$\boldsymbol{p}^3=-\nabla f\left(\Delta\boldsymbol{U}^3\right),\quad t^3=\arg\min_{t\geqslant 0} f\left(\Delta\boldsymbol{U}^3+t\nabla f\left(\Delta\boldsymbol{U}^3\right)\right)=0.0495$$

$$\Delta\boldsymbol{U}^4=\Delta\boldsymbol{U}^3+t^3\boldsymbol{p}^3=\begin{bmatrix}0.1269\\0.1034\\0.0829\\0.0650\end{bmatrix}$$

$$\nabla f\left(\Delta\boldsymbol{U}^4\right)=\begin{bmatrix}3.0215 & 2.7367 & 2.5693 & 2.8946\end{bmatrix}^{\mathrm{T}}\times 10^{-5}$$

因为 $\left\|\nabla f\left(\Delta\boldsymbol{U}^4\right)\right\|_{\infty}=3.0215\times 10^{-5}<\varepsilon$，跳出迭代。可以得到 $t_i$ 时刻的控制量增量最优控制序列 $\Delta\boldsymbol{U}=\begin{bmatrix}0.1269 & 0.1034 & 0.0829 & 0.0650\end{bmatrix}^{\mathrm{T}}$，在一定误差允许范围内，这与直接解析法求解出的结果是一致的。最速下降法 $\Delta\boldsymbol{U}$ 的迭代过程的变化如图 2-5 所示。

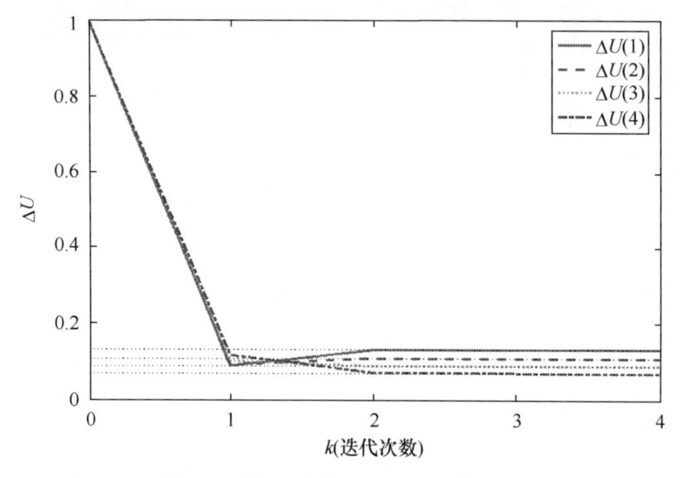


图 2-5　最速下降法 $\Delta\boldsymbol{U}$ 的迭代过程

3. Newton 法

从本质上看，最速下降法是一阶收敛，其收敛速度慢，效率较低。当无约束优化问题的目标函数连续且具有二阶偏导数，以及 Hessian 矩阵正定可计算时，可以采用 Newton 法进行优化求解。Newton 法收敛速度很快，是一维 Newton 切线法的推广。该方法的基本思想是：根据泰勒级数展开，考虑目标函数 $f$ 在点 $\boldsymbol{x}^k$ 处的二次逼近式：

$$f(\boldsymbol{x})\approx Q(\boldsymbol{x})=f\left(\boldsymbol{x}^k\right)+\nabla f\left(\boldsymbol{x}^k\right)^{\mathrm{T}}\left(\boldsymbol{x}-\boldsymbol{x}^k\right)+\frac{1}{2}\left(\boldsymbol{x}-\boldsymbol{x}^k\right)^{\mathrm{T}}\nabla^2 f\left(\boldsymbol{x}^k\right)\left(\boldsymbol{x}-\boldsymbol{x}^k\right)\tag{2-26}$$

由于 $\nabla^2 f\left(\boldsymbol{x}^k\right)$ 正定，$\boldsymbol{x}^{k+1}$ 是函数 $Q(\boldsymbol{x})$ 的极小点，满足：

$$\nabla Q\left(\boldsymbol{x}^{k+1}\right)=\nabla f\left(\boldsymbol{x}^k\right)+\nabla^2 f\left(\boldsymbol{x}^k\right)\left(\boldsymbol{x}^{k+1}-\boldsymbol{x}^k\right)=0\tag{2-27}$$

对照基本迭代格式(2-23)，取步长因子 $t^k=1$，搜索方向 $\boldsymbol{p}^k=-\left[\nabla^2 f\left(\boldsymbol{x}^k\right)\right]^{-1}\nabla f\left(\boldsymbol{x}^k\right)$，可得 $Q(\boldsymbol{x})$ 的最小点 $\boldsymbol{x}^{k+1}=\boldsymbol{x}^k-\left[\nabla^2 f\left(\boldsymbol{x}^k\right)\right]^{-1}\nabla f\left(\boldsymbol{x}^k\right)$。由于 $Q(\boldsymbol{x})$ 是 $f(\boldsymbol{x})$ 在点 $\boldsymbol{x}^k$ 处的二次逼近

式，把方向 $\boldsymbol{p}^k$ 假定为从点 $\boldsymbol{x}^k$ 出发的函数 $f(\boldsymbol{x})$ 的搜索方向，即 Newton 方向，$Q(\boldsymbol{x})$ 的最小点 $\boldsymbol{x}^{k+1}$ 为 $f(\boldsymbol{x})$ 的下一迭代点 $\boldsymbol{x}^{k+1}$。把这种沿 Newton 方向取步长为 1 的求解方法，称为 Newton 法，其算法流程如图 2-6 所示。已知目标函数 $f(\boldsymbol{x})$ 及其梯度 $\nabla f(\boldsymbol{x})$，Hessian 矩阵 $\nabla^2 f(\boldsymbol{x})$，终止准则所需要的终止限 $\varepsilon > 0$，Newton 法的具体步骤如下。

Step1：选取初始点 $\boldsymbol{x}^0$，令 $k := 0$。

Step2：计算 $f^k = f(\boldsymbol{x}^k)$，求梯度向量 $\nabla f(\boldsymbol{x}^k)$，若 $\left\|\nabla f(\boldsymbol{x}^k)\right\| \leqslant \varepsilon$，停止迭代，输出 $\boldsymbol{x}^k$。否则，进行 Step3。

Step3：构造 Newton 方向。计算 $\left[\nabla^2 f(\boldsymbol{x}^k)\right]^{-1}$，取 $\boldsymbol{p}^k = -\left[\nabla^2 f(\boldsymbol{x}^k)\right]^{-1} \nabla f(\boldsymbol{x}^k)$。

Step4：求下一迭代点。令 $\boldsymbol{x}^{k+1} = \boldsymbol{x}^k + \boldsymbol{p}^k$，$k := k+1$，转 Step2。

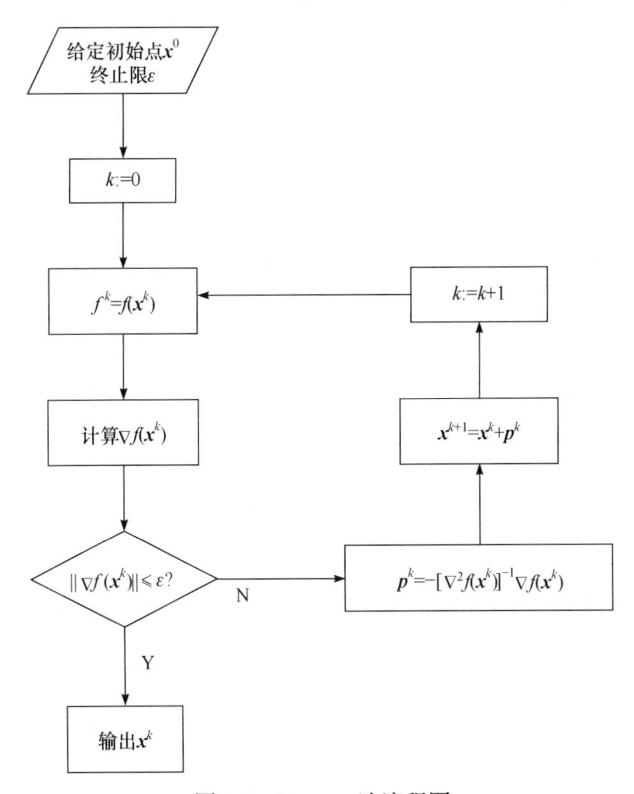


图 2-6　Newton 法流程图

由于对于具有正定 Hessian 矩阵的一般目标函数在解点附近近似地呈现为二次函数，对于正定二次函数迭代一次就可以求到它的极小点，因此 Newton 法在解点附近具有较高的收敛速度。如果目标函数是非二次函数，一般来说，用 Newton 法通过有限轮迭代并不能够保证可求得其最优解。

Newton 法的优点是收敛速度快，程序简单。但是，当目标函数维数较高或表达复杂时，Hessian 矩阵难以获得，Newton 法存在一定的局限性。

**【例 2-3】**　用 Newton 法求解例 2-1 的模型预测控制问题。

**解**　$\nabla f(\Delta \boldsymbol{U})=\dfrac{\partial f(\Delta \boldsymbol{U})}{\partial \Delta \boldsymbol{U}}=-2\boldsymbol{\Phi}^{\mathrm{T}}\left(\boldsymbol{R}_s-\boldsymbol{F}\boldsymbol{x}(t_i)\right)+2(\boldsymbol{\Phi}^{\mathrm{T}}\boldsymbol{\Phi}+\bar{\boldsymbol{R}})\Delta \boldsymbol{U}$

$$\nabla^2 f(\Delta \boldsymbol{U})=\frac{\partial^2 f(\Delta \boldsymbol{U})}{\partial \Delta \boldsymbol{U}^2}=2\boldsymbol{\Phi}^{\mathrm{T}}\boldsymbol{\Phi}+\bar{\boldsymbol{R}}$$

Step1：选取 $\boldsymbol{x}(t_i)=[0.1\quad 0.2]^{\mathrm{T}}$，初始 $\Delta \boldsymbol{U}^0=[1\quad 1\quad 1\quad 1]^{\mathrm{T}}$，$\varepsilon=0.0001$，$r_w=10$。

$$\nabla f\left(\Delta \boldsymbol{U}^0\right)=[24.4610\quad 24.3737\quad 24.1097\quad 23.6856]^{\mathrm{T}}$$

Step2：$\left\|\nabla f\left(\Delta \boldsymbol{U}^0\right)\right\|_\infty=24.4610>\varepsilon$，进入第 1 轮迭代。

第 1 轮迭代：

计算

$$\nabla^2 f\left(\Delta \boldsymbol{U}^0\right)=\begin{bmatrix}22.3081 & 2.0815 & 1.8232 & 1.5453\\ 2.0815 & 21.9097 & 1.6951 & 1.4517\\ 1.8232 & 1.6951 & 21.5350 & 1.3348\\ 1.5453 & 1.4517 & 1.3348 & 21.1887\end{bmatrix}$$

$$\begin{aligned}\boldsymbol{p}^0&=-\left[\nabla^2 f\left(\Delta \boldsymbol{U}^0\right)\right]^{-1}\nabla f\left(\Delta \boldsymbol{U}^0\right)\\&=-\begin{bmatrix}22.3081 & 2.0815 & 1.8232 & 1.5453\\ 2.0815 & 21.9097 & 1.6951 & 1.4517\\ 1.8232 & 1.6951 & 21.5350 & 1.3348\\ 1.5453 & 1.4517 & 1.3348 & 21.1887\end{bmatrix}^{-1}\begin{bmatrix}24.4610\\24.3737\\24.1097\\23.6856\end{bmatrix}=\begin{bmatrix}-0.8731\\-0.8966\\-0.9171\\-0.9350\end{bmatrix}\end{aligned}$$

$$\Delta \boldsymbol{U}^1=\Delta \boldsymbol{U}^0+\boldsymbol{p}^0=\begin{bmatrix}1\\1\\1\\1\end{bmatrix}+\begin{bmatrix}-0.8731\\-0.8966\\-0.9171\\-0.9350\end{bmatrix}=\begin{bmatrix}0.1269\\0.1034\\0.0829\\0.0650\end{bmatrix}$$

$$\nabla f\left(\Delta \boldsymbol{U}^1\right)=[31.086\quad 4.4409\quad -17.764\quad -53.291]^{\mathrm{T}}\times 10^{-16}$$

因为 $\left\|\nabla f\left(\Delta \boldsymbol{U}^1\right)\right\|_\infty=5.3291\times 10^{-15}<\varepsilon$，跳出迭代。可以得到 $t_i$ 时刻的控制量增量最优控制序列 $\Delta \boldsymbol{U}=[0.1269\quad 0.1034\quad 0.0829\quad 0.0650]^{\mathrm{T}}$。这与直接解析法求解出的结果在一定误差范围内是一致的。由于 $f(\Delta \boldsymbol{U})$ 是一个标准的二次函数，所以采用 Newton 法求解最优解的过程只进行了一次迭代。

4. 共轭梯度法

在无约束优化问题(2-12)中，虽然在远离极小点的地方，最速下降法可以使目标函数值有较多的下降，但是在接近极小点的地方，最速下降法因为锯齿现象使每次迭代行进的距离缩短，从而导致收敛速度下降。为了克服最速下降法的锯齿现象，共轭方向法在极小点附近将迭代搜索方向直指极小点，有效地提高了收敛速度。由于共轭方向法迭代公式比较简单，不用计算目标函数的二阶导数 Hessian 矩阵，因此与 Newton 法相比，能够有效降低计算量和存储量。

为直观起见，首先考虑无约束优化问题(2-12)的目标函数为二次函数 $f(\boldsymbol{x})=\frac{1}{2}\boldsymbol{x}^{\mathrm{T}}\boldsymbol{Q}\boldsymbol{x}+\boldsymbol{b}^{\mathrm{T}}\boldsymbol{x}+c$。任选初始点 $\boldsymbol{x}^0$。沿着某个下降方向 $\boldsymbol{p}^0$(可以是负梯度方向)，进行直线搜索到 $\boldsymbol{x}^1$。因此，$\boldsymbol{x}^1$ 点满足 $\nabla f\left(\boldsymbol{x}^1\right)^{\mathrm{T}}\boldsymbol{p}^0=0$，并且向量所在的直线必与某条等值线(椭圆)相切于 $\boldsymbol{x}^1$ 点。下一步迭代，如果按照最速下降法选择负梯度方向为搜索方向，那么将发生锯齿现象。为避免这种现象，假设下一次迭代的搜索方向 $\boldsymbol{p}^1$ 将直指极小点 $\boldsymbol{x}^*$，那么二次函数 $f(\boldsymbol{x})$ 只需顺次进行两次直线搜索就可以求得极小点：

$$\boldsymbol{x}^*=\boldsymbol{x}^1+t^1\boldsymbol{p}^1 \tag{2-28}$$

其中，$t^1$ 为最优步长因子。

由于导函数为 $\nabla f(\boldsymbol{x})=\boldsymbol{Q}\boldsymbol{x}+\boldsymbol{b}$，极小点必须满足：

$$\nabla f\left(\boldsymbol{x}^*\right)=\boldsymbol{Q}\boldsymbol{x}^*+\boldsymbol{b}=\boldsymbol{0} \tag{2-29}$$

将式(2-28)代入式(2-29)可得

$$\nabla f\left(\boldsymbol{x}^1\right)+t^1\boldsymbol{Q}\boldsymbol{p}^1=\boldsymbol{0} \tag{2-30}$$

再结合 $\nabla f\left(\boldsymbol{x}^1\right)^{\mathrm{T}}\boldsymbol{p}^0=0$，为使得 $\boldsymbol{p}^1$ 直指极小点，$\boldsymbol{p}^1$ 必须满足：

$$\left(\boldsymbol{p}^0\right)^{\mathrm{T}}\boldsymbol{Q}\boldsymbol{p}^1=0 \tag{2-31}$$

因此，两个向量 $\boldsymbol{p}^0$ 和 $\boldsymbol{p}^1$ 称为 $\boldsymbol{Q}$ 的共轭向量。

$n$ 维对称正定矩阵 $\boldsymbol{Q}$ 的共轭向量组两两线性无关，且共轭向量的个数最多为 $n$。假设无约束优化问题(2-12)的目标函数为 $f(\boldsymbol{x})=\frac{1}{2}\boldsymbol{x}^{\mathrm{T}}\boldsymbol{Q}\boldsymbol{x}+\boldsymbol{b}^{\mathrm{T}}\boldsymbol{x}+c$，极小点为 $\boldsymbol{x}^*$，初始点为 $\boldsymbol{x}^0$，$\boldsymbol{p}^0,\boldsymbol{p}^1,\cdots,\boldsymbol{p}^{n-1}$ 为关于 $\boldsymbol{Q}$ 的 $n$ 个共轭向量，则有

$$\boldsymbol{x}^*-\boldsymbol{x}^0=t^0\boldsymbol{p}^0+t^1\boldsymbol{p}^1+\cdots+t^{n-1}\boldsymbol{p}^{n-1} \tag{2-32}$$

将式(2-32)写成差分格式：

$$\begin{cases}\boldsymbol{x}^1=\boldsymbol{x}^0+t^0\boldsymbol{p}^0\\ \boldsymbol{x}^2=\boldsymbol{x}^1+t^1\boldsymbol{p}^1\\ \quad\vdots\\ \boldsymbol{x}^{k+1}=\boldsymbol{x}^k+t^k\boldsymbol{p}^k\\ \quad\vdots\\ \boldsymbol{x}^n=\boldsymbol{x}^{n-1}+t^{n-1}\boldsymbol{p}^{n-1}\end{cases} \tag{2-33}$$

即表示经过 $n$ 次迭代，就能得到目标函数的极小点，即 $\boldsymbol{x}^*=\boldsymbol{x}^n$，这就是共轭方向法的二次终止性。由于直线搜索必须满足：

$$\left[\nabla f\left(\boldsymbol{x}^{k+1}\right)\right]^{\mathrm{T}}\boldsymbol{p}^k=0 \tag{2-34}$$

将式(2-33)中 $\boldsymbol{x}^{k+1}=\boldsymbol{x}^k+t^k\boldsymbol{p}^k$ 代入式(2-34)，得

$$\begin{aligned}\left[\nabla f\left(\boldsymbol{x}^k+t^k\boldsymbol{p}^k\right)\right]^{\mathrm{T}}\boldsymbol{p}^k&=\left[\boldsymbol{Q}\left(\boldsymbol{x}^k+t^k\boldsymbol{p}^k\right)+\boldsymbol{b}^{\mathrm{T}}\right]^{\mathrm{T}}\boldsymbol{p}^k=\left[\boldsymbol{Q}\boldsymbol{x}^k+\boldsymbol{b}^{\mathrm{T}}\right]^{\mathrm{T}}\boldsymbol{p}^k+t^k\left[\boldsymbol{p}^k\right]^{\mathrm{T}}\boldsymbol{Q}\boldsymbol{p}^k\\&=\left[\nabla f\left(\boldsymbol{x}^k\right)\right]^{\mathrm{T}}\boldsymbol{p}^k+t^k\left[\boldsymbol{p}^k\right]^{\mathrm{T}}\boldsymbol{Q}\boldsymbol{p}^k=0\end{aligned}\tag{2-35}$$

因此步长为

$$t^k=-\frac{\left[\nabla f\left(\boldsymbol{x}^k\right)\right]^{\mathrm{T}}\boldsymbol{p}^k}{\left[\boldsymbol{p}^k\right]^{\mathrm{T}}\boldsymbol{Q}\boldsymbol{p}^k}\tag{2-36}$$

已知具有正定矩阵 $\boldsymbol{Q}$ 的二次目标函数 $f(\boldsymbol{x})=\dfrac{1}{2}\boldsymbol{x}^{\mathrm{T}}\boldsymbol{Q}\boldsymbol{x}+\boldsymbol{b}^{\mathrm{T}}\boldsymbol{x}+c$ 和终止限 $\varepsilon>0$。

共轭方向法的算法流程如图 2-7 所示，其具体步骤如下。

Step1：选取初始点 $\boldsymbol{x}^0$ 和具有下降方向的向量 $\boldsymbol{p}^0$，令 $k:=0$。

Step2：令 $t^k=-\dfrac{\left[\nabla f\left(\boldsymbol{x}^k\right)\right]^{\mathrm{T}}\boldsymbol{p}^k}{\left[\boldsymbol{p}^k\right]^{\mathrm{T}}\boldsymbol{Q}\boldsymbol{p}^k}$，$\boldsymbol{x}^{k+1}=\boldsymbol{x}^k+t^k\boldsymbol{p}^k$。

Step3：判别 $\left\|\nabla f\left(\boldsymbol{x}^{k+1}\right)\right\|\leqslant\varepsilon$ 是否满足，若满足，停止迭代，输出 $\boldsymbol{x}^{k+1}$，否则转 Step4。

Step4：提供共轭方向 $\boldsymbol{p}^{k+1}$ 使得 $\left(\boldsymbol{p}^j\right)^{\mathrm{T}}\boldsymbol{Q}\boldsymbol{p}^{k+1}=0, j=0,1,\cdots,k$。

Step5：令 $k:=k+1$，转 Step2。

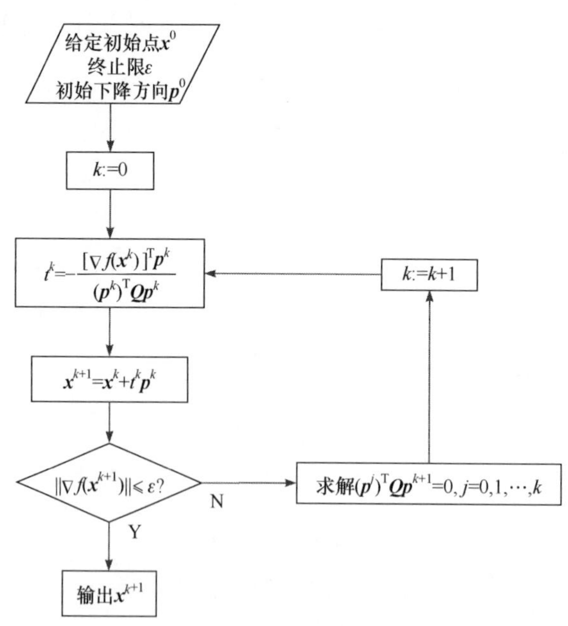


图 2-7　共轭方向法流程图

如果在共轭方向法中初始的共轭向量 $\boldsymbol{p}^0$ 恰好取为初始点处的负梯度 $-\nabla f\left(\boldsymbol{x}^0\right)$，而以下各共轭方向 $\boldsymbol{p}^k$ 由第 $k$ 次迭代点处的负梯度 $-\nabla f\left(\boldsymbol{x}^k\right)$ 与已经得到的共轭向量 $\boldsymbol{p}^k=0, j=0,1,\cdots,k-1$ 的线性组合来确定，那么就构造了一种具体的共轭方向，称这种每一个共轭向量都是依赖于迭代点处的负梯度而构造出来的方法为共轭梯度法。

已知目标函数 $f(\boldsymbol{x})$ 及其梯度 $\nabla f(\boldsymbol{x})$，终止准则中的终止限 $\varepsilon>0$，$N$ 为最大迭代次数。适用于非二次函数的 Fletcher-Reeves 共轭梯度法的算法流程如图 2-8 所示，其具体步骤如下。

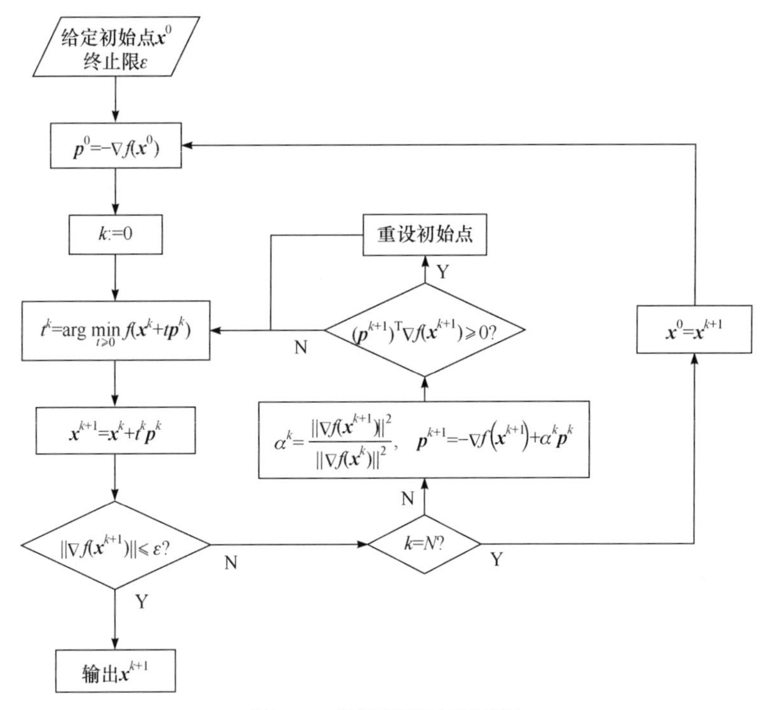


图 2-8　共轭梯度法流程图

Step1：选定初始点 $\boldsymbol{x}^0$；计算 $f\left(\boldsymbol{x}^0\right)$，$\boldsymbol{p}^0=-\nabla f\left(\boldsymbol{x}^0\right)$；令 $k:=0$。

Step2：做直线搜索，求 $t^k=\arg\min\limits_{t\geqslant 0} f\left(\boldsymbol{x}^k+t\boldsymbol{p}^k\right)$。令 $\boldsymbol{x}^{k+1}=\boldsymbol{x}^k+t^k\boldsymbol{p}^k$，计算 $f\left(\boldsymbol{x}^{k+1}\right)$，$\nabla f\left(\boldsymbol{x}^{k+1}\right)$。

Step3：判别终止准则 $\left\|\nabla f\left(\boldsymbol{x}^{k+1}\right)\right\|\leqslant\varepsilon$ 是否满足，若满足，则 $\boldsymbol{x}^{k+1}$ 就是极小点，停止迭代，输出 $\boldsymbol{x}^{k+1}$；否则，转 Step4。

Step4：判别 $k=N$ 是否成立，即是否已经迭代了 $N+1$ 次。若是，则重置初始点，$\boldsymbol{x}^0=\boldsymbol{x}^{k+1}$，计算新的 $f\left(\boldsymbol{x}^0\right)$ 和 $\boldsymbol{p}^0=-\nabla f\left(\boldsymbol{x}^0\right)$，然后转 Step2；否则转 Step5。

Step5：按 Fletcher-Reeves 公式计算共轭方向 $\boldsymbol{p}^{k+1}$，即

$$\alpha^k=\frac{\left\|\nabla f\left(\boldsymbol{x}^{k+1}\right)\right\|^2}{\left\|\nabla f\left(\boldsymbol{x}^k\right)\right\|^2},\quad \boldsymbol{p}^{k+1}=-\nabla f\left(\boldsymbol{x}^{k+1}\right)+\alpha^k\boldsymbol{p}^k$$

Step6：判别$\left(\boldsymbol{p}^{k+1}\right)^{\mathrm{T}}\nabla f\left(\boldsymbol{x}^{k+1}\right)\geqslant 0$是否成立，若成立，则$\boldsymbol{p}^{k+1}$不是下降方向，需重新设置初始点，转 Step2；否则，直接转 Step2。

**【例 2-4】** 用共轭方向法解例 2-1 所示的模型预测控制问题。

**解** $\nabla f(\Delta\boldsymbol{U})=\dfrac{\partial f(\Delta\boldsymbol{U})}{\partial\Delta\boldsymbol{U}}=-2\boldsymbol{\Phi}^{\mathrm{T}}\left(\boldsymbol{R}_s-\boldsymbol{F}\boldsymbol{x}(t_i)\right)+2(\boldsymbol{\Phi}^{\mathrm{T}}\boldsymbol{\Phi}+\bar{\boldsymbol{R}})\Delta\boldsymbol{U}$

$\boldsymbol{Q}=2(\boldsymbol{\Phi}^{\mathrm{T}}\boldsymbol{\Phi}+\bar{\boldsymbol{R}})$，$\boldsymbol{b}^{\mathrm{T}}=-2\left(\boldsymbol{R}_s-\boldsymbol{F}\boldsymbol{x}(t_i)\right)^{\mathrm{T}}\boldsymbol{\Phi}$，$c=\left(\boldsymbol{R}_s-\boldsymbol{F}\boldsymbol{x}(t_i)\right)^{\mathrm{T}}\left(\boldsymbol{R}_s-\boldsymbol{F}\boldsymbol{x}(t_i)\right)$

选取$\boldsymbol{x}(t_i)=[0.1\quad 0.2]^{\mathrm{T}}$，初始$\Delta\boldsymbol{U}^0=[1\quad 1\quad 1\quad 1]^{\mathrm{T}}$，$\varepsilon=0.0001$，$r_w=10$。

$$\boldsymbol{p}^0=-\nabla f\left(\Delta\boldsymbol{U}^0\right)=[-24.4610\quad -24.3737\quad -24.1097\quad -23.6856]^{\mathrm{T}}$$

第 1 轮迭代：

$$t^0=-\frac{\left[\nabla f(\Delta\boldsymbol{U}^0)\right]^{\mathrm{T}}\boldsymbol{p}^0}{\left[\boldsymbol{p}^0\right]^{\mathrm{T}}\boldsymbol{Q}\boldsymbol{p}^0}=0.0374$$

$$\Delta\boldsymbol{U}^1=\Delta\boldsymbol{U}^0+t^0\boldsymbol{p}^0=\begin{bmatrix}1\\1\\1\\1\end{bmatrix}-0.0374\begin{bmatrix}24.4610\\24.3737\\24.1097\\23.6856\end{bmatrix}=\begin{bmatrix}0.0846\\0.0878\\0.0977\\0.1136\end{bmatrix}$$

计算

$$\nabla f\left(\Delta\boldsymbol{U}^1\right)=[-0.8742\quad -0.3335\quad 0.2805\quad 0.9604]^{\mathrm{T}}$$

因为$\left\|\nabla f(\Delta\boldsymbol{U}^1)\right\|_\infty=0.9604>\varepsilon$，进入第 2 轮迭代。

第 2 轮迭代：

由$\left[\boldsymbol{p}^0\right]^{\mathrm{T}}\boldsymbol{Q}\boldsymbol{p}^1=0$，得到$\boldsymbol{p}^1=[-2.8128\quad 1\quad 1\quad 1]^{\mathrm{T}}$。

$$t^1=-\frac{\left[\nabla f\left(\Delta\boldsymbol{U}^1\right)\right]^{\mathrm{T}}\boldsymbol{p}^1}{\left[\boldsymbol{p}^1\right]^{\mathrm{T}}\boldsymbol{Q}\boldsymbol{p}^1}=-0.0153$$

$$\Delta\boldsymbol{U}^2=\Delta\boldsymbol{U}^1+t^1\boldsymbol{p}^1=\begin{bmatrix}0.1277\\0.0725\\0.0824\\0.0982\end{bmatrix}$$

$$\nabla f\left(\Delta\boldsymbol{U}^2\right)=[0.0048\quad -0.6280\quad -0.0176\quad 0.6593]^{\mathrm{T}}$$

因为$\left\|\nabla f\left(\Delta \boldsymbol{U}^2\right)\right\|_\infty$=0.6593>$\varepsilon$，进入第 3 轮迭代。

第 3 轮迭代：

由$\left[\boldsymbol{p}^0\right]^{\mathrm{T}}\boldsymbol{Q}\,\boldsymbol{p}^2=0$与$\left[\boldsymbol{p}^1\right]^{\mathrm{T}}\boldsymbol{Q}\,\boldsymbol{p}^2=0$，得到$\boldsymbol{p}^2=\left[0.0375\quad -1.9227\quad 1\quad 1\right]^{\mathrm{T}}$。

$$t^2=-\frac{\left[\nabla f\left(\Delta \boldsymbol{U}^2\right)\right]^{\mathrm{T}}\boldsymbol{p}^2}{\left[\boldsymbol{p}^2\right]^{\mathrm{T}}\boldsymbol{Q}\,\boldsymbol{p}^2}=-0.0162$$

$$\Delta \boldsymbol{U}^3=\Delta \boldsymbol{U}^2+t^2\boldsymbol{p}^2=\begin{bmatrix}0.1271\\0.1036\\0.0662\\0.0821\end{bmatrix}$$

$$\nabla f\left(\Delta \boldsymbol{U}^3\right)=\left[0.0016\quad 0.0015\quad -0.3361\quad 0.3390\right]^{\mathrm{T}}$$

因为$\left\|\nabla f\left(\Delta \boldsymbol{U}^3\right)\right\|_\infty=0.3390>\varepsilon$，进入第 4 轮迭代。

第 4 轮迭代：

由$\left[\boldsymbol{p}^0\right]^{\mathrm{T}}\boldsymbol{Q}\,\boldsymbol{p}^3=0$、$\left[\boldsymbol{p}^1\right]^{\mathrm{T}}\boldsymbol{Q}\,\boldsymbol{p}^3=0$与$\left[\boldsymbol{p}^2\right]^{\mathrm{T}}\boldsymbol{Q}\,\boldsymbol{p}^3=0$，得到

$$\boldsymbol{p}^3=\left[-0.0139\quad 0.0124\quad -0.9813\quad 1\right]^{\mathrm{T}}$$

$$t^3=-\frac{\left[\nabla f\left(\Delta \boldsymbol{U}^3\right)\right]^{\mathrm{T}}\boldsymbol{p}^3}{\left[\boldsymbol{p}^3\right]^{\mathrm{T}}\boldsymbol{Q}\,\boldsymbol{p}^3}=-0.0170$$

$$\Delta \boldsymbol{U}^4=\Delta \boldsymbol{U}^3+t^3\boldsymbol{p}^3=\begin{bmatrix}0.1269\\0.1034\\0.0829\\0.0650\end{bmatrix}$$

$$\nabla f\left(\Delta \boldsymbol{U}^4\right)=\left[3.9968\quad 3.9968\quad 3.5527\quad 3.3307\right]^{\mathrm{T}}\times 10^{-15}$$

因为$\left\|\nabla f\left(\Delta \boldsymbol{U}^4\right)\right\|_\infty=3.9968\times 10^{-15}<\varepsilon$，跳出迭代。可以得到$t_i$时刻的控制量增量最优控制序列$\Delta \boldsymbol{U}=\left[0.1269\quad 0.1034\quad 0.0829\quad 0.0650\right]^{\mathrm{T}}$，在一定误差允许范围内，这与直接解析法求解出的结果是一致的。由于矩阵$\boldsymbol{Q}$的秩为 4，根据共轭方向法的二次终止性，求解过程中的迭代次数也为 4。共轭方向法$\Delta \boldsymbol{U}$的迭代过程的变化如图 2-9 所示。

**【例 2-5】** 用共轭梯度法解例 2-1。

**解**
$$\nabla f\left(\Delta \boldsymbol{U}\right)=\frac{\partial f\left(\Delta \boldsymbol{U}\right)}{\partial \Delta \boldsymbol{U}}=-2\boldsymbol{\Phi}^{\mathrm{T}}\left(\boldsymbol{R}_s-\boldsymbol{F}\boldsymbol{x}\left(t_i\right)\right)+2\left(\boldsymbol{\Phi}^{\mathrm{T}}\boldsymbol{\Phi}+\bar{\boldsymbol{R}}\right)\Delta \boldsymbol{U}$$

选取$\boldsymbol{x}\left(t_i\right)=\left[0.1\quad 0.2\right]^{\mathrm{T}}$，初始$\Delta \boldsymbol{U}^0=\left[1\quad 1\quad 1\quad 1\right]^{\mathrm{T}}$，$\varepsilon=0.0001$，$r_w=10$。

$$\nabla f\left(\Delta \boldsymbol{U}^{0}\right)=\begin{bmatrix}24.4610 & 24.3737 & 24.1097 & 23.6856\end{bmatrix}^{\mathrm{T}}$$

因为$\left\|\nabla f\left(\Delta \boldsymbol{U}^{0}\right)\right\|_{\infty}=24.4610>\varepsilon$，进入第 1 轮迭代。

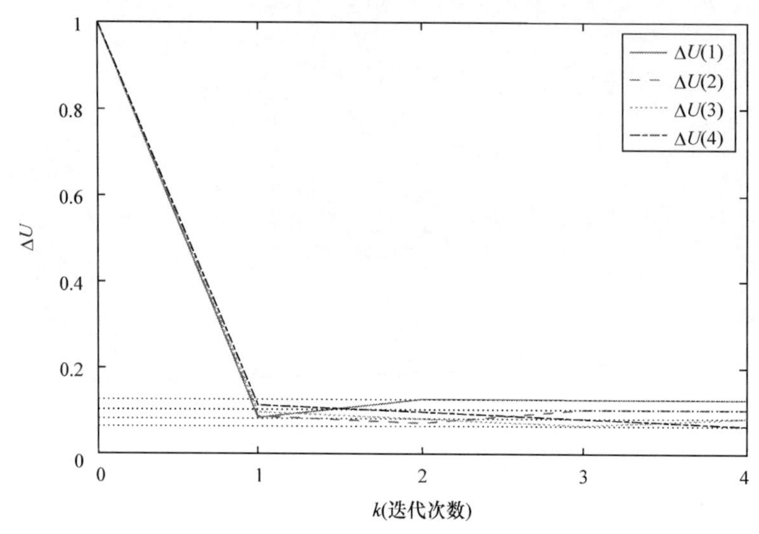


图 2-9　共轭方向法 $\Delta \boldsymbol{U}$ 的迭代过程

第 1 轮迭代：

选取 $\boldsymbol{p}^{0}=-\nabla f\left(\Delta \boldsymbol{U}^{0}\right)$，计算 $t^{0}=\arg\min\limits_{t>0} f\left(\Delta \boldsymbol{U}^{0}+t\boldsymbol{p}^{0}\right)=0.0347$ 。

$$\Delta \boldsymbol{U}^{1}=\Delta \boldsymbol{U}^{0}+t^{0}\boldsymbol{p}^{0}=\begin{bmatrix}0.0846\\0.0878\\0.0977\\0.1136\end{bmatrix}$$

$$\nabla f\left(\Delta \boldsymbol{U}^{1}\right)=\begin{bmatrix}-0.8741 & -0.3335 & 0.2805 & 0.9604\end{bmatrix}^{\mathrm{T}}$$

因为$\left\|\nabla f\left(\Delta \boldsymbol{U}^{1}\right)\right\|_{\infty}=0.9604>\varepsilon$， $k=0<N$，计算：

$$\alpha^{0}=\frac{\left\|\nabla f\left(\Delta \boldsymbol{U}^{1}\right)\right\|_{2}^{2}}{\left\|\nabla f\left(\Delta \boldsymbol{U}^{0}\right)\right\|_{2}^{2}}=8.0368\times10^{-4}$$

$$\boldsymbol{p}^{1}=-\nabla f\left(\Delta \boldsymbol{U}^{1}\right)+\alpha^{0}\boldsymbol{p}^{0}=\begin{bmatrix}0.8545\\0.3139\\-0.2999\\-0.9794\end{bmatrix}$$

$$k:=k+1=1$$

进入第 2 轮迭代。

第 2 轮迭代：

计算

$$t^1 = \arg\min_{t>0} f\left(\Delta \boldsymbol{U}^1 + t\boldsymbol{p}^1\right) = 0.0495$$

$$\Delta \boldsymbol{U}^2 = \Delta \boldsymbol{U}^1 + t^1 \boldsymbol{p}^1 = \begin{bmatrix} 0.1269 \\ 0.1034 \\ 0.0829 \\ 0.0651 \end{bmatrix}$$

$$\nabla f\left(\Delta \boldsymbol{U}^2\right) = \begin{bmatrix} 4.5452 & -3.0356 & -6.4113 & 4.9559 \end{bmatrix}^{\mathrm{T}} \times 10^{-4}$$

因为$\left\|\nabla f\left(\Delta \boldsymbol{U}^2\right)\right\|_\infty = 6.4113 \times 10^{-4} > \varepsilon$，$k = 1 < N$，计算：

$$\alpha^1 = \frac{\left\|\nabla f\left(\Delta \boldsymbol{U}^2\right)\right\|_2^2}{\left\|\nabla f\left(\Delta \boldsymbol{U}^1\right)\right\|_2^2} = 5.0917 \times 10^{-7}$$

$$\boldsymbol{p}^2 = -\nabla f\left(\Delta \boldsymbol{U}^2\right) + \alpha^1 \boldsymbol{p}^1 = \begin{bmatrix} 29.326 \\ -64.959 \\ 44.669 \\ -8.9096 \end{bmatrix} \times 10^{-9}$$

$$k := k + 1 = 2$$

进入第 3 轮迭代。

第 3 轮迭代：

$$t^2 = \arg\min_{t>0} f\left(\Delta \boldsymbol{U}^2 + t\boldsymbol{p}^2\right) = 0.05$$

$$\Delta \boldsymbol{U}^3 = \Delta \boldsymbol{U}^2 + t^2 \boldsymbol{p}^2 = \begin{bmatrix} 0.1269 \\ 0.1034 \\ 0.0829 \\ 0.0650 \end{bmatrix}$$

$$\nabla f\left(\Delta \boldsymbol{U}^3\right) = \begin{bmatrix} -29.330 & 64.961 & -44.664 & 8.9059 \end{bmatrix}^{\mathrm{T}} \times 10^{-9}$$

因为$\left\|\nabla f\left(\Delta \boldsymbol{U}^3\right)\right\|_\infty = 6.4961 \times 10^{-8} < \varepsilon$，跳出迭代。可以得到$t_i$时刻的控制量增量最优控制序列$\Delta \boldsymbol{U} = \begin{bmatrix} 0.1269 & 0.1034 & 0.0829 & 0.0650 \end{bmatrix}^{\mathrm{T}}$，在一定误差允许范围内，这与直接解析法求解出的结果是一致的。共轭梯度法$\Delta \boldsymbol{U}$的迭代过程的变化如图 2-10 所示。

5. 变尺度法

变尺度法是近二十多年发展起来的求解无约束优化问题的有效算法，它既避免了计算二阶导数矩阵及其求逆过程，又比共轭梯度法的收敛速度快，特别是对高维问题，具有显著的优越性。

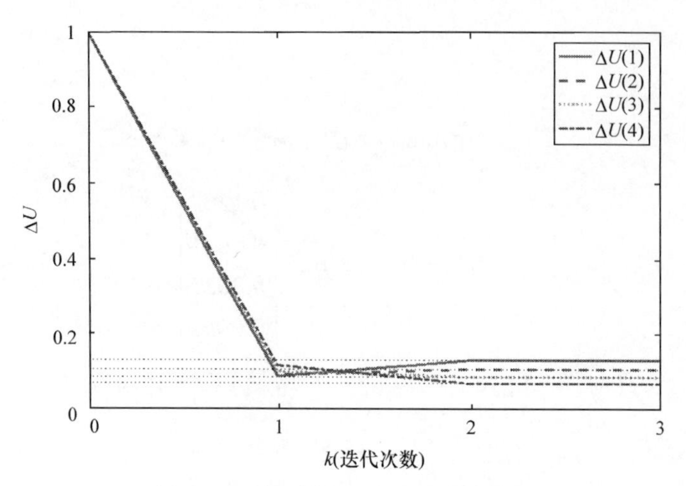


图 2-10　共轭梯度法 $\Delta\boldsymbol{U}$ 的迭代过程

为了不计算 Newton 法的搜索方向中的二阶导数矩阵$\left[\nabla^2 f\left(\boldsymbol{x}^k\right)\right]$及其逆矩阵，Davidon 等在 20 世纪 60 年代提出 DFP 法，通过设法构造一簇近似矩阵 $\overline{\boldsymbol{H}}^k$，来逼近二阶导数矩阵的逆矩阵$\left[\nabla^2 f\left(\boldsymbol{x}^k\right)\right]^{-1}$，这一类方法也称拟 Newton 法(quasi-Newton method)。对于近似矩阵簇 $\overline{\boldsymbol{H}}^k$，要求每一步都能以现有的信息来确定下一个搜索方向；每做一次迭代，目标函数值均有所下降；这些近似矩阵最后应收敛于解点处的 Hessian 矩阵的逆矩阵。

当无约束优化问题(2-12)的目标函数 $f\left(\boldsymbol{x}\right)$是二次函数时，其 Hessian 矩阵为常数矩阵 $\boldsymbol{A}$，任两点 $\boldsymbol{x}^k$ 和 $\boldsymbol{x}^{k+1}$ 处的梯度之差为

$$\nabla f\left(\boldsymbol{x}^{k+1}\right)-\nabla f\left(\boldsymbol{x}^k\right)=A\left(\boldsymbol{x}^{k+1}-\boldsymbol{x}^k\right) \tag{2-37}$$

或

$$\boldsymbol{x}^{k+1}-\boldsymbol{x}^k=A^{-1}\left(\nabla f\left(\boldsymbol{x}^{k+1}\right)-\nabla f\left(\boldsymbol{x}^k\right)\right) \tag{2-38}$$

当无约束优化问题(2-12)的目标函数是非二次函数时，仿照式(2-38)，要求近似矩阵 $\overline{\boldsymbol{H}}^{k+1}$满足关系式：

$$\boldsymbol{x}^{k+1}-\boldsymbol{x}^k=\overline{\boldsymbol{H}}^{k+1}\left(\nabla f\left(\boldsymbol{x}^{k+1}\right)-\nabla f\left(\boldsymbol{x}^k\right)\right) \tag{2-39}$$

即拟 Newton 条件。

若令

$$\begin{cases}\Delta\boldsymbol{G}^k=\nabla f\left(\boldsymbol{x}^{k+1}\right)-\nabla f\left(\boldsymbol{x}^k\right)\\ \Delta\boldsymbol{x}^k=\boldsymbol{x}^{k+1}-\boldsymbol{x}^k\end{cases} \tag{2-40}$$

则式(2-39)为

$$\Delta\boldsymbol{x}^k=\overline{\boldsymbol{H}}^{k+1}\Delta\boldsymbol{G}^k \tag{2-41}$$

现假定 $\bar{\boldsymbol{H}}^k$ 已知，则

$$\bar{\boldsymbol{H}}^{k+1}=\bar{\boldsymbol{H}}^k+\Delta\bar{\boldsymbol{H}}^k \tag{2-42}$$

其中，$\Delta\bar{\boldsymbol{H}}^k$ 称为第 $k$ 次校正矩阵；$\bar{\boldsymbol{H}}^k$ 和 $\bar{\boldsymbol{H}}^{k+1}$ 均为对称正定阵。显然，$\bar{\boldsymbol{H}}^{k+1}$ 应满足拟 Newton 条件(2-41)，即要求

$$\Delta\boldsymbol{x}^k=\left(\bar{\boldsymbol{H}}^k+\Delta\bar{\boldsymbol{H}}^k\right)\Delta\boldsymbol{G}^k \tag{2-43}$$

或

$$\Delta\bar{\boldsymbol{H}}^k\Delta\boldsymbol{G}^k=\Delta\boldsymbol{x}^k-\bar{\boldsymbol{H}}^k\Delta\boldsymbol{G}^k \tag{2-44}$$

假设 $\Delta\bar{\boldsymbol{H}}^k$ 满足以下形式：

$$\Delta\bar{\boldsymbol{H}}^k=\Delta\boldsymbol{x}^k\left(\boldsymbol{Q}^k\right)^{\mathrm{T}}-\bar{\boldsymbol{H}}^k\Delta\boldsymbol{G}^k\left(\boldsymbol{W}^k\right)^{\mathrm{T}} \tag{2-45}$$

其中，$\boldsymbol{Q}^k$ 和 $\boldsymbol{W}^k$ 为两个待定列向量。

将式(2-45)代入式(2-44)可得

$$\Delta\boldsymbol{x}^k\left(\boldsymbol{Q}^k\right)^{\mathrm{T}}\Delta\boldsymbol{G}^k-\bar{\boldsymbol{H}}^k\Delta\boldsymbol{G}^k\left(\boldsymbol{W}^k\right)^{\mathrm{T}}\Delta\boldsymbol{G}^k=\Delta\boldsymbol{x}^k-\bar{\boldsymbol{H}}^k\Delta\boldsymbol{G}^k \tag{2-46}$$

这说明，应使

$$\left(\boldsymbol{Q}^k\right)^{\mathrm{T}}\Delta\boldsymbol{G}^k=\left(\boldsymbol{W}^k\right)^{\mathrm{T}}\Delta\boldsymbol{G}^k=1 \tag{2-47}$$

考虑到 $\Delta\bar{\boldsymbol{H}}^k$ 应为对称阵，最简单的办法就是取

$$\begin{cases}\boldsymbol{Q}^k=\eta_k\Delta\boldsymbol{x}^k\\ \boldsymbol{W}^k=\xi_k\bar{\boldsymbol{H}}^k\Delta\boldsymbol{G}^k\end{cases} \tag{2-48}$$

由式(2-47)得

$$\eta_k\left(\Delta\boldsymbol{x}^k\right)^{\mathrm{T}}\Delta\boldsymbol{G}^k=\xi_k\left(\Delta\boldsymbol{G}^k\right)^{\mathrm{T}}\bar{\boldsymbol{H}}^k\Delta\boldsymbol{G}^k=1 \tag{2-49}$$

若 $\left(\Delta\boldsymbol{x}^k\right)^{\mathrm{T}}\Delta\boldsymbol{G}^k$ 和 $\left(\Delta\boldsymbol{G}^k\right)^{\mathrm{T}}\bar{\boldsymbol{H}}^k\Delta\boldsymbol{G}^k$ 不等于零，则有

$$\begin{cases}\eta_k=\dfrac{1}{\left(\Delta\boldsymbol{x}^k\right)^{\mathrm{T}}\Delta\boldsymbol{G}^k}=\dfrac{1}{\left(\Delta\boldsymbol{G}^k\right)^{\mathrm{T}}\Delta\boldsymbol{x}^k}\\ \xi_k=\dfrac{1}{\left(\Delta\boldsymbol{G}^k\right)^{\mathrm{T}}\bar{\boldsymbol{H}}^k\Delta\boldsymbol{G}^k}\end{cases} \tag{2-50}$$

于是，得校正矩阵

$$\Delta\bar{\boldsymbol{H}}^k=\frac{\Delta\boldsymbol{x}^k\left(\Delta\boldsymbol{x}^k\right)^{\mathrm{T}}}{\left(\Delta\boldsymbol{G}^k\right)^{\mathrm{T}}\Delta\boldsymbol{x}^k}-\frac{\bar{\boldsymbol{H}}^k\Delta\boldsymbol{G}^k\left(\boldsymbol{G}^k\right)^{\mathrm{T}}\Delta\boldsymbol{H}^k}{\left(\Delta\boldsymbol{G}^k\right)^{\mathrm{T}}\bar{\boldsymbol{H}}^k\Delta\boldsymbol{G}^k} \tag{2-51}$$

从而得到

$$\bar{\boldsymbol{H}}^{k+1}=\bar{\boldsymbol{H}}^{k}+\frac{\Delta\boldsymbol{x}^{k}\left(\Delta\boldsymbol{x}^{k}\right)^{\mathrm{T}}}{\left(\Delta\boldsymbol{G}^{k}\right)^{T}\Delta\boldsymbol{x}^{k}}-\frac{\bar{\boldsymbol{H}}^{k}\Delta\boldsymbol{G}^{k}\left(\boldsymbol{G}^{k}\right)^{\mathrm{T}}\Delta\boldsymbol{H}^{k}}{\left(\Delta\boldsymbol{G}^{k}\right)^{\mathrm{T}}\bar{\boldsymbol{H}}^{k}\Delta\boldsymbol{G}^{k}} \tag{2-52}$$

上述矩阵称为尺度矩阵。通常，取第一个尺度矩阵 $\bar{\boldsymbol{H}}^0$ 为单位阵，之后的尺度矩阵可按式(2-52)逐步形成。可以证明：

(1) 当 $\boldsymbol{x}^k$ 不是极小点且 $\bar{\boldsymbol{H}}^k$ 正定时，式(2-51)等号右端两项的分母不为零，从而可按式(2-52)产生下一个尺度矩阵 $\bar{\boldsymbol{H}}^{k+1}$；

(2) 若 $\bar{\boldsymbol{H}}^k$ 为对称正定阵，则由式(2-52)产生的 $\bar{\boldsymbol{H}}^{k+1}$ 也是对称正定阵；

(3) 由此推出 DFP 法的搜索方向为下降方向。

已知初始点 $\boldsymbol{x}^0$ 及终止限 $\varepsilon>0$，DFP 法的算法流程如图 2-11 所示，其计算步骤如下。

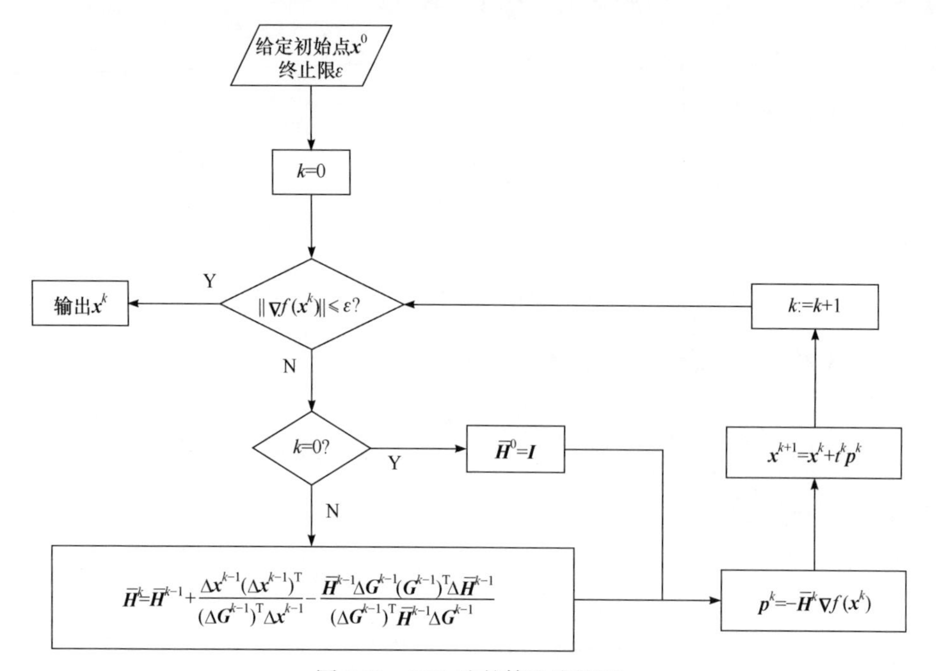


图 2-11　DFP 法的算法流程图

Step1：若 $\left\|\nabla f\left(\boldsymbol{x}^0\right)\right\|\leqslant\varepsilon$，则 $\boldsymbol{x}^0$ 即近似极小点，停止迭代，否则，转向下一步。

Step2：令 $\bar{\boldsymbol{H}}^0=\boldsymbol{I}$(单位矩阵)，在 $\boldsymbol{p}^0=-\bar{\boldsymbol{H}}^0\nabla f\left(\boldsymbol{x}^0\right)$ 方向进行一维搜索，确定最佳步长 $t^0$：

$$t^0=\arg\min_{t\geqslant 0} f\left(\boldsymbol{x}^0+t\boldsymbol{p}^0\right)$$

如此可得下一个近似点 $\boldsymbol{x}^1=\boldsymbol{x}^0+t^0\boldsymbol{p}^0$，令 $k=1$。

Step3：一般地，设已得到近似点 $\boldsymbol{x}^k$，计算 $\nabla f\left(\boldsymbol{x}^k\right)$，若 $\left\|\nabla f\left(\boldsymbol{x}^k\right)\right\|\leqslant\varepsilon$，则 $x^k$ 为所求的近似解，停止迭代；否则，计算 $\bar{\boldsymbol{H}}^k$：

$$\bar{\boldsymbol{H}}^k=\bar{\boldsymbol{H}}^{k-1}+\frac{\Delta\boldsymbol{x}^{k-1}\left(\Delta\boldsymbol{x}^{k-1}\right)^{\mathrm{T}}}{\left(\Delta\boldsymbol{G}^{k-1}\right)^{\mathrm{T}}\Delta\boldsymbol{x}^{k-1}}-\frac{\bar{\boldsymbol{H}}^{k-1}\Delta\boldsymbol{G}^{k-1}\left(\boldsymbol{G}^{k-1}\right)^{\mathrm{T}}\Delta\boldsymbol{H}^{k-1}}{\left(\Delta\boldsymbol{G}^{k-1}\right)^{\mathrm{T}}\bar{\boldsymbol{H}}^{k-1}\Delta\boldsymbol{G}^{k-1}}$$

并令 $\boldsymbol{p}^k=-\bar{\boldsymbol{H}}^k\nabla f\left(\boldsymbol{x}^k\right)$，在 $\boldsymbol{p}^k$ 方向上进行一维搜索，得 $t^k$，从而可得下一个近似点 $\boldsymbol{x}^{k+1}=\boldsymbol{x}^k+t^k\boldsymbol{p}^k$。

Step4：若 $\boldsymbol{x}^{k+1}$ 满足精度要求，则 $\boldsymbol{x}^{k+1}$ 为所求的近似解，否则，令 $k:=k+1$，转 Step3，直到求出某点满足精度要求。

**【例 2-6】** 用变尺度法求解例 2-1。

**解**　$$\nabla f(\Delta\boldsymbol{U})=\frac{\partial f(\Delta\boldsymbol{U})}{\partial\Delta\boldsymbol{U}}=-2\boldsymbol{\Phi}^{\mathrm{T}}\left(\boldsymbol{R}_s-\boldsymbol{F}\boldsymbol{x}(t_i)\right)+2(\boldsymbol{\Phi}^{\mathrm{T}}\boldsymbol{\Phi}+\bar{\boldsymbol{R}})\Delta\boldsymbol{U}$$

Step1：选取 $\boldsymbol{x}(t_i)=[0.1\quad 0.2]^{\mathrm{T}}$，初始 $\Delta\boldsymbol{U}^0=[1\quad 1\quad 1\quad 1]^{\mathrm{T}}$，$\varepsilon=0.0001$，$r_w=10$。

$$\nabla f\left(\Delta\boldsymbol{U}^0\right)=[24.4610\quad 24.3737\quad 24.1097\quad 23.6856]^{\mathrm{T}}$$

Step2：$\left\|\nabla f\left(\Delta\boldsymbol{U}^0\right)\right\|_\infty=24.4610>\varepsilon$，进入第 1 轮迭代。

第 1 轮迭代：

$$\bar{\boldsymbol{H}}^0=\boldsymbol{I}_{4\times4}$$

$$\boldsymbol{p}^0=-\bar{\boldsymbol{H}}^0\nabla f(\Delta\boldsymbol{U}^0)=[-24.4610\quad -24.3737\quad -24.1097\quad -23.6856]^{\mathrm{T}}$$

$$t^0=\arg\min_{t\geqslant0}f\left(\Delta\boldsymbol{U}^0-t\nabla f\left(\Delta\boldsymbol{U}^0\right)\right)=0.0374$$

$$\Delta\boldsymbol{U}^1=\Delta\boldsymbol{U}^0+t^0\boldsymbol{p}^0=\begin{bmatrix}0.0846\\0.0878\\0.0977\\0.1136\end{bmatrix}$$

$$\nabla f\left(\Delta\boldsymbol{U}^1\right)=[-0.8741\quad -0.3335\quad 0.2805\quad 0.9604]^{\mathrm{T}}$$

因为 $\left\|\nabla f\left(\Delta\boldsymbol{U}^1\right)\right\|_\infty=0.9604>\varepsilon$，进入第 2 轮迭代。

第 2 轮迭代：

$$\Delta\bar{\boldsymbol{H}}^0=\begin{bmatrix}-0.2550 & -0.2482 & -0.2389 & -0.2273\\-0.2484 & -0.2419 & -0.2328 & -0.2215\\-0.2394 & -0.2330 & -0.2243 & -0.2134\\-0.2280 & -0.2220 & -0.2136 & -0.2032\end{bmatrix}$$

$$\bar{\boldsymbol{H}}^1 = \bar{\boldsymbol{H}}^0 + \Delta\bar{\boldsymbol{H}}^0 = \begin{bmatrix} 0.7450 & -0.2482 & -0.2389 & -0.2273 \\ -0.2484 & 0.7581 & -0.2328 & -0.2215 \\ -0.2394 & -0.2330 & 0.7757 & -0.2134 \\ -0.2280 & -0.2220 & -0.2136 & 0.7968 \end{bmatrix}$$

$$\boldsymbol{p}^1 = -\bar{\boldsymbol{H}}^1 \nabla f\left(\Delta\boldsymbol{U}^1\right) = \begin{bmatrix} 0.8538 & 0.3136 & -0.2996 & -0.9786 \end{bmatrix}^{\mathrm{T}}$$

$$t^1 = \arg\min_{t>0} f\left(\Delta\boldsymbol{U}^1 + t\boldsymbol{p}^1\right) = 0.0496$$

$$\Delta\boldsymbol{U}^2 = \Delta\boldsymbol{U}^1 + t^1\boldsymbol{p}^1 = \begin{bmatrix} 0.1269 \\ 0.1034 \\ 0.0829 \\ 0.0651 \end{bmatrix}$$

$$\nabla f\left(\Delta\boldsymbol{U}^2\right) = \begin{bmatrix} 4.7618 & -2.8244 & -6.2075 & 5.1502 \end{bmatrix}^{\mathrm{T}} \times 10^{-4}$$

因为$\left\|\nabla f\left(\Delta\boldsymbol{U}^2\right)\right\|_\infty = 6.2075\times10^{-4} > \varepsilon$，进入第 3 轮迭代。

第 3 轮迭代：

$$\Delta\bar{\boldsymbol{H}}^1 = \begin{bmatrix} -0.3507 & -0.1286 & 0.1233 & 0.4015 \\ -0.1286 & -0.0472 & 0.0452 & 0.1472 \\ 0.1233 & 0.0452 & -0.0433 & -0.1411 \\ 0.4015 & 0.1472 & -0.1412 & -0.4596 \end{bmatrix}$$

$$\bar{\boldsymbol{H}}^2 = \bar{\boldsymbol{H}}^1 + \Delta\bar{\boldsymbol{H}}^1 = \begin{bmatrix} 0.3943 & -0.3768 & -0.1156 & 0.1742 \\ -0.3771 & 0.7110 & -0.1876 & -0.0742 \\ -0.1161 & -0.1878 & 0.7324 & -0.3545 \\ 0.1735 & -0.0747 & -0.3548 & 0.3371 \end{bmatrix}$$

$$\boldsymbol{p}^2 = -\bar{\boldsymbol{H}}^2 \nabla f\left(\Delta\boldsymbol{U}^2\right) = \begin{bmatrix} -4.5569 & 3.0213 & 6.3943 & -4.9758 \end{bmatrix}^{\mathrm{T}} \times 10^{-4}$$

$$t^2 = \arg\min_{t>0} f\left(\Delta\boldsymbol{U}^2 + t\boldsymbol{p}^2\right) = 0.05$$

$$\Delta\boldsymbol{U}^3 = \Delta\boldsymbol{U}^2 + t^2\boldsymbol{p}^2 = \begin{bmatrix} 0.1269 \\ 0.1034 \\ 0.0829 \\ 0.0650 \end{bmatrix}$$

$$\nabla f\left(\Delta\boldsymbol{U}^3\right) = \begin{bmatrix} 1.9359 & 1.9081 & 1.8357 & 1.7447 \end{bmatrix}^{\mathrm{T}} \times 10^{-5}$$

因为$\left\|\nabla f\left(\Delta\boldsymbol{U}^3\right)\right\|_\infty = 1.9359\times10^{-5} < \varepsilon$，跳出迭代。可以得到 $t_i$ 时刻的控制量增量最优控制序列 $\Delta\boldsymbol{U} = \begin{bmatrix} 0.1269 & 0.1034 & 0.0829 & 0.0650 \end{bmatrix}^{\mathrm{T}}$，在一定误差允许范围内，这与直接解析法求解出的结果是一致的。变尺度法 $\Delta\boldsymbol{U}$ 的迭代过程的变化如图 2-12 所示。

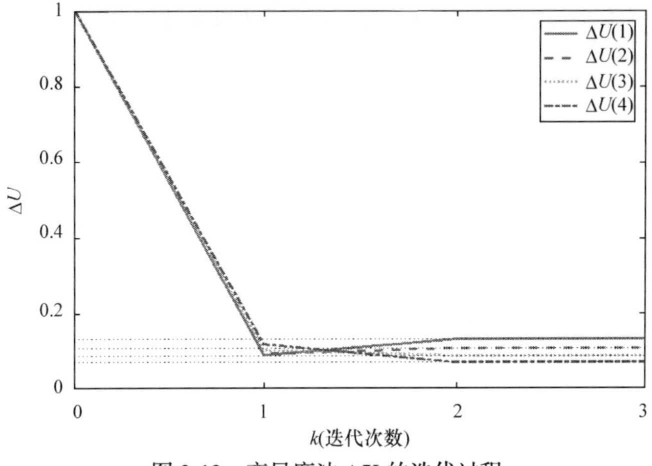


图 2-12　变尺度法 $\Delta\boldsymbol{U}$ 的迭代过程

### 2.2.2　直接法

在非线性 MPC 的无约束优化问题中，当目标函数的导数易于计算时，可用上述解析方法求解。但实际工程对象的控制目标函数往往十分复杂，其导数表达式就更加复杂，难以推导。对于无法用简单明确的数学解析表达式表达的最优化问题，通过数值计算，在经过一系列迭代过程产生的点列中直接搜索，使其逐步逼近最优点的方法称为直接法，如单纯形替换法、步长加速法、方向加速法等。与解析法不同，直接法无须计算目标函数的导数，但需要目标函数具有连续性。

1. 单纯形替换法

在 $n$ 维实数空间 $\mathbb{R}^n$ 中的单纯形是一种多胞形，它具有 $n+1$ 个不在同一超平面上的顶点。若各个棱长彼此相等，则称为正规单纯形。例如，在二维空间中，三角形就是 $\mathbb{R}^2$ 中的单纯形，而等边三角形就是 $\mathbb{R}^2$ 中的正规单纯形。

针对无约束优化问题(2-12)，单纯形替换法寻优的基本思想是：选定一个初始点 $\boldsymbol{x}^0$，给定一个正数 $l$ 作为棱长，设 $\boldsymbol{v}^1,\boldsymbol{v}^2,\cdots,\boldsymbol{v}^{n+1}$ 是 $\mathbb{R}^n$ 中某一单纯形的 $n+1$ 个顶点的位置向量。按式(2-53)确定一个以 $\boldsymbol{x}^0$ 为一顶点、棱长为 $l$ 的初始正规单纯形。

$$\boldsymbol{v}^1=\boldsymbol{x}^0,\quad \boldsymbol{v}^i=\boldsymbol{x}^0+\boldsymbol{w}^i,\quad i=2,3,\cdots,n+1 \tag{2-53}$$

其中，$n$ 维向量 $\boldsymbol{w}^i=\Big[\overbrace{q,\cdots,q}^{i-2个},p,q,\cdots,q\Big]^{\mathrm{T}},i=2,3,\cdots,n+1$，$p=\dfrac{1}{n\sqrt{2}}\left(\sqrt{n+1}+n-1\right)$，$q=\dfrac{1}{n\sqrt{2}}\left(\sqrt{n+1}-1\right)$。

从这一单纯形出发，每次迭代都通过反射、延伸、收缩和减少棱长等四种操作设法构造新的单纯形以替代原有的单纯形，使新单纯形不断向目标函数的极小点靠近，直到搜寻到极小点为止。

已知无约束优化问题(2-12)的目标函数 $f(\boldsymbol{x})$，终止限 $\varepsilon>0$，$\beta\in(0,1)$是收缩系数。

单纯形替换法的算法流程如图 2-13 所示，其具体步骤如下。

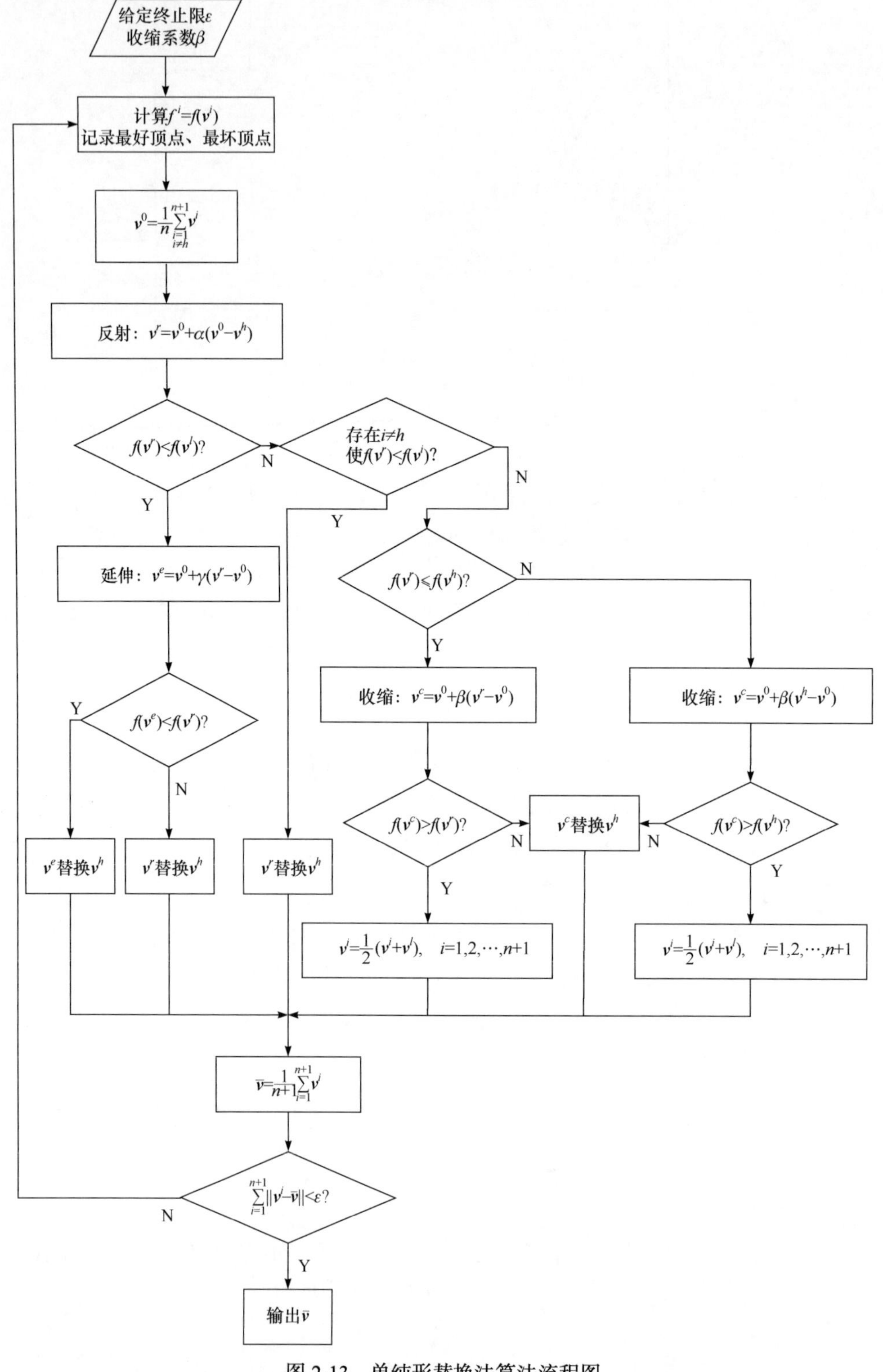


图 2-13　单纯形替换法算法流程图

Step1：准备。

计算各个单纯形顶点处的函数值 $f^i = f\left(\boldsymbol{v}^i\right)$，并记录最好和最坏顶点分别为 $\boldsymbol{v}^l$ 和 $\boldsymbol{v}^h$，其中 $f^l = \min\limits_{1\leqslant i\leqslant n+1} f\left(\boldsymbol{v}^i\right)$，$f^h = \max\limits_{1\leqslant i\leqslant n+1} f\left(\boldsymbol{v}^i\right)$，计算去掉最坏顶点 $\boldsymbol{v}^h$ 后剩下的 $n$ 个顶点构成的 $n-1$ 维空间单纯形的中心 $\boldsymbol{v}^0 = \frac{1}{n}\sum\limits_{\substack{i=1\\i\neq h}}^{n+1}\boldsymbol{v}^i$。

Step2：反射。

通过 $\boldsymbol{v}^0$ 反射 $\boldsymbol{v}^h$ 得到更好的反射点 $\boldsymbol{v}^r$，方法如下：

$$\boldsymbol{v}^r = \boldsymbol{v}^0 + \alpha\left(\boldsymbol{v}^0 - \boldsymbol{v}^h\right)$$

其中，$\alpha$ 是反射系数，通常取 1。

Step3：延伸。

经过反射后，如果 $f\left(\boldsymbol{v}^r\right) < f\left(\boldsymbol{v}^h\right)$ 且 $f\left(\boldsymbol{v}^r\right) < f\left(\boldsymbol{v}^l\right)$，沿 $\boldsymbol{v}^r - \boldsymbol{v}^0$ 方向利用 $\boldsymbol{v}^e = \boldsymbol{v}^0 + \gamma\left(\boldsymbol{v}^r - \boldsymbol{v}^0\right)$ 延伸得到 $\boldsymbol{v}^e$，其中，$\gamma$ 是延伸系数，通常取 2。如果有 $f\left(\boldsymbol{v}^e\right) < f\left(\boldsymbol{v}^r\right)$ 成立，就以 $\boldsymbol{v}^e$ 替换 $\boldsymbol{v}^h$，其余点不变，构成新的单纯形，转 Step6；如果不成立，就以 $\boldsymbol{v}^r$ 替换 $\boldsymbol{v}^h$ 构成新的单纯形，转 Step6。

Step4：收缩。

(1) 如果 $f\left(\boldsymbol{v}^r\right) < f\left(\boldsymbol{v}^l\right)$ 不成立，即反射点 $\boldsymbol{v}^r$ 并不比原单纯形的最好顶点 $\boldsymbol{v}^l$ 好，即存在 $i \neq h$，使得 $f\left(\boldsymbol{v}^r\right) < f\left(\boldsymbol{v}^i\right)$。如果除最坏顶点 $\boldsymbol{v}^h$ 外，反射点 $\boldsymbol{v}^r$ 至少比其余一个顶点好，那么可以 $\boldsymbol{v}^r$ 替换 $\boldsymbol{v}^h$ 构成新单纯形，转 Step6。

(2) 如果 $\boldsymbol{v}^r$ 仍然是最坏顶点，则需要进行收缩。

① 如果反射点 $\boldsymbol{v}^r$ 比原单纯形坏点 $\boldsymbol{v}^h$ 还坏，即 $f\left(\boldsymbol{v}^r\right) > f\left(\boldsymbol{v}^h\right)$，则舍弃反射点 $\boldsymbol{v}^r$，对坏点 $\boldsymbol{v}^h$ 进行 $\boldsymbol{v}^h - \boldsymbol{v}^0$ 方向的收缩，得到 $\boldsymbol{v}^h$ 的收缩点 $\boldsymbol{v}^c$。计算公式如下：

$$\boldsymbol{v}^c = \boldsymbol{v}^0 + \beta\left(\boldsymbol{v}^h - \boldsymbol{v}^0\right)$$

收缩后判断下式是否成立：

$$f\left(\boldsymbol{v}^c\right) > f\left(\boldsymbol{v}^h\right)$$

若成立，则舍弃收缩点 $\boldsymbol{v}^c$，转 Step5；若不成立，则用 $\boldsymbol{v}^c$ 替换 $\boldsymbol{v}^h$ 构成新单纯形，转 Step6。

② 如果反射点 $\boldsymbol{v}^r$ 不比原单纯形坏点 $\boldsymbol{v}^h$ 还坏，即 $f\left(\boldsymbol{v}^r\right) \leqslant f\left(\boldsymbol{v}^h\right)$，则对 $\boldsymbol{v}^r$ 进行 $\boldsymbol{v}^r - \boldsymbol{v}^0$ 方向的收缩，得到 $\boldsymbol{v}^r$ 的收缩点 $\boldsymbol{v}^c$。计算公式如下：

$$\boldsymbol{v}^c = \boldsymbol{v}^0 + \beta\left(\boldsymbol{v}^r - \boldsymbol{v}^0\right)$$

收缩后判断下式是否成立：

$$f\left(\boldsymbol{v}^c\right) > f\left(\boldsymbol{v}^r\right)$$

若成立，则舍弃收缩点 $\boldsymbol{v}^c$，转 Step5；若不成立，则用 $\boldsymbol{v}^c$ 替换 $\boldsymbol{v}^h$ 构成新单纯形，转 Step6。

Step5：减小棱长。

原单纯形的最好点 $\boldsymbol{v}^l$ 保持不动，各棱长减半：

$$\boldsymbol{v}^i=\frac{1}{2}\left(\boldsymbol{v}^i+\boldsymbol{v}^l\right),\quad i=1,2,\cdots,n+1$$

Step6：终止准则。

计算

$$\overline{\boldsymbol{v}}=\frac{1}{n+1}\sum_{i=1}^{n+1}\boldsymbol{v}^i$$

判别 $\sum_{i=1}^{n+1}\left\|\boldsymbol{v}^i-\overline{\boldsymbol{v}}\right\|<\varepsilon$ 是否成立，若成立，则 $\overline{\boldsymbol{v}}$ 就是所求的极小点，停止迭代，输出 $\overline{\boldsymbol{v}}$；否则转 Step1。

**【例 2-7】** 用单纯形替换法求解例 2-1。

**解** 选取 $\boldsymbol{x}(t_i)=[0.1\quad 0.2]^{\mathrm{T}}$，初始 $\Delta\boldsymbol{U}^0=[1\quad 1\quad 1\quad 1]^{\mathrm{T}}$，$\varepsilon=0.0001$，$r_w=10$，反射系数 $\alpha=1$，延伸系数 $\gamma=2$，收缩系数 $\beta=0.5$，以及

$$\boldsymbol{v}^1=\begin{bmatrix}0\\0\\0\\0\end{bmatrix},\quad \boldsymbol{v}^2=\begin{bmatrix}1\\0\\0\\0\end{bmatrix},\quad \boldsymbol{v}^3=\begin{bmatrix}0\\1\\0\\0\end{bmatrix},\quad \boldsymbol{v}^4=\begin{bmatrix}0\\0\\1\\0\end{bmatrix},\quad \boldsymbol{v}^5=\begin{bmatrix}0\\0\\0\\1\end{bmatrix}$$

第 1 轮迭代：

Step1：计算。

$$f\left(\boldsymbol{v}^1\right)=3.0237,\quad f\left(\boldsymbol{v}^2\right)=10.8807,\quad f\left(\boldsymbol{v}^3\right)=11.2143$$
$$f\left(\boldsymbol{v}^4\right)=11.5129,\quad f\left(\boldsymbol{v}^5\right)=11.7832$$

则

$$f^l=f\left(\boldsymbol{v}^1\right),\quad \boldsymbol{v}^l=\boldsymbol{v}^1,\quad f^h=f\left(\boldsymbol{v}^5\right),\quad \boldsymbol{v}^h=\boldsymbol{v}^5$$
$$\boldsymbol{v}^0=\frac{1}{4}\sum_{\substack{i=1\\i\neq 5}}^{5}\boldsymbol{v}^i=[0.25\quad 0.25\quad 0.25\quad 0]^{\mathrm{T}}$$

Step2：反射。

$$\boldsymbol{v}^r=\boldsymbol{v}^0+\alpha\left(\boldsymbol{v}^0-\boldsymbol{v}^h\right)=[0.5\quad 0.5\quad 0.5\quad -1]^{\mathrm{T}},\quad f\left(\boldsymbol{v}^r\right)=18.7362$$

因为 $f\left(\boldsymbol{v}^r\right)>f^l$，转 Step4。

Step4：因为 $f\left(\boldsymbol{v}^r\right)>f\left(\boldsymbol{v}^i\right)(i=1,2,3,4)$，所以 $\boldsymbol{v}^r$ 仍是最坏顶点，且 $f\left(\boldsymbol{v}^r\right)>f^h$，舍弃反射点 $\boldsymbol{v}^r$，进行收缩：

$$\boldsymbol{v}^c=\boldsymbol{v}^0+\beta\left(\boldsymbol{v}^h-\boldsymbol{v}^0\right)=\begin{bmatrix}0.125 & 0.125 & 0.125 & 0.5\end{bmatrix}^{\mathrm{T}},\quad f\left(\boldsymbol{v}^c\right)=4.5843$$

因为 $f\left(\boldsymbol{v}^c\right)>f^h$，$\boldsymbol{v}^5=\boldsymbol{v}^c$，转 Step6。

Step6：

$$\overline{\boldsymbol{v}}=\frac{1}{5}\sum_{i=1}^{5}\boldsymbol{v}^i=\begin{bmatrix}0.225 & 0.225 & 0.225 & 0.1\end{bmatrix}^{\mathrm{T}}$$

因为 $\sum_{i=1}^{5}\left\|\boldsymbol{v}^i-\overline{\boldsymbol{v}}\right\|_\infty=2.95>\varepsilon$，进行第 2 轮迭代。

第 2 轮迭代：

……

经过 101 次迭代，最后得到 $\sum_{i=1}^{5}\left\|\boldsymbol{v}^i-\overline{\boldsymbol{v}}\right\|_\infty=8.5826\times10^{-5}<\varepsilon$，停止迭代，得到优化问题的最优解 $\Delta\boldsymbol{U}=\begin{bmatrix}0.1269 & 0.1034 & 0.0829 & 0.0650\end{bmatrix}^{\mathrm{T}}$，在一定误差允许范围内，这与直接解析法求解出的结果是一致的，迭代变化过程如图 2-14 所示。

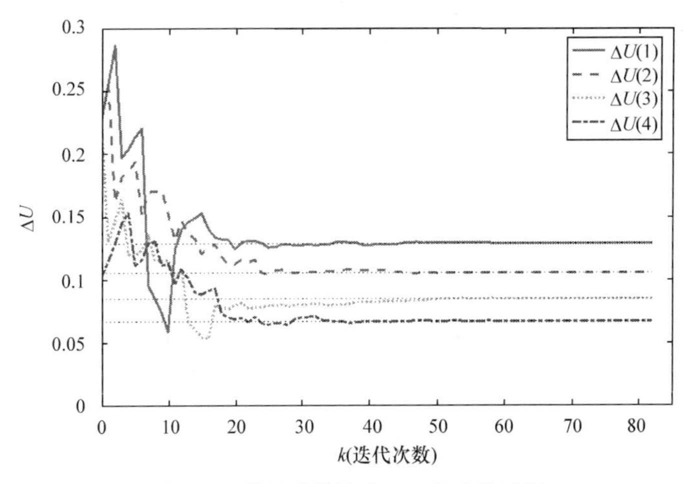


图 2-14　单纯形替换法 $\Delta\boldsymbol{U}$ 的迭代过程

2. 步长加速法

20 世纪 60 年代，Hooke 和 Jeeves 提出了步长加速法，也称模式搜索法或模矢法，尤其适用于对于变量数目较少的无约束优化问题，是一种程序简单而有效的方法。步长加速法主要由交替进行的探测搜索和模式移动构成。探测搜索的出发点称为参考点，用向量 $\boldsymbol{x}^0$ 来表示，探测搜索是指在参考点附近寻找比它更好的点(例如，在求解最小值问题时就是寻找值更小的点)，将找到的更优点称为基点，用向量 $\boldsymbol{b}$ 来表示。如果能找到 $\boldsymbol{b}$，即找到一个有利的前进方向 $\boldsymbol{b}-\boldsymbol{x}^0$，就从基点 $\boldsymbol{b}$ 出发沿着 $\boldsymbol{b}-\boldsymbol{x}^0$ 方向前进，可能还能找到比基点 $\boldsymbol{b}$ 更优的点，前进方向 $\boldsymbol{b}-\boldsymbol{x}^0$ 称为模式。模式移动就是指从基点出发，沿着模式 $\boldsymbol{b}-\boldsymbol{x}^0$ 方向进行移动找到更优的参考点 $\boldsymbol{x}^1$。有如下公式：

$$x^1 = b + t\left(b - x^0\right) \tag{2-54}$$

其中，$t>0$。

已知无约束优化问题(2-12)的目标函数 $f\left(x\right)$，参考点 $x^0$，步长向量 $s$，探测搜索的算法流程如图 2-15 所示，其具体步骤如下。

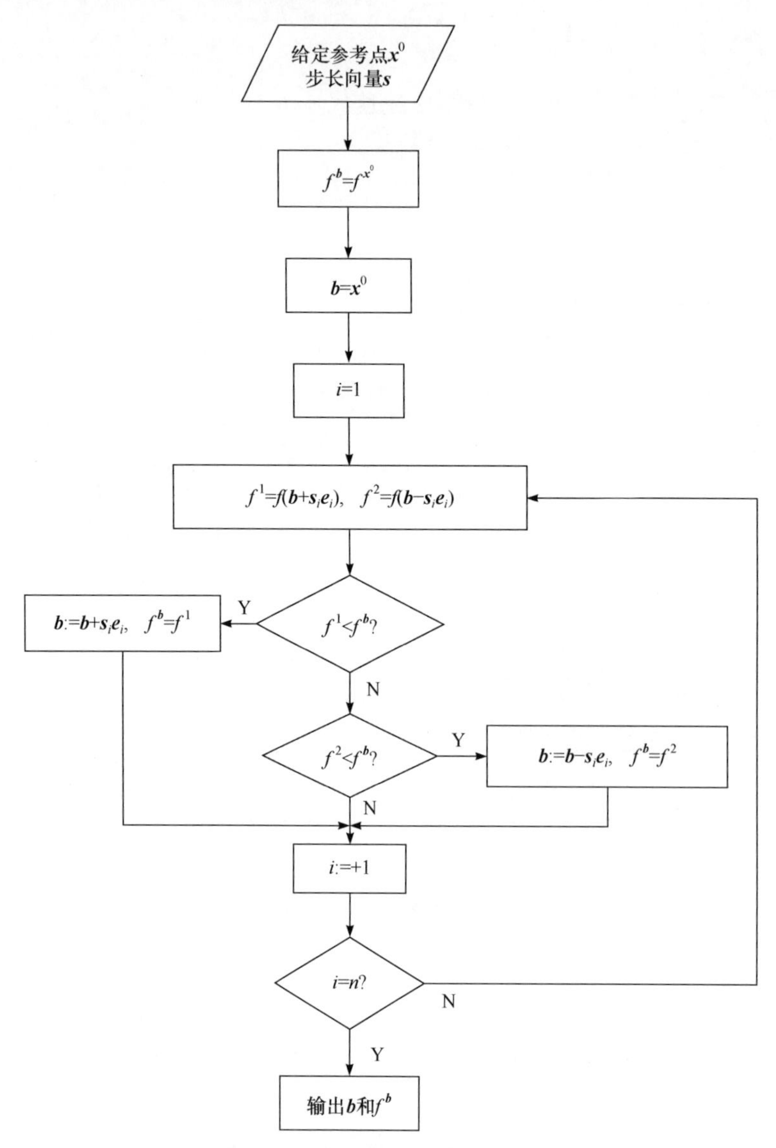


图 2-15　探测搜索的算法流程图

Step1：令 $f^b = f^{x^0}, b = x^0$。

Step2：沿着第 $i=1,2,\cdots,n$ 坐标轴方向依次搜索，计算 $f^1 = f\left(b + s_i e_i\right), f^2 = f\left(b - s_i e_i\right)$，其中，$e_i$ 是第 $i$ 坐标轴上的单位向量，必有以下三种情况之一：

(1) 若 $f^1 < f^b$，则令 $b := b + s_i e_i$，$f^b = f^1$；

(2) 若 $f^1 \geqslant f^{\boldsymbol{b}}$ 且 $f^2 < f^{\boldsymbol{b}}$，则令 $\boldsymbol{b} := \boldsymbol{b} - \boldsymbol{s}_i \boldsymbol{e}_i$，$f^{\boldsymbol{b}} = f^2$；

(3) 若 $f^1 \geqslant f^{\boldsymbol{b}}$ 且 $f^2 \geqslant f^{\boldsymbol{b}}$，则 $\boldsymbol{b}$ 和 $f^{\boldsymbol{b}}$ 保持不变。

已知无约束优化问题(2-12)的目标函数 $f(\boldsymbol{x})$，步长收缩系数的终止限 $\varepsilon > 0$，$t$=1，步长加速法的算法流程如图 2-16 所示，其具体步骤如下。

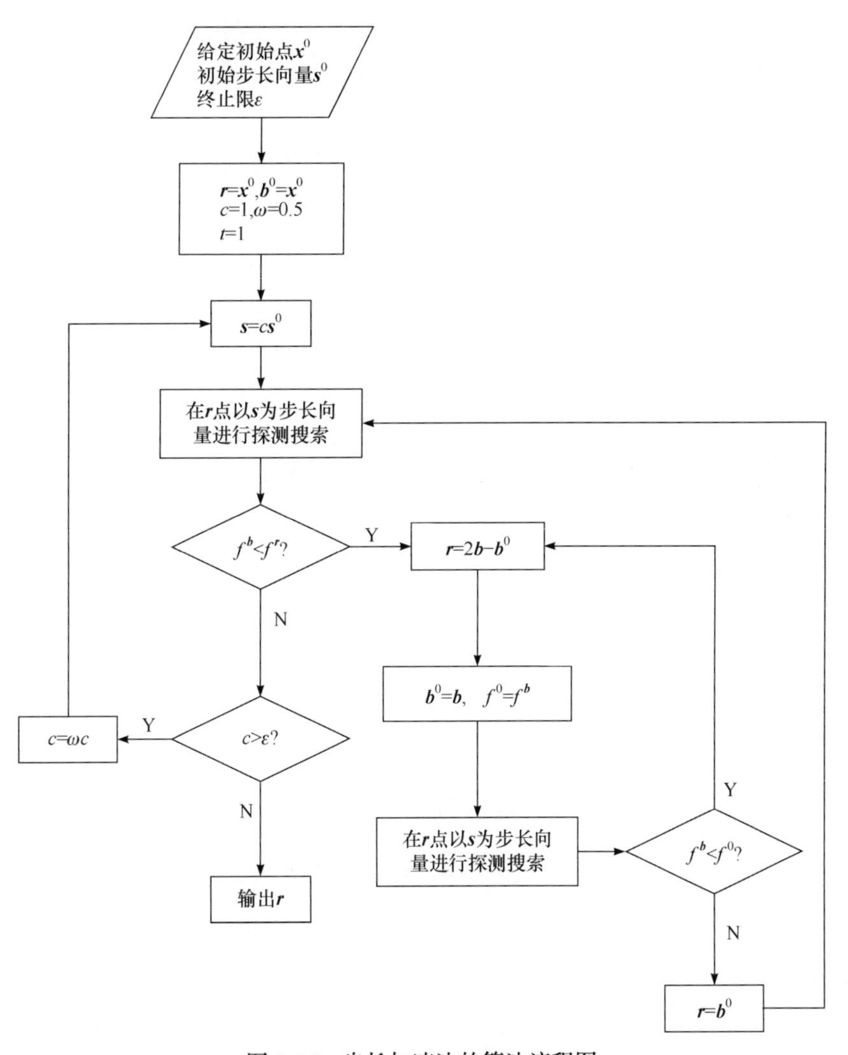


图 2-16　步长加速法的算法流程图

Step1：选定初始点 $\boldsymbol{x}^0$，初始步长向量 $\boldsymbol{s}^0$。

Step2：令 $\boldsymbol{r} = \boldsymbol{x}^0$，$\boldsymbol{b}^0 = \boldsymbol{x}^0$，$c = 1$，$\omega = 0.5$，$t$=1。

Step3：$\boldsymbol{s} = c\boldsymbol{s}^0$。

Step4：在 $\boldsymbol{r}$ 点以 $\boldsymbol{s}$ 为步长向量进行探测搜索。

Step5：若探测搜索成功，即 $f^{\boldsymbol{b}} < f^{\boldsymbol{r}}$，则转 Step6；否则转 Step9。

Step6：进行模式移动：$\boldsymbol{r} = 2\boldsymbol{b} - \boldsymbol{b}^0$；令 $\boldsymbol{b}^0 = \boldsymbol{b}$，$f^0 = f^{\boldsymbol{b}}$。

Step7：在 $\boldsymbol{r}$ 点以 $\boldsymbol{s}$ 为步长向量进行探测搜索。

Step8：若探测搜索终点的目标函数值比前一次探测搜索的终点的目标函数值小，即 $f^{\boldsymbol{b}}<f^0$，则模式移动成功，转 Step6 再次进行模式移动。若 $f^{\boldsymbol{b}}\geqslant f^0$，则模式移动失败。令 $\boldsymbol{r}=\boldsymbol{b}^0$，转 Step4。

Step9：判别步长收缩系数是否充分小，若 $c>\varepsilon$，则收缩 $c$，令 $c:=\omega c$，转 Step3；若 $c\leqslant\varepsilon$，则 $\boldsymbol{r}$ 就是所求的极小点，输出 $\boldsymbol{r}$，停止。

**【例 2-8】** 用步长加速法求解例 2-1 的问题。

**解**　选取当前时刻状态 $\boldsymbol{x}(t_i)=[0.1\quad 0.2]^{\mathrm{T}}$，初始 $\Delta\boldsymbol{U}^0=[1\quad 1\quad 1\quad 1]^{\mathrm{T}}$，$\varepsilon=0.0001$，$r_w=10$。

取 $\boldsymbol{r}=\boldsymbol{b}^0=\Delta\boldsymbol{U}^0=[1\quad 1\quad 1\quad 1]^{\mathrm{T}}$，$c=0.5,\omega=0.5$，初始步长向量 $\boldsymbol{s}^0=[1\quad 1\quad 1\quad 1]^{\mathrm{T}}$。令

$$\boldsymbol{s}=c\boldsymbol{s}^0=[s_1\quad s_2\quad s_3\quad s_4]^{\mathrm{T}}=[0.5\quad 0.5\quad 0.5\quad 0.5]^{\mathrm{T}}$$

Step1：取 $\boldsymbol{b}=\boldsymbol{r}=[1\quad 1\quad 1\quad 1]^{\mathrm{T}}$，分别沿第 $i=1,2,3,4$ 坐标轴方向进行探测搜索。

(1) 由于 $f(\boldsymbol{b}+s_1\boldsymbol{e}_1)\geqslant f(\boldsymbol{b})$ 且 $f(\boldsymbol{b}-s_1\boldsymbol{e}_1)<f(\boldsymbol{b})$，更新 $\boldsymbol{b}$ 为

$$\boldsymbol{b}:=\boldsymbol{b}-s_1\boldsymbol{e}_1=[0.5\quad 1\quad 1\quad 1]^{\mathrm{T}}$$

(2) 由于 $f(\boldsymbol{b}+s_2\boldsymbol{e}_2)\geqslant f(\boldsymbol{b})$ 且 $f(\boldsymbol{b}-s_2\boldsymbol{e}_2)<f(\boldsymbol{b})$，更新 $\boldsymbol{b}$ 为

$$\boldsymbol{b}:=\boldsymbol{b}-s_2\boldsymbol{e}_2=[0.5\quad 0.5\quad 1\quad 1]^{\mathrm{T}}$$

(3) 由于 $f(\boldsymbol{b}+s_3\boldsymbol{e}_3)\geqslant f(\boldsymbol{b})$ 且 $f(\boldsymbol{b}-s_3\boldsymbol{e}_3)<f(\boldsymbol{b})$，更新 $\boldsymbol{b}$ 为

$$\boldsymbol{b}:=\boldsymbol{b}-s_3\boldsymbol{e}_3=[0.5\quad 0.5\quad 0.5\quad 1]^{\mathrm{T}}$$

(4) 由于 $f(\boldsymbol{b}+s_4\boldsymbol{e}_4)\geqslant f(\boldsymbol{b})$ 且 $f(\boldsymbol{b}-s_4\boldsymbol{e}_4)<f(\boldsymbol{b})$，更新 $\boldsymbol{b}$ 为

$$\boldsymbol{b}:=\boldsymbol{b}-s_4\boldsymbol{e}_4=[0.5\quad 0.5\quad 0.5\quad 0.5]^{\mathrm{T}}$$

Step2：由于 $f(\boldsymbol{b})<f(\boldsymbol{r})$，开始做模式移动：

$$\boldsymbol{r}=2\boldsymbol{b}-\boldsymbol{b}^0=[0\quad 0\quad 0\quad 0]^{\mathrm{T}}$$

取 $\boldsymbol{b}^0=\boldsymbol{b}=[0.5\quad 0.5\quad 0.5\quad 0.5]^{\mathrm{T}},\boldsymbol{b}=\boldsymbol{r}=[0\quad 0\quad 0\quad 0]^{\mathrm{T}}$，在 $\boldsymbol{b}$ 处以 $\boldsymbol{s}$ 为步长向量按探测搜索算法做探测搜索，最终得到 $\boldsymbol{b}=[0\quad 0\quad 0\quad 0]^{\mathrm{T}}$。

Step3：由于 $f(\boldsymbol{b})<f(\boldsymbol{b}^0)$，可以转回 Step2 连续做模式移动，即可进入加速步骤。

Step4：加速步骤中迭代进行到 $f(\boldsymbol{b})=f(\boldsymbol{b}^0)$ 时停止，此时得到 $\boldsymbol{b}^0=\boldsymbol{b}=[0\quad 0\quad 0\quad 0]^{\mathrm{T}}$。结束模式移动，取 $\boldsymbol{r}=\boldsymbol{b}^0$，返回 Step1 进行一次探测搜索。

Step5：Step4 中探测搜索得到 $\boldsymbol{b}=\begin{bmatrix}0 & 0 & 0 & 0\end{bmatrix}^{\mathrm{T}}$，由于 $f(\boldsymbol{b})=f(\boldsymbol{r})$，说明探测搜索失败，此时由于 $c=0.5>\varepsilon=0.0001$，故取 $c:=\omega c=0.25$，$\boldsymbol{s}=c\boldsymbol{s}^0=\begin{bmatrix}0.25 & 0.25 & 0.25 & 0.25\end{bmatrix}^{\mathrm{T}}$，返回 Step1 进行下一轮迭代。

经过数次迭代，最终得到 $c=6.1\times10^{-5}<\varepsilon$，算法停止，此时得到优化问题的最优解 $\Delta\boldsymbol{U}=\begin{bmatrix}0.1269 & 0.1034 & 0.0829 & 0.0651\end{bmatrix}$，在一定误差允许范围内，这与直接解析法求解出的结果是一致的。步长加速法 $\Delta\boldsymbol{U}$ 的迭代过程如图 2-17 所示。

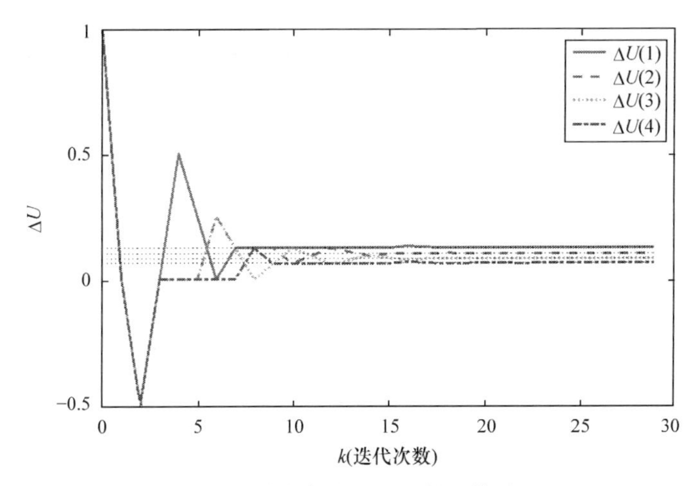


图 2-17　步长加速法 $\Delta\boldsymbol{U}$ 的迭代过程

3. 方向加速法

在 20 世纪 60 年代，Powell 提出了方向加速法，因此又称 Powell 法。它是在研究正定二次函数 $f(\boldsymbol{x})=\dfrac{1}{2}\boldsymbol{x}^{\mathrm{T}}\boldsymbol{Q}\boldsymbol{x}+\boldsymbol{b}^{\mathrm{T}}\boldsymbol{x}+c$ 的极小化问题时形成的，最初的算法思想是：在不用导数或目标函数的导数不连续的前提下，沿着迭代中逐次构造的 $\boldsymbol{Q}$ 的共轭方向进行一维搜索。因此 Powell 法本质上属于共轭方向法，该方法主要由基本搜索、加速搜索和调整搜索方向三部分组成，如图 2-18 所示。由于共轭方向法具有二次终止性，Powell 法用于非二次函数时一般也具有较高的收敛速度。但当某一循环方向组中的矢量系出现线性相关情况(退化，病态)时，搜索过程在降维的空间进行，会致使计算不能收敛而失败。为避免上述缺陷，Powell 提出了相应的修正算法。

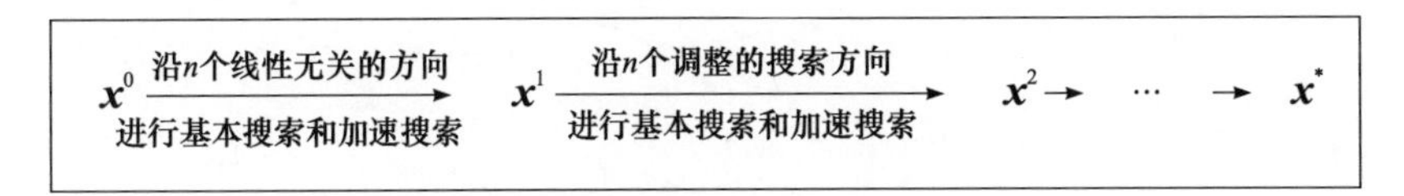


图 2-18　Powell 法的算法思想

已知无约束优化问题(2-12)的目标函数 $f(\boldsymbol{x})$，给定终止限 $\varepsilon>0$，Powell 法的算法流程如图 2-19 所示，其具体步骤如下。

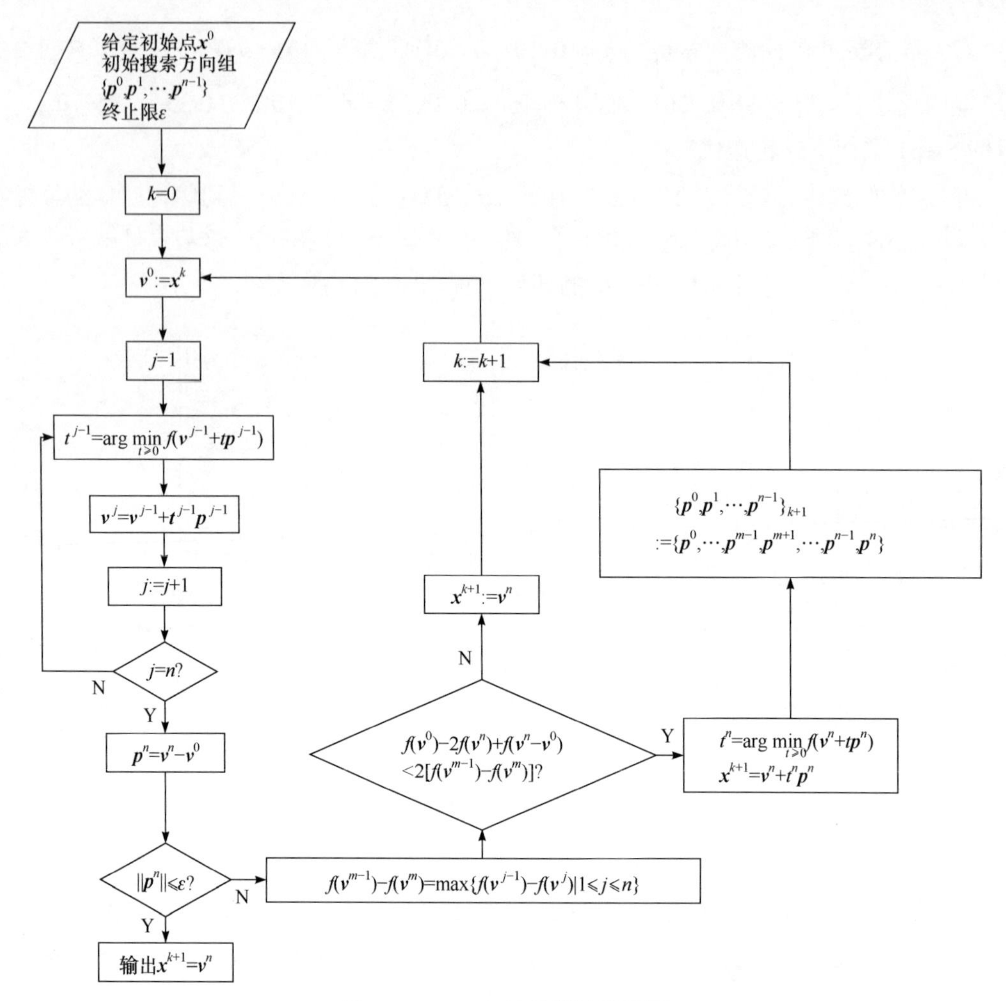


图 2-19　Powell 法的算法流程图

Step1：选取初始数据。选取初始点 $\boldsymbol{x}^0$，$n$ 个线性无关初始方向，组成初始搜索方向组 $\left\{\boldsymbol{p}^0,\boldsymbol{p}^1,\cdots,\boldsymbol{p}^{n-1}\right\}$。给定终止限 $\varepsilon>0$，令 $k=0$。

Step2：进行基本搜索。令 $\boldsymbol{v}^0:=\boldsymbol{x}^k$，依次沿 $\left\{\boldsymbol{p}^0,\boldsymbol{p}^1,\cdots,\boldsymbol{p}^{n-1}\right\}$ 中的方向进行一维搜索。对应地得到辅助迭代点 $\boldsymbol{v}^1,\boldsymbol{v}^2,\cdots,\boldsymbol{v}^n$，即

$$t^{j-1}=\arg\min_{t\geqslant 0} f\left(\boldsymbol{v}^{j-1}+t\boldsymbol{p}^{j-1}\right),\quad j=1,2,\cdots,n$$

$$\boldsymbol{v}^j=\boldsymbol{v}^{j-1}+t^{j-1}\boldsymbol{p}^{j-1}$$

Step3：构造加速方向。令 $\boldsymbol{p}^n=\boldsymbol{v}^n-\boldsymbol{v}^0$，若 $\left\|\boldsymbol{p}^n\right\|\leqslant\varepsilon$，则停止迭代，输出 $\boldsymbol{x}^{k+1}=\boldsymbol{v}^n$。否则进行 Step4。

Step4：确定调整方向，按下式：

$$f\left(\boldsymbol{v}^{m-1}\right)-f\left(\boldsymbol{v}^m\right)=\max\left\{f\left(\boldsymbol{v}^{j-1}\right)-f\left(\boldsymbol{v}^j\right)|1\leqslant j\leqslant n\right\}$$

找出 $m$。若

$$f\left(\boldsymbol{v}^0\right)-2f\left(\boldsymbol{v}^n\right)+f\left(\boldsymbol{v}^n-\boldsymbol{v}^0\right)<2\left[f\left(\boldsymbol{v}^{m-1}\right)-f\left(\boldsymbol{v}^m\right)\right]$$

成立，则进行 Step5，否则，进行 Step6。

Step5：调整搜索方向组。令

$$t^n=\arg\min_{t\geqslant 0} f\left(\boldsymbol{v}^n+t\boldsymbol{p}^n\right)$$

$$\boldsymbol{x}^{k+1}=\boldsymbol{v}^n+t^n\boldsymbol{p}^n$$

同时，令

$$\left\{\boldsymbol{p}^0,\boldsymbol{p}^1,\cdots,\boldsymbol{p}^{n-1}\right\}_{k+1}:=\left\{\boldsymbol{p}^0,\cdots,\boldsymbol{p}^{m-1},\boldsymbol{p}^{m+1},\cdots,\boldsymbol{p}^{n-1},\boldsymbol{p}^n\right\}$$

$k:=k+1$，转向 Step2。

Step6：不调整搜索方向组。令 $\boldsymbol{x}^{k+1}:=\boldsymbol{v}^n$，$k:=k+1$，转向 Step2。

**【例 2-9】** 用 Powell 法求解例 2-1 中的模型预测控制问题。

**解** 选取当前时刻状态 $\boldsymbol{x}(t_i)=\begin{bmatrix}0.1 & 0.2\end{bmatrix}^{\mathrm{T}}$，初始 $\Delta\boldsymbol{U}^0=\begin{bmatrix}1 & 1 & 1 & 1\end{bmatrix}^{\mathrm{T}}$，$\varepsilon=0.0001$，$r_w=10$。

令 $\boldsymbol{v}^0=\Delta\boldsymbol{U}^0=\begin{bmatrix}1 & 1 & 1 & 1\end{bmatrix}^{\mathrm{T}}$。

第 1 轮迭代：

沿坐标轴方向 $\boldsymbol{p}^0=\begin{bmatrix}1 & 0 & 0 & 0\end{bmatrix}^{\mathrm{T}}$ 进行一维搜索：

$$\boldsymbol{v}^1=\boldsymbol{v}^0+t^0\cdot\boldsymbol{p}^0=\begin{bmatrix}1+t^0 & 1 & 1 & 1\end{bmatrix}^{\mathrm{T}}$$

将 $\boldsymbol{v}^1$ 代入目标函数 $f(\boldsymbol{v}^1)$ 中，求导可以确定 $t^0=-1.0965$ 时，$f(\boldsymbol{x})$ 取得极小值。此时，$\boldsymbol{v}^1=\begin{bmatrix}-0.0965 & 1 & 1 & 1\end{bmatrix}^{\mathrm{T}}$。

沿坐标轴方向 $\boldsymbol{p}^1=\begin{bmatrix}0 & 1 & 0 & 0\end{bmatrix}^{\mathrm{T}}$ 进行一维搜索：

$$\boldsymbol{v}^2=\boldsymbol{v}^1+t^1\cdot\boldsymbol{p}^1=\begin{bmatrix}-0.0965 & 1+t^1 & 1 & 1\end{bmatrix}^{\mathrm{T}}$$

可解得当 $f(\Delta\boldsymbol{U})$ 取极小值时，$t^1=-1.0083;\ \boldsymbol{v}^2=\begin{bmatrix}-0.0965 & -0.0083 & 1 & 1\end{bmatrix}^{\mathrm{T}}$。

沿坐标轴方向 $\boldsymbol{p}^2=\begin{bmatrix}0 & 0 & 1 & 0\end{bmatrix}^{\mathrm{T}}$ 进行一维搜索：

$$\boldsymbol{v}^3=\boldsymbol{v}^2+t^2\cdot\boldsymbol{p}^2=\begin{bmatrix}-0.0965 & -0.0083 & 1+t^2 & 1\end{bmatrix}^{\mathrm{T}}$$

可解得当 $f(\Delta\boldsymbol{U})$ 取极小值时，$t^2=-0.9474;\ \boldsymbol{v}^3=\begin{bmatrix}-0.0965 & 0.0083 & 0.0526 & 1\end{bmatrix}^{\mathrm{T}}$。

沿坐标轴方向 $\boldsymbol{p}^3=\begin{bmatrix}0 & 0 & 0 & 1\end{bmatrix}^{\mathrm{T}}$ 进行一维搜索：

$$\boldsymbol{v}^4=\boldsymbol{v}^3+t^3\cdot\boldsymbol{p}^3=\begin{bmatrix}-0.0965 & -0.0083 & 0.0526 & 1+t^3\end{bmatrix}^{\mathrm{T}}$$

可解得当 $f(\Delta\boldsymbol{U})$ 取极小值时，$t^3=-0.9091$；$\boldsymbol{v}^4=\begin{bmatrix}-0.0965 & -0.0083 & 0.0526 & 0.0909\end{bmatrix}^{\mathrm{T}}$。

检验是否满足终止迭代条件：

$$\left\|\boldsymbol{p}^4\right\|=\left\|\boldsymbol{v}^4-\boldsymbol{v}^0\right\|=1.0965>\varepsilon$$

因此不满足终止迭代条件。

确定调整方向：

$$m=\arg\max_j\left\{f\left(\boldsymbol{v}^{j-1}\right)-f\left(\boldsymbol{v}^j\right)|1\leqslant j\leqslant n\right\}=1$$

$$f\left(\boldsymbol{v}^0\right)-2f\left(\boldsymbol{v}^4\right)+f\left(\boldsymbol{v}^4-\boldsymbol{v}^0\right)=105.7401>2\left[f\left(\boldsymbol{v}^{m-1}\right)-f\left(\boldsymbol{v}^m\right)\right]=26.8216$$

由上式，得

$$\Delta\boldsymbol{U}^1=\boldsymbol{v}^4=\begin{bmatrix}-0.0965 & -0.0083 & 0.0526 & 0.0909\end{bmatrix}^{\mathrm{T}}$$

搜索方向不做调整，进入第 2 轮迭代。

……

按此过程进行迭代，最终满足$\left\|\boldsymbol{p}^4\right\|=4.4926\times10^{-6}<\varepsilon$，得到目标函数的最优解为

$$\Delta\boldsymbol{U}=\begin{bmatrix}0.1269 & 0.1034 & 0.0829 & 0.0654\end{bmatrix}^{\mathrm{T}}$$

在一定误差允许范围内，这与直接解析法求解出的结果是一致的。$\Delta\boldsymbol{U}$ 的迭代过程如图 2-20 所示。

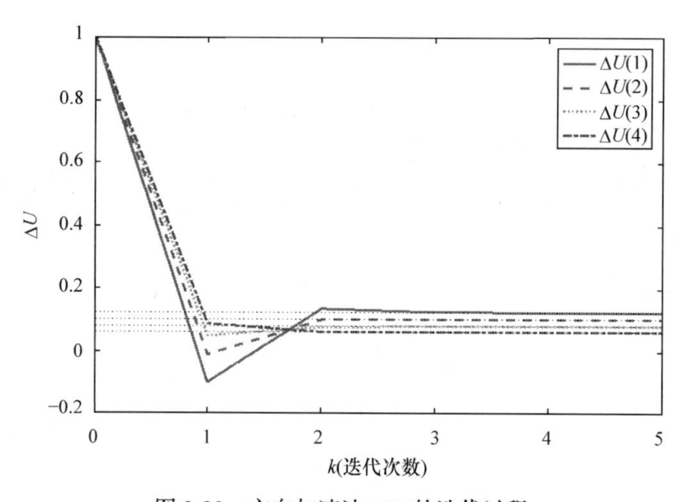


图 2-20　方向加速法 $\Delta\boldsymbol{U}$ 的迭代过程

## 2.3　带约束的优化问题

在实际工业过程的预测控制优化问题中，基于系统的动态特性、物理约束或系统安全运行需求，需考虑系统等式约束和操作变量及被控变量的不等式约束。满足所有约束条件的点称为优化问题的可行点，所有可行点组成的集合称为可行域。记可行域为 $X$ 。

(1) 若 $\boldsymbol{x}^*\in X$ ，并且

$$f\left(\boldsymbol{x}^*\right) \leqslant f\left(\boldsymbol{x}\right), \forall \boldsymbol{x} \in X$$

则称 $\boldsymbol{x}^*$ 是非线性优化的整体最优解，$f\left(\boldsymbol{x}^*\right)$ 是非线性优化的整体最优值。

(2) 若 $\boldsymbol{x}^* \in X$，并且

$$f\left(\boldsymbol{x}^*\right) < f\left(\boldsymbol{x}\right), \forall \boldsymbol{x} \in X, \boldsymbol{x} \neq \boldsymbol{x}^*$$

则称 $\boldsymbol{x}^*$ 是非线性优化的严格整体最优解，$f\left(\boldsymbol{x}^*\right)$ 是非线性优化的严格整体最优值。

(3) 若 $\boldsymbol{x}^* \in X$，并且存在 $\boldsymbol{x}^*$ 的邻域 $\delta\left(\boldsymbol{x}^*\right)$ 使

$$f\left(\boldsymbol{x}^*\right) \leqslant f\left(\boldsymbol{x}\right), \forall \boldsymbol{x} \in \delta\left(\boldsymbol{x}^*\right) \cap X$$

则称 $\boldsymbol{x}^*$ 是非线性优化的局部最优解，$f\left(\boldsymbol{x}^*\right)$ 是非线性优化的局部最优值。

(4) 若 $\boldsymbol{x}^* \in X$，并且存在 $\boldsymbol{x}^*$ 的邻域 $\delta\left(\boldsymbol{x}^*\right)$ 使

$$f\left(\boldsymbol{x}^*\right) < f\left(\boldsymbol{x}\right), \forall \boldsymbol{x} \in \delta\left(\boldsymbol{x}^*\right) \cap X$$

则称 $\boldsymbol{x}^*$ 是非线性优化的严格局部最优解，$f\left(\boldsymbol{x}^*\right)$ 是非线性优化的严格局部最优值。

如果存在 $\boldsymbol{x}^*$ 的一个邻域，使目标函数在 $\boldsymbol{x}^*$ 处的值 $f\left(\boldsymbol{x}^*\right)$ 不大于该邻域中任何其他可行解处的函数值，则称 $\boldsymbol{x}^*$ 为问题的局部最优解(简称局部解)。如果 $f\left(\boldsymbol{x}^*\right)$ 优于一切可行解处的目标函数值，则称 $\boldsymbol{x}^*$ 为问题的整体最优解(简称整体解)。

### 2.3.1　带等式约束的优化问题

带等式约束的非线性优化问题是实际工业过程中比较常见的控制优化问题，该优化问题是否存在最优解需要满足一定的优化条件。通常将等式约束优化问题(2-13)的求解转化为无约束优化问题(2-12)的求解，转化方法有消元法和拉格朗日法。

1. 消元法

消元法是通过改写约束条件，消除等式约束，将带等式约束的最优化问题(2-13)转化为无约束最优化问题(2-12)的一种简单直接的方法。针对优化问题(2-13)，如果等式约束 $h_i\left(\boldsymbol{x}\right)=0\left(i=1,2,\cdots,p\right)$ 可以改写为

$$x_i = d_i\left(x_1, x_2, \cdots, x_{i-1}, x_{i+1}, \cdots, x_n\right), \quad i=1,2,\cdots,p \tag{2-55}$$

把式(2-55)代入目标函数 $f\left(\boldsymbol{x}\right)$ 可得 $f_1\left(\boldsymbol{x}_m\right)$，其中，$\boldsymbol{x}_m = \left[x_1, x_2, \cdots, x_m\right]^{\mathrm{T}}, m = n-p$ 为自由度。相当于把一个带有 $p$ 个等式约束的 $n$ 维优化问题(2-13)转换为 $\min f_1\left(\boldsymbol{x}_m\right)$ 的 $m$ 维无约束优化问题，这种做法即消元法。

**【例 2-10】**　用消元法求解例 2-1 的预测控制优化问题。

**解**　所要求解的预测控制的优化问题为

$$\begin{aligned}
&\min_{[\Delta \boldsymbol{U};\boldsymbol{Y}]} J = (\boldsymbol{R}_s - \boldsymbol{Y})^{\mathrm{T}}(\boldsymbol{R}_s - \boldsymbol{Y}) + \Delta \boldsymbol{U}^{\mathrm{T}} \bar{\boldsymbol{R}} \Delta \boldsymbol{U} \\
&\text{s.t. } y(t_{i+j}|t_i) = \boldsymbol{CAx}(t_{i+j-1}) + \boldsymbol{CB}\Delta \boldsymbol{u}(t_{i+j-1}), \quad j=1,2,\cdots,N_p
\end{aligned}$$

把等式约束在预测时域 $N_p$ 内进行递推：

$$
\begin{aligned}
& y(t_{i+1} \mid t_i) = \boldsymbol{CAx}(t_i) + \boldsymbol{CB}\Delta u(t_i) \\
& y(t_{i+2} \mid t_i) = \boldsymbol{CA}^2\boldsymbol{x}(t_i) + \boldsymbol{CAB}\Delta u(t_i) + \boldsymbol{CB}\Delta \boldsymbol{u}(t_{i+1}) \\
& \quad \vdots \\
& y(t_{i+N_p} \mid t_i) = \boldsymbol{CA}^{N_p}\boldsymbol{x}(t_i) + \boldsymbol{CA}^{N_p-1}\boldsymbol{B}\Delta u(t_i) + \boldsymbol{CA}^{N_p-2}\boldsymbol{B}\Delta \boldsymbol{u}(t_{i+1}) + \cdots + \boldsymbol{CA}^{N_p-N_c}\boldsymbol{B}\Delta \boldsymbol{u}(t_{i+N_c-1})
\end{aligned}
$$

综合上述递推公式写成矢量形式：

$$
\boldsymbol{Y} = \boldsymbol{Fx}(t_i) + \boldsymbol{\Phi}\Delta \boldsymbol{U}
$$

将其代入目标函数，得到如下 $N_c$ 维无约束的优化问题：

$$
\begin{aligned}
\min_{\Delta \boldsymbol{U}} J &= f\left(\Delta \boldsymbol{U}\right) \\
&= \left(\boldsymbol{R}_s - \boldsymbol{Fx}\left(t_i\right)\right)^{\mathrm{T}}\left(\boldsymbol{R}_s - \boldsymbol{Fx}\left(t_i\right)\right) - 2\Delta \boldsymbol{U}^{\mathrm{T}}\boldsymbol{\Phi}^{\mathrm{T}}\left(\boldsymbol{R}_s - \boldsymbol{Fx}\left(t_i\right)\right) + \Delta \boldsymbol{U}^{\mathrm{T}}\left(\boldsymbol{\Phi}^{\mathrm{T}}\boldsymbol{\Phi} + \bar{\boldsymbol{R}}\right)\Delta \boldsymbol{U}
\end{aligned}
$$

该降维后的无约束优化问题可采用解析法或直接法求解。

2. Lagrange 乘子法

当等式约束多维、高阶或非线性时，难以利用消元法进行降维。因此对于带有复杂等式约束的优化问题，通常可采用 Lagrange 乘子法。该方法基于带等式约束优化问题的最优点必须满足最优性条件(Lagrange 定理)这一性质，将等式约束 $h_i\left(\boldsymbol{x}\right)$ 加权(权值系数为 Lagrange 乘子)后与目标函数 $f\left(\boldsymbol{x}\right)$ 组合成 Lagrange 函数，然后对各个变量求导，令其为零，得到最优解的候选值集合，并进行验证。

**定理 2-1**(Lagrange 定理)　假设：

(1) $\boldsymbol{x}^*$ 是约束问题的局部最优点；

(2) $f, h_1, h_2, \cdots, h_p : \mathbb{R}^n \to \mathbb{R}^1$ 在 $\boldsymbol{x}^*$ 的邻域内连续可微；

(3) $\nabla h_1\left(\boldsymbol{x}^*\right), \nabla h_2\left(\boldsymbol{x}^*\right), \cdots, \nabla h_p\left(\boldsymbol{x}^*\right)$ 线性无关。

那么，存在实数 $\lambda_1^*, \lambda_2^*, \cdots, \lambda_p^*$ 使得 $\nabla f\left(\boldsymbol{x}^*\right) - \sum_{j=1}^{p} \lambda_j^* \nabla h_j\left(\boldsymbol{x}^*\right) = \boldsymbol{0}$。

**证明**　点 $\boldsymbol{x}$ 的变化向量 $\mathrm{d}\boldsymbol{x}$ 是受限制的，将等式约束 $\boldsymbol{h}\left(\boldsymbol{x}\right) = \left[h_1\left(\boldsymbol{x}\right), h_2\left(\boldsymbol{x}\right), \cdots, h_p\left(\boldsymbol{x}\right)\right]^{\mathrm{T}} = \boldsymbol{0}$ 全微分：

$$
\boldsymbol{G}_1 \mathrm{d}x_1 + \boldsymbol{G}_2 \mathrm{d}x_2 + \cdots + \boldsymbol{G}_n \mathrm{d}x_n = 0 \tag{2-56}
$$

写成向量形式：

$$
\left[\boldsymbol{G}_1, \boldsymbol{G}_2, \cdots, \boldsymbol{G}_n\right] \begin{bmatrix} \mathrm{d}x_1 \\ \mathrm{d}x_2 \\ \vdots \\ \mathrm{d}x_n \end{bmatrix} = 0 \tag{2-57}
$$

或

$$G_x \mathrm{d}x = 0 \tag{2-58}$$

其中，$G_x = [G_1, G_2, \cdots, G_n] = \left[\frac{\partial h}{\partial x_1}, \frac{\partial h}{\partial x_2}, \cdots, \frac{\partial h}{\partial x_n}\right]$。

因此，在点 $x$ 处，向量 $\mathrm{d}x$ 的方向由式(2-58)确定，即向量 $\mathrm{d}x$ 与向量 $G_x$ 垂直。

在最优解 $x^*$ 处，满足 $\nabla f(x) \cdot \mathrm{d}x = 0$，即梯度向量 $\nabla f(x)$ 与 $\mathrm{d}x$ 垂直。所以，在最优解处，梯度向量 $f_x$ 一定与向量 $G_x$ 平行，即存在常数向量 $\lambda$ 使得

$$f_x = \lambda G_x \quad 或 \quad \frac{f_x}{G_x} = \lambda$$

构造 Lagrange 函数：

$$L(x, \lambda) = f(x) - \sum_{i=1}^{p} \lambda_i h_i(x) \tag{2-59}$$

其中，$\lambda_i$ 为 Lagrange 系数。基于 Lagrange 定理可得

$$\frac{\partial L(x, \lambda)}{\partial x_i} = 0, \quad i = 1, 2, \cdots, n \tag{2-60}$$

基于等式约束 $h(x) = 0$ 和式(2-59)可得

$$\frac{\partial L(x, \lambda)}{\partial \lambda_i} = 0, \quad i = 1, 2, \cdots, p \tag{2-61}$$

联立式(2-60)和式(2-61)可求得最优解 $(x^*, \lambda)$ 的候选值集合，然后进行验证。

**【例 2-11】** 采用 Lagrange 乘子法求解例 2-1 的预测控制问题。

**解** 例 2-1 的预测控制问题可表示为如下带模型等式约束的优化问题：

$$\min_{[\Delta U; Y]} J = (R_s - Y)^{\mathrm{T}} (R_s - Y) + \Delta U^T \bar{R} \Delta U$$
$$\text{s.t.} \quad y(t_{i+j} | t_i) = CAx(t_{i+j-1}) + CB\Delta u(t_{i+j-1}), \quad j = 1, 2, \cdots, N_p$$

构造 Lagrange 函数：

$$L(x, \lambda) = J - \sum_{j=1}^{N_p} \lambda_j (y(t_{i+j} | t_i) - CAx(t_{i+j-1}) - CB\Delta u(t_{i+j-1}))$$

其中，$\lambda_j (j = 1, 2, \cdots, N_p)$ 为 Lagrange 乘子。

定义 $\lambda = \begin{bmatrix} \lambda_1 & \lambda_2 & \cdots & \lambda_{N_p} \end{bmatrix}^{\mathrm{T}}$，同时将等式约束递推并写成矢量形式 $Y = Fx(t_i) + \Phi \Delta U$ 后，Lagrange 函数可转化为如下形式：

$$L([\Delta U; Y], \lambda) = J - \lambda^{\mathrm{T}} (Y - Fx(t_i) - \Phi \Delta U)$$

基于 Lagrange 定理可得

$$\begin{cases} \dfrac{\partial L([\Delta \boldsymbol{U};\boldsymbol{Y}],\boldsymbol{\lambda})}{\partial \Delta \boldsymbol{U}} = 2\bar{\boldsymbol{R}}\Delta \boldsymbol{U} + \boldsymbol{\Phi}^{\mathrm{T}}\boldsymbol{\lambda} = \boldsymbol{0} \\ \dfrac{\partial L([\Delta \boldsymbol{U};\boldsymbol{Y}],\boldsymbol{\lambda})}{\partial \boldsymbol{Y}} = -2(\boldsymbol{R}_s - \boldsymbol{Y}) - \boldsymbol{\lambda} = \boldsymbol{0} \end{cases}$$

基于等式约束$\boldsymbol{Y} - \boldsymbol{F}\boldsymbol{x}(t_i) - \boldsymbol{\Phi}\Delta \boldsymbol{U} = \boldsymbol{0}$可得

$$\frac{\partial L([\Delta \boldsymbol{U};\boldsymbol{Y}],\boldsymbol{\lambda})}{\partial \boldsymbol{\lambda}} = \boldsymbol{Y} - \boldsymbol{F}\boldsymbol{x}(t_i) - \boldsymbol{\Phi}\Delta \boldsymbol{U} = \boldsymbol{0}$$

联立上述两式，解得

$$\Delta \boldsymbol{U}^* = \begin{bmatrix} 0.1269 & 0.1034 & 0.0829 & 0.0650 \end{bmatrix}^{\mathrm{T}}$$

$$\boldsymbol{Y}^* = \begin{bmatrix} 0.2927 & 0.3772 & 0.4531 & 0.5203 & 0.5740 & 0.6171 & 0.6515 & 0.6790 & 0.7010 & 0.7186 \end{bmatrix}^{\mathrm{T}}$$

$$\boldsymbol{\lambda} = -\begin{bmatrix} 1.4146 & 1.2456 & 1.0939 & 0.9595 & 0.8519 & 0.7659 & 0.6971 & 0.6420 & 0.5980 & 0.5627 \end{bmatrix}^{\mathrm{T}}$$

与例 2-1 所得的解析解一致。

### 2.3.2　带不等式约束的优化问题

带不等式约束的非线性优化问题(2-14)的求解方法与带等式约束的非线性优化问题(2-13)既有不同点又有相同点。式(2-14)中的不等式约束所定义的可行解的区域往往包含内点，而式(2-13)中的等式约束所定义的区域则不包含内点。二者的求解方法类似，均是先判定是否存在最优性条件，再将不等式优化问题转化为无约束优化问题。

在带不等式约束的非线性优化问题(2-14)中，内点是一个重要的概念。设$E$是$n$维空间$\mathbb{R}^n$中的一个点集，$P^0 \in E$，如果存在$P^0$的一个$\delta$邻域$U\left(P^0,\ \delta\right)$，使$U\left(P^0,\ \delta\right) \in E$，则称$P^0$为$E$的内点。

1. Kuhn-Tucker 条件

由于带不等式约束的优化问题(2-14)存在最优解的一个充分条件是 Fritz John 定理。基于 Fritz John 的 Kuhn-Tucker 条件将不等式约束$g_j(\boldsymbol{x})$加权(权值系数为 Lagrange 乘子)后与目标函数$f(\boldsymbol{x})$组合成为 Lagrange 函数，然后通过求解对偶问题得到原问题的最优解。

**定理 2-2**(Fritz John 定理)　在带不等式约束的非线性优化问题(2-14)中，设$\boldsymbol{x}^*$是局部最优解，$f(\boldsymbol{x})$，$g_j(\boldsymbol{x})\left(j=1,2,\cdots,m\right)$，在点$\boldsymbol{x}^*$处可微，那么必存在 Lagrange 乘子$\mu_j \geqslant 0$ $\left(j=0,1,\cdots,m\right)$，使得

$$\mu_0 \nabla f\left(\boldsymbol{x}^*\right) - \sum_{j=1}^{m} \mu_j \nabla g_j\left(\boldsymbol{x}^*\right) = 0 \tag{2-62}$$

$$\mu_j g_j\left(\boldsymbol{x}^*\right) = 0,\quad j=1,2,\cdots,m \tag{2-63}$$

当$\mu_0 = 0$时，Fritz John 定理失去实用价值。为保证$\mu_0 > 0$，对其作用约束函数的梯

度附加上线性无关的条件得到 KT 条件：

(1) $\boldsymbol{x}^*$ 是优化问题(2-14)的局部最优解。

(2) $\nabla f\left(\boldsymbol{x}^*\right)-\sum_{j=1}^{m}\mu_j\nabla g_j\left(\boldsymbol{x}^*\right)=0$，其中，实数 $\mu_j\left(j=1,2,\cdots,m\right)$ 为 Lagrange 乘子。

(3) $\mu_j g_j\left(\boldsymbol{x}^*\right)=0$，$\mu_j \geqslant 0, j=1,2,\cdots,m$。

KT 条件的第一项要求最优点 $\boldsymbol{x}^*$ 必须满足所有不等式及等式约束条件，也就是说最优点必须是一个可行解。第二项表明在最优点 $\boldsymbol{x}^*$，$\nabla f$ 必须是 $\nabla g_j\left(j=1,2,\cdots,m\right)$ 的线性组合。从几何意义的角度，$\nabla f\left(\boldsymbol{x}\right)$ 代表了目标函数 $f$ 在 $\boldsymbol{x}$ 点的梯度方向，而要找 $f$ 的最小值就要寻找 $\nabla f\left(\boldsymbol{x}\right)<0$ 的域，即 $f$ 的下降域；为了从内点向边界收敛，寻找满足 $\nabla g_j\left(\boldsymbol{x}\right)<0\ \left(j=1,2,\cdots,m\right)$ 的域，即 $g_j\ \left(j=1,2,\cdots,m\right)$ 的下降域。要取得最优解就要使某点的 $f$ 和 $g_j\ \left(j=1,2,\cdots,m\right)$ 下降域交集为零，所以最优点 $\boldsymbol{x}^*$ 满足 $\nabla f\left(\boldsymbol{x}^*\right)$ 和 $\nabla g_j\left(\boldsymbol{x}^*\right)$ $\left(j=1,2,\cdots,m\right)$ 的线性组合。第三项要求 $g_j\ \left(j=1,2,\cdots,m\right)$ 必须是有效的，即 $g_j\left(\boldsymbol{x}\right)=0$，否则 $\mu_j=0$ 使 $g_j\left(\boldsymbol{x}\right)\geqslant 0$ 不发挥作用。由于不等式约束具有方向性，因此要求每一个 $\mu_j$ 都必须大于或等于零。

基于 KT 条件构造 Lagrange 函数：

$$L\left(\boldsymbol{x},\boldsymbol{\mu}\right)=f\left(\boldsymbol{x}\right)-\sum_{j=1}^{m}\mu_j g_j\left(\boldsymbol{x}\right) \tag{2-64}$$

其中，$\boldsymbol{\mu}=\left[\mu_1,\mu_2,\cdots,\mu_m\right]$。对各个变量求导，令其为零可得

$$\frac{\partial L\left(\boldsymbol{x},\boldsymbol{\mu}\right)}{\partial x_i}=0,\quad i=1,2,\cdots,n \tag{2-65}$$

基于式(2-63)和式(2-64)可得

$$\mu_j\frac{\partial L\left(\boldsymbol{x},\boldsymbol{\mu}\right)}{\partial \mu_j}=0,\quad j=1,2,\cdots,m \tag{2-66}$$

理论上联立式(2-65)和式(2-66)可求得最优解 $\left(\boldsymbol{x}^*,\boldsymbol{\mu}\right)$ 的候选值集合，然后进行验证即可得到最优解 $\left(\boldsymbol{x}^*,\boldsymbol{\mu}\right)$。但当不等式约束较多时，$\left(\boldsymbol{x}^*,\boldsymbol{\mu}\right)$ 的候选值集合很难获得，因此可以通过求解对偶问题来获得最优解。

因为 Fritz John 定理中要求 $\mu_j\geqslant 0$，$g_j\left(\boldsymbol{x}\right)\geqslant 0\ \left(j=1,2,\cdots,m\right)$，所以只有在 $\mu_j g_j\left(\boldsymbol{x}\right)=0$ $\left(j=1,2,\cdots,m\right)$ 的情况下，Lagrange 函数 $L\left(\boldsymbol{x},\boldsymbol{\mu}\right)$ 才能取得最大值。因此，在满足约束条件 $\boldsymbol{g}(\boldsymbol{x})\geqslant \boldsymbol{0}$ $\left(\boldsymbol{g}\left(\boldsymbol{x}\right)=\left[g_1\left(\boldsymbol{x}\right),g_2\left(\boldsymbol{x}\right),\cdots,g_m\left(\boldsymbol{x}\right)\right]^{\mathrm{T}}\right)$ 的情况下 $f(\boldsymbol{x})=\max\limits_{\boldsymbol{\mu}\geqslant 0}L\left(\boldsymbol{x},\boldsymbol{\mu}\right)$。通过这种方式，原优化问题(2-14)可以写成 $\min\limits_{\boldsymbol{x}}\max\limits_{\boldsymbol{\mu}\geqslant 0}L\left(\boldsymbol{x},\boldsymbol{\mu}\right)$。由于 $\max\limits_{\boldsymbol{\mu}\geqslant 0}\min\limits_{\boldsymbol{x}}L\left(\boldsymbol{x},\boldsymbol{\mu}\right)$ 为 $\min\limits_{\boldsymbol{x}}\max\limits_{\boldsymbol{\mu}\geqslant 0}L\left(\boldsymbol{x},\boldsymbol{\mu}\right)$ 的对偶问题且满足强对偶性(强对偶是指对偶问题的最优值等于原始问题的最优值)，所

以 $f\left(\boldsymbol{x}^*\right)=\max\limits_{\boldsymbol{\mu}\geqslant 0}\min\limits_{\boldsymbol{x}} L(\boldsymbol{x},\boldsymbol{\mu})$。由于该优化问题只存在约束 $\boldsymbol{\mu}\geqslant 0$，因此很容易获得优化问题(2-14)的最优解 $\boldsymbol{x}^*$。

【例 2-12】　针对连续系统

$$\dot{\boldsymbol{x}}_m(t)=\begin{bmatrix}-0.1 & -3\\ 1 & 0\end{bmatrix}\boldsymbol{x}_m(t)+\begin{bmatrix}1\\ 0\end{bmatrix}u(t)$$

$$y(t)=\begin{bmatrix}0 & 10\end{bmatrix}\boldsymbol{x}_m(t)$$

设计模型预测控制器，选择采样周期 $T=0.01\text{s}$，控制时域 $N_c=3$，预测时域 $N_p=20$，且满足控制量变化率约束：

$$-1.5\leqslant \Delta u(t_{i+j})\leqslant 3,\quad j=0,1,\cdots,N_c-1$$

在当前时刻 $t_i$，已知初始状态满足 $\boldsymbol{x}_m(t_i)=\boldsymbol{x}_m(t_{i-1})$，$y(t_i)=0$，求当前时刻 $t_i$ 的最优控制序列。

**解**　将该系统的离散增广状态空间模型表示为

$$\begin{bmatrix}\Delta\boldsymbol{x}(t_{i+1})\\ y(t_{i+1})\end{bmatrix}=\boldsymbol{A}\begin{bmatrix}\Delta\boldsymbol{x}(t_i)\\ y(t_i)\end{bmatrix}+\boldsymbol{B}\Delta u(t_i)$$

$$y(t_i)=\boldsymbol{C}\begin{bmatrix}\Delta\boldsymbol{x}(t_i)\\ y(t_i)\end{bmatrix}$$

其中

$$\boldsymbol{A}=\begin{bmatrix}0.9989 & -0.03 & 0\\ 0.01 & 0.9999 & 0\\ 0.0999 & 9.9985 & 1\end{bmatrix},\quad \boldsymbol{B}=\begin{bmatrix}0.01\\ 0.00005\\ 0.0005\end{bmatrix},\quad \boldsymbol{C}=\begin{bmatrix}0 & 0 & 1\end{bmatrix}$$

定义向量

$$\boldsymbol{x}(t_i)=\begin{bmatrix}\Delta\boldsymbol{x}_m(t_i) & y(t_i)\end{bmatrix}^{\mathrm{T}}$$

$$\boldsymbol{Y}=\begin{bmatrix}y(t_{i+1}|t_i) & y(t_{i+2}|t_i) & y(t_{i+3}|t_i) & \dots & y(t_{i+N_p}|t_i)\end{bmatrix}^{\mathrm{T}}$$

$$\Delta\boldsymbol{U}=\begin{bmatrix}\Delta u(t_i) & \Delta u(t_{i+1}) & \Delta u(t_{i+2}) & \dots & \Delta u(t_{i+N_c-1})\end{bmatrix}^{\mathrm{T}}$$

定义目标函数

$$J=(\boldsymbol{R}_s-\boldsymbol{Y})^{\mathrm{T}}(\boldsymbol{R}_s-\boldsymbol{Y})+\Delta\boldsymbol{U}^{\mathrm{T}}\bar{\boldsymbol{R}}\Delta\boldsymbol{U} \tag{2-67}$$

其中

$$\boldsymbol{R}_s^{\mathrm{T}}=\overbrace{\begin{bmatrix}1 & 1 & \cdots & 1\end{bmatrix}}^{N_p},\quad \bar{\boldsymbol{R}}=0.01\times\boldsymbol{I}_{N_c\times N_c}$$

与例 2-1 类似：

$$\boldsymbol{Y}=\boldsymbol{F}\boldsymbol{x}(t_i)+\boldsymbol{\Phi}\Delta\boldsymbol{U} \tag{2-68}$$

把式(2-68)代入目标函数(2-67)可以得到

$$J = \Delta \boldsymbol{U}^{\mathrm{T}}(\boldsymbol{\Phi}^{\mathrm{T}}\boldsymbol{\Phi} + \bar{\boldsymbol{R}})\Delta \boldsymbol{U} - 2\Delta \boldsymbol{U}^{\mathrm{T}}\boldsymbol{\Phi}^{\mathrm{T}}(\boldsymbol{R}_s - \boldsymbol{F}\boldsymbol{x}(t_i))$$

沿控制时域 $N_c$ 对系统的控制量增量约束进行递推，写成矢量形式：

$$\boldsymbol{M}\Delta \boldsymbol{U} - \boldsymbol{\gamma} \geqslant 0$$

其中

$$\boldsymbol{M} = \begin{bmatrix} -1 & 0 & 0 \\ 0 & -1 & 0 \\ 0 & 0 & -1 \\ 1 & 0 & 0 \\ 0 & 1 & 0 \\ 0 & 0 & 1 \end{bmatrix}, \quad \boldsymbol{\gamma} = \begin{bmatrix} -3 \\ -3 \\ -3 \\ -1.5 \\ -1.5 \\ -1.5 \end{bmatrix}$$

因此，该系统的预测控制优化问题为

$$\begin{aligned} &\min_{\Delta \boldsymbol{U}} f(\Delta \boldsymbol{U}) = J = \Delta \boldsymbol{U}^{\mathrm{T}}(\boldsymbol{\Phi}^{\mathrm{T}}\boldsymbol{\Phi} + \bar{\boldsymbol{R}})\Delta \boldsymbol{U} - 2\Delta \boldsymbol{U}^{\mathrm{T}}\boldsymbol{\Phi}^{\mathrm{T}}(\boldsymbol{R}_s - \boldsymbol{F}\boldsymbol{x}(t_i)) \\ &\text{s.t.}\ \ \boldsymbol{M}\Delta \boldsymbol{U} - \boldsymbol{\gamma} \geqslant 0 \end{aligned} \tag{2-69}$$

构造 Lagrange 函数

$$L(\Delta \boldsymbol{U}, \boldsymbol{\mu}) = J - \boldsymbol{\mu}^{\mathrm{T}}(\boldsymbol{M}\Delta \boldsymbol{U} - \boldsymbol{\gamma}), \quad \boldsymbol{\mu} \geqslant \boldsymbol{0}$$

在满足 $\boldsymbol{M}\Delta \boldsymbol{U} - \boldsymbol{\gamma} \geqslant 0$ 的情况下，$f(\Delta \boldsymbol{U}) = \max\limits_{\boldsymbol{\mu} \geqslant \boldsymbol{0}} L(\Delta \boldsymbol{U}, \boldsymbol{\mu})$。

因此，优化问题(2-69)与优化问题 $\min\limits_{\Delta \boldsymbol{U}} \max\limits_{\boldsymbol{\mu} \geqslant \boldsymbol{0}} L(\Delta \boldsymbol{U}, \boldsymbol{\mu})$ 等价。$\min\limits_{\Delta \boldsymbol{U}} \max\limits_{\boldsymbol{\mu} \geqslant \boldsymbol{0}} L(\Delta \boldsymbol{U}, \boldsymbol{\mu})$ 的对偶问题为

$$\max_{\boldsymbol{\mu} \geqslant \boldsymbol{0}} \min_{\Delta \boldsymbol{U}} L(\Delta \boldsymbol{U}, \boldsymbol{\mu}) \tag{2-70}$$

对偶问题中，使 $L(\Delta \boldsymbol{U}, \boldsymbol{\mu})$ 取最小值的 $\Delta U$ 不受约束，其值为

$$\Delta \boldsymbol{U} = \boldsymbol{E}^{-1}[\boldsymbol{M}^{\mathrm{T}}\boldsymbol{\mu} - \boldsymbol{G}] \tag{2-71}$$

其中

$$\boldsymbol{E} = 2(\boldsymbol{\Phi}^{\mathrm{T}}\boldsymbol{\Phi} + \bar{\boldsymbol{R}}), \quad \boldsymbol{G} = -2\boldsymbol{\Phi}^{\mathrm{T}}(\boldsymbol{R}_s - \boldsymbol{F}\boldsymbol{x}(t_i))$$

将式(2-71)代入式(2-70)中，对偶问题可写为

$$\max_{\boldsymbol{\mu} \geqslant \boldsymbol{0}} \left( -\frac{1}{2}\boldsymbol{\mu}^{\mathrm{T}}\boldsymbol{H}\boldsymbol{\mu} + \boldsymbol{\mu}^{\mathrm{T}}\boldsymbol{K} - \frac{1}{2}\boldsymbol{G}^{\mathrm{T}}\boldsymbol{E}^{-1}\boldsymbol{G} \right)$$

其中

$$\boldsymbol{H} = \boldsymbol{M}\boldsymbol{E}^{-1}\boldsymbol{M}^{\mathrm{T}}, \quad \boldsymbol{K} = \boldsymbol{M}\boldsymbol{E}^{-1}\boldsymbol{G} + \boldsymbol{\gamma}$$

求解该对偶问题，得

$$\boldsymbol{\mu} = \begin{bmatrix} 0.1428 & 0.0561 & 0 & 0 & 0 & 0 \end{bmatrix}^{\mathrm{T}}$$

代入式(2-71)可得当前时刻$t_i$的最优控制序列为

$$\Delta \boldsymbol{U}^* = \begin{bmatrix} 3.0000 & 3.0000 & 2.3763 \end{bmatrix}^{\mathrm{T}}$$

2. 内点法

内点法是在可行域内部构造新的无约束目标函数(罚函数)并求该目标函数的极值点，因此求得的极值点总是在优化问题(2-14)的可行域内部。在求解内点罚函数的序列无约束优化问题的过程中，所求得的序列无约束优化问题的解总是可行解，从而在可行域内部逐步逼近原约束优化问题的最优解。

内点法是求解不等式约束优化问题的一种十分有效的方法，但不能处理等式约束。因为构造的内罚函数是定义在可行域内的函数，而等式约束优化问题不存在可行域空间，所以内点法不能用来求解等式约束问题。

考虑带不等式约束的非线性优化问题(2-14)时，可行域为

$$\operatorname{int} S = \left\{ \boldsymbol{x} \in \mathbb{R}^n \mid g_j(\boldsymbol{x}) \geqslant 0, j = 1,2,\cdots,m \right\} \tag{2-72}$$

为了保持迭代点始终含于$\operatorname{int} S$，引入一种内罚函数：

$$G(\boldsymbol{x},r) = f(\boldsymbol{x}) + rB(\boldsymbol{x}) \tag{2-73}$$

其中，$r$是很小的正数；$B(\boldsymbol{x})$是$\operatorname{int} S$上的实值连续函数，当点$\boldsymbol{x}$趋向可行域$S$的边界时，　$B(\boldsymbol{x}) \to \infty$。

内罚函数$G(\boldsymbol{x},r)$的作用是对企图脱离可行域的点给予惩罚，相当于在可行域的边界设置了障碍，不让迭代点穿越到可行域之外，因此也称为障碍函数(barrier function)。

两种常见的内罚函数形式如下。

(1) 倒数障碍函数：

$$G(\boldsymbol{x},r) = f(\boldsymbol{x}) + r\sum_{j=1}^{m} \frac{1}{g_j(\boldsymbol{x})} \tag{2-74}$$

(2) 对数障碍函数：

$$G(\boldsymbol{x},r) = f(\boldsymbol{x}) - r\sum_{j=1}^{m} \ln g_j(\boldsymbol{x}) \tag{2-75}$$

当$r$取值充分小时，带不等式约束的非线性优化问题(2-14)转化成如下优化问题：

$$\begin{aligned} &\min G(\boldsymbol{x},r) = f(\boldsymbol{x}) + rB(\boldsymbol{x}) \\ &\text{s.t.} \quad \boldsymbol{x} \in \operatorname{int} S \end{aligned} \tag{2-76}$$

在实际计算中，为了利用数值解法，问题(2-76)中的惩罚因子$r$的值必须取定值且适中。若惩罚因子太大，则问题(2-76)的最优解可能远离问题(2-14)的最优解，计算效率低；若惩罚因子太小，则会给问题(2-76)的求解带来计算上的困难。

选取惩罚因子的一般策略是取定常数列$\left\{ r^k \right\}$，满足

(1) 正值数列；

(2) 单调递减趋近于零。

带不等式约束的非线性优化问题(2-14)可转化成如下优化问题：

$$\begin{aligned} &\min G\left(\boldsymbol{x}, r^k\right)=f(\boldsymbol{x})+r^k B(\boldsymbol{x}) \\ &\text{s.t.}\quad \boldsymbol{x} \in \operatorname{int} S \end{aligned} \tag{2-77}$$

若问题(2-14)的最优解含于 $\operatorname{int} S$，则当 $r^k$ 取到一个适当的值时，问题(2-77)的最优解可以达到它。若问题(2-14)的最优解落在 $S$ 的边界上，则随着 $r^k$ 的减小，问题(2-77)的最优解点列将向 $S$ 边界上的该最优解逼近。这种利用罚函数生成一系列内点逼近原约束问题最优解的方法称为内罚函数法或序列无约束最小化技术(sequential unconstrained minimization technique，SUMT)内点法。

**定理 2-3**　带不等式约束的非线性优化问题(2-14)的可行域内部 $\operatorname{int} S$ 非空且存在最优解，其中 $f(\boldsymbol{x})$ 和 $g_j(\boldsymbol{x})(j=1,2,\cdots,m)$ 是 $\mathbb{R}^n$ 上的实值连续函数。又设 $\left\{r^k\right\}$ 是严格单调递减且趋于 0 的正值数列，且对每个 $k$，无约束问题(2-77)存在最优解 $\boldsymbol{x}^k$，则点列 $\left\{\boldsymbol{x}^k\right\}$ 的任意极限点都是问题(2-14)的最优解。

在上述内罚函数中，问题(2-77)实际上仍是约束问题，且约束条件看上去比问题(2-14)的约束条件更复杂。但是，只要初始迭代点从可行域的内部选取，$B(\boldsymbol{x})$ 的障碍作用会自动实现，保证问题(2-77)的最优解仍会含于 $\operatorname{int} S$。因此，从计算的角度来看，问题(2-77)可当作无约束问题来处理，仅有的差别是，在求极小值过程中进行一维搜索时要适当控制步长，以免迭代点脱离可行域而导致迭代提前结束。

在内罚函数法中必须先知道一个初始内点 $\boldsymbol{x}^0 \in \operatorname{int} S$。在实际问题中，如果初始内点不能凭直观找出时，则必须给出一种求初始内点的算法。已知给定初始点 $\boldsymbol{x}^0$，缩小系数 $\beta \in (0,1)$，终止限 $\varepsilon > 0$，初始惩罚因子为 $r^1=M>0$，$M$ 为一个常数，令 $k=0$，基于内罚函数法的思想，包含寻找初始内点迭代算法的内点法的算法流程如图 2-21 所示，其具体步骤如下。

Step1：确定指标集。令

$$I_k=\left\{j \mid g_j\left(\boldsymbol{x}^k\right)<0, j=1,2,\cdots,m\right\}$$

$$J_k=\left\{j \mid g_j\left(\boldsymbol{x}^k\right) \geqslant 0, j=1,2,\cdots,m\right\}$$

Step2：检验是否满足终止准则。若 $I_k=\varnothing$，则 $\boldsymbol{x}^k \in \operatorname{int} S$，令 $\boldsymbol{x}^0=\boldsymbol{x}^k$，$k=1$，$r^k=M$，转 Step4；否则，转 Step3。

Step3：求解无约束优化问题。以 $\boldsymbol{x}^k \in S_k=\left\{\boldsymbol{x} \mid g_j(\boldsymbol{x}) \geqslant 0, j \in J_k\right\}$ 为初始点，求解无约束优化问题 $\min\limits_{\boldsymbol{x} \in S_k} H_{k+1}(\boldsymbol{x})$ 得到最优解 $\boldsymbol{x}^{k+1}$，其中：

$$H_{k+1}(\boldsymbol{x})=\sum_{j \in I_k} g_j(\boldsymbol{x})+r^{k+1} \sum_{j \in J_k} \frac{1}{g_j(\boldsymbol{x})}$$

令 $r^{k+2}=\beta r^{k+1}, k:=k+1$，返回 Step1。

Step4：求解无约束优化问题。以 $\boldsymbol{x}^{k-1}$ 为初始点，求解无约束优化问题 $\min G\left(\boldsymbol{x}, r^k\right)=f\left(\boldsymbol{x}\right)+r^k B\left(\boldsymbol{x}\right)$，得到最优解为 $\boldsymbol{x}^k$。

Step5：检查是否满足终止准则。若 $\left|r^k B\left(\boldsymbol{x}^k\right)\right|<\varepsilon$，则迭代终止，$\boldsymbol{x}^k$ 为约束问题(2-14)的近似最优解；否则，令 $r^{k+1}=\beta r^k$，$k:=k+1$，返回 Step4。

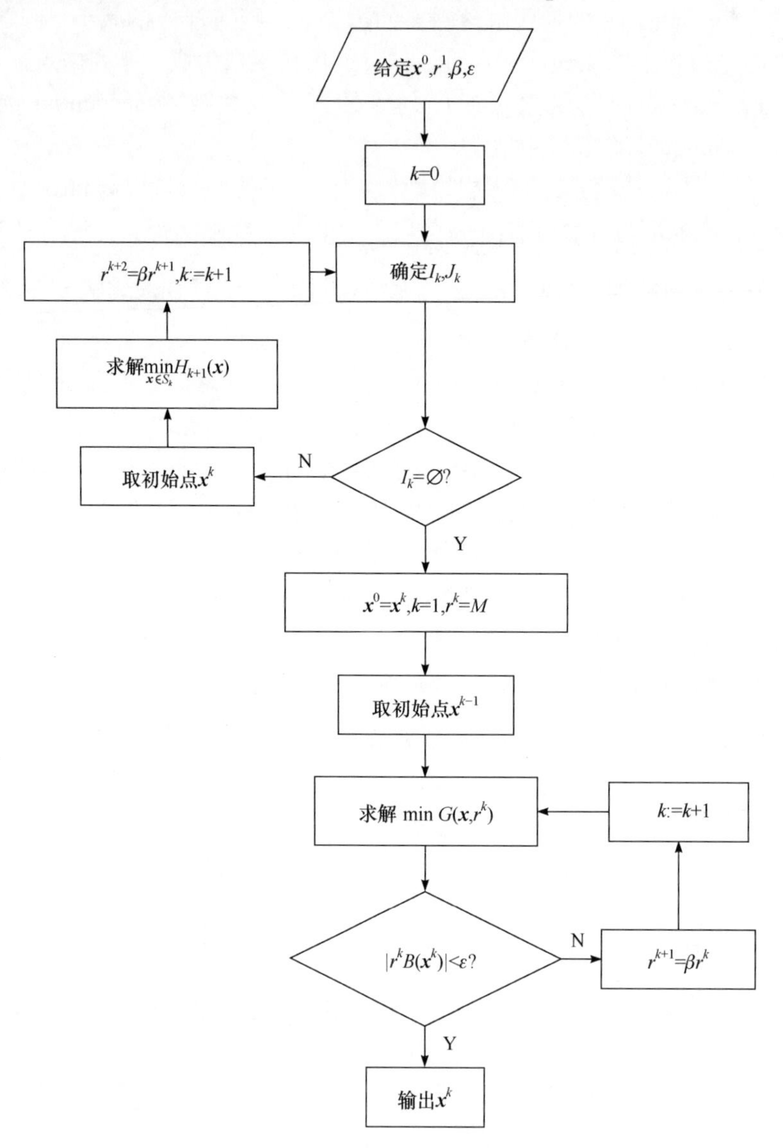


图 2-21 内点法的算法流程图

**【例 2-13】** 用内点法求解例 2-12 中的如下模型预测控制问题：

$$\min_{\Delta \boldsymbol{U}} f(\Delta \boldsymbol{U})=J=\Delta \boldsymbol{U}^{\mathrm{T}}(\boldsymbol{\Phi}^{\mathrm{T}}\boldsymbol{\Phi}+\overline{\boldsymbol{R}})\Delta \boldsymbol{U}-2\Delta \boldsymbol{U}^{\mathrm{T}}\boldsymbol{\Phi}^{\mathrm{T}}(\boldsymbol{R}_s-\boldsymbol{F}\boldsymbol{x}(t_i))$$

$$\text{s.t.}\begin{cases} g_1(\Delta \boldsymbol{U}) = 3 - \Delta \boldsymbol{U}(1) \geqslant 0 \\ g_2(\Delta \boldsymbol{U}) = 3 - \Delta \boldsymbol{U}(2) \geqslant 0 \\ g_3(\Delta \boldsymbol{U}) = 3 - \Delta \boldsymbol{U}(3) \geqslant 0 \\ g_4(\Delta \boldsymbol{U}) = \Delta \boldsymbol{U}(1) + 1.5 \geqslant 0 \\ g_5(\Delta \boldsymbol{U}) = \Delta \boldsymbol{U}(2) + 1.5 \geqslant 0 \\ g_6(\Delta \boldsymbol{U}) = \Delta \boldsymbol{U}(3) + 1.5 \geqslant 0 \end{cases}$$

**解**　选取 $\Delta \boldsymbol{U}^0 = [4 \quad 4 \quad 4]^{\mathrm{T}}$，$r^1 = 1$，缩小系数 $\beta = 0.1$，$\varepsilon = 10^{-4}$，$k = 0$。

Step1：确定指标集。

$$I_0 = \{4,5,6\}$$

$$J_0 = \{1,2,3\}$$

因为 $I_0 = \varnothing$ 不成立，则转 Step3。

Step3：以 $\Delta \boldsymbol{U}^0 = [4 \quad 4 \quad 4]^{\mathrm{T}}$ 为初始点，求解

$$\min H_1(\Delta \boldsymbol{U}) = \sum_{j=4}^{6} g_j(\Delta \boldsymbol{U}) + r^1 \sum_{j=1}^{3} \frac{1}{g_j(\Delta \boldsymbol{U})}$$

得到 $\Delta \boldsymbol{U}^1 = [3.2122 \quad 3.2122 \quad 3.2122]^{\mathrm{T}}$。

计算 $r^2 = \beta r^1 = 0.1 \times 1 = 0.1$，$k := k + 1 = 1$，返回 Step1。

Step1：确定指标集。

$$I_1 = \{4,5,6\}$$

$$J_1 = \{1,2,3\}$$

因为 $I_1 = \varnothing$ 不成立，则转 Step3。

Step3：以 $\Delta \boldsymbol{U}^1 = [3.2122 \quad 3.2122 \quad 3.2122]^{\mathrm{T}}$ 为初始点，求解

$$\min H_2(\Delta \boldsymbol{U}) = \sum_{j=4}^{6} g_j(\Delta \boldsymbol{U}) + r^2 \sum_{j=1}^{3} \frac{1}{g_j(\Delta \boldsymbol{U})}$$

得到 $\Delta \boldsymbol{U}^2 = [3.0221 \quad 3.0221 \quad 3.0221]^{\mathrm{T}}$。

计算 $r^3 = \beta r^2 = 0.1 \times 0.1 = 0.01$，$k := k + 1 = 2$，返回 Step1。

……

得到初始可行点 $\Delta \boldsymbol{U}^0 = [3.0000 \quad 3.0000 \quad 3.0000]^{\mathrm{T}} \in \operatorname{int} S$，令 $k = 1$，$r^1 = 1$，进入第 1 轮迭代。

第 1 轮迭代：

以 $\Delta \boldsymbol{U}^0 = [3.0000 \quad 3.0000 \quad 3.0000]^{\mathrm{T}}$ 为初始点，求解

$$\min G(\Delta \boldsymbol{U}, r^1) = f(\Delta \boldsymbol{U}) - r^1 \sum_{j=1}^{6} \ln g_j(\Delta \boldsymbol{U})$$

得到 $\Delta \boldsymbol{U}^1 = \begin{bmatrix} 3.0000 & 3.0000 & 3.0000 \end{bmatrix}^{\mathrm{T}}$。

因为 $\left| r^1 \sum_{j=1}^{6} \ln g_j\left(\Delta \boldsymbol{U}^1\right) \right| = 52.9497 > \varepsilon$，进入第 2 轮迭代。

第 2 轮迭代：

计算

$$r^2 = \beta r^1 = 0.1 \times 1 = 0.1$$

$$k := k + 1 = 2$$

以 $\Delta \boldsymbol{U}^1 = \begin{bmatrix} 3.0000 & 3.0000 & 3.0000 \end{bmatrix}^{\mathrm{T}}$ 为初始点，求解

$$\min G\left(\Delta \boldsymbol{U}, r^2\right) = f\left(\Delta \boldsymbol{U}\right) - r^2 \sum_{j=1}^{6} \ln g_j\left(\Delta \boldsymbol{U}\right)$$

得到 $\Delta \boldsymbol{U}^2 = \begin{bmatrix} 2.7252 & 2.6252 & 2.4534 \end{bmatrix}^{\mathrm{T}}$。

因为 $\left| r^2 \sum_{i=1}^{6} \ln g_i\left(\Delta \boldsymbol{U}^2\right) \right| = 3.0862 > \varepsilon$，进入第 3 轮迭代。

……

最后，因为 $\left| r^7 \sum_{j=1}^{6} \ln g_j\left(\Delta \boldsymbol{U}^7\right) \right| = 1.8738 \times 10^{-5} < \varepsilon$，跳出迭代，得到最优解：

$$\Delta \boldsymbol{U}^7 = \begin{bmatrix} 3.0000 & 3.0000 & 2.3765 \end{bmatrix}^{\mathrm{T}}$$

在一定误差允许范围内，这与 KT 条件求解出的结果是一致的。内点法 $\Delta \boldsymbol{U}$ 的迭代过程如图 2-22 所示。

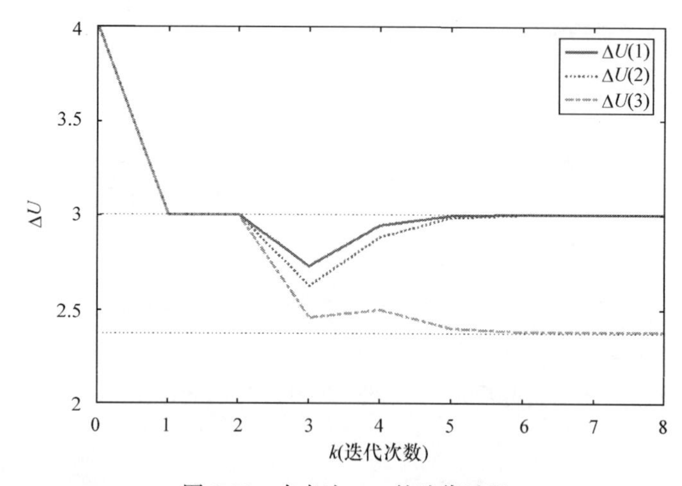


图 2-22 内点法 $\Delta \boldsymbol{U}$ 的迭代过程

### 2.3.3 带混合约束的优化问题

求解带混合约束的非线性优化问题(2-15)就是在可行域 $X$ 上寻求一点 $\boldsymbol{x}^*$，使得目标

函数 $f\left(\boldsymbol{x}^*\right)$ 达到最小。对于实际该类问题，可行域可能严重非凸畸形，现有方法难以保证求出全局最优解。与求解带有不等式约束的非线性优化问题类似，需要先判断带有混合约束的优化问题是否存在最优解，再利用线性规划、二次规划、序列二次规划、容许方向法和罚函数法等将复杂问题转化为简单的问题。

1. Karush-Kuhn-Tucker 条件

基于 Fritz John 定理的 Karush-Kuhn-Tucker(KKT)条件是在满足一定规则的前提下，带混合约束的非线性优化问题(2-15)存在最优解的一个充分且必要条件。该方法是一个广义化拉格朗日乘子法，将等式约束 $h_i(\boldsymbol{x})$ $(i=1,2,\cdots,p)$ 和不等式约束 $g_j(\boldsymbol{x})$ $(j=1,2,\cdots,m)$ 加权(权值系数为 Lagrange 乘子)后与目标函数 $f(\boldsymbol{x})$ 组合成为 Lagrange 函数，然后通过求解对偶问题得到原问题的最优解。Fritz John 定理可表达如下。

在带混合约束的非线性优化问题(2-15)中，设 $\boldsymbol{x}^*$ 是局部最优解，$f(\boldsymbol{x})$，$h_i(\boldsymbol{x})$ $(i=1,2,\cdots,p)$ $g_j(\boldsymbol{x})$ $(j=1,2,\cdots,m)$ 在点 $\boldsymbol{x}^*$ 处可微，那么必存在不全为零的数 $\lambda_i$ $(i=1,2,\cdots,p)$，$\mu_j$ $(j=1,2,\cdots,m)$ 使得

$$\mu_0\nabla f\left(\boldsymbol{x}^*\right)-\sum_{i=1}^{p}\lambda_i\nabla h_i\left(\boldsymbol{x}^*\right)-\sum_{j=1}^{m}\mu_j\nabla g_j\left(\boldsymbol{x}^*\right)=\boldsymbol{0} \tag{2-78}$$

$$\mu_j g_j\left(\boldsymbol{x}^*\right)=0,\mu_j\geqslant 0,\quad j=1,2,\cdots,m \tag{2-79}$$

当 $\mu_0=0$ 时，Fritz John 定理失去实用价值。为保证 $\mu_0>0$，对其作用约束函数的梯度附加上线性无关的条件得到 KKT 条件：

(1) $\boldsymbol{x}^*$ 是优化问题(2-15)的局部最优解。

(2) $\nabla f\left(\boldsymbol{x}^*\right)-\sum_{i=1}^{p}\lambda_i\nabla h_i\left(\boldsymbol{x}^*\right)-\sum_{j=1}^{m}\mu_j\nabla g_j\left(\boldsymbol{x}^*\right)=0$，其中，实数 $\lambda_i\left(i=1,2,\cdots,p\right)$，$\mu_j\left(j=1,2,\cdots,m\right)$ 为 Lagrange 乘子。

(3) $\mu_j g_j\left(\boldsymbol{x}^*\right)=0$，$\mu_j\geqslant 0, j=1,2,\cdots,m$。

KKT 条件的第一项要求最优点 $\boldsymbol{x}^*$ 必须满足所有不等式及等式约束条件，也就是说最优点必须是一个可行解。第二项表明在最优点 $\boldsymbol{x}^*$，$\nabla f$ 必须是 $\nabla h_i$ $\left(i=1,2,\cdots,p\right)$ 和 $\nabla g_j$ $(j=1,2,\cdots,m)$ 的线性组合。从几何意义的角度，$\nabla f\left(\boldsymbol{x}\right)$ 代表了目标函数 $f$ 在 $\boldsymbol{x}$ 点的梯度方向，而要找 $f$ 的最小值就要寻找 $\nabla f\left(\boldsymbol{x}\right)<0$ 的域，即 $f$ 的下降域；为了从内点向边界收敛，寻找满足 $\nabla g_j\left(\boldsymbol{x}\right)<0$ $(j=1,2,\cdots,m)$ 的域，即 $g_j$ 的下降域；满足 $h_i\left(\boldsymbol{x}\right)=0$ $\left(i=1,2,\cdots,p\right)$ 的域为 $h_i$ 的可行域。要取得最优解就要使某点的 $f$ 和 $g_j$ $(j=1,2,\cdots,m)$ 下降域与 $h_i$ $\left(i=1,2,\cdots,p\right)$ 的可行域交集为零，所以最优点 $\boldsymbol{x}^*$ 满足 $\nabla f\left(\boldsymbol{x}^*\right)$，$\nabla g_j\left(\boldsymbol{x}^*\right)$ $\left(j=1,2,\cdots,m\right)$ 和 $\nabla h_i\left(\boldsymbol{x}^*\right)$ $\left(i=1,2,\cdots,p\right)$ 的线性组合。第三项要求 $g_j$ $(j=1,2,\cdots,m)$ 必须是有效的，即 $g_j\left(\boldsymbol{x}\right)=0$，否则 $\mu_j=0$ 使 $g_j\left(\boldsymbol{x}\right)\geqslant 0$ 不发挥作用。由于不等式约束具有方向性，因此要求每一个 $\mu_j$ 都必须大于或等于零。

基于 KKT 条件构造 Lagrange 函数

$$L(\boldsymbol{x},\boldsymbol{\lambda},\boldsymbol{\mu})=f(\boldsymbol{x})-\sum_{i=1}^{p}\lambda_i h_i(\boldsymbol{x})-\sum_{j=1}^{m}\mu_j g_j(\boldsymbol{x}) \tag{2-80}$$

基于 KKT 条件的第二项可得

$$\frac{\partial L(\boldsymbol{x},\boldsymbol{\lambda},\boldsymbol{\mu})}{\partial \boldsymbol{x}}=\boldsymbol{0} \tag{2-81}$$

基于等式约束 $\boldsymbol{h}(\boldsymbol{x})=\boldsymbol{0}$ 和式(2-80)可得

$$\frac{\partial L(\boldsymbol{x},\boldsymbol{\lambda},\boldsymbol{\mu})}{\partial \lambda_i}=0,\quad i=1,2,\cdots,p \tag{2-82}$$

基于 KKT 条件的第三项可得

$$\mu_j\frac{\partial L(\boldsymbol{x},\boldsymbol{\lambda},\boldsymbol{\mu})}{\partial \mu_j}=0,\quad j=1,2,\cdots,m \tag{2-83}$$

理论上联立式(2-81)、式(2-82)和式(2-83)可求得最优解$(\boldsymbol{x}^*,\boldsymbol{\lambda},\boldsymbol{\mu})$的候选值集合，然后进行验证即可得到最优解$(\boldsymbol{x}^*,\boldsymbol{\lambda},\boldsymbol{\mu})$。但是当等式约束和不等式约束较多时，联立求解是比较困难的，因此可以通过求解对偶问题来获得最优解。

与 Kuhn-Tucker 条件类似，由于 $g_j(\boldsymbol{x})\geqslant 0$， $\mu_j\geqslant 0$，所以 $L(\boldsymbol{x},\boldsymbol{\lambda},\boldsymbol{\mu})$ 只有在满足 $\mu_j g_j(\boldsymbol{x})=0$ $(j=1,2,\cdots,m)$ 的情况下才取得最大值。因此在满足混合约束 $\boldsymbol{h}(\boldsymbol{x})=\boldsymbol{0}$ 和 $\boldsymbol{g}(\boldsymbol{x})\geqslant\boldsymbol{0}$ 的情况下，有 $f(\boldsymbol{x})=\max\limits_{\{\lambda,\mu\}}L(\boldsymbol{x},\boldsymbol{\lambda},\boldsymbol{\mu})(\boldsymbol{\mu}\geqslant\boldsymbol{0})$。通过这种方式，原优化问题(2-15)可以写成 $\min\limits_{\boldsymbol{x}}\max\limits_{\{\lambda,\mu\}}L(\boldsymbol{x},\boldsymbol{\lambda},\boldsymbol{\mu})(\boldsymbol{\mu}\geqslant\boldsymbol{0})$，它的对偶问题是 $\max\limits_{\{\lambda,\mu\}}\min\limits_{\boldsymbol{x}}L(\boldsymbol{x},\boldsymbol{\lambda},\boldsymbol{\mu})(\boldsymbol{\mu}\geqslant\boldsymbol{0})$，仍然满足强对偶性质，所以得到 $f(\boldsymbol{x}^*)=\max\limits_{\{\lambda,\mu\}}\min\limits_{\boldsymbol{x}}L(\boldsymbol{x},\boldsymbol{\lambda},\boldsymbol{\mu})(\boldsymbol{\mu}\geqslant\boldsymbol{0})$。由于该优化问题只存在约束 $\boldsymbol{\mu}\geqslant\boldsymbol{0}$，因此很容易获得优化问题(2-15)的最优解 $\boldsymbol{x}^*$。

**【例 2-14】** 利用 KKT 条件求解例 2-12 中的如下模型预测控制优化问题：

$$\begin{aligned}&\min J=(\boldsymbol{R}_s-\boldsymbol{Y})^{\mathrm{T}}(\boldsymbol{R}_s-\boldsymbol{Y})+\Delta\boldsymbol{U}^{\mathrm{T}}\bar{\boldsymbol{R}}\Delta\boldsymbol{U}\\&\text{s.t. } \boldsymbol{Y}-\boldsymbol{F}\boldsymbol{x}(t_i)-\boldsymbol{\Phi}\Delta\boldsymbol{U}=\boldsymbol{0}\\&\qquad \boldsymbol{M}\Delta\boldsymbol{U}-\boldsymbol{\gamma}\geqslant\boldsymbol{0}\end{aligned}$$

**解** 令 $\boldsymbol{X}=\begin{bmatrix}\Delta\boldsymbol{U}\\\boldsymbol{Y}\end{bmatrix}$，上述优化问题转化为

$$\begin{aligned}&\min f(\boldsymbol{X})=J=\boldsymbol{R}_s{}^{\mathrm{T}}\boldsymbol{R}_s+\boldsymbol{X}^{\mathrm{T}}\boldsymbol{E}\boldsymbol{X}-2\bar{\boldsymbol{R}}_s\boldsymbol{X}\\&\text{s.t. } \boldsymbol{C}\boldsymbol{X}-\boldsymbol{F}\boldsymbol{x}(t_i)=0\\&\qquad \boldsymbol{D}\boldsymbol{X}-\boldsymbol{\gamma}\geqslant 0\end{aligned} \tag{2-84}$$

其中，$\boldsymbol{E}=\begin{bmatrix}\bar{\boldsymbol{R}} & \boldsymbol{0}\\ \boldsymbol{0} & \boldsymbol{I}_{N_p\times N_p}\end{bmatrix}$，$\bar{\boldsymbol{R}}_s=\begin{bmatrix}\boldsymbol{0} & \boldsymbol{R}_s{}^{\mathrm{T}}\end{bmatrix}$，$\boldsymbol{C}=\begin{bmatrix}-\boldsymbol{\Phi} & \boldsymbol{I}_{N_p\times N_p}\end{bmatrix}$，$\boldsymbol{D}=\begin{bmatrix}\boldsymbol{M} & \boldsymbol{0}\end{bmatrix}$，$\boldsymbol{I}$ 为单位阵。

构造 Lagrange 函数：

$$L(\boldsymbol{X},\boldsymbol{\lambda},\boldsymbol{\mu}) = f(\boldsymbol{X}) - \sum_{i=1}^{20}\lambda_i h_i(\boldsymbol{X}) - \sum_{j=1}^{6}\mu_j g_j(\boldsymbol{X}), \quad \boldsymbol{\mu} \geqslant \boldsymbol{0}$$

将上式写成矢量格式：

$$L(\boldsymbol{X},\boldsymbol{\lambda},\boldsymbol{\mu}) = \boldsymbol{R}_s{}^{\mathrm{T}}\boldsymbol{R}_s + \boldsymbol{X}^{\mathrm{T}}\boldsymbol{E}\boldsymbol{X} - 2\bar{\boldsymbol{R}}_s\boldsymbol{X} - \left(\boldsymbol{C}\boldsymbol{X} - \boldsymbol{F}\boldsymbol{x}(t_i)\right)^{\mathrm{T}}\boldsymbol{\lambda} - \left(\boldsymbol{D}\boldsymbol{X} - \boldsymbol{\gamma}\right)^{\mathrm{T}}\boldsymbol{\mu}, \quad \boldsymbol{\mu} \geqslant \boldsymbol{0} \tag{2-85}$$

其中，$\boldsymbol{\lambda} = \begin{bmatrix}\lambda_1 & \lambda_2 & \cdots & \lambda_{20}\end{bmatrix}^{\mathrm{T}}$，$\boldsymbol{\mu} = \begin{bmatrix}\mu_1 & \mu_2 & \cdots & \mu_6\end{bmatrix}^{\mathrm{T}}$。

在满足混合约束的情况下，有 $f(\boldsymbol{X}) = \max\limits_{\{\boldsymbol{\lambda},\boldsymbol{\mu}\}} L(\boldsymbol{X},\boldsymbol{\lambda},\boldsymbol{\mu})(\boldsymbol{\mu} \geqslant \boldsymbol{0})$。因此，优化问题(2-84)与优化问题 $\min\limits_{\boldsymbol{X}} \max\limits_{\{\boldsymbol{\lambda},\boldsymbol{\mu}\}} L(\boldsymbol{X},\boldsymbol{\lambda},\boldsymbol{\mu})(\boldsymbol{\mu} \geqslant \boldsymbol{0})$ 等价，该问题的对偶问题为

$$\max_{\{\boldsymbol{\lambda},\boldsymbol{\mu}\}} \min_{\boldsymbol{X}} L(\boldsymbol{X},\boldsymbol{\lambda},\boldsymbol{\mu})(\boldsymbol{\mu} \geqslant \boldsymbol{0})$$

在对偶问题中，由于 $\bar{x}$ 不受约束，则通过：

$$\frac{\partial L(\boldsymbol{X},\boldsymbol{\lambda},\boldsymbol{\mu})}{\partial \boldsymbol{X}} = \boldsymbol{0}$$

得到

$$\boldsymbol{X} = \boldsymbol{E}^{-1}\bar{\boldsymbol{R}}_s{}^{\mathrm{T}} + \frac{1}{2}\boldsymbol{E}^{-1}\boldsymbol{G}\boldsymbol{z} \tag{2-86}$$

其中，$\boldsymbol{G} = \begin{bmatrix}\boldsymbol{C}^{\mathrm{T}} & \boldsymbol{D}^{\mathrm{T}}\end{bmatrix}$，$\boldsymbol{z} = \begin{bmatrix}\boldsymbol{\lambda} \\ \boldsymbol{\mu}\end{bmatrix}$。

将式(2-86)代入式(2-85)中，则对偶问题 $\max\limits_{\{\boldsymbol{\lambda},\boldsymbol{\mu}\}} \min\limits_{\boldsymbol{X}} L(\boldsymbol{X},\boldsymbol{\lambda},\boldsymbol{\mu})(\boldsymbol{\mu} \geqslant \boldsymbol{0})$ 转化为

$$\max_{\boldsymbol{z}} \frac{1}{2}\boldsymbol{z}^{\mathrm{T}}\boldsymbol{H}\boldsymbol{z} + \boldsymbol{N}\boldsymbol{z} + \boldsymbol{R}_s{}^{\mathrm{T}}\boldsymbol{R}_s - \bar{\boldsymbol{R}}_s\boldsymbol{E}^{-1}\bar{\boldsymbol{R}}_s{}^{\mathrm{T}}(\boldsymbol{\mu} \geqslant \boldsymbol{0})$$

其中，$\boldsymbol{H} = -\frac{1}{2}\left(\boldsymbol{E}^{-1}\boldsymbol{G}\right)^{\mathrm{T}}\boldsymbol{G}$，$\boldsymbol{N} = \left[\left(\boldsymbol{F}\boldsymbol{x}(t_i) - \boldsymbol{C}\boldsymbol{E}^{-1}\bar{\boldsymbol{R}}_s{}^{\mathrm{T}}\right)^{\mathrm{T}} \quad \left(\boldsymbol{\gamma} - \boldsymbol{D}\boldsymbol{E}^{-1}\bar{\boldsymbol{R}}_s{}^{\mathrm{T}}\right)^{\mathrm{T}}\right]$。

求解该优化问题，得到

$$\boldsymbol{z} = \begin{bmatrix}-1.9976 & -1.9850 & \cdots & 0.1428 & 0.0561 & 0 & 0 & 0 & 0\end{bmatrix}^{\mathrm{T}}$$

代入式(2-86)中，可得到 $\boldsymbol{X}$，则当前时刻 $t_i$ 的最优控制序列为

$$\Delta\boldsymbol{U}^* = \begin{bmatrix}3.0000 & 3.0000 & 2.3763\end{bmatrix}^{\mathrm{T}}$$

2. 容许方向法

容许方向法是求解约束优化问题的一类基本方法。该方法一般从线性约束问题开始讨论，再推广到非线性约束问题。该方法的思想是：通过不同的方法确定不同的下降容许方向，沿下降容许方向搜索并保持新迭代点为容许点的一种迭代方法，最终找到某迭代点满足最优性条件为止。因此本节给出线性约束问题和非线性约束问题两种情形

的算法。

考虑线性约束优化问题

$$
\begin{aligned}
&\min \ f(\boldsymbol{x}) \\
&\text{s.t.} \ \boldsymbol{A}\boldsymbol{x} \geqslant \boldsymbol{b} \\
&\quad\ \ \boldsymbol{C}\boldsymbol{x} = \boldsymbol{d}
\end{aligned} \tag{2-87}
$$

该优化问题的 Zoutendijk 容许方向法的算法流程如图 2-23 所示，其具体步骤如下。

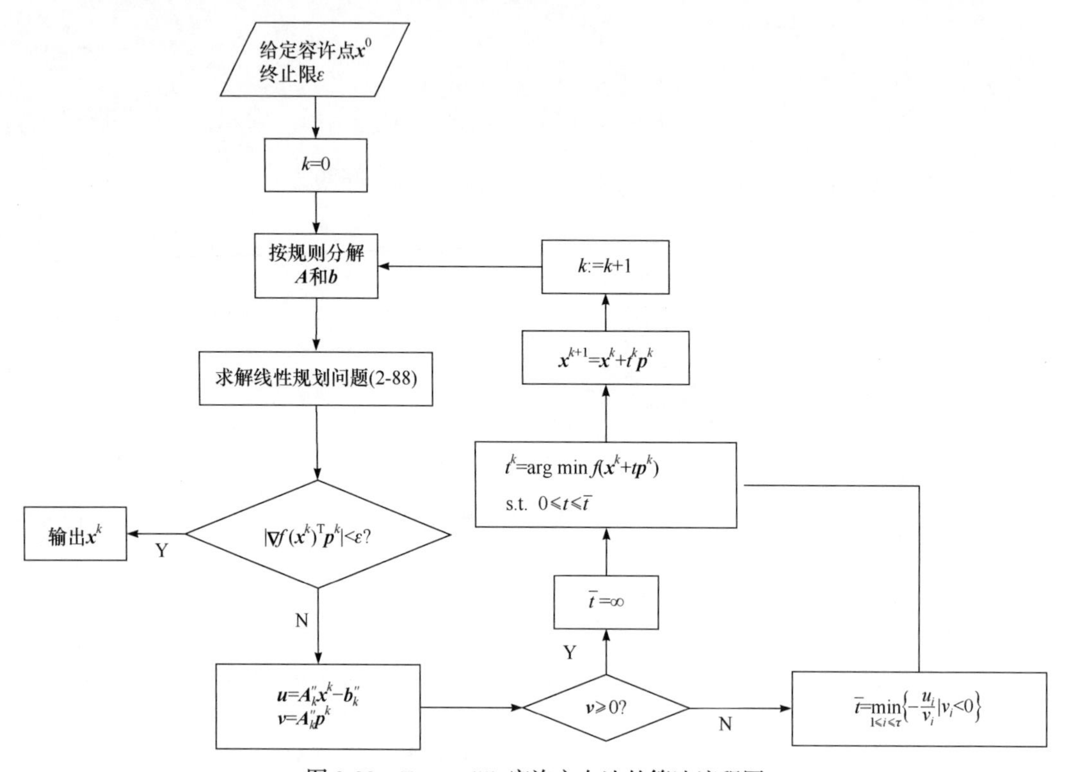

图 2-23　Zoutendijk 容许方向法的算法流程图

已知：目标函数 $f(\boldsymbol{x})$ 及其梯度 $\nabla f(\boldsymbol{x})$，不等式约束中的矩阵 $\boldsymbol{A}$ 和向量 $\boldsymbol{b}$，等式约束中的矩阵 $\boldsymbol{C}$ 和向量 $\boldsymbol{d}$，终止限 $\varepsilon > 0$。

Step1：选定容许点 $\boldsymbol{x}^0$ 作为初始点；令 $k = 0$。

Step2：把 $\boldsymbol{A}$ 分解为 $\boldsymbol{A}_k'$ 和 $\boldsymbol{A}_k''$，相应地把 $\boldsymbol{b}$ 分解为 $\boldsymbol{b}_k'$ 和 $\boldsymbol{b}_k''$，使得 $\boldsymbol{A}_k'\boldsymbol{x}^k = \boldsymbol{b}_k'$，$\boldsymbol{A}_k''\boldsymbol{x}^k > \boldsymbol{b}_k''$。设 $\boldsymbol{b}_k''$ 的维数为 $\tau$。

Step3：求解线性规划问题

$$
\begin{aligned}
&\boldsymbol{p}^k = \arg\min_{\boldsymbol{p}} \nabla f\left(\boldsymbol{x}^k\right)^{\mathrm{T}} \boldsymbol{p} \\
&\text{s.t.} \quad \boldsymbol{A}_k'\boldsymbol{p} \geqslant 0 \\
&\qquad\ \ \boldsymbol{C}\boldsymbol{p} = 0
\end{aligned} \tag{2-88}
$$

其中，$\boldsymbol{p} = \begin{bmatrix} p_1 & p_2 & \cdots & p_n \end{bmatrix}^{\mathrm{T}}$ 且 $-1 \leqslant p_i \leqslant 1 (i = 1, 2, \cdots, n)$。

Step4：若 $\left|\nabla f\left(\boldsymbol{x}^k\right)^{\mathrm{T}} \boldsymbol{p}^k\right| < \varepsilon$，则 $\boldsymbol{x}^k$ 就是所求的最优点，输出 $\boldsymbol{x}^k$，停止；否则转 Step5。

Step5：令 $\boldsymbol{u} = \boldsymbol{A}_k'' \boldsymbol{x}^k - \boldsymbol{b}_k''$，$\boldsymbol{v} = \boldsymbol{A}_k'' \boldsymbol{p}^k$。

Step6：若 $\boldsymbol{v} \geqslant 0$，则作直线搜索进行一维搜索。求 $t^k$ 使得

$$t^k = \arg\min_{t \geqslant 0} f\left(\boldsymbol{x}^k + t\boldsymbol{p}^k\right)$$

令 $\boldsymbol{x}^{k+1} = \boldsymbol{x}^k + t^k \boldsymbol{p}^k$，令 $k := k+1$，转 Step2；否则，转 Step7。

Step7：计算 $\bar{t} = \min\limits_{1 \leqslant i \leqslant \tau}\left\{-\dfrac{u_i}{v_i} \middle| v_i < 0\right\}$；求解

$$\begin{aligned} t^k &= \arg\min_{t} f\left(\boldsymbol{x}^k + t\boldsymbol{p}^k\right) \\ \text{s.t.}\ & 0 \leqslant t \leqslant \bar{t} \end{aligned}$$

令 $\boldsymbol{x}^{k+1} = \boldsymbol{x}^k + t^k \boldsymbol{p}^k$，$k := k+1$，转 Step2。

当优化问题(2-15)的不等式约束为非线性时，因为有等式约束的存在，Zoutendijk 容许方向法会相当复杂，一般不宜采用此算法。因此可推广上述方法用于求解仅带有非线性不等式约束的优化问题(2-14)，得到如图 2-24 所示的 Topkis-Veinott 算法，其具体步骤如下。

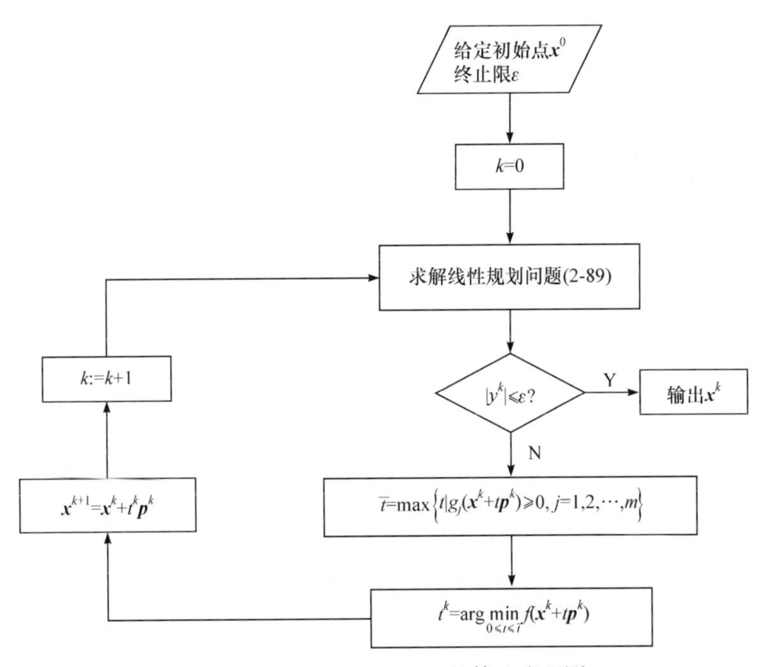


图 2-24　Topkis-Veinott 法的算法流程图

已知：目标函数 $f(\boldsymbol{x})$ 及其梯度 $\nabla f(\boldsymbol{x})$，不等式约束函数 $g_j(\boldsymbol{x}), j=1,2,\cdots,m$ 及其梯度 $\nabla g_j(\boldsymbol{x}), j=1,2,\cdots,m$，终止限 $\varepsilon > 0$。

Step1：选定容许点 $\boldsymbol{x}^0$ 作为初始点；令 $k=0$ 。

Step2：在 $\boldsymbol{x}^k$ 处求解线性规划问题

$$\begin{aligned} &\left[\boldsymbol{p}^k; y^k\right] = \arg\min_{[\boldsymbol{p};y]} y \\ &\text{s.t. } \nabla f(\boldsymbol{x}^k)^{\mathrm{T}} \boldsymbol{p} - y \leqslant 0 \\ &\quad g_j(\boldsymbol{x}^k) + \nabla g_j(\boldsymbol{x}^k)^{\mathrm{T}} \boldsymbol{p} + y \geqslant 0, \quad j=1,2,\cdots,m \\ &\quad -1 \leqslant p_i \leqslant 1, \quad i=1,2,\cdots,n \end{aligned} \tag{2-89}$$

Step3：若 $\left|y^k\right| \leqslant \varepsilon$ ，则 $\boldsymbol{x}^k$ 是 Fritz John 点，输出 $\boldsymbol{x}^k$ ，停止；否则转 Step4。

Step4：利用直线搜索确定

$$\bar{t} = \max\left\{t \middle| g_j\left(\boldsymbol{x}^k + t\boldsymbol{p}^k\right) \geqslant 0, j=1,2,\cdots,m\right\}$$

同时求解

$$t^k = \arg\min_{0 \leqslant t \leqslant \bar{t}} f\left(\boldsymbol{x}^k + t\boldsymbol{p}^k\right)$$

得到最优步长因子 $t^k$ ，计算 $\boldsymbol{x}^{k+1} = \boldsymbol{x}^k + t^k \boldsymbol{p}^k$ ，令 $k := k+1$ ，转 Step2。

**【例 2-15】** 用 Zoutendijk 容许方向法求解例 2-12 中的如下模型预测控制优化问题：

$$\begin{aligned} &\min J = (\boldsymbol{R}_s - \boldsymbol{Y})^{\mathrm{T}} (\boldsymbol{R}_s - \boldsymbol{Y}) + \Delta \boldsymbol{U}^{\mathrm{T}} \bar{\boldsymbol{R}} \Delta \boldsymbol{U} \\ &\text{s.t. } \boldsymbol{Y} - \boldsymbol{F}\boldsymbol{x}(t_i) - \boldsymbol{\Phi} \Delta \boldsymbol{U} = \boldsymbol{0} \\ &\quad \boldsymbol{M} \Delta \boldsymbol{U} - \boldsymbol{\gamma} \geqslant \boldsymbol{0} \end{aligned}$$

**解**　定义 $\boldsymbol{X} = \begin{bmatrix} \Delta \boldsymbol{U} \\ \boldsymbol{Y} \end{bmatrix}$，按照式(2-87)的形式改写约束为

$$\begin{aligned} \boldsymbol{AX} &\geqslant \boldsymbol{b} \\ \boldsymbol{CX} &= \boldsymbol{d} \end{aligned}$$

其中

$$\boldsymbol{A} = [\boldsymbol{M}, \boldsymbol{0}], \quad \boldsymbol{b} = \boldsymbol{\gamma}, \quad \boldsymbol{C} = [-\boldsymbol{\Phi}, \boldsymbol{I}], \quad \boldsymbol{d} = \boldsymbol{F}\boldsymbol{x}(t_i)$$

$\boldsymbol{0}$ 和 $\boldsymbol{I}$ 分别为合适维数的零矩阵及单位矩阵。

取初始容许点 $\boldsymbol{X}^0 = \boldsymbol{0}_{(N_c+N_p)\times 1}$ ，终止限 $\varepsilon = 0.0001$ 进入第一轮迭代：

将 $\boldsymbol{A}$ 分解为 $\boldsymbol{A}' = \boldsymbol{0}, \boldsymbol{A}'' = \boldsymbol{A}$ ，相应地，$\boldsymbol{b}$ 分解为 $\boldsymbol{b}' = \boldsymbol{0}, \boldsymbol{b}'' = \boldsymbol{b}$ ，使得

$$\boldsymbol{A}'\boldsymbol{X}^0 = \boldsymbol{b}', \quad \boldsymbol{A}''\boldsymbol{X}^0 > \boldsymbol{b}''$$

求解线性规划问题

$$\begin{aligned} &\boldsymbol{p}^0 = \arg\min_{\boldsymbol{p}} \nabla J\left(\boldsymbol{X}^0\right)^{\mathrm{T}} \boldsymbol{p} \\ &\text{s.t. } \boldsymbol{Cp} = \boldsymbol{0} \\ &\quad -1 \leqslant p_i \leqslant 1, \quad i=1,2,\cdots,n \end{aligned}$$

得到$\left|\nabla J\left(\boldsymbol{X}^0\right)^{\mathrm{T}}\boldsymbol{p}^0\right|=7.3701>\varepsilon$，故$\boldsymbol{X}^0$不是最优点。接下来取

$$\boldsymbol{u}=\boldsymbol{A}''\boldsymbol{X}^0-\boldsymbol{b}''=[3\quad 3\quad 3\quad 1.5\quad 1.5\quad 1.5]^{\mathrm{T}}$$
$$\boldsymbol{v}=\boldsymbol{A}''\boldsymbol{p}^0=[-1\quad -1\quad -1\quad 1\quad 1\quad 1]^{\mathrm{T}}$$

因为$\boldsymbol{v}$中的元素不全为非负，所以计算

$$\bar{t}=\min_{1\leqslant i\leqslant \tau}\left\{-\frac{u_i}{v_i}\middle|v_i<0\right\}=3$$

进行一维搜索

$$t^0=\arg\min_{t\geqslant 0} f\left(\boldsymbol{X}^0+t\boldsymbol{p}^0\right)$$
$$\text{s.t.}\quad 0\leqslant t\leqslant \bar{t}$$

解得$t^0=2.8958$。令$\boldsymbol{X}^1=\boldsymbol{X}^0+t^0\boldsymbol{p}^0$，进入第 2 轮迭代。

……

按此过程进行迭代，直到$\left|\nabla J\left(\boldsymbol{X}^5\right)^{\mathrm{T}}\boldsymbol{p}^5\right|=2.5181\times10^{-11}<\varepsilon$跳出迭代。最终得到优化问题的近似最优解为$\Delta\boldsymbol{U}^*=[3.0000\quad 2.9999\quad 2.3764]^{\mathrm{T}}$，这与 KT 条件法求解出的结果在一定误差允许范围内是一致的。Zoutendijk 容许方向法中$\Delta\boldsymbol{U}$的迭代过程的变化如图 2-25 所示。

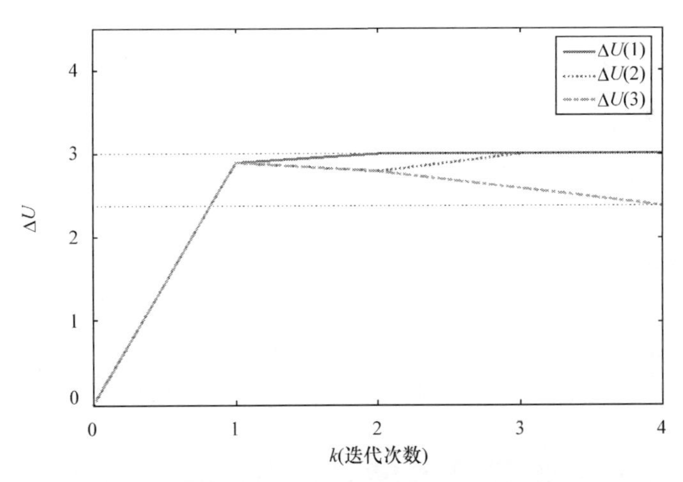


图 2-25　Zoutendijk 容许方向法中$\Delta\boldsymbol{U}$的迭代过程

【例 2-16】　用 Topkis-Veinott 法求解例 2-12 中的如下模型预测控制优化问题：

$$\min_{\Delta\boldsymbol{U}} J=f\left(\Delta\boldsymbol{U}\right)$$
$$=\left(\boldsymbol{R}_s-\boldsymbol{F}\boldsymbol{x}\left(t_i\right)\right)^{\mathrm{T}}\left(\boldsymbol{R}_s-\boldsymbol{F}\boldsymbol{x}\left(t_i\right)\right)-2\Delta\boldsymbol{U}^{\mathrm{T}}\boldsymbol{\Phi}^{\mathrm{T}}\left(\boldsymbol{R}_s-\boldsymbol{F}\boldsymbol{x}\left(t_i\right)\right)+\Delta\boldsymbol{U}^{\mathrm{T}}\left(\boldsymbol{\Phi}^{\mathrm{T}}\boldsymbol{\Phi}+\bar{\boldsymbol{R}}\right)\Delta\boldsymbol{U}$$

$$\text{s.t.}\begin{cases} g_1(\Delta \boldsymbol{U}) = 3 - \Delta \boldsymbol{U}(1) \geqslant 0 \\ g_2(\Delta \boldsymbol{U}) = 3 - \Delta \boldsymbol{U}(2) \geqslant 0 \\ g_3(\Delta \boldsymbol{U}) = 3 - \Delta \boldsymbol{U}(3) \geqslant 0 \\ g_4(\Delta \boldsymbol{U}) = \Delta \boldsymbol{U}(1) + 1.5 \geqslant 0 \\ g_5(\Delta \boldsymbol{U}) = \Delta \boldsymbol{U}(2) + 1.5 \geqslant 0 \\ g_6(\Delta \boldsymbol{U}) = \Delta \boldsymbol{U}(3) + 1.5 \geqslant 0 \end{cases}$$

选取 $\Delta \boldsymbol{U}^0 = [1 \quad 1 \quad 1]^{\mathrm{T}}$，$k = 0$，$\varepsilon = 0.001$。

第 1 轮迭代：

求解优化问题

$$\begin{aligned} &\min_{[\boldsymbol{p};y]} y \\ &\text{s.t.}\ \nabla f(\Delta \boldsymbol{U}^0)^{\mathrm{T}} \boldsymbol{p} - y \leqslant 0 \\ &\qquad g_j(\Delta \boldsymbol{U}^0) + \nabla g_j(\Delta \boldsymbol{U}^0)^{\mathrm{T}} \boldsymbol{p} + y \geqslant 0, \quad j = 1,2,\cdots,m \\ &\qquad -1 \leqslant p_i \leqslant 1, \quad i = 1,2,\cdots,n \end{aligned}$$

得到 $\boldsymbol{p}^0 = [-0.3269 \quad 1 \quad 1]^{\mathrm{T}}$，$y^0 = -2.3269$。

因为 $|y^0| = 2.3269 > \varepsilon$，进入第 2 轮迭代。

第 2 轮迭代：

求解

$$\bar{t} = \max\left\{ t \middle| g_j\left(\Delta \boldsymbol{U}^0 + t\boldsymbol{p}^0\right) \geqslant 0, \quad j = 1,2,\cdots,m \right\} = 2$$

$$t^0 = \arg\min_{0 \leqslant t \leqslant \bar{t}} f\left(\Delta \boldsymbol{U}^0 + t\boldsymbol{p}^0\right) = 2$$

则

$$\Delta \boldsymbol{U}^1 = \Delta \boldsymbol{U}^0 + t\boldsymbol{p}^0 = [0.3462 \quad 3 \quad 3]^{\mathrm{T}}$$

$$k := k + 1 = 1$$

求解优化问题：

$$\begin{aligned} &\min_{[\boldsymbol{p};y]} y \\ &\text{s.t.}\ \nabla f(\Delta \boldsymbol{U}^1)^{\mathrm{T}} \boldsymbol{p} - y \leqslant 0 \\ &\qquad g_j(\Delta \boldsymbol{U}^1) + \nabla g_j(\Delta \boldsymbol{U}^1)^{\mathrm{T}} \boldsymbol{p} + y \geqslant 0, \quad j = 1,2,\cdots,m \\ &\qquad -1 \leqslant p_i \leqslant 1, \quad i = 1,2,\cdots,n \end{aligned}$$

得到 $\boldsymbol{p}^1 = \left[1 \quad 4.835\times 10^{-5} \quad 4.835\times 10^{-5}\right]^{\mathrm{T}}$，$y^1 = -0.9602$。

因为 $|y^1| = 0.9602 > \varepsilon$，进入第 3 轮迭代。

……

按此过程迭代，在第 139 轮迭代中，因为$\left|y^{138}\right| = 9.9315\times10^{-4} < \varepsilon$，跳出迭代，得到近似最优解$\Delta \boldsymbol{U} = \begin{bmatrix}2.9953 & 2.9981 & 2.3814\end{bmatrix}^{\mathrm{T}}$，这与 KT 条件法求解出的结果在一定误差允许范围内是一致的。Topkis-Veinott 法 $\Delta \boldsymbol{U}$ 的迭代过程如图 2-26 所示。

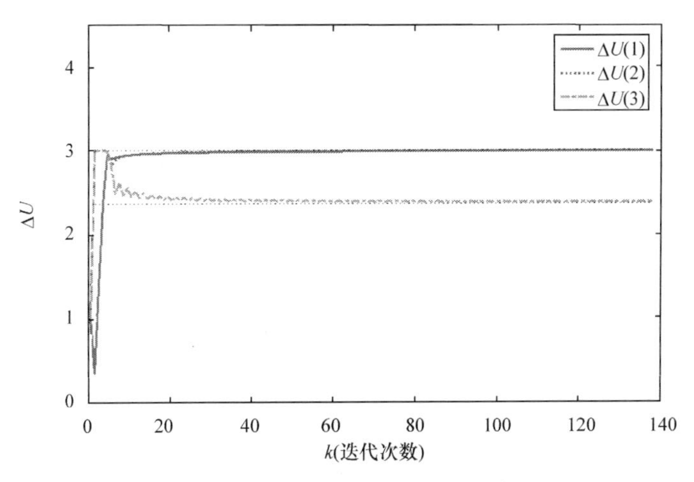


图 2-26 Topkis-Veinott 法 $\Delta \boldsymbol{U}$ 的迭代过程

3. 罚函数法

利用罚函数法，可将带约束的非线性优化问题的求解，转化为一系列无约束优化问题，因而这种方法也称为序列无约束最小化技术，简记为 SUMT，这种方法结构简单，使用方便，并能求解导数不存在的问题，因此得到了广泛的应用。

罚函数法求解带约束的非线性优化问题的思想：利用问题中的目标函数和约束函数构造出带参数的增广目标函数，把带约束的非线性优化问题转化为一系列无约束非线性优化问题，进而采用无约束优化方法求解。增广目标函数由两部分构成：一部分是原问题的目标函数；另一部分是由约束函数构造出的“惩罚”项，“惩罚”项的作用是对“违规”的点进行“惩罚”。

罚函数法主要有两种形式：一种是外罚函数法(外点法)；另一种是内罚函数法(内点法)。外点法的迭代点一般在可行域的外部移动，随着迭代次数的增加，“惩罚”的力度也越来越大，从而迫使迭代点向可行域靠近；外点法既可用于求解不等式约束优化问题，又可用于求解等式约束优化问题，主要特点是罚函数定义在可行域的外部，从而在求解系统无约束优化问题的过程中，从可行域外部逐渐逼近原约束优化问题的最优解。内点法从满足约束条件的可行域的内点开始迭代，并对企图穿越可行域边界的点予以“惩罚”，迭代点越接近边界，“惩罚”就越大，从而保证迭代点的可行性。如 2.3.2 节所述，内点法将罚函数定义于可行域内且求解无约束优化问题的搜索点总是保持在可行域内，一般只用于不等式约束的情况。

1) 外罚函数法

考虑带不等式约束的非线性优化问题(2-14)，取一个充分大的数$r>0$，构造一般形式的外罚函数为

$$P(\boldsymbol{x},r)=f(\boldsymbol{x})+r\sum_{j=1}^{m}\left\{\min\left[g_j(\boldsymbol{x}),0\right]\right\}^2 \tag{2-90}$$

其中：

(1) 当 $\boldsymbol{x}$ 满足所有约束条件时，惩罚项为 0，即

$$r\sum_{j=1}^{m}\left\{\min\left[g_j(\boldsymbol{x}),0\right]\right\}^2=0 \tag{2-91}$$

(2) 当 $\boldsymbol{x}$ 违反某一约束条件，即存在 $j\in\{1,2,\cdots,m\}$，$g_j(\boldsymbol{x})<0$ 时，有

$$r\sum_{j=1}^{m}\left\{\min\left[g_j(\boldsymbol{x}),0\right]\right\}^2=r\left[g_j(\boldsymbol{x})\right]^2>0 \tag{2-92}$$

表明 $\boldsymbol{x}$ 在可行域外，惩罚项起作用，且 $\boldsymbol{x}$ 离开约束边界越远，惩罚力度越大。这样用惩罚的方法迫使迭代点回到可行域。

(3) 选取惩罚因子的一般策略是取递增的正值数列 $\left\{r^k\right\}$，即

$$r^0<r^1<r^2<\cdots<r^k<\cdots$$

且 $\lim\limits_{k\to\infty}r^k=\infty$，一般令 $r^0=1$。

考虑带等式约束的非线性优化问题(2-13)，取递增的正值数列 $\left\{r^k\right\}$，构造一般形式的外罚函数为

$$P\left(\boldsymbol{x},r^k\right)=f(\boldsymbol{x})+r^k\sum_{i=1}^{p}\left[h_i(\boldsymbol{x})\right]^2 \tag{2-93}$$

同样，若 $\boldsymbol{x}$ 满足所有等式约束条件 $\boldsymbol{h}(\boldsymbol{x})=\boldsymbol{0}$，则惩罚项为 0；若不能满足，则 $r^k\sum\limits_{i=1}^{p}\left[h_i(\boldsymbol{x})\right]^2>0$ 且其值随着惩罚因子的增大而增大。

综合考虑带等式约束和不等式约束的情况，可以得到针对一般约束优化问题(2-15)的外罚函数为

$$P\left(\boldsymbol{x},r^k\right)=f(\boldsymbol{x})+r^k\left\{\sum_{j=1}^{m}\left[\min\left(g_j(\boldsymbol{x}),0\right)\right]^2+\sum_{i=1}^{p}\left[h_i(\boldsymbol{x})\right]^2\right\} \tag{2-94}$$

实际计算中，因为惩罚因子 $r^k$ 不可能取无穷大，故优化问题迭代求解无法收敛到原问题的最优解，而是落到可行域外，显然，这就不能严格满足约束条件。为了克服外罚函数法的这一缺点，对那些必须严格满足的约束(如强度、刚度等性能约束)引入约束裕度 $\delta_j$ ($\delta_j$ 为很小的正数)，即将这些约束边界向可行域内紧缩，得到

$$g_j(\boldsymbol{x})=g_j(\boldsymbol{x})-\delta_j\geqslant 0,\quad j=1,2,\cdots,m \tag{2-95}$$

基于上述重新定义的约束函数来构造罚函数得到最优设计方案。

已知，初始点 $\boldsymbol{x}^0$，初始惩罚因子 $r^0$，迭代精度 $\varepsilon$，递增系数 $C>1$，令 $k=0$，外罚

函数法的迭代步骤如下。

Step1：构造外罚函数 $P\left(\boldsymbol{x},r^k\right)$。

Step2：以 $\boldsymbol{x}^k$ 为初始点，求解无约束优化问题的极小点：

$$\boldsymbol{x}^{k+1}=\arg\min_{\boldsymbol{x}} P\left(\boldsymbol{x},r^k\right)$$

Step3：检验是否满足迭代终止条件

$$\left\|\boldsymbol{x}^{k+1}-\boldsymbol{x}^k\right\|\leqslant\varepsilon \quad \text{或} \quad \left|f\left(\boldsymbol{x}^{k+1}\right)-f\left(\boldsymbol{x}^k\right)\right|\leqslant\varepsilon$$

若满足输出最优解，则停止迭代；若不满足，则转向 Step4。

Step4：令 $r^{k+1}=Cr^k$ ，$k:=k+1$ ，转向 Step1。

2) 混合罚函数法

内罚函数和外罚函数在寻优方面各有所长，亦有缺点。内罚函数法的优点是每次迭代的点都是可行点；缺点是该方法只适用于求解带不等式约束的非线性优化问题，不能处理等式约束，此外，要求可行域的内点集非空且初始点为可行域的内点，而寻找初始可行内点需要相当大的工作量。外罚函数法的优点是适用于求解带混合约束的非线性优化问题，其初始点可以是可行域之外的点；缺点是该方法无法保证近似最优解是可行解，且直接求解外罚函数时，惩罚因子 $r^k$ 越大，罚函数的 Hessian 矩阵越趋于病态，使得问题难以求解。为了求解一般的带混合约束的非线性优化问题，取长补短将外罚函数法和内罚函数法结合使用，形成混合罚函数法。

利用罚函数法的基本原理将带混合约束的非线性优化问题(2-15)转化为如下形式：

$$\min_{\boldsymbol{x}\in\mathbb{R}^n}\varphi\left(\boldsymbol{x},r_1^k,r_2^k\right)=\min_{\boldsymbol{x}\in\mathbb{R}^n}\left\{f\left(\boldsymbol{x}\right)+r_1^k\sum_{j=1}^{m}G\left[g_j\left(\boldsymbol{x}\right)\right]+r_2^k\sum_{i=1}^{p}H\left[h_i\left(\boldsymbol{x}\right)\right]\right\} \tag{2-96}$$

其序列无约束优化问题，即混合罚函数法的基本形式。由于该问题的约束条件包含不等式约束和等式约束两部分，因此其惩罚项也由与之对应的两部分组成。对应等式约束部分的 $r_2^k\sum_{i=1}^{p}H\left[h_i\left(\boldsymbol{x}\right)\right]$ 只有外点法一种处理形式，而对应不等式约束部分的 $r_1^k\sum_{j=1}^{m}G\left[g_j\left(\boldsymbol{x}\right)\right]$ 则有内点法和外点法两种不同的处理形式。按照不等式约束处理的方式不同，混合罚函数法分为基于内点形式和基于外点形式的混合罚函数法。

(1) 基于内点形式的混合罚函数法。

不等式约束部分按照内罚函数法形式处理，其罚函数形式为

$$\varphi\left(\boldsymbol{x},r_1^k,r_2^k\right)=f\left(\boldsymbol{x}\right)+r_1^k\sum_{j=1}^{m}\frac{1}{g_j\left(\boldsymbol{x}\right)}+r_2^k\sum_{i=1}^{p}\left[h_i\left(\boldsymbol{x}\right)\right]^2 \tag{2-97}$$

其中，惩罚因子 $\left\{r_1^k\right\}$、$\left\{r_2^k\right\}$ 应分别为递减和递增的正值数列。统一用一个内点法惩罚因子 $\left\{r^k\right\}$ 表示，式(2-97)可写成如下形式：

$$\varphi\left(\boldsymbol{x},r^k\right)=f\left(\boldsymbol{x}\right)+r^k\sum_{j=1}^{m}\frac{1}{g_j\left(\boldsymbol{x}\right)}+\frac{1}{\sqrt{r^k}}\sum_{i=1}^{p}\left[h_i\left(\boldsymbol{x}\right)\right]^2 \tag{2-98}$$

其中，$\{r^k\}$ 为一个递减的正值数列，即

$$r^1 > r^2 > \cdots > r^k > \cdots > 0$$
$$\lim_{k\to\infty} r^k = 0$$

内点形式的混合罚函数法的迭代过程与内罚函数法相同。初始点 $\boldsymbol{x}^0$ 必须严格满足不等式约束 $\boldsymbol{g}(\boldsymbol{x}) \geqslant \boldsymbol{0}$，且初始惩罚因子 $r^1$ 等参数均应参考内罚函数法选取。

(2) 基于外点形式的混合罚函数法。

不等式约束部分按外罚函数法形式处理，其罚函数形式为

$$\varphi\left(\boldsymbol{x}, r^k\right) = f(\boldsymbol{x}) + r^k \sum_{j=1}^{m}\left[\min\left\{0, g_j(\boldsymbol{x})\right\}\right]^2 + r^k \sum_{i=1}^{p}\left[h_i(\boldsymbol{x})\right]^2 \tag{2-99}$$

其中，惩罚因子 $\{r^k\}$ 为一个递增的正值数列，即

$$0 < r^1 < r^2 < \cdots < r^k < \cdots$$
$$\lim_{k\to\infty} r^k = +\infty$$

外点形式的混合罚函数法的迭代过程与外罚函数法相同。初始点 $\boldsymbol{x}^0$ 可在空间 $\mathbb{R}^n$ 任选，初始惩罚因子 $r^1$ 等参数均应参考外罚函数法选取。

综上所述，罚函数法不要求函数 $f(\boldsymbol{x})$、$g_j(\boldsymbol{x})$ 和 $h_i(\boldsymbol{x})$ 具有特别的性质，并且通过将带约束问题转化为无约束问题，可以较好地处理非线性不等式与等式约束。虽然罚函数法日益受到重视并得到广泛应用，但是通过求解一系列无约束优化问题最优点来收敛到原问题的最优点，使得该方法的工作量很大，而且惩罚因子 $\{r^k\}$ 的选取对算法的收敛性和收敛速度有较大的影响，特别是当罚函数呈病态时，求解无约束优化问题的最优点将变得非常困难。

**【例 2-17】** 用外罚函数法求解例 2-12 中的如下模型预测控制优化问题：

$$\begin{aligned}
&\min J = (\boldsymbol{R}_s - \boldsymbol{Y})^{\mathrm{T}}(\boldsymbol{R}_s - \boldsymbol{Y}) + \Delta\boldsymbol{U}^{\mathrm{T}}\bar{\boldsymbol{R}}\Delta\boldsymbol{U} \\
&\text{s.t.}\ \ \boldsymbol{Y} - \boldsymbol{F}\boldsymbol{x}(t_i) - \boldsymbol{\Phi}\Delta\boldsymbol{U} = \boldsymbol{0} \\
&\qquad \boldsymbol{M}\Delta\boldsymbol{U} - \boldsymbol{\gamma} \geqslant \boldsymbol{0}
\end{aligned}$$

**解**　令 $\boldsymbol{X} = \begin{bmatrix}\Delta\boldsymbol{U} \\ \boldsymbol{Y}\end{bmatrix}$，上述优化问题转化为

$$\begin{aligned}
&\min f(\boldsymbol{X}) = J = \boldsymbol{R}_s^{\mathrm{T}}\boldsymbol{R}_s + \boldsymbol{X}^{\mathrm{T}}\boldsymbol{E}\boldsymbol{X} - 2\bar{\boldsymbol{R}}_s\boldsymbol{X} \\
&\text{s.t.}\ \ \boldsymbol{h}(\boldsymbol{X}) = \boldsymbol{C}\boldsymbol{X} - \boldsymbol{F}\boldsymbol{x}(t_i) = 0 \\
&\qquad \boldsymbol{g}(\boldsymbol{X}) = \boldsymbol{D}\boldsymbol{X} - \boldsymbol{\gamma} \geqslant 0
\end{aligned} \tag{2-100}$$

其中，矩阵 $\boldsymbol{E}$、$\bar{\boldsymbol{R}}_s$、$\boldsymbol{C}$、$\boldsymbol{D}$ 和 $\boldsymbol{I}$ 的定义如例 2-14 所述。

令 $\boldsymbol{X}^0 = \begin{bmatrix}4 & 4 & 4 & \boldsymbol{0}_{N_p\times 1}\end{bmatrix}$，$r^0 = 1$，$\varepsilon = 0.0001$，$C = 2$，$k = 0$。

第 1 轮迭代：

以 $\boldsymbol{X}^0$ 为初始点，求解无约束优化问题

$$\min P(\boldsymbol{X}) = \boldsymbol{R}_s^{\mathrm{T}}\boldsymbol{R}_s + \boldsymbol{X}^{\mathrm{T}}\boldsymbol{E}\boldsymbol{X} - 2\bar{\boldsymbol{R}}_s\boldsymbol{X} + r^0\left(\sum_{j=1}^{6}\left[\min\left(g_j(\boldsymbol{X}),0\right)\right]^2 + \sum_{i=1}^{20}\left[h_i(\boldsymbol{X})\right]^2\right)$$

得到

$$\boldsymbol{X}^1 = \begin{bmatrix}3.0327 & 3.0098 & 2.1425 & 0.5008 & \cdots & 1.1627 & 1.2369\end{bmatrix}^{\mathrm{T}}$$

因为 $\left\|\boldsymbol{X}^1 - \boldsymbol{X}^0\right\|_\infty = 1.8575 > \varepsilon$，进入第 2 轮迭代。

第 2 轮迭代：

计算 $r^1 = Cr^0 = 2, k := k+1 = 1$。

以 $\boldsymbol{X}^1$ 为初始点，求解无约束优化问题

$$\min P(\boldsymbol{X}) = \boldsymbol{R}_s^{\mathrm{T}}\boldsymbol{R}_s + \boldsymbol{X}^{\mathrm{T}}\boldsymbol{E}\boldsymbol{X} - 2\bar{\boldsymbol{R}}_s\boldsymbol{X} + r^1\left(\sum_{j=1}^{6}\left[\min\left(g_j(\boldsymbol{X}),0\right)\right]^2 + \sum_{i=1}^{20}\left[h_i(\boldsymbol{X})\right]^2\right)$$

得到

$$\boldsymbol{X}^2 = \begin{bmatrix}3.0229 & 3.0081 & 2.2439 & 0.3343 & \cdots & 1.2253 & 1.3251\end{bmatrix}^{\mathrm{T}}$$

因为 $\left\|\boldsymbol{X}^2 - \boldsymbol{X}^1\right\|_\infty = 0.1664 > \varepsilon$，进入第 3 轮迭代。

……

按此过程迭代，直到 $\left\|\boldsymbol{X}^{15} - \boldsymbol{X}^{14}\right\|_\infty = 6.0764\times10^{-5} < \varepsilon$，跳出迭代。得到优化问题的近似最优解 $\boldsymbol{X}^* = \begin{bmatrix}\Delta\boldsymbol{U}^* \\ \boldsymbol{Y}^*\end{bmatrix}$，则 $\Delta\boldsymbol{U}^* = [3.0000 \quad 3.0000 \quad 2.3740]^{\mathrm{T}}$，这与 KKT 条件法求解出的结果在一定误差允许范围内是一致的。外罚函数法 $\Delta\boldsymbol{U}$ 的迭代过程如图 2-27 所示。

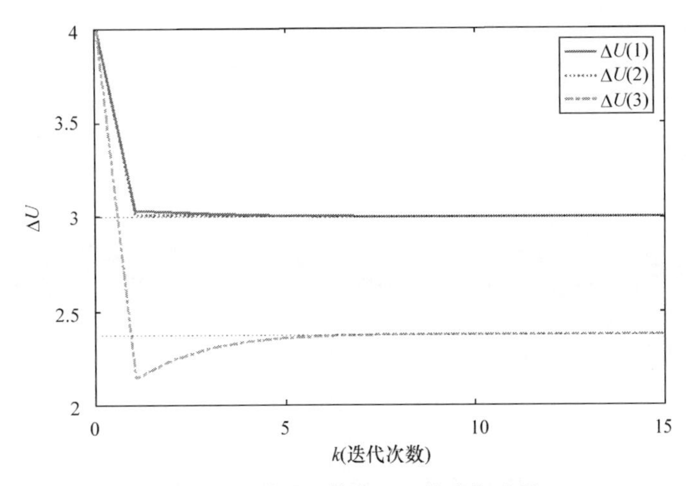


图 2-27　外罚函数法 $\Delta\boldsymbol{U}$ 的迭代过程

**【例 2-18】** 用基于内点形式的混合罚函数法求解例 2-12 中的如下模型预测控制优化问题：

$$\begin{aligned}&\min J=(\boldsymbol{R}_s-\boldsymbol{Y})^{\mathrm{T}}(\boldsymbol{R}_s-\boldsymbol{Y})+\Delta\boldsymbol{U}^{\mathrm{T}}\bar{\boldsymbol{R}}\Delta\boldsymbol{U}\\&\text{s.t. }\ \boldsymbol{Y}-\boldsymbol{F}\boldsymbol{x}(t_i)-\boldsymbol{\Phi}\Delta\boldsymbol{U}=\boldsymbol{0}\\&\qquad \boldsymbol{M}\Delta\boldsymbol{U}-\boldsymbol{\gamma}\geqslant\boldsymbol{0}\end{aligned}$$

**解**　令 $\boldsymbol{X}=\begin{bmatrix}\Delta\boldsymbol{U}\\\boldsymbol{Y}\end{bmatrix}$，上述优化问题转化为

$$\begin{aligned}&\min f(\boldsymbol{X})=J=\boldsymbol{R}_s{}^{\mathrm{T}}\boldsymbol{R}_s+\boldsymbol{X}^{\mathrm{T}}\boldsymbol{E}\boldsymbol{X}-2\bar{\boldsymbol{R}}_s\boldsymbol{X}\\&\text{s.t. }\ \boldsymbol{h}(\boldsymbol{X})=\boldsymbol{C}\boldsymbol{X}-\boldsymbol{F}\boldsymbol{x}(t_i)=\boldsymbol{0}\\&\qquad \boldsymbol{g}(\boldsymbol{X})=\boldsymbol{D}\boldsymbol{X}-\boldsymbol{\gamma}\geqslant\boldsymbol{0}\end{aligned}\tag{2-101}$$

其中，矩阵 $\boldsymbol{E}$、$\bar{\boldsymbol{R}}_s$、$\boldsymbol{C}$、$\boldsymbol{D}$ 和 $\boldsymbol{I}$ 的定义如例 2-14 所述。

令 $\boldsymbol{X}^0=\boldsymbol{0}_{(N_p+N_c)\times1}$，$r^0=1$，$\varepsilon=0.0001$，$\beta=0.1$，$k=0$。

第 1 轮迭代：

以 $\boldsymbol{X}^0$ 为初始点，求解无约束优化问题

$$\min\varphi(\boldsymbol{X})=\boldsymbol{R}_s{}^{\mathrm{T}}\boldsymbol{R}_s+\boldsymbol{X}^{\mathrm{T}}\boldsymbol{E}\boldsymbol{X}-2\bar{\boldsymbol{R}}_s\boldsymbol{X}+r^0\sum_{j=1}^{6}\frac{1}{g_j(\boldsymbol{X})}+\frac{1}{\sqrt{r^0}}\sum_{i=1}^{20}\left[h_i(\boldsymbol{X})\right]^2$$

得到

$$\boldsymbol{X}^1=\begin{bmatrix}1.7887 & 1.6924 & 1.5890 & 0.5004 & \cdots & 0.9075 & 0.9532\end{bmatrix}^{\mathrm{T}}$$

因为 $\left|r^0\sum_{j=1}^{6}\frac{1}{g_j(\boldsymbol{X})}\right|_\infty=3.2400>\varepsilon$，进入第 2 轮迭代。

第 2 轮迭代：

计算 $r^1=\beta r^0=0.1$，$k:=k+1=1$。

以 $\boldsymbol{X}^1$ 为初始点，求解无约束优化问题：

$$\min\varphi(\boldsymbol{X})=\boldsymbol{R}_s{}^{\mathrm{T}}\boldsymbol{R}_s+\boldsymbol{X}^{\mathrm{T}}\boldsymbol{E}\boldsymbol{X}-2\bar{\boldsymbol{R}}_s\boldsymbol{X}+r^1\sum_{j=1}^{6}\frac{1}{g_j(\boldsymbol{X})}+\frac{1}{\sqrt{r^1}}\sum_{i=1}^{20}\left[h_i(\boldsymbol{X})\right]^2$$

得到

$$\boldsymbol{X}^2=\begin{bmatrix}2.4961 & 2.4195 & 2.3196 & 0.2412 & \cdots & 1.1224 & 1.2215\end{bmatrix}^{\mathrm{T}}$$

因为 $\left|r^1\sum_{j=1}^{6}\frac{1}{g_j(\boldsymbol{X})}\right|=0.5944>\varepsilon$，进入第 3 轮迭代。

……

按此过程迭代，直到 $\left|r^8\sum_{j=1}^{6}\frac{1}{g_j(\boldsymbol{X})}\right|=6.1064\times10^{-5}<\varepsilon$，跳出迭代。得到优化问题的近

似最优解 $X^* = \begin{bmatrix} \Delta U^* \\ Y^* \end{bmatrix}$，则 $\Delta U^* = [2.9997 \quad 2.9996 \quad 2.3827]^{\mathrm{T}}$，这与 KKT 条件法求解出的结果在一定误差允许范围内是一致的。基于内点形式的混合罚函数法 $\Delta U$ 的迭代过程的变化如图 2-28 所示。

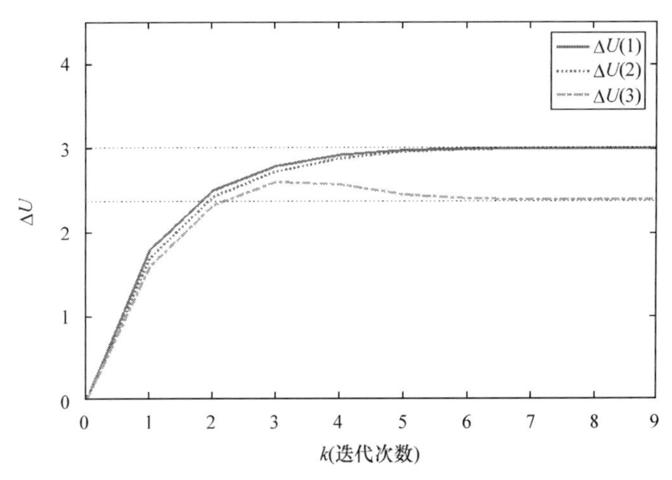


图 2-28　基于内点形式的混合罚函数法 $\Delta U$ 的迭代过程

### 2.3.4　模型预测控制中基本的优化问题求解

1. 线性规划(LP)

如果 $f(x)$、$g(x)$ 和 $h(x)$ 都是线性函数，问题(2-15)就称为线性规划问题，通常可表达成如下矩阵形式：

$$\begin{aligned} &\min_{x} \ C^{\mathrm{T}} x \\ &\text{s.t.} \ Ax \geqslant b \\ &\qquad A_{\mathrm{eq}} x = b_{\mathrm{eq}} \end{aligned} \tag{2-102}$$

因为目标函数是线性的，所以其极值点即最优点且在其可行域的边界点集合中。线性规划问题在两种情况下没有最优解：一种称为“不可行”问题，是在约束相互矛盾的情况下(如 $x \geqslant 2$ 和 $x \leqslant 1$)，其可行域将会变成空集，因此问题(2-102)没有最优解；另一种是当 $\|x\|$ 趋于无穷时，目标函数趋于任意大的数值(例如，$\max z = x_1 + 3x_2$ s.t. $x_1 \geqslant 0$，$x_2 \geqslant 0$，$x_1 + x_2 \geqslant 10$)，因此问题(2-102)没有最优解。

除了以上两种病态的情况以外，虽然最优解总是在多面体的边界点集合中，但最优解可能不是唯一的，例如，出现一组最优解，覆盖多面体的一条边、一个面，甚至是整个多面体(最后一种情况会在目标函数等于 0 的情况下出现)。求解线性规划问题的基本方法是单纯形法，为了提高计算机求解速度，随后发展出改进单纯形法、对偶单纯形法、原始对偶方法、分解算法和各种多项式时间算法。

线性规划理论发展已经较为完善，MATLAB 中已有封装好的线性规划命令 linprog，将式(2-102)转化为 MATLAB 中使用该命令的标准格式：

$$\begin{aligned} &\min_{x} \ \boldsymbol{C}^{\mathrm{T}} \boldsymbol{x} \\ &\text{s.t.} \ -\boldsymbol{A}\boldsymbol{x} \leqslant -\boldsymbol{b} \\ &\quad \boldsymbol{A}_{\mathrm{eq}} \boldsymbol{x} = \boldsymbol{b}_{\mathrm{eq}} \end{aligned} \tag{2-103}$$

使用命令：

```
[x,fval]=linprog(C,-A,-b,Aeq,beq)
```

可得到最优解 $\boldsymbol{x}^*$ 和最优点处的目标函数值 fval。

2. 二次规划(QP)

在非线性规划中，二次规划是研究较早、求解方法较成熟的方法之一，是一类特殊的非线性规划。它的目标函数 $f(\boldsymbol{x})$ 是二次函数，约束条件 $\boldsymbol{h}(\boldsymbol{x})$ 和 $\boldsymbol{g}(\boldsymbol{x})$ 是线性的。当二次规划问题只有等式约束时，二次规划可以用线性方程求解。求解二次规划的方法很多，较简便易行的是依据 KT 条件，在线性规划单纯形法的基础上加以修正而成的沃尔夫(Wolfe)法。此外，还有莱姆基(Lemke)法、毕尔(Biel)法、凯勒(Keller)法等。

一般二次规划 QP 问题可写成如下形式：

$$\begin{aligned} &\min \frac{1}{2} \boldsymbol{x}^{\mathrm{T}} \boldsymbol{H} \boldsymbol{x} + \boldsymbol{C}^{\mathrm{T}} \boldsymbol{x} \\ &\text{s.t.} \ \boldsymbol{A}\boldsymbol{x} \geqslant \boldsymbol{b} \\ &\quad \boldsymbol{A}_{\mathrm{eq}} \boldsymbol{x} = \boldsymbol{b}_{\mathrm{eq}} \end{aligned} \tag{2-104}$$

当目标函数中 $\boldsymbol{H}$ 为正定或半正定矩阵时，该优化问题是凸二次规划问题，其可行集和最优解集都是凸集，存在唯一解 $\boldsymbol{x}^*$ (即局部最优解一定为全局最优解)。在 MATLAB 软件中，使用命令`[x,fval]=quadprog(H,-A,-b,Aeq,beq)`可得到最优解 $\boldsymbol{x}^*$ 和最优点处的目标函数值 fval。如果 $\boldsymbol{H}$ 是一个不定矩阵，则该优化问题为非凸二次规划，是有多个平稳点和局部极小点的非凸优化问题，很难求解。在不改变问题本质的前提下，利用传统凸松弛(convex relaxation)技术放开一些限制条件，将非凸优化问题转为凸优化问题。某些符合特定结构的非凸优化问题也可以不经过转换直接解决，例如，使用投影梯度下降、交替最小化、期望最大化、随机优化等方法。

到目前为止，已经出现了很多求解二次规划问题的算法，如莱姆基方法、内点法、有效集法、椭球算法等，并且现在仍有很多学者在从事这方面的研究工作。

3. 序列二次规划(SQP)

非线性规划求解问题，一直以来是人们关注的热点问题。二次规划是最接近线性规划的非线性规划。当二次规划(2-104)中目标函数的 $\boldsymbol{H}$ 是正定或半正定矩阵时，该问题存在唯一解 $\boldsymbol{x}^*$ (全局最优解)。为了将二次规划问题的求解方法推广应用于求解一般非线性规划问题，在 Wilson 于 1963 年提出的 Newton-Lagrange 方法的基础上发展出了一种序列寻优方法，即序列二次规划，该算法是处理约束非线性优化问题很有效的一种方法。

设 $\boldsymbol{x}^k$ 是带混合约束的优化问题(2-15)的迭代点，迭代求解一个近似的二次规划：

$$
\begin{aligned}
\min f(\boldsymbol{x}) &\approx \min f\left(\boldsymbol{x}^k\right)+\nabla f\left(\boldsymbol{x}^k\right)^{\mathrm{T}} \boldsymbol{d}+\frac{1}{2} \boldsymbol{d}^{\mathrm{T}} \boldsymbol{H}^k \boldsymbol{d} \\
&\approx \min \nabla f\left(\boldsymbol{x}^k\right)^{\mathrm{T}} \boldsymbol{d}+\frac{1}{2} \boldsymbol{d}^{\mathrm{T}} \boldsymbol{H}^k \boldsymbol{d} \\
\text{s.t. } & h_i\left(\boldsymbol{x}^k\right)+\nabla h_i\left(\boldsymbol{x}^k\right)^{\mathrm{T}} \boldsymbol{d}=0, \quad i=1,2,\cdots,p \\
& g_j\left(\boldsymbol{x}^k\right)+\nabla g_j\left(\boldsymbol{x}^k\right)^{\mathrm{T}} \boldsymbol{d} \geqslant 0, \quad j=1,2,\cdots,m
\end{aligned} \tag{2-105}
$$

其中，$\boldsymbol{H}^k$ 是在当前迭代点 $\boldsymbol{x}^k$ 目标函数的 Hessian 矩阵近似。求解上述近似的二次规划得到一个搜索方向 $\boldsymbol{d}^k$，然后经过直线搜索最优步长 $t^k$，得到下一个迭代点 $\boldsymbol{x}^{k+1}=\boldsymbol{x}^k+t^k\boldsymbol{d}^k$，这就是序列二次规划的一般过程。在 MATLAB 软件中，使用命令：

```
options=optimset('display','off','Algorithm','sqp');
[x,fval]=fmincon(@function,x0,[],[],[],[],[],[],@cony,options);
```

即可得到最优解 $\boldsymbol{x}^*$ 和最优点处的目标函数值 fval，其中，@function 为优化问题目标函数，@cony 包含了问题中所有的等式约束和不等式约束。

作为重要的非线性规划策略，序列二次规划的研究工作取得了丰硕成果。1977 年，Powell 提出了克服二次规划子问题不可行的修正方法[126]。在约束优化中，当非光滑的罚函数作为价值函数进行线搜索时，有可能会破坏算法的超线性收敛，即当迭代点趋近最优解时，得不到单位步长。为了克服这种 Maratos 效应，Mayne 等提出了二阶校正步，并在一定条件下证明了超线性收敛[127]。1987 年，基于严格互补性条件，Panier 和 Tits 提出能够保证超线性收敛的可行序列二次规划(feasible sequential quadratic programming，FSQP)方法，解决了带不等式约束的优化问题[128]。2002 年，Fletcher 和 Leyffer 提出了求解非线性优化问题的滤子法，将信赖域法、滤子法与序列二次规划结合起来，提出了混合的信赖域滤子序列二次规划，并分析了算法的全局收敛性[129]。

## 2.4　现代启发式优化算法

由于传统的优化算法如最速下降法、单纯形法、共轭梯度法等在求解复杂的大规模优化问题时往往无法快速有效地寻找到一个合理可靠的解，学者期望探索一种更加有效的算法：它不依赖问题的数学性能，如连续可微、非凸等特性；对初始值要求不严格、不敏感，并能够高效处理高维多模态的复杂优化问题，在合理时间内寻找到全局最优值或靠近全局最优的值。这类算法借助自然现象的一些特点，抽象出数学规则来求解优化问题。对于这类受大自然的运行规律启发或者面向具体问题的经验、规则发展起来的方法，人们常常称为启发式算法(heuristic algorithm)，其特点是在解决问题时，利用过去的经验，选择已经行之有效的方法，而不是系统地、以确定的步骤去寻求答案。

现代启发式优化算法，也称为元启发式(meta-heuristic)算法，是启发式算法的改进，它是随机算法与局部搜索算法相结合的产物，具有全局优化、鲁棒性强、通用性强且适于并行处理的特点。现代启发式优化算法包括模拟退火算法、遗传算法、蚁群优化算法、粒子群优化算法等，是解决模型预测控制优化问题的重要手段。

### 2.4.1 模拟退火算法

退火是一种将固体加热至充分高的温度并保持足够的时间再让其缓慢冷却以获得高质量晶体的过程。模拟退火(simulated annealing，SA)算法思想来源于这一固体退火过程，诞生于统计力学领域，最早由 Metropolis 等于 1953 年提出，用于对凝固形成晶体的自然过程进行建模。在退火过程中，假定热平衡条件保持不变，缓慢冷却固体物质，当物质的内能降低至最小状态时，冷却过程结束，此时最易获得无缺陷的晶体。

1983 年，Kirkpatrick 等发现一般组合优化问题与物理中固体物质的退火过程之间具有相似性，成功地将退火思想引入组合优化领域，目标是寻找一个复杂问题的全局最优解(即“能量”最小的状态)。优化问题的目标函数可以对应于物质的内能，全局最优解对应于无缺陷结晶，而局部最优解则对应于有缺陷的晶体。由于在退火过程中，合理地控制温度可以形成无缺陷的晶体，因此模拟退火作为一种优化技术时，为了得到最优解，将“温度”演化为控制参数。

Metropolis 算法是 SA 算法的理论基础。Metropolis 算法最初用于对微观粒子的随机性运动建模，在组合优化领域，可以用于实现解的迭代，不断搜索最优解：给定一个当前解 $\boldsymbol{x}_0$，对应的成本为 $v_0$。通过一个产生函数，从当前解 $\boldsymbol{x}_0$ 产生一个位于解空间内的新解 $\boldsymbol{x}_1$，对应的成本为 $v_1$。若成本函数差 $v_1 - v_0 \leqslant 0$，则接受新解 $\boldsymbol{x}_1$；若 $v_1 - v_0 > 0$，则以一定概率 $\exp\left(\dfrac{v_0 - v_1}{k_B T}\right)$ 接受新解 $\boldsymbol{x}_1$，其中 $T$ 为控制参数(即 SA 算法中的温度)，$k_B$ 为 Boltzmann 常量。上述这种接受规则也被称为 Metropolis 准则。

退火过程要求温度缓慢降低，目的是保证在每个温度水平下粒子的运动都能达到热平衡状态。因此，为了模拟这一退火过程，在 SA 算法中，每个温度水平下都需要使用 Metropolis 算法进行多次迭代计算。在此基础上，为了得到全局最优解，在 SA 算法中引入冷却进度表控制退火过程。冷却进度表包括温度 $T$ 的初始值及其衰减机制、每个 $T$ 值时的迭代次数 $N$ 以及算法终止条件。

对于要通过 SA 算法解决的组合优化问题，其描述如下：令 $X$ 为一个有限解集，$v$ 为与每个解 $\boldsymbol{x} \in X$ 相对应的成本(可取为目标函数)，并在 $(\boldsymbol{x}, v)$ 解空间中搜索成本最低的解，即最优解。已知冷却进度表的各项参数，$i = 0$，SA 算法求解组合优化问题的算法流程如图 2-29 所示，其一般步骤如下。

Step1：从 $X$ 中随机选择一个初始点 $\boldsymbol{x}_0$ 作为当前解，计算当前解的成本 $v_0$。

Step2：通过产生函数，从当前解 $\boldsymbol{x}_0$ 产生一个新解 $\boldsymbol{x}_1$，计算新解成本 $v_1$，令 $i := i + 1$。

Step3：计算 $\Delta v = v_1 - v_0$，若 $\Delta v \leqslant 0$，则接受新解 $\boldsymbol{x}_0 = \boldsymbol{x}_1, v_0 = v_1$；否则，按 Metropolis 准则计算，以一定概率 $\exp\left(\dfrac{v_0 - v_1}{k_B T}\right)$ 接受新解 $\boldsymbol{x}_0 = \boldsymbol{x}_1, v_0 = v_1$。

Step4：判断是否达到当前温度下的迭代次数 $N$，若 $i < N$，转回 Step2；否则，进行下一步。

Step5：判断是否满足算法的终止条件，若是，停止运算，返回当前解，即最优解；否则，按冷却进度表降低温度 $T$ ，重置迭代次数，令 $i=0$ ，转回 Step2。

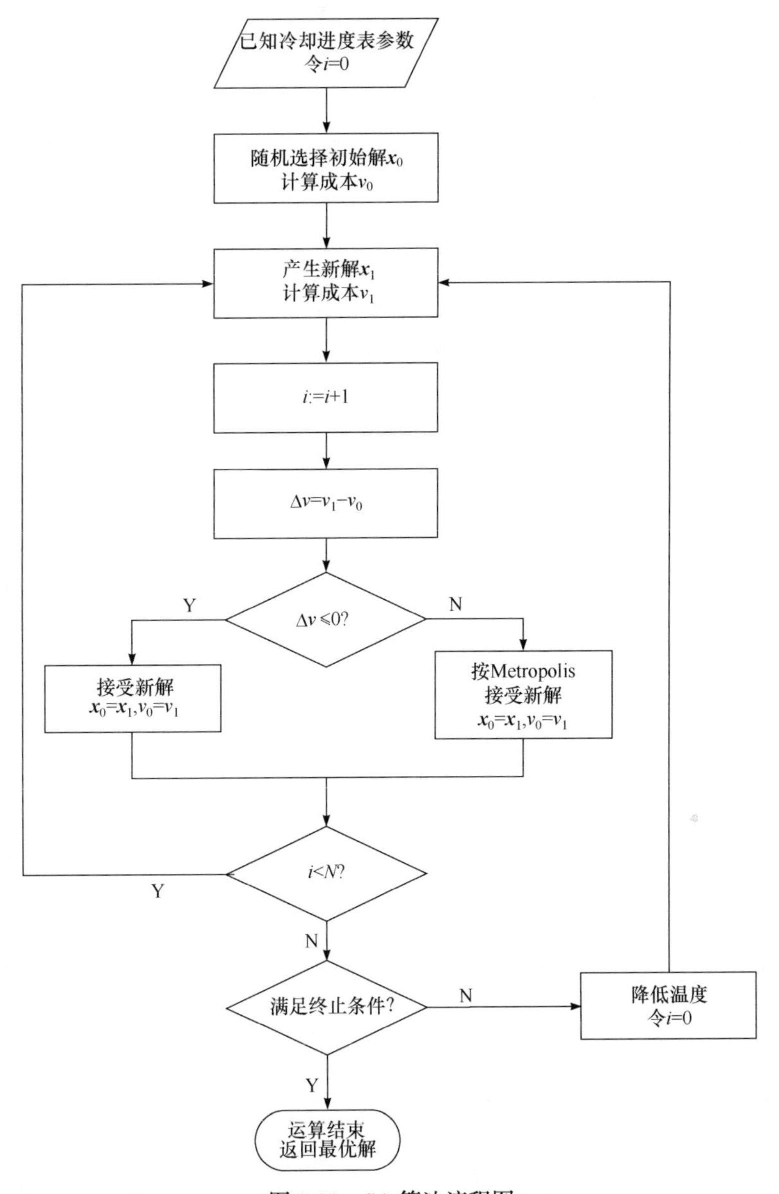


图 2-29　SA 算法流程图

为了保证 SA 算法获得全局最优解，需要设置较高的初始温度，同时在每个温度下要进行多次迭代，这大大增加了该算法的计算时间成本。为了解决这一问题，学者提出了并行化的思想[130]。主要的并行 SA 算法分为两种——分解法(division algorithm)和聚类法(clustering algorithm)。分解法是指在每个温度水平下，多个处理器独立执行 SA 算法的搜索过程，并把每个处理器搜索到的当前最优解送至主节点，主节点选择其中最好的解并将结果反馈给所有处理器。该算法的通信需求相对较小，因此具有较高的计算效率。

聚类法与分解法相反，所有处理器以合作方式进行搜索。无论哪个处理器接受了一个新解，它都将结果共享给其他所有的处理器，因此，所有的处理器总会具有相同的当前解。由于 Metropolis 准则的特性，该算法在高温度水平下可能会频繁接受新解，各处理器之间通信需求较大，因而效率较低；在低温度水平下，由于新解的接受概率较小，各处理器之间通信需求较小，因而算法具有较高的计算效率。

SA 算法在预测控制领域得到了广泛应用。Aggelogiannaki 和 Sarimveis 提出了一种用于多目标优化的模拟退火算法，并将该算法应用于多目标自适应模型预测控制问题中，通过实验证明了该算法比传统 MPC 具有更好的性能[131]。SA 算法还与遗传算法[132]、粒子群优化算法[133]等多种启发式算法相结合，以提高预测控制性能。

**【例 2-19】** 使用 SA 算法处理连续搅拌釜反应器(continuous stirred tank reactor, CSTR)的非线性模型预测控制优化问题。在 CSTR 中进行的一种放热且不可逆的反应 $a \rightarrow b$，其能量和物质平衡动态模型如下所示：

$$\dot{x}_1=\frac{q}{V}\left(C_{af}-x_1\right)-k_0 \mathrm{e}^{\left(-\frac{E}{R x_2}\right)} x_1$$

$$\dot{x}_2=\frac{q}{V}\left(T_f-x_2\right)-\frac{\Delta H}{\rho C_p} k_0 \mathrm{e}^{\left(-\frac{E}{R x_2}\right)} x_1+\frac{SA}{V \rho C_p}\left(u-x_2\right)$$

其中，$x_1$是 $a$ 的浓度；$x_2$为反应器温度；$u$ 为冷却剂温度。输入量约束为 $280\mathrm{K} \leqslant u \leqslant 370\mathrm{K}$。各参数含义及取值如表 2-1 所示。

**表 2-1　各参数含义及取值**

| 符号 | 含义 | 取值 | 单位 |
| --- | --- | --- | --- |
| $q$ | 进口流 | 100 | L/min |
| $V$ | 反应器液体体积 | 100 | L |
| $C_{af}$ | 输入流浓度 | 1 | mol/L |
| $k_0$ | 反应频率因子 | $7.2\times10^{10}$ | $\mathrm{min}^{-1}$ |
| $E/R$ | 活化能与气体常数之比 | 8750 | K |
| $T_f$ | 进口温度 | 350 | K |
| $\Delta H$ | 反应热 | $-5\times10^{4}$ | J/mol |
| $\rho$ | 密度 | 1000 | g/L |
| $C_p$ | 液体的比热容 | 0.239 | J/(g · K) |
| $SA$ | 总传热系数与传热面积之比 | $5\times10^{4}$ | J/(min · K) |

取预测时域 $n_1=5$，控制时域 $n_2=3$，初始状态为 $x_1\left(t_0\right)=0.7$，$x_2\left(t_0\right)=350.5$，平衡

点为$\begin{bmatrix} x_{1\text{eq}} & x_{2\text{eq}} & u_{\text{eq}} \end{bmatrix} = \begin{bmatrix} 0.5 & 350 & 300 \end{bmatrix}$。目标函数为

$$f(\boldsymbol{U}) = J = \sum_{i=1}^{n_1} \left(x_1(t_i) - x_{1\text{eq}}\right)^2 + \left(x_2(t_i) - x_{2\text{eq}}\right)^2 + \sum_{i=0}^{n_2-1} \left(u(t_i) - u_{\text{eq}}\right)^2$$

其中，$\boldsymbol{U} = \left[u(t_0), u(t_1), \cdots, u(t_{n_2-1})\right]^{\mathrm{T}}$。

**解**　成本函数 $v$ 取优化问题的目标函数 $f(\boldsymbol{U})$。随机产生一个可行域内的初始解 $\boldsymbol{U}_0$ 作为当前解。冷却进度表中初始温度为 $T_0 = 100$，温度衰减函数为

$$T = 0.95^k T_0$$

其中，$k$ 为温度降低的次数。每一温度下，以当前解为起点、当前温度 $T$ 为步长，沿一随机方向移动一步产生新解。按 Metropolis 准则接受新解，循环此过程。如前所述，为了保证在每个温度水平下粒子的运动都能达到热平衡状态，只有当迭代次数 $N = 100$ 时，才令 $k := k+1$，计算新的温度 $T$。算法终止条件设置为当 $k = 500$ 时，算法停止。

调用 MATLAB 命令

```
options = saoptimset('param1',value1,'param2',value2,…)
```

按照冷却进度表设置优化算法的各项参数，在本例中，调用命令

```
options=saoptimset('MaxIter',500)
```

即设置当 $k = 500$ 时，算法停止。其余参数采用默认设置即可满足冷却进度表的要求，调用 MATLAB 命令

```
U=simulannealbnd(fun,U_0,lb,ub,options)
```

即可得到最优解 $\boldsymbol{U}^*$，其中，fun 为优化问题的成本函数 $v$，$\boldsymbol{U}_0$ 为初始解，$\text{lb} = \begin{bmatrix} 280 & 280 & 280 \end{bmatrix}^{\mathrm{T}}$ 为 $\boldsymbol{U}$ 的下限，$\text{ub} = \begin{bmatrix} 370 & 370 & 370 \end{bmatrix}^{\mathrm{T}}$ 为 $\boldsymbol{U}$ 的上限。当算法停止时，输出搜索到最优解

$$\boldsymbol{U}^* = \begin{bmatrix} 299.9944 & 299.9991 & 300.0047 \end{bmatrix}^{\mathrm{T}}$$

### 2.4.2　遗传算法

1967 年，Bagley 最早提出遗传算法(genetic algorithm，GA)的概念，随后 Holland 在 1975 年对遗传算法的机理进行了系统化的研究。遗传算法是一种通过模拟达尔文生物进化论的自然选择过程，搜索最优解的方法。该算法利用数学工具，通过计算机仿真运算，将优化问题的求解过程转换成类似生物进化中的染色体基因的交叉、变异等过程。在求解较为复杂的组合优化问题时，相对一些常规的优化算法，通常能够较快地获得满意的优化结果。

对于一个优化问题，使用如图 2-30 所示的遗传算法寻找其最优解。首先，从其可行域中产生一定数目的个体，对其进行编码，产生个体的染色体，并选择合适的适应度函数。其次，以适应度为标准不断筛选生物个体，通过遗传算子(如交叉、变异等)对染色体进行操作，不断产生下一代。如此不断循环迭代，完成进化。最终，根据设定的迭代次数，可得到最后一代种群，该种群中的个体适应度都较高，而优化问题的最

优解就有较大的概率存在于这一代种群中，将种群中适应度最高的个体作为问题的最优解。

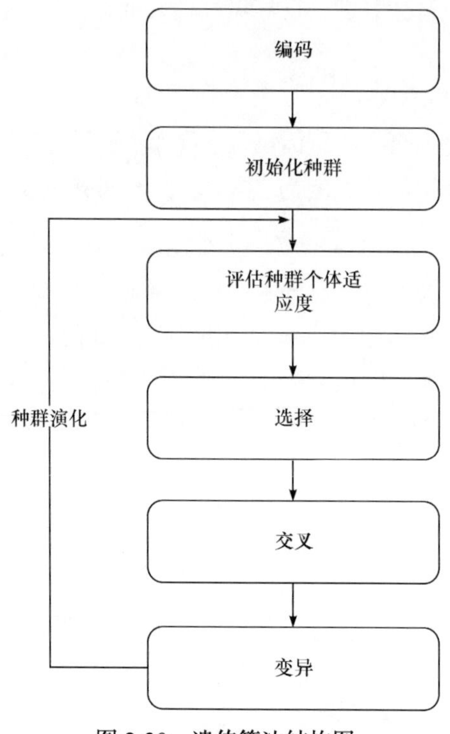


图 2-30　遗传算法结构图

由图 2-30 可知，遗传算法由下述六部分组成，分别是编码、初始化种群、评估种群个体适应度、选择、交叉、变异。

1. 编码

编码是应用遗传算法时要解决的首要问题，也是设计遗传算法时的一个关键步骤。编码方法影响变异算子、交叉算子等遗传算子的运算方法，很大程度上决定了遗传进化的效率。一般来说，有两种编码方法：一种是二进制编码，另一种是实数编码。两者各有优缺点，二进制编码具有操作简单易行及便于实现交叉变异等优点，但是其局部搜索能力差，且存在连续函数离散化时的映射误差；而实数编码直接用实数表示基因，不需要解码过程，改善了遗传算法的计算复杂性，提高了运算效率，但是容易过早收敛，从而陷入局部最优。

编码产生个体的染色体，而染色体是遗传算法与优化问题的直接相关之处。问题中所有决策变量构成了一条染色体，其中每一个变量被称为染色体上的一个基因。例如，有一个非负函数 $\xi\left(x_1,x_2,x_3\right)$，需要求其最小值 $\xi^*$ 及对应的最小值点 $\left(x_1^*,x_2^*,x_3^*\right)$。采用实数编码方法，将第 $m$ 个个体的染色体设定为三个基因 $x_1^m$ 、$x_2^m$ 和 $x_3^m$ ，得到该个体的染色体 $\mathbf{chrom}_m$ :

$$\mathbf{chrom}_m=\left[x_1^m,x_2^m,x_3^m\right] \tag{2-106}$$

2. 初始化种群

初始化种群大小 $N$、变异概率 $p_m$、交叉概率 $p_c$、进化代数 iter 等参数，并按照选定的编码策略对产生的种群个体进行编码。种群大小决定了种群的多样性，一般随机生成初始种群；变异概率是指染色体上基因发生突变的概率；交叉概率是指某个体与另一个体发生染色体交叉的概率；进化代数是指整个种群的进化代数，即迭代次数。一般来说，变异概率、交叉概率并不是越小或者越大越好，需要根据实际优化问题进行选取。

3. 评估种群个体适应度

采用适应度函数来评估种群个体适应度。适应度函数也称为评价函数，通常用于区分群体中个体的好坏。适应度高的个体，即优秀的个体，有更大的概率参与繁衍，被选择到下一代种群，遗传自己的基因。一般来说，适应度函数根据优化问题的目标函数来确定，有时候直接将目标函数作为适应度函数。但是在遗传算法中，适应度函数要比较排序并在此基础上计算选择概率，所以适应度函数的值要取正值。因此，常需要将目标函数映射成求最大值且函数值非负的形式。例如，在求函数 $\xi(x_1,x_2,x_3)$ 的最小值问题中，将 $1/\xi(x_1,x_2,x_3)$ 作为适应度函数，第 $m$ 个个体的染色体为 $\mathbf{chrom}_m=\left[x_1^m,x_2^m,x_3^m\right]$，将其代入适应度函数中，得到该个体的适应度

$$\text{fit}_m=1/\xi\left(x_1^m,x_2^m,x_3^m\right) \tag{2-107}$$

假设一个种群有 $N$ 个个体，即有 $N$ 条染色体，$N$ 个适应度，则该种群 **population** 可写成

$$\mathbf{population}=\left[\mathbf{chrom}\quad \mathbf{fitness}\right] \tag{2-108}$$

其中，$\mathbf{chrom}=\begin{bmatrix}\mathbf{chrom}_1\\ \mathbf{chrom}_2\\ \vdots\\ \mathbf{chrom}_N\end{bmatrix}=\begin{bmatrix}x_1^1 & x_2^1 & x_3^1\\ x_1^2 & x_2^2 & x_3^2\\ \vdots & \vdots & \vdots\\ x_1^N & x_2^N & x_3^N\end{bmatrix}$，$\mathbf{fitness}=\left[\text{fit}_1\quad \text{fit}_2\quad \cdots\quad \text{fit}_N\right]^{\mathrm{T}}$，**population** 每一行都代表着一个个体。

4. 选择

从上一代种群中选择个体到下一代种群的过程中，一般根据个体适应度来选择个体。常用的选择算法有轮盘赌选择、随机竞争选择、最佳保留选择、无回放随机选择等。

轮盘赌选择是一种回放式随机采样方法，其基本思想是：每个个体被选中的概率与其适应度优劣成正比。在求 $\xi(x_1,x_2,x_3)$ 的最小值问题中，第 $m$ 个个体被选中的概率为

$$P_m=\frac{\text{fit}_m}{\sum_{i=1}^{N}\text{fit}_i} \tag{2-109}$$

由式(2-109)可知，适应度越优的个体被选中的概率越大，而适应度越劣的个体被选中的概率越小。轮盘赌选择具体的执行过程如下。

(1) 计算每个个体的相对适应度，即每个个体被选中，遗传到下一代种群中的概率；

(2) 使用模拟轮盘赌操作(即 0～1 之间的随机数)来确定个体被选中的次数。

5. 交叉

交叉是对任意两个染色体基因进行的操作，指对两个相互配对的染色体按某种方式相互交换其部分基因，从而形成两个新的个体。常见的交叉算法有单点交叉、多点交叉、均匀交叉(也称一致交叉)与算术交叉。单点交叉是指随机选择两个个体，并在染色体上只随机设置一个节点，然后相互交换这两个个体在该点之后的染色体片段。例如，有两个个体的染色体分别为

$$\mathbf{chrom}_m=\left[x_1^m,x_2^m,x_3^m\right],\quad \mathbf{chrom}_n=\left[x_1^n,x_2^n,x_3^n\right]$$

对染色体的第一个节点之后的基因进行交叉互换，得到两个新的染色体为

$$\mathbf{chrom}_m=\left[x_1^m,x_2^n,x_3^n\right],\quad \mathbf{chrom}_n=\left[x_1^n,x_2^m,x_3^m\right]$$

6. 变异

变异是对单个个体进行的，根据变异概率 $p_m$ 修改染色体的基因，从而形成新的个体。在求 $\xi\left(x_1,x_2,x_3\right)$ 的最小值问题中，第 $m$ 个个体的染色体 $\mathbf{chrom}_m=\left[x_1^m,x_2^m,x_3^m\right]$ 的基因 $x_1^m$ 可通过式(2-110)发生变异。

$$x_{1_{\text{new}}}^m=x_1^m\left(1\pm r\left(1-\frac{\text{fit}_m}{\text{fit}_{\text{best}}}\right)^2\right) \tag{2-110}$$

其中，$\text{fit}_{\text{best}}$ 为当前进化代数的最优适应度；$\text{fit}_m$ 为第 $m$ 个个体的适应度；随机数 $r\in(0,1)$；随机选定的正负号 $(\pm)$ 代表当前染色体基因值的随机增大或减小。按照式(2-110)进行变异，得到新的染色体为

$$\mathbf{chrom}_m=\left[x_{1_{\text{new}}}^m,x_2^m,x_3^m\right]$$

由式(2-110)可知，当 $\text{fit}_m$ 越趋近于 $\text{fit}_{\text{best}}$ 时，$\left(1-\dfrac{\text{fit}_m}{\text{fit}_{\text{best}}}\right)^2$ 就越趋近于 0，即原 $x_1^m$ 的改变越小；当 $\text{fit}_m$ 越远离 $\text{fit}_{\text{best}}$ 时，$\left(1-\dfrac{\text{fit}_m}{\text{fit}_{\text{best}}}\right)^2$ 越趋近于 1，即原 $x_1^m$ 的改变越大。因此，适应度越优的个体的染色体变化范围越小，而适应度越劣的个体的染色体变化范围越大，整个种群的阶级随时保持流动。

遗传算法广泛应用于模型预测控制领域。文献[134]提出了一种基于遗传算法的受限非线性模型预测控制方法；文献[135]针对联合循环机组燃气轮机系统，设计了一种基于遗传算法的模糊预测监督控制器；文献[136]针对锅炉-汽轮机系统，提出了一种基于遗传算法的非线性模型预测切换控制策略，该策略在利用遗传算法求解非线性模型预测控制优化问题的同时，应用模糊状态反馈跟踪控制实现稳态误差快速衰减；文献[137]针对住宅温度控制问题，在每个采样周期内，利用被测数据进行系统辨识，建立预测模型，并采用基于遗传算法的模型预测控制策略实现对住宅温度的调节；文献[138]针对双馈感应发电机转子电流控制问题构造模型预测控制器，采用一种新型约束遗传算法设计权重矩阵。

利用遗传算法求解非负目标函数$f(\boldsymbol{x})$的最小值，其中$\boldsymbol{x}=\begin{bmatrix}x_1 & \cdots & x_j & \cdots & x_n\end{bmatrix}^{\mathrm{T}}$，$x_j \in [L,U](j=1,2,\cdots,n)$，$L$、$U$分别是$x_j$的上界和下界。已知适应度函数为$1/f(\boldsymbol{x})$，种群大小为$N$、交叉概率为$p_c$、变异概率为$p_m$、进化代数为iter，遗传算法的步骤详细描述如下。

Step1：从可行域中随机产生$N$个初始染色体

$$\mathbf{chrom}^1=\begin{bmatrix}\mathbf{chrom}_1\\ \mathbf{chrom}_2\\ \vdots \\ \mathbf{chrom}_N\end{bmatrix}=\begin{bmatrix}\boldsymbol{x}^1 & \boldsymbol{x}^2 & \cdots & \boldsymbol{x}^N\end{bmatrix}^{\mathrm{T}}$$

计算每一个体的适应度$\mathrm{fit}_i=1/f(\boldsymbol{x}^i)(i=1,2,\cdots,N)$，定义$\mathbf{fitness}^1=\begin{bmatrix}\mathrm{fit}_1 & \mathrm{fit}_2 & \cdots & \mathrm{fit}_N\end{bmatrix}^{\mathrm{T}}$。初始种群为

$$\mathbf{population}^1=\begin{bmatrix}\mathbf{chrom}^1 & \mathbf{fitness}^1\end{bmatrix}$$

找到最优适应度$\mathrm{fitness}_{\mathrm{best}_1}$及其对应染色体$\mathbf{chrom}_{\mathrm{best}_1}$。令整体最优适应度$\mathrm{fitness}_{\mathrm{best}}=\mathrm{fitness}_{\mathrm{best}_1}$，及对应染色体$\mathbf{chrom}_{\mathrm{best}}=\mathbf{chrom}_{\mathrm{best}_1}$，且$k=1$。

Step2：若$k>\mathrm{iter}$，则输出$\mathrm{fitness}_{\mathrm{best}}$及$\mathbf{chrom}_{\mathrm{best}}$；否则$k:=k+1$，转Step3。

Step3：选择，利用轮盘赌选择算法，得到新种群$\mathbf{population}^k$，且令$i=1$。

Step4：交叉，若$i>N$，则令$i=1$，转Step6；否则，产生一个随机数$r_1\in(0,1)$，转Step5。

Step5：若$r_1>p_c$，则$i:=i+1$，且转入Step4；否则，随机选择染色体$\mathbf{chrom}_r=\begin{bmatrix}x_1^r & x_2^r & \cdots & x_n^r\end{bmatrix}, r\in\{1,2,\cdots,N\}$且$r\neq i$与节点$r_2\in\{1,2,\cdots,n-1\}$，与染色体$\mathbf{chrom}_i$进行如下操作

$$\mathbf{chrom}_r=\begin{bmatrix}x_1^r & \cdots & x_{r_2}^r & x_{r_2+1}^i & \cdots & x_n^i\end{bmatrix}$$

$$\mathbf{chrom}_i=\begin{bmatrix}x_1^i & \cdots & x_{r_2}^i & x_{r_2+1}^r & \cdots & x_n^r\end{bmatrix}$$

$$i:=i+1$$

转入Step4。

Step6：变异，若$i>N$，转Step11；否则，令$j=1$，转Step7。

Step7：若$j>n$，则$i:=i+1$，且转Step6；否则，产生一个随机数$r_3\in(0,1)$，转Step8。

Step8：若$r_3>p_m$，则$j:=j+1$且转入Step7；否则，产生一个随机数$r_4\in(0,1)$，转Step9。

Step9：产生一个随机数$r_5\in(0,1)$，若$r_4>0.5$，则计算

$$x_j^i:=x_j^i\left(1+r_5\left(1-\frac{\mathrm{fit}_i}{\mathrm{fitness}_{\mathrm{best}_k}}\right)^2\right)$$

否则，计算

$$x_j^i := x_j^i \left(1 - r_5 \left(1 - \frac{\text{fit}_i}{\text{fitness}_{\text{best}_k}}\right)^2\right)$$

若 $x_j^i$ 在可行域内，则 $j := j+1$，且转 Step7；否则，转 Step10。

Step10：若 $x_j^i$ 左越界，即 $x_j^i < L$，则 $x_j^i = L$；若 $x_j^i$ 右越界，即 $x_j^i > U$，则 $x_j^i = U$。令 $j := j+1$，且转 Step7。

Step11：对于经过选择、交叉、变异后形成的新种群 $\mathbf{population}^k$，计算其每个个体的适应度

$$\mathbf{fitness}^k = \begin{bmatrix}\text{fit}_1 & \text{fit}_2 & \cdots & \text{fit}_N\end{bmatrix}^{\text{T}}$$

找到最优适应度 $\text{fitness}_{\text{best}_k}$ 及其对应染色体 $\mathbf{chrom}_{\text{best}_k}$。

Step12：若 $\text{fitness}_{\text{best}_k} > \text{fitness}_{\text{best}}$，则 $\text{fitness}_{\text{best}} = \text{fitness}_{\text{best}_k}$，$\mathbf{chrom}_{\text{best}} = \mathbf{chrom}_{\text{best}_k}$。转 Step2。

**【例 2-20】** 运用遗传算法求解例 2-19 中的 CSTR 非线性预测优化问题。

**解** 初始化参数：采用 $1/f(\boldsymbol{U})$ 作为适应度函数，染色体基因数 $n = n_2 = 3$、种群大小 $N = 100$，交叉概率 $p_c = 0.3$、变异概率 $p_m = 0.1$、进化代数 $\text{iter} = 300$。

从可行域中随机产生 $N$ 个初始染色体 $\boldsymbol{U}$

$$\mathbf{chrom}^1 = \begin{bmatrix}\boldsymbol{U}^1 & \cdots & \boldsymbol{U}^N\end{bmatrix}^{\text{T}} = \begin{bmatrix} 366.4412 & 337.0977 & 334.2392 \\ 303.2518 & 302.6788 & 303.0215 \\ \vdots & \vdots & \vdots \\ 288.6737 & 364.9314 & 312.4548 \end{bmatrix}$$

计算对应适应度

$$\mathbf{fitness}^1 = \begin{bmatrix}1.4088 & 9.2353 & \cdots & 2.2218\end{bmatrix}^{\text{T}} \times 10^{-4}$$

得到初始种群

$$\mathbf{population}^1 = \begin{bmatrix}\mathbf{chrom}^1 & \mathbf{fitness}^1\end{bmatrix}$$

得到最优适应度

$$\text{fitness}_{\text{best}_1} = 0.0353$$

其对应染色体

$$\mathbf{chrom}_{\text{best}_1} = \begin{bmatrix}303.2518 & 302.6788 & 303.0215\end{bmatrix}$$

令整体最优适应度 $\text{fitness}_{\text{best}} = \text{fitness}_{\text{best}_1}$，及对应染色体 $\mathbf{chrom}_{\text{best}} = \mathbf{chrom}_{\text{best}_1}$，且 $k = 1$。因为 $k < \text{iter}$，进入第一次进化。

第一次进化：令 $k := k+1 = 2$，经过选择、交叉、变异后形成的新种群

$$\mathbf{population}^1 = \begin{bmatrix} 296.8950 & 292.2972 & 292.2972 & 0.0077 \\ 296.8950 & 296.8950 & 296.8950 & 0.0329 \\ \vdots & \vdots & \vdots & \vdots \\ 296.8950 & 280 & 296.8950 & 0.0024 \end{bmatrix}$$

得到最优适应度

$$\text{fitness}_{\text{best}_2} = 0.3619$$

其对应染色体

$$\mathbf{chrom}_{\text{best}_2} = [299.3386 \quad 299.3386 \quad 299.3386]$$

因为 $\text{fitness}_{\text{best}_2} > \text{fitness}_{\text{best}}$，则 $\text{fitness}_{\text{best}} = \text{fitness}_{\text{best}_2}$，及对应染色体 $\mathbf{chrom}_{\text{best}} = \mathbf{chrom}_{\text{best}_2}$，进入第二次进化。

……

最后，因为 $k = 301 > \text{iter}$

$$\text{fitness}_{\text{best}} = 0.3619$$

其对应染色体

$$\mathbf{chrom}_{\text{best}} = [299.3386 \quad 299.3386 \quad 299.3386]$$

即优化问题最优解

$$\boldsymbol{U}^* = [299.3386 \quad 299.3386 \quad 299.3386]^{\mathrm{T}}$$

### 2.4.3　蚁群优化算法

Dorigo 等在 20 世纪 90 年代初首先提出蚁群优化(ant colony optimization，ACO)算法，并用于解决旅行商问题(travelling salesman problem，TSP)。ACO 算法是一种根据对真实蚂蚁觅食行为的观察而发展起来的仿生启发式算法。

昆虫学家研究发现，蚂蚁有能力在没有任何可见提示下找出从蚁穴到食物源的最短路径，并能随环境变化而自适应地搜索新的路径，例如，当旧的最短路径由于新的障碍而不再可行时，它们可以找到一条新的最短路径。蚂蚁的这种能力主要来自信息素路径。真正的蚂蚁在寻找食物时，最初会以随机的方式探索它们巢穴周围的区域。一旦蚂蚁找到食物来源，就会把找到的部分食物带到蚁巢。蚂蚁在行走时，会在地面上留下化学信息素痕迹。信息素在地面上的轨迹会引导其他蚂蚁找到食物来源。从概率上讲，每只蚂蚁都更愿意沿着信息素含量丰富的方向前进。蚂蚁之间通过信息素路径实现间接交流，当聚集的蚂蚁数量达到某一临界数量时，就会涌现出有条理的大军。蚁群的觅食行为完全是一种自组织行为，根据自组织找到巢穴和食物来源之间的最短路径。因此蚁群算法的基本原理包含以下几点。

(1) 蚂蚁在路径上释放信息素。

(2) 碰到还没走过的路口，就随机挑选一条路走。同时，释放与路径长度有关的信息素。信息素浓度与路径长度呈反相关。

(3) 后来的蚂蚁碰到该路口时，就选择信息素浓度较高的路径。最优路径上的信息素浓度越来越大。

(4) 最终蚁群找到最优寻食路径。

通过模仿自然蚁群的觅食行为发展了蚁群算法。蚁群算法主要包括可行路线的构造和信息素更新两个过程，旨在引导蚂蚁从其当前位置进行更具成本效益的举动。蚂蚁通过状态转移规则构造可行路径，应用信息素更新模型来改善可行路径。状态转移规则包括随机比例规则和伪随机比例规则等。信息素更新模型包括蚁周模型(Ant-Cycle 模型)、蚁量模型(Ant-Quantity 模型)、蚁密模型(Ant-Density 模型)，其中蚁周模型利用的是全局信息，即蚂蚁完成一个循环后利用全局更新规则更新所有路径上的信息素；蚁量模型和蚁密模型利用的是局部信息,即蚂蚁移动一步后利用局部更新规则更新路径上的信息素。信息素更新规则主要有两方面的作用：一是为了避免信息素被无限制地累加，以及为了发现更优解，信息素需要按照一定比例进行挥发；二是使得最优路径上有更高的信息素浓度。全局更新规则可能会因算法的不同而有所不同，但都旨在降低蚂蚁未使用的路径上的信息素浓度，并提高更优路径的信息素浓度，以吸引更多的蚂蚁。

利用蚁群算法求解路径规划问题的基本思想描述如下。

初始化所要求解的带权完全无向图 $\text{graph}=(C,L,T)$，其中 $C=\{c_1,c_2,\cdots,c_N\}$ 代表各个顶点；$L=\{l_{i,j}\mid(c_i,c_j)\in C\times C\}$，其中 $l_{i,j}$ 为顶点 $c_i$ 和 $c_j$ 之间的路径；$T=\{\tau(i,j)\mid(c_i,c_j)\in C\times C\}$，其中 $\tau(i,j)$ 为顶点 $c_i$ 和 $c_j$ 之间的信息素浓度。将初始得到的 $m$ 只蚂蚁放在图的初始顶点 $c$ 上，初始化所有路径的信息素浓度 $\tau\in(0,1)$。

在每个可行路线搜索过程中，每只蚂蚁都通过在其已走过的路线上逐步地添加可行路径来得到一条完整可行路线。假设在第 $t$ 步时，第 $k$ 只蚂蚁从顶点 $c_i$ 移动到顶点 $c_j$ 的概率可由如下随机比例规则确定：

$$p_k(i,j)=\begin{cases}\dfrac{\left[\tau(i,j)\right]^{\alpha}\left[\eta(i,j)\right]^{\beta}}{\sum\limits_{s\in\text{allow}_k}\left[\tau(i,s)\right]^{\alpha}\left[\eta(i,s)\right]^{\beta}}, & j\in\text{allow}_k\\ 0, & j\notin\text{allow}_k\end{cases}\tag{2-111}$$

其中，$\eta(i,j)$ 是选择路径 $l_{i,j}$ 的启发式信息，通常 $\eta(i,j)=1/J_{i,j}$，$J_{i,j}$ 为路径 $l_{i,j}$ 的成本；$\text{allow}_k\,(k=1,2,\cdots,m)$ 为蚂蚁 $k$ 待访问顶点的集合。开始时 $\text{allow}_k$ 中只有 $N-1$ 个元素，即除了蚂蚁 $k$ 出发顶点的其他顶点。随着时间的推进，$\text{allow}_k$ 中的元素不断减少，直至为空，即表示所有的顶点均访问完毕。$\alpha(\alpha>0)$ 为信息素重要程度因子，$\beta(\beta>0)$ 为启发式信息重要程度因子。

一旦所有蚂蚁都得到了一条完整的可行路线，所有路径上的信息素浓度都将根据如下所示的全局更新规则进行更新：

$$\tau(i,j):=(1-\rho)\tau(i,j)+\sum_{k=1}^{m}\Delta\tau_k(i,j)\tag{2-112}$$

其中，$\rho\left(0<\rho<1\right)$ 是信息素挥发参数；

$$\Delta\tau_k\left(i,j\right)=\begin{cases}Q/L_k, & \text{蚂蚁}k\text{从顶点}c_i\text{到顶点}c_j\\0, & \text{其他}\end{cases} \tag{2-113}$$

$Q$ 为常数，表示蚂蚁循环一次所释放的信息素总量；$L_k$ 为蚂蚁经过路线的长度。

式(2-111)中启发式信息 $\eta\left(i,j\right)$ 的引入，主要是为了选择更优且信息素浓度更高的路径。式(2-112)中的第一项表示信息素的浓度受信息素挥发参数影响而降低，第二项表示提高路径上的信息素浓度，使得更多蚂蚁经过的路径在未来更有吸引力。式(2-113)说明积累的信息素浓度与路线的优劣有关，可行路线越优，其积累的信息素浓度就越高。

尽管在处理一些经典的优化问题时，蚁群算法的性能无法与其他先进的算法相媲美，但受它启发，学者提出了一系列成功的蚁群搜索算法，这些算法统一称为 ACO 算法。蚁群系统(ant colony system，ACS)是 ACO 中的一种经典方法，相比蚁群算法具有以下三点优势：

(1) 状态转移规则可以有效利用已有知识，同时可实现对新路径的探索；

(2) 全局信息素更新规则只用于当前最佳路线的路径；

(3) 新增了对各条路径信息素浓度调整的局部信息素更新规则。

利用 ACS 算法求解路径规划问题的基本思想描述如下。

初始化与蚁群算法一致。假设在第 $t$ 步时，第 $k$ 只蚂蚁从顶点 $c_i$ 移动到顶点 $c_j$，顶点 $c_j$ 由式(2-114)计算得到

$$c_j=\begin{cases}\arg\max\limits_{u\in\text{allowed}_k}\left\{\left[\tau\left(i,u\right)\right]^{\alpha}\left[\eta\left(i,u\right)\right]^{\beta}\right\}, & q\leqslant q_0\\c^*, & q>q_0\end{cases} \tag{2-114}$$

其中，$q$ 是符合 $[0,1]$ 均匀分布的一个随机数；参数 $q_0\left(0<q_0<1\right)$ 表示局部和全局探索的相对重要程度；$c^*$ 是根据随机比例规则(2-111)选择的一个顶点。式(2-111)和式(2-114)合称为伪随机比例规则，该状态转移规则有利于蚂蚁移动到信息素浓度更高的路径上的顶点。

在蚂蚁探索可行路线的每一步后，蚂蚁所经过路径的信息素浓度将通过如下所示的局部更新规则来更新：

$$\tau\left(i,j\right):=\left(1-\rho_1\right)\tau\left(i,j\right)+\rho_1\Delta\tau\left(i,j\right) \tag{2-115}$$

其中，参数 $\rho_1$ 满足 $0<\rho_1<1$；$\Delta\tau\left(i,j\right)$ 是第 $k$ 只蚂蚁在路径 $l_{i,j}$ 上释放的信息素。$\Delta\tau\left(i,j\right)$ 可根据实际优化问题来确定，例如，$\Delta\tau\left(i,j\right)$ 可设置为初始信息素浓度。

一旦所有蚂蚁都找到了可行路线，信息素浓度将通过如下的全局信息素更新规则进行更新：

$$\tau\left(i,j\right):=\left(1-\rho_2\right)\tau\left(i,j\right)+\rho_2\Delta\tau\left(i,j\right) \tag{2-116}$$

其中，$\rho_2\left(0<\rho_2<1\right)$ 是信息素挥发参数。

$$\Delta\tau(i,j)=\begin{cases}(J_{gb})^{-1}, & l_{i,j}\in s^*\\ 0, & l_{i,j}\notin s^*\end{cases} \tag{2-117}$$

其中，$J_{gb}$是当前全局最优路线$s^*$的成本。

ACO算法具有简单通用、鲁棒性强、分布式计算等特点，因此适合非线性模型预测控制中优化问题的求解。文献[139]提出了一种基于蚁群算法的自适应模糊预测控制方法，利用ACO算法求解优化问题，提高控制性能。文献[140]将ACO算法与混沌动力学相结合，计算模型预测控制无人机跟踪问题中的目标航路点。ACO算法还与最小二乘支持向量机、状态估计相结合，以提高预测控制器的性能[141,142]。

利用ACO算法求解非线性模型预测控制优化问题时，蚁群中的每一只蚂蚁独立地选择一个顶点，对应于一组决策变量，根据目标函数设置信息素浓度。已知一次循环迭代次数为$t_{\max}$，总迭代次数为$N_{c\max}$，优化问题(最小化)的目标函数为$f(\boldsymbol{x})$，蚁群大小为$m$，区间缩小因子为$r(0<r<1)$，信息素挥发因子为$\rho$，信息素重要程度因子为$\alpha$，启发式信息重要程度因子为$\beta$。ACO算法应用于优化问题的算法流程如图2-31所示，其具体步骤描述如下。

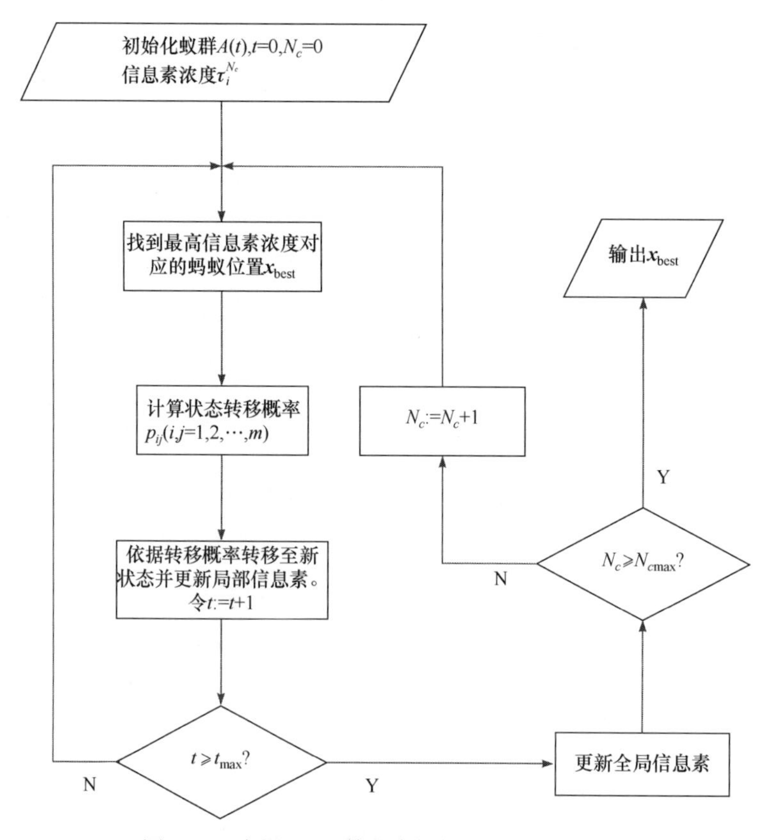


图2-31　应用ACO算法求解优化问题的流程图

Step1：时间$t=0$，循环次数计数器$N_c=0$，随机生成$m$只蚂蚁的种群

$A(t)=\left\{\boldsymbol{x}_{(i)}(i=1,2,\cdots,m)\right\}$，蚂蚁在初始位置上的信息素浓度为 $\tau_i^{N_c}=1/f\left(\boldsymbol{x}_{(i)}\right)$ $(i=1,2,\cdots,m)$，$\boldsymbol{x}_{(i)}^0=\boldsymbol{x}_{(i)}(i=1,2,\cdots,m)$。

Step2：找到最高信息素浓度对应的蚂蚁位置，记为 $\boldsymbol{x}_{\text{best}}$。

Step3：计算状态转移概率 $p_{ij}$

$$p_{ij}=\begin{cases}\dfrac{\left(\tau_j^{N_c}\right)^{\alpha}\eta_{ij}^{\beta}}{\sum\limits_{s=1}^{m}\left(\tau_s^{N_c}\right)^{\alpha}\eta_{is}^{\beta}}, & \eta_{ij}>0\\ 0, & \eta_{ij}\leqslant 0\end{cases}\quad(i,j=1,2,\cdots,m)$$

其中

$$\eta_{ij}=\begin{cases}\dfrac{1}{f\left(\boldsymbol{x}_{(j)}\right)}-\dfrac{1}{f\left(\boldsymbol{x}_{(i)}\right)}, & f\left(\boldsymbol{x}_{(i)}\right)>f\left(\boldsymbol{x}_{(j)}\right)\\ 0, & f\left(\boldsymbol{x}_{(i)}\right)\leqslant f\left(\boldsymbol{x}_{(j)}\right)\end{cases}(i,j=1,2,\cdots,m)$$

令 $i=1$。

Step4：如果 $i>m$，则 $i=1$，转 Step5；否则得到

$$\boldsymbol{x}_{(i)}^1=\boldsymbol{x}_{(b)}+(-1+2\times\textbf{rand})\times r^{N_c}$$

其中，$b=\arg\max\limits_j p_{ij}$，向量 **rand** 中的每一个元素都是 $(0,1)$ 中的随机数，$r(0<r<1)$ 为区间缩小因子。令 $i:=i+1$，返回 Step4。

Step5：如果 $i>m$，则 $t:=t+1$，转 Step6；否则，判断 $f\left(\boldsymbol{x}_{(i)}^1\right)<f\left(\boldsymbol{x}_{(i)}\right)$ 是否成立。若成立，则 $\boldsymbol{x}_{(i)}=\boldsymbol{x}_{(i)}^1\ (i=1,2,\cdots,m)$，更新局部信息素 $\tau_i^{N_c}=1/f\left(\boldsymbol{x}_{(i)}\right)$；若不成立，则 $\boldsymbol{x}_{(i)}$ 和 $\tau_i^{N_c}$ 保持不变。令 $i:=i+1$，返回 Step5。

Step6：如果 $t\geqslant t_{\max}$，转 Step7；否则，转 Step2。

Step7：对每个蚂蚁 $i$，更新自身的信息素浓度

$$\tau_i^{N_c+1}=\rho\tau_i^{N_c}+\Delta\tau_i,\quad i=1,2,\cdots,m$$

其中

$$\Delta\tau_i=\begin{cases}\dfrac{1}{f\left(\boldsymbol{x}_{(i)}\right)}-\dfrac{1}{f\left(\boldsymbol{x}_{(i)}^0\right)}, & f\left(\boldsymbol{x}_{(i)}^0\right)>f\left(\boldsymbol{x}_{(i)}\right)\\ 0, & f\left(\boldsymbol{x}_{(i)}^0\right)\leqslant f\left(\boldsymbol{x}_{(i)}\right)\end{cases}(i=1,2,\cdots,m)$$

令 $\boldsymbol{x}_{(i)}^0=\boldsymbol{x}_{(i)}(i=1,2,\cdots,m)$。

Step8：如果 $N_c\geqslant N_{c\max}$，输出搜索结果即蚂蚁的最优位置 $\boldsymbol{x}_{\text{best}}$，算法结束；否则，令 $N_c:=N_c+1$，转 Step2。

**【例 2-21】** 应用 ACO 算法求解例 2-19 中的 CSTR 系统的非线性预测控制优化问题。

**解**　初始化蚁群 $A(t)$，得到 200 只蚂蚁的初始位置及信息素浓度，令 $\rho=0.2$，$\alpha=\beta=1$，$r=0.5$，$t_{\max}=20$，$N_{c\max}=200$。

根据每只蚂蚁所在位置的信息素浓度，找出蚂蚁的最优位置，即

$$\boldsymbol{x}_{\text{best}}=[296.6130 \quad 307.0824 \quad 291.7619]^{\mathrm{T}}$$

计算转移概率

$$\boldsymbol{p}=\begin{bmatrix} 0 & 2.8487 & \cdots & 0 & 0 \\ 0 & 0 & \cdots & 0 & 0 \\ \vdots & \vdots & & \vdots & \vdots \\ 0.0307 & 2.8841 & \cdots & 0 & 0 \\ 6.4524 & 10.274 & \cdots & 6.4093 & 0 \end{bmatrix}\times 10^{-5}$$

更新蚂蚁位置

$$\boldsymbol{x}_{(i)}^{1}=\boldsymbol{x}_{(b)}+(-1+2\times\mathbf{rand})\times r^{N_c}, \quad i=1,2,\cdots,200$$

其中，$b=\arg\max\limits_{j} p_{ij}$。

设置越界处理，防止新的蚂蚁位置不在如下可行域内：

$$\begin{bmatrix}280\\280\\280\end{bmatrix}\leqslant \boldsymbol{x}_{(i)}\leqslant\begin{bmatrix}370\\370\\370\end{bmatrix}, \quad i=1,2,\cdots,200$$

一次循环结束后，全局更新信息素浓度

$$\boldsymbol{\tau}=[0.0368 \quad 0.0369 \quad \cdots \quad 0.0371 \quad 0.0372]$$

将此过程进行 $N_{c\max}$ 次循环，最终得到蚂蚁的最优位置，即优化问题的最优解

$$\boldsymbol{U}^{*}=\boldsymbol{x}_{\text{best}}=[299.9688 \quad 299.9718 \quad 299.9497]^{\mathrm{T}}$$

### 2.4.4　粒子群优化算法

自然界中许多生物(鸟类、鱼类等)都具有群聚活动行为，以利于它们捕食及逃避追捕。20 世纪 90 年代初，一类仿照生物群聚行为进行寻优的新型优化算法开始兴起。Eberhart 和 Kennedy 受到鸟类和鱼类行为的启发，提出了粒子群优化(particle swarm optimization，PSO)算法。在生物群体中，每个个体都会互相交换已有的经验，这种行为被称为群聚智能(swarm intelligence)。由于借鉴了生物群体的这一特征，PSO 算法也被视为一种群聚智能技术。

PSO 算法最初旨在处理具有连续变量的非线性优化问题。随后，PSO 算法被扩展为能够处理组合优化问题的算法，其优化变量既可以是连续变量，也可以是离散变量。PSO 算法作为一种新的进化算法(evolutionary algorithm)，具有参数少、易理解、易实现的优点，且具有较强的全局搜索能力，是一种很好的优化算法。

群体的行为看似是复杂的，然而每个个体的行为规则实质很简单，种群的行为可以用一些简单的规则来建模。鱼群和鸟群的行为都可以建立成这种简单的模型。1986 年，Reynolds 发明了一种计算机模型来模拟鸟类群体的运动，这个计算机模型被称为 Boid。

在该模型中，使用如下三条简单的规则：

(1) 与最近的个体保持距离，以避免碰撞；

(2) 飞向目标；

(3) 飞向群体的中心。

种群中每个个体的行为都可以用这些简单的规则来描述。这是 PSO 算法的基本概念之一。

Boyd 和 Richerson 在研究人类的决策过程时，提出了个体学习和文化传递的概念。根据他们的研究结果，人们在决策过程中使用两类重要的信息：一是自身的经验，二是其他人的经验。也就是说，人们根据自身的经验和他人的经验进行决策。这是 PSO 算法的另一基本概念。

根据上述的研究成果，Kennedy 和 Eberhart 通过模拟鸟群在二维空间中的行为提出了 PSO 算法。在该算法中，设优化问题的每个可行解都是搜索空间中的一只鸟，把鸟视为空间中的一个没有质量和体积的理想化"质点"，称其为"微粒"或"粒子"。每个粒子的位置由它在 $x$ 和 $y$ 轴上的坐标来表示，其速度由 $x$ 轴上的速度和 $y$ 轴上的速度合成。同时，每个粒子都有一个由优化问题的目标函数所决定的适应值。随后，粒子追随当前的最优粒子更新自己的位置。

求解过程中，每个粒子都知道它到目前为止搜索到的最优位置$\left(\boldsymbol{s}_{\text{pbest}_i}\right)$和它当前的位置信息，这些信息也就是每个粒子的自身经验。此外，每个粒子还知道整个粒子群迄今为止搜索到的最优位置，即 $\boldsymbol{s}_{\text{pbest}_i}$ 集合中适应值最优的位置$\left(\boldsymbol{s}_{\text{gbest}}\right)$，这个信息也就是每个粒子所获得的他人的经验。每个粒子都会综合利用当前位置 $\boldsymbol{s}_i^k$ 、当前速度 $\boldsymbol{v}_i^k$ 、当前位置与 $\boldsymbol{s}_{\text{pbest}_i}$ 之间的距离以及当前位置与 $\boldsymbol{s}_{\text{gbest}}$ 之间的距离等信息来更新自己的位置。可以用速度的概念来表示粒子位置的变化量，且每个粒子的速度可以通过式(2-118)更新：

$$\boldsymbol{v}_i^{k+1} = w\boldsymbol{v}_i^k + c_1\text{rand}_1 \times (\boldsymbol{s}_{\text{pbest}_i} - \boldsymbol{s}_i^k) + c_2\text{rand}_2 \times (\boldsymbol{s}_{\text{gbest}} - \boldsymbol{s}_i^k) \tag{2-118}$$

其中，$\boldsymbol{v}_i^k$ 是第 $k$ 次迭代时粒子 $i$ 的速度；$c_j\left(j=1,2\right)$是权重系数；$\text{rand}_j\left(j=1,2\right)$是 0～1 之间的随机数；$\boldsymbol{s}_i^k$ 是第 $k$ 次迭代时粒子 $i$ 的当前位置；$\boldsymbol{s}_{\text{pbest}_i}$ 是粒子 $i$ 的当前最好位置，$\boldsymbol{s}_{\text{gbest}}$ 是整个种群的当前最好位置。利用惯性权重 $w$ 控制前一速度对当前速度的影响，当 $w$ 较大时，前一速度影响较大，全局搜索能力较强；当 $w$ 较小时，前一速度影响较小，局部搜索能力较强。因此，可通过调整 $w$ 来跳出局部极小值。

由式(2-118)可知，类似前述的 Boid 模型，粒子的速度可以通过使用 $v_i^k$ 、$\boldsymbol{s}_{\text{pbest}_i} - \boldsymbol{s}_i^k$ 和 $\boldsymbol{s}_{\text{gbest}} - \boldsymbol{s}_i^k$ 这三个向量来改变。此外，通常需要将速度限制在一定范围之内。式(2-118)右侧第一项是粒子的前一速度。第二项和第三项用于改变粒子的速度。如果没有第一项，粒子的速度只能使用当前位置和历史上的最优位置来确定，也就是说，粒子只会试图收敛到它目前为止所搜索到的最优位置或整个种群的最优位置；如果没有第二项和第三项，粒子会保持相同方向"飞行"，不断搜索新的区域，直到到达边界。

粒子的当前位置可以通过式(2-119)来更新：

$$\boldsymbol{s}_i^{k+1} = \boldsymbol{s}_i^k + \boldsymbol{v}_i^{k+1} \tag{2-119}$$

已知粒子群大小 $N$，权重系数 $c_j\left(j=1,2\right)$，惯性权重 $w$，最大迭代次数 $T_{\max}$，PSO 算法步骤如下。

Step1：生成每个粒子的初始条件。在可行域内随机生成初始搜索点 $\left(\boldsymbol{s}_i^0\right)$ 及每个粒子的速度 $\left(\boldsymbol{v}_i^0\right)$，其中 $i=1,2,\cdots,N$。令 $\boldsymbol{s}_{\text{pbest}_i}=\boldsymbol{s}_i^0\ \left(i=1,2,\cdots,N\right)$。$\boldsymbol{s}_{\text{gbest}}$ 取为 $\boldsymbol{s}_{\text{pbest}_i}\ \left(i=1,2,\cdots,N\right)$ 中适应值最优的位置，并记录与 $\boldsymbol{s}_{\text{gbest}}$ 相对应的粒子编号 $c$，且令 $i=1$。

Step2：对每个粒子当前搜索点的评估。如果 $i>N$，则转 Step3，否则计算粒子 $i$ 的适应值。若其适应值比 $\boldsymbol{s}_{\text{pbest}_i}$ 的适应值更好，则更新 $\boldsymbol{s}_{\text{pbest}_i}$ 为当前位置；若 $\boldsymbol{s}_{\text{pbest}_i}$ 的适应值比 $\boldsymbol{s}_{\text{gbest}}$ 更好，则取 $\boldsymbol{s}_{\text{gbest}}=\boldsymbol{s}_{\text{pbest}_i}$，并记录粒子编号 $c=i$。令 $i:=i+1$，返回 Step2。

Step3：更新每个搜索点。使用式(2-118)和式(2-119)更新每个粒子的搜索点。

Step4：检查终止条件。若当前迭代次数大于最大迭代次数 $T_{\max}$，算法停止，输出解；否则，令 $i=1$，返回 Step2。

PSO 算法的一般流程图如图 2-32 所示。

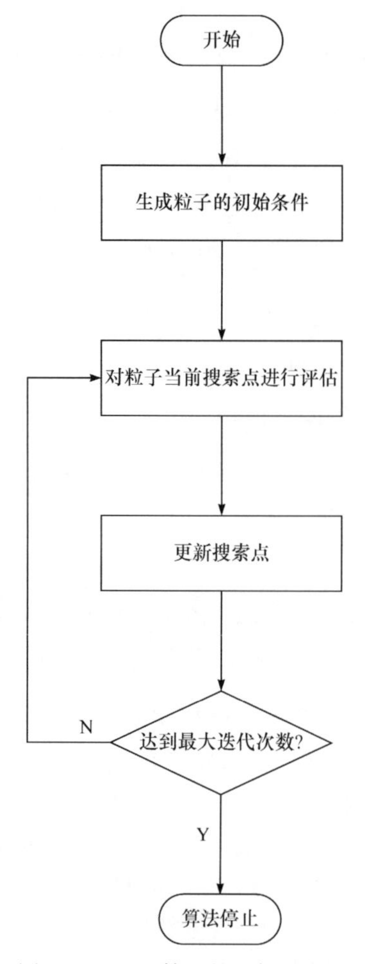


图 2-32　PSO 算法的一般流程图

PSO 算法具有如下特点。

(1) PSO 算法可使用多个搜索点同时进行寻优，搜索点利用它们的 $\boldsymbol{s}_{\mathrm{pbest}_i}$ 和 $\boldsymbol{s}_{\mathrm{gbest}}$ 信息逐步收敛至最优点。

(2) 该方法既保证了能够探索到新的可行解，也有效地利用了当前信息。

(3) 虽然上述算法是在二维空间中进行的，但也可以很容易地将该算法推广到 $n$ 维空间。

PSO 算法作为一种先进的优化算法，逐渐发展出多种多样的形式。Kennedy 和 Eberhart 提出了用于解决实际工程中组合优化问题的离散二进制形式的 PSO 算法[143]。Yoshida 等提出了用于解决混合整数非线性优化问题的 PSO 算法[144]。Angeline 通过将进化计算的选择机制和 PSO 算法相结合，提出了混合 PSO(hybrid PSO，HPSO)算法[145]。其他的先进 PSO 算法还包括自适应 PSO(adaptive PSO，APSO)算法、进化 PSO(evolutionary PSO，EPSO)算法[146]等。

在非线性模型预测控制领域，PSO 算法已经得到了广泛的应用。Xu 等将 PSO 算法应用于快速非线性模型预测控制中，利用 PSO 算法并行搜索的特点，降低非线性模型预测控制的在线计算负担[147]。Smoczek 和 Szpytko 提出了一种基于 PSO 算法的多变量广义预测控制方法，并将该方法应用于桥式起重机的动作控制中，有效地限制了起重机工作时载荷的摆动，提高了桥式起重机工作的安全性[148]。Song 等提出了一种基于混沌 PSO 算法的神经网络预测控制策略，避免搜索到局部极小值，并且具有比标准 PSO 算法更好的搜索性能[149]。

**【例 2-22】** 使用 PSO 算法解决例 2-19 中的 CSTR 系统的非线性预测控制优化问题。

**解** 粒子位置取为 $\boldsymbol{s}=\boldsymbol{U}=\begin{bmatrix}u(t_0) & u(t_1) & u(t_2)\end{bmatrix}^{\mathrm{T}}$，适应度函数取 $f(\boldsymbol{U})$，取种群数量 $N=100$，最大迭代次数 $T_{\max}=20$，粒子的速度限制取 $-1\leqslant \boldsymbol{v}\leqslant 1$，粒子位置限制取控制量 $\boldsymbol{U}$ 的上下限约束，权重系数 $c_1=c_2=0.6$，惯性权重 $w=0.7$。

随机初始化种群位置及速度为 $\boldsymbol{s}^0=\underbrace{\begin{bmatrix}353.3251 & 361.5213 & \cdots & 310.3410\\ 337.9886 & 314.0748 & \cdots & 322.3980\\ 318.0597 & 288.4806 & \cdots & 335.2115\end{bmatrix}}_{100}$，

$\boldsymbol{v}^0=\underbrace{\begin{bmatrix}-0.6756 & 0.5886 & \cdots & 0.5897\\ -0.8808 & 0.3639 & \cdots & -0.6425\\ 0.1645 & 0.0815 & \cdots & -0.8901\end{bmatrix}}_{100}$，每个粒子的 $\boldsymbol{s}_{\mathrm{pbest}_i}$ 取为当前的搜索点位置，即

$\boldsymbol{s}_{\mathrm{pbest}}=\begin{bmatrix}\boldsymbol{s}_{\mathrm{pbest}_1} & \boldsymbol{s}_{\mathrm{pbest}_2} & \cdots & \boldsymbol{s}_{\mathrm{pbest}_{100}}\end{bmatrix}=\boldsymbol{s}^0$，种群的 $\boldsymbol{s}_{\mathrm{gbest}}=\begin{bmatrix}0\\0\\0\end{bmatrix}$。

计算每个粒子的适应值，根据适应值的比较结果，对 $\boldsymbol{s}_{\mathrm{pbest}}$ 和 $\boldsymbol{s}_{\mathrm{gbest}}$ 进行更新。更新后

$$s_{\text{gbest}} = \begin{bmatrix} 293.4365 \\ 292.2898 \\ 301.8565 \end{bmatrix}。$$

令 $k=1$，进入第一轮迭代。使用式(2-118)和式(2-119)更新每个粒子的搜索点。计算过程中，若粒子的速度和位置违反了其上下限约束，则直接取边界值。更新后得到当前粒子的位置和速度为

$$s^1 = \underbrace{\begin{bmatrix} 361.6648 & 340.7000 & \cdots & 354.8690 \\ 343.0452 & 291.9318 & \cdots & 296.8148 \\ 367.7303 & 298.1754 & \cdots & 340.4409 \end{bmatrix}}_{100}$$

$$v^1 = \underbrace{\begin{bmatrix} -1 & -1 & \cdots & -1 & \cdots & -1 \\ -1 & 1 & \cdots & -0.2770 & \cdots & 1 \\ -1 & -1 & \cdots & -1 & \cdots & -1 \end{bmatrix}}_{100}$$

计算当前粒子的适应值并更新 $s_{\text{pbest}}$ 和 $s_{\text{gbest}}$。更新后有

$$s_{\text{pbest}} = \begin{bmatrix} 361.6648 & 340.7000 & \cdots & 354.8690 \\ 343.0452 & 291.9318 & \cdots & 296.8148 \\ 367.7303 & 298.1754 & \cdots & 340.4409 \end{bmatrix}$$

$$s_{\text{gbest}} = \begin{bmatrix} 302.2061 \\ 298.5425 \\ 287.8750 \end{bmatrix}$$

令 $k := k+1$，进入第二轮迭代。

……

重复迭代计算，达到最大迭代次数 $T_{\max}$ 后，算法停止，输出此时得到的种群的最优位置，即优化问题的最优解为

$$U^* = [300.4885 \quad 301.0282 \quad 300.0385]^{\mathrm{T}}$$

## 2.5 本章小结

本章针对工业过程控制的分级递阶结构，分别描述了 RTO 层与 MPC 层的优化问题，根据实际工业过程涉及的约束种类以及理论求解策略的不同，分析了无约束、带等式约束、带不等式约束、带混合约束等四种不同情况的优化问题，并详细介绍了相应的求解方法。本章还介绍了用于求解非线性优化问题的现代启发式优化算法。

# 第 3 章　基于反馈线性化的非线性模型预测控制

非线性模型预测控制的优化求解通常是采用序列二次规划(SQP)技术，尽管该方法对于非线性约束最优化问题是一个非常有效的算法，但往往会导致二次规划的非凸问题，而且计算量庞大，尤其当控制维数增加时，计算量呈指数增加。这不仅使得寻找优化解更加困难，而且即便找到也难以达到全局优化解。

模型预测控制的研究最早是基于受控自回归积分滑动平均(controlled auto-regressive and integrated moving average，CARIMA)模型、阶跃响应模型、脉冲响应模型以及状态空间模型等线性模型的，在过去四十年中，线性预测控制的理论发展已经非常完备。将非线性系统变换成线性系统，再根据线性系统设计预测控制器，是将成熟的线性预测控制策略推广到非线性系统的一种有效方法。近似优化法，其核心思想是运用近似处理方法，借助传统方法的优势，最大限度地保证控制系统品质，而仍然能够实现系统的优化控制，是寻求优化控制的一种折中。在系统工作点邻域内通过泰勒展开忽略高阶非线性项，对系统进行近似线性化，构造线性模型预测控制策略是常用的近似优化方法。借助传统方法的优势，最大限度地保证控制系统品质，实现系统的优化控制。然而，近似优化法中的线性化是局部的，在整个操作区域上与实际系统存在一定偏差，控制性能和稳定性不能得到有效的保证。随着微分几何的发展，基于微分几何的反馈线性化，通过非线性反馈和同胚映射，将非线性系统转换为线性系统，实现系统精确线性化，这种线性化不仅是精确的，而且是整体的，即线性化对整个操作区域都适用。

在非线性控制科学体系中，微分几何中的输入输出反馈线性化近几十年来取得了长足发展。输入输出反馈线性化的实质是通过构造稳定的状态反馈控制律，使得闭环系统具有理想的线性输入输出特性[150]。20 世纪 90 年代末期，Botto 等开展了基于输入输出反馈线性化的非线性模型预测控制研究[28,44]。他们的解决思路为：在图 3-1 所示的一般非线性系统中，系统输出 $\boldsymbol{y}$ 和系统输入 $\boldsymbol{u}$ 呈非线性关系，通过输入输出反馈线性化方法构造稳态反馈控制律 $\boldsymbol{\varPsi}$, 使闭环系统在输入输出端变为线性，即输出 $\boldsymbol{y}$ 与新构造的输入 $\boldsymbol{v}$ 呈线性关系。

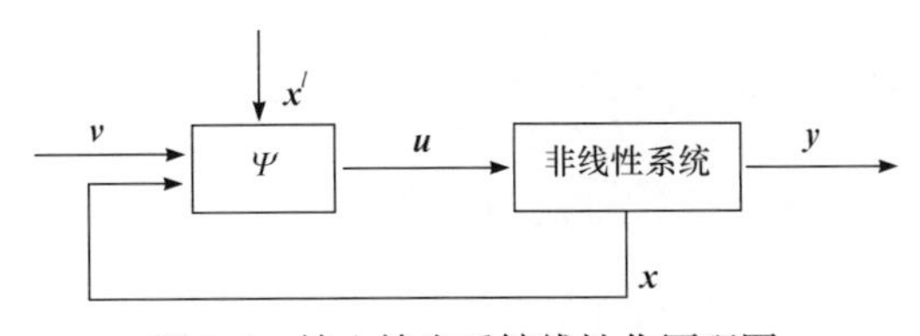


图 3-1　输入输出反馈线性化原理图

然而，反馈线性化使新的输入量 $\boldsymbol{v}$ 和系统实际输入量 $\boldsymbol{u}$ 之间呈非线性关系，且随状态变化而变化，即

$$u = \Psi\left(x, x^l, v\right) \tag{3-1}$$

其中，$x$ 和 $x^l$ 分别是实际对象状态和线性化对象状态。文献[150]通过构造静态的状态反馈控制律，使得闭环系统具有理想的线性输入输出特性。在模型预测控制中，该方法可将一类非线性系统转化为线性系统，但同时使得约束条件变为非线性且依赖于状态变化，这种非线性的约束使得常规的二次规划方法仍然难以实施。针对非线性约束问题，文献[151]通过只精确实现当前时刻控制量的约束而忽略未来时刻控制量约束的处理方法进行寻优，因而控制变量的个数仅仅等同于输入变量的个数，而不是输入个数乘以控制时域。文献[152]则通过将第一步预测中的线性约束关系扩展到整个控制时域上的约束处理方法进行寻优。由于这两种方法是针对整个控制时域上输入约束的近似处理，因此无法保证优化解的可行性。

如图 3-2 所示，Botto 等最早针对存在输入大小和变化率约束的实际非线性系统构造了基于输入输出线性化的非线性预测控制。为保证优化解在整个控制时域上的可行性，将二次规划问题整合在迭代过程中，分两部分构建能够保证可行解收敛性的优化算法：第一部分搜索最优点，第二部分致力于构建每个采样时刻可行的解决方案。这两个相互独立的过程反映了在任何优化算法中都需要考虑的问题，即在最小可能的时间范围内保证存在不违反约束的可行解。仿真实验详细分析了优化时间和优化性能的折中关系。第二部分的迭代算法对于提高控制的整体闭环性能起到了至关重要的作用。因此，该系统的可行性、可靠性和收敛性都优于其他的非线性模型预测控制方法。

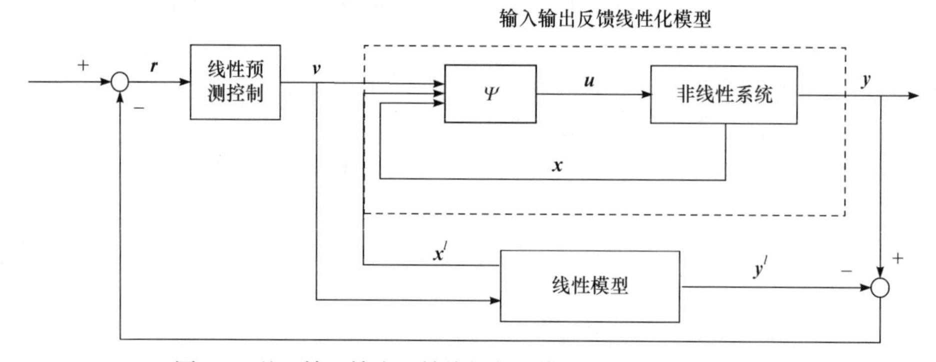


图 3-2　基于输入输出反馈线性化的模型预测控制策略框图

Botto 等很快将此方法推广到多输入多输出(multi-input multi-output，MIMO)非线性离散系统：

$$\begin{cases} x_{k+1} = f\left(x_k, u_k\right) \\ y_k = h\left(x_k\right) \end{cases} \tag{3-2}$$

其中，$x_k \in X \subset \mathbb{R}^n$ 为状态向量；$u_k \in U \subset \mathbb{R}^m$ 为输入向量；$y_k \in Y \subset \mathbb{R}^p$ 为输出向量；$f$ 和 $h$ 为光滑向量场。假设 $p = m$，定义 $E\left(x_k, u_k\right)$ 为 $p$ 阶解耦方阵，表示如下：

$$E\left(x_k,u_k\right)=\frac{\partial}{\partial u_k}[y_{k+r}]=\begin{bmatrix}\frac{\partial}{\partial u_k}\left[y_{r+r_1}^1\right]\\ \vdots \\ \frac{\partial}{\partial u_k}\left[y_{r+r_p}^p\right]\end{bmatrix}=\begin{bmatrix}\frac{\partial}{\partial u_k}\left\{h_1^{r_1-1}\left[f\left(x_k,u_k\right)\right]\right\}\\ \vdots \\ \frac{\partial}{\partial u_k}\left\{h_p^{r_p-1}\left[f\left(x_k,u_k\right)\right]\right\}\end{bmatrix} \tag{3-3}$$

$r_1,r_2,\cdots,r_p$ 表示每个系统输出的相对阶，$h$ 定义如下：

$$h^0[x_k]=h\left(x_k\right),\quad h^j[x_k]=h^{j-1}\left[f\left(x_k,u_k\right)\right],\quad \forall j=1,2,\cdots \tag{3-4}$$

如果可以通过求解式(3-5)中的 $u_k$ 到反馈线性化控制律 $\Psi$:

$$E\left(x_k,u_k\right)=CA^r x_k^l+CA^{r-1}Bv_k+CA^{r-2}Bv_{k+1}+\cdots+CBv_{k+r-1} \tag{3-5}$$

那么，闭环系统可表示为已解耦的输入输出线性系统，即

$$y_{k+r}=CA^r x_k^l+CA^{r-1}Bv_k+CA^{r-2}Bv_{k+1}+\cdots+CBv_{k+r-1} \tag{3-6}$$

通过选择适合的线性状态空间矩阵 $A$ 、$B$ 和 $C$ ，式(3-6)可表示输出向量 $y_{k+r}$ 与外部输入向量 $v_{k+r-1}=\left[v_{1,k}\quad v_{2,k}\quad\cdots\quad v_{p,k}\right]^{\mathrm{T}}$ 之间的任意稳定线性动态关系。

然而，对于一般非线性离散系统，式(3-5)中 $u_k$ 的解析解通常难以获得。为此，Botto 采用神经网络来建模非线性离散系统，从而获得近似的优化解。

事实上，与离散系统相比，非线性连续系统的精确反馈线性化(exactly feedback linearization)理论更加成熟，其中，数值方法和扩展系统方法[153]发挥了有效的作用。但是，扩展系统方法不能应用于一般的离散系统的反馈线性化，而数值方法虽然适用于离散系统，却需要进行复杂的搜索。

本章针对连续非线性系统，采用精确反馈线性化方法实现非线性预测控制。在非线性约束条件下，构造能够保证可行解收敛性的优化算法，针对数字例子和工业过程的仿真验证该方法的有效性。

## 3.1　精确反馈线性化

### 3.1.1　单输入单输出系统精确反馈线性化

考虑如下单输入单输出(single-input single-output，SISO)仿射型状态空间模型[150]：

$$\begin{cases}\dot{\bar{x}}=f\left(\bar{x}\right)+g\left(\bar{x}\right)u\\ y=h\left(\bar{x}\right)\end{cases} \tag{3-7}$$

其中，$\bar{x}\in\mathbb{R}^n$ 是状态变量；$y$ 是输出；$f$ 、$g$ 和 $h$ 是域 $D\subset\mathbb{R}^n$ 上充分光滑的向量场；映射 $f:D\to\mathbb{R}^n$ 和 $g:D\to\mathbb{R}^n$ 是 $D$ 上的向量场。

**定义 3-1** (相对阶)　对于单输入单输出系统(3-7)，当 $\bar{x}\in D$ ，$D\subset\mathbb{R}^n$ 时，如果存在整数 $\gamma$ ，$1\leqslant\gamma\leqslant n$ 使得 $L_gL_f^ih\left(\bar{x}\right)\equiv 0,i=0,1,\cdots,\gamma-2;L_gL_f^{\gamma-1}h\left(\bar{x}\right)\neq 0$ ，其中，符号 $L_f^ih\left(\bar{x}\right)$ 表

示函数$h(\bar{x})$沿光滑向量场$f$方向的$i$阶李导数，$L_f h(\bar{x})$表示函数$h(\bar{x})$沿光滑向量场$f$方向的一阶李导数，则称系统在点$\bar{x}$具有严相对阶$\gamma$。

如果系统(3-7)在初始点$\bar{x}_0 \in D$处的相对阶$\gamma < n$，存在一个变换：

$$
\begin{aligned}
\xi_1 &= \phi_1(\bar{x}) = h(\bar{x}) \\
\xi_2 &= \phi_2(\bar{x}) = L_f h(\bar{x}) \\
&\vdots \\
\xi_\gamma &= \phi_\gamma(\bar{x}) = L_f^{\gamma-1} h(\bar{x}) \\
\eta_1 &= \phi_{\gamma+1}(\bar{x}) = \eta_1(\bar{x}) \\
\eta_2 &= \phi_{\gamma+2}(\bar{x}) = \eta_2(\bar{x}) \\
&\vdots \\
\eta_{n-\gamma} &= \phi_n(\bar{x}) = \eta_{n-\gamma}(\bar{x})
\end{aligned}
\tag{3-8}
$$

若$\eta_1(\bar{x})\eta_2(\bar{x})\cdots\eta_{n-\gamma}(\bar{x})$满足：

$$
L_g \eta_i(\bar{x}) = 0,\ \ \forall \bar{x} \in D,\ i = 1,2,\cdots,n-\gamma \tag{3-9}
$$

则$x = \begin{bmatrix} \xi \\ \eta \end{bmatrix} = \varPhi(\bar{x})$是一个微分同胚。原非线性系统(3-7)可以变换为

$$
\begin{aligned}
\dot{\xi}_1 &= \xi_2 \\
\dot{\xi}_2 &= \xi_3 \\
&\vdots \\
\dot{\xi}_\gamma &= b(\xi,\eta) + a(\xi,\eta)u \\
\dot{\eta} &= q(\xi,\eta) \\
y &= \xi_1
\end{aligned}
\tag{3-10}
$$

其中，$b(\xi,\eta) = L_f^\gamma h(\bar{x})$，$a(\xi,\eta) = L_g L_f^{\gamma-1} h(\bar{x})$，$q(\xi,\eta) = (q_i(\xi,\eta)) = (L_f \eta_i)$。

经过$x = \varPhi(\bar{x})$的变换，非线性系统(3-7)被分解成两个子系统：外部子系统$\xi$和内部子系统$\eta$。通过状态反馈：

$$
u = \frac{1}{a(\xi,\eta)}(-b(\xi,\eta) + v) \tag{3-11}
$$

使得外部子系统$\xi$线性化，同时导致内部子系统$\eta$的$n-\gamma$个状态变量不能观。定义非线性系统使输出$y$恒等于零时内部子系统的特性为系统的零动态特性。注意到：

$$
y(t) \equiv 0 \Rightarrow \xi(t) = 0 \Rightarrow u = -\frac{b(0,\eta(t))}{a(0,\eta(t))} \tag{3-12}
$$

其中，$\eta(t)$是

$$
\dot{\eta} = q(0,\eta) \tag{3-13}
$$

的解。式(3-12)和式(3-13)描述了输出$y$恒等于零时内部子系统$\eta$的动态过程，即系统的零动态，只有当其稳定，精确反馈线性化以后的线性系统才能替代原非线性系统设计控

制器进行控制。假设$\eta=0$是式(3-13)的平衡点，如果线性近似矩阵$\dfrac{\partial q}{\partial \eta}(0,0)$的特征值位于左半复平面，则系统的零动态是局部渐近稳定的；如果有特征值位于虚轴上，需要采用Lyapunov 直接法或者中心流形等其他方法来分析系统的零动态稳定性。

如果系统(3-7)在初始点$\bar{x}_0\in D$处的相对阶$\gamma=n$，存在一个微分同胚映射：$\varPhi:\bar{x}\to x=\begin{bmatrix}\xi_1 & \xi_2 & \cdots & \xi_n\end{bmatrix}^{\mathrm{T}}$，表示如下：

$$\begin{gathered}\xi_1=\phi_1(\bar{x})=h(\bar{x})\\ \vdots\\ \xi_n=\phi_n(\bar{x})=L_f^{n-1}h(\bar{x})\end{gathered}$$

使得系统(3-7)转化为

$$\begin{gathered}\dot{\xi}_1=\xi_2\\ \vdots\\ \dot{\xi}_\gamma=b(\xi)+a(\xi)u\\ y=\xi_1\end{gathered}\tag{3-14}$$

其中，$b(\xi)=L_f^n h(\bar{x})$，$a(\xi)=L_g L_f^{n-1}h(\bar{x})$。通过状态反馈：

$$u=\frac{1}{a(\xi)}(-b(\xi)+v)\tag{3-15}$$

系统(3-14)就转化为

$$\begin{gathered}\dot{x}=Ax+Bv\\ y=Cx\end{gathered}\tag{3-16}$$

其中，$A=\begin{bmatrix}0 & 1 & & & 0\\ & 0 & 1 & & \\ & & \ddots & \ddots & \\ & & & 0 & 1\\ 0 & & & & 0\end{bmatrix}_{n\times n}$，$B=\begin{bmatrix}0\\0\\ \vdots\\0\\1\end{bmatrix}_{n\times 1}$，$C=\begin{bmatrix}1 & 0 & \cdots & 0 & 0\end{bmatrix}_{1\times n}$。

### 3.1.2 多输入多输出系统精确反馈线性化

考虑如下多输入多输出仿射型状态空间模型：

$$\begin{cases}\dot{\bar{x}}=f(\bar{x})+G(\bar{x})u\\ y=H(\bar{x})\end{cases}\tag{3-17}$$

其中，$\bar{x}\in\mathbb{R}^n$是状态变量；$u\in\mathbb{R}^m$是系统控制输入量；$y\in\mathbb{R}^m$是系统被控量；$f$是在域$D\subset\mathbb{R}^n$上的光滑向量场，$G(\bar{x})=\left(g_1(\bar{x}),g_2(\bar{x}),\cdots,g_m(\bar{x})\right)$，$H(\bar{x})=\left(h_1(\bar{x}),h_2(\bar{x}),\cdots,h_m(\bar{x})\right)^{\mathrm{T}}$，$g_i(i=1,2,\cdots,m)$是在域$D\subset\mathbb{R}^n$上的光滑向量场，$h_i(i=1,2,\cdots,m)$是在域$D\subset\mathbb{R}^n$上的光滑向量场。

**定义 3-2** (相对阶)　多输入多输出非线性仿射型系统(3-17)在点 $\bar{x}_0$ 的邻域 $D_0 \in D$ 上满足以下两个条件则称其具有相对阶 $(\gamma_1,\gamma_2,\cdots,\ \gamma_m)$：

(1) $L_{g_i}L_f^k h_i(\bar{x}) \equiv 0, \begin{pmatrix} 0 \leqslant k \leqslant \gamma_i - 1 \\ i = 1,2,\cdots,m \end{pmatrix}, \forall \bar{x} \in D_0$。

(2) $m \times m$ 矩阵 $A(\bar{x}) = \begin{bmatrix} L_{g_1}L_f^{\gamma_1-1}h_1 & L_{g_2}L_f^{\gamma_1-1}h_1 & \cdots & L_{g_m}L_f^{\gamma_1-1}h_1 \\ L_{g_1}L_f^{\gamma_2-1}h_2 & L_{g_2}L_f^{\gamma_2-1}h_2 & \cdots & L_{g_m}L_f^{\gamma_2-1}h_2 \\ \vdots & \vdots & & \vdots \\ L_{g_1}L_f^{\gamma_m-1}h_m & L_{g_2}L_f^{\gamma_m-1}h_m & \cdots & L_{g_m}L_f^{\gamma_m-1}h_m \end{bmatrix}$ 对任意 $\bar{x} \in D_0$ 非奇异。

注意：当系统的输入数目大于输出数目时，相对阶定义的条件(2)中，$A(\bar{x})$ 矩阵的非奇异性用该矩阵的秩等于它的行数(也就是输出个数)来代替。

若系统(3-17)在 $\bar{x}$ 处有相对阶 $(\gamma_1,\gamma_2,\cdots\gamma_m)$，称 $\gamma = \gamma_1 + \gamma_2 + \cdots + \gamma_m$ 为总相对阶。若总相对阶 $\gamma < n$，系统可实现输入输出精确反馈线性化，反馈线性化框图如图 3-3 所示，设 $1 \leqslant i \leqslant m$，对某一指定的 $i$，取下列映射：

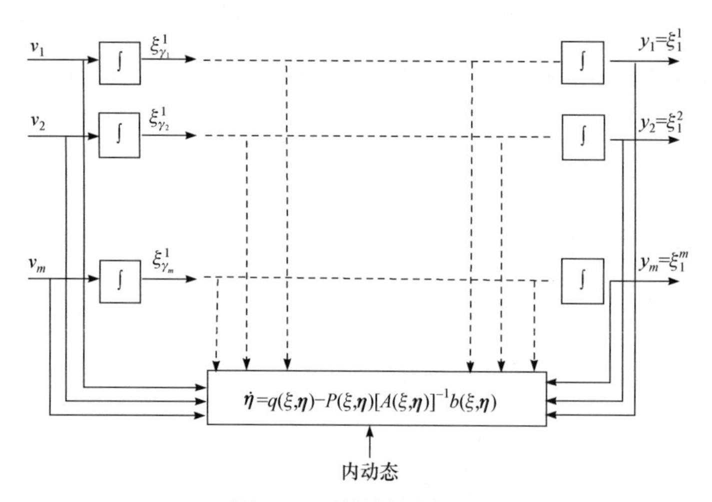


图 3-3　反馈线性化框图

$$\begin{cases} \phi_1^i = h_i(\bar{x}) \\ \phi_2^i = L_f h_i(\bar{x}) \\ \quad\vdots \\ \phi_{\gamma_i}^i = L_f^{\gamma_i - 1} h_i(\bar{x}) \end{cases} \tag{3-18}$$

而对于另外 $n-\gamma$ 个函数 $\phi_{\gamma+1}\ \phi_{\gamma+2} \cdots \phi_n$ 的选择来说，若分布 span $\{g_1(\bar{x}), g_2(\bar{x}), \cdots, g_m(\bar{x})\}$ 在 $\bar{x}_0$ 处是对合的，则与 SISO 系统类似，总可以找到 $\phi_{\gamma+1}\ \phi_{\gamma+2} \cdots \phi_n$ 使得

$$L_{g_j}\phi_i(\bar{x}) = 0,\ \ \forall \bar{x} \in D_0,\ \ \gamma + 1 \leqslant i \leqslant n,\ \ 1 \leqslant j \leqslant m$$

利用坐标变换$\Phi:\bar{x}\to x=\begin{bmatrix}\xi\\ \eta\end{bmatrix}=\begin{bmatrix}\xi_1^1 & \cdots & \xi_{\gamma_1}^1 & \cdots & \xi_1^m & \cdots & \xi_{\gamma_m}^m & \eta_1 & \cdots & \eta_{n-\gamma}\end{bmatrix}^{\mathrm{T}}$后，新坐标下的系统方程可以分成 $m$+1 组。

第 $i$ 组$(1\leqslant i\leqslant m)$：

$$
\begin{gathered}
\dot{\xi}_1^i=\frac{\mathrm{d}\phi_1^i}{\mathrm{d}t}=\phi_2^i=\xi_2^i\\
\dot{\xi}_2^i=\frac{\mathrm{d}\phi_2^i}{\mathrm{d}t}=\phi_3^i=\xi_3^i\\
\vdots\\
\dot{\xi}_{\gamma_i-1}^i=\frac{\mathrm{d}\phi_{\gamma_i-2}^i}{\mathrm{d}t}=\phi_{\gamma_i}^i=\xi_{\gamma_i}^i\\
\dot{\xi}_{\gamma_i}^i=b_i(\xi,\eta)+\sum_{j=1}^{m}a_{ij}(\xi,\eta)\cdot u_j\\
y_i=\xi_1^i
\end{gathered}
\tag{3-19}
$$

其中，$b_i(\xi,\eta)=L_f^{\gamma_i}h_i\left(\Phi^{-1}(\xi,\eta)\right)$，$a_{ij}(\xi,\eta)=L_{g_j}L_f^{\gamma_i-1}h_i\left(\Phi^{-1}(\xi,\eta)\right)$。

第 $m$+1 组：

$$
\dot{\eta}=q(\xi,\eta)+P(\xi,\eta)u \tag{3-20}
$$

其中，$q(\xi,\eta)=(q_i(\xi,\eta))=(L_f\eta_i(\Phi^{-1}(\xi,\eta)))$，$P(\xi,\eta)=(P_{ij}(\xi,\eta))=(L_{g_j}\eta_i(\Phi^{-1}(\xi,\eta)))$，$1\leqslant i\leqslant n-\gamma$，$1\leqslant j\leqslant m$。

类似 SISO 系统，经过上述状态变换$\Phi:\bar{x}\to x$，非线性系统(3-17)被分解成两个子系统：外部子系统$\xi$和内部子系统$\eta$。通过状态反馈：

$$
u=-A^{-1}(\xi,\eta)b(\xi,\eta)+A^{-1}(\xi,\eta)v \tag{3-21}
$$

使得内部子系统$\eta$的状态变量不能观。与 3.1.1 节类似地定义零动态，注意到：

$$
y_i(t)\equiv 0\Rightarrow \forall i,\xi_j^i\equiv 0,\ 1\leqslant i\leqslant m,\ 1\leqslant j\leqslant \gamma_i\Rightarrow u(t)=-A^{-1}(\xi,\eta(t))b(\xi,\eta(t)) \tag{3-22}
$$

其中，$\eta(t)$是

$$
\dot{\eta}=q(0,\eta)-P(0,\eta)A^{-1}(0,\eta)b(0,\eta) \tag{3-23}
$$

的解。假设$\eta=0$是式(3-23)的平衡点，如前面所述，只有当式(3-23)在$\eta=0$处稳定，精确反馈线性化以后的线性系统才能替代原非线性系统进行控制器设计。

若总相对阶$\gamma$=$n$，可实现状态精确反馈线性化，在$\bar{x}_0$的邻域$D_0$内存在微分同胚映射$\Phi:\bar{x}\to x=\begin{bmatrix}\xi_1^1 & \cdots & \xi_{\gamma_1}^1 & \cdots & \xi_1^m & \cdots & \xi_{\gamma_m}^m\end{bmatrix}^{\mathrm{T}}$，表示如下：

$$
\begin{cases}
\xi_1^1=h_1(\bar{x}),\xi_2^1=L_fh_1(\bar{x}),\cdots,\xi_{\gamma_1}^1=L_f^{\gamma_1-1}h_1(\bar{x})\\
\xi_1^2=h_2(\bar{x}),\xi_2^2=L_fh_2(\bar{x}),\cdots,\xi_{\gamma_2}^2=L_f^{\gamma_2-1}h_2(\bar{x})\\
\qquad\vdots\\
\xi_1^m=h_m(\bar{x}),\xi_2^m=L_fh_m(\bar{x}),\cdots,\xi_{\gamma_m}^m=L_f^{\gamma_m-1}h_m(\bar{x})
\end{cases}
$$

使原系统(3-17)转化为如下新系统：

$$\begin{cases}\dot{\xi}_1^1 = \xi_2^1 \\ \quad\vdots \\ \dot{\xi}_{\gamma_1}^1 = b_1(x) + \sum_{j=1}^{m} a_{1j}(x) u_j \\ \quad\vdots \\ \dot{\xi}_1^m = \xi_2^m \\ \quad\vdots \\ \dot{\xi}_{\gamma_m}^1 = b_m(x) + \sum_{j=1}^{m} a_{mj}(x) u_j \\ y_1 = \xi_1^1 \\ \quad\vdots \\ y_m = \xi_1^m \end{cases} \tag{3-24}$$

其中，$a_{ij}(x) = L_{g_j} L_f^{\gamma_i - 1} h(\bar{x})$，$b_i(x) = L_f^{\gamma_i} h(\bar{x})$通过状态反馈：

$$u = -A^{-1}(x)b(x) + A^{-1}(x)v \tag{3-25}$$

系统(3-24)就转化为

$$\begin{aligned} \dot{x} &= \boldsymbol{A}x + \boldsymbol{B}v \\ y &= \boldsymbol{C}x \end{aligned} \tag{3-26}$$

其中

$$\boldsymbol{A} = \begin{bmatrix} A_1 & & \boldsymbol{0} \\ & \ddots & \\ \boldsymbol{0} & & A_m \end{bmatrix},\ A_i = \begin{bmatrix} 0 & 1 & & & 0 \\ & 0 & 1 & & \\ & & \ddots & \ddots & \\ & & & 0 & 1 \\ 0 & & & & 0 \end{bmatrix}_{\gamma_i \times \gamma_i},\ \boldsymbol{B} = \begin{bmatrix} B_1 & & \boldsymbol{0} \\ & \ddots & \\ \boldsymbol{0} & & B_m \end{bmatrix}$$

$$B_i = \begin{bmatrix} 0 \\ 0 \\ \vdots \\ 0 \\ 1 \end{bmatrix}_{\gamma_i \times 1},\ \boldsymbol{C} = \begin{bmatrix} C_1 & & \boldsymbol{0} \\ & \ddots & \\ \boldsymbol{0} & & C_m \end{bmatrix},\ C_i = \begin{bmatrix} 1 & 0 & \cdots & 0 & 0 \end{bmatrix}_{1 \times \gamma_i},\ 1 \leqslant i \leqslant m$$

## 3.2 线性控制结构

针对非线性系统在反馈线性化后得到线性状态空间方程(3-26)，可直接应用线性预测控制理论设计控制器[154]。系统离散化可得

$$
\begin{aligned}
x(k+1) &= A_d x(k) + B_d v(k) \\
y(k) &= C_d x(k)
\end{aligned}
\tag{3-27}
$$

其中，$v \in \mathbb{R}^m$ 是输入；$y \in \mathbb{R}^m$ 是对象输出；$x \in \mathbb{R}^n$ 是状态向量。

定义：$\Delta x(k+1) = x(k+1) - x(k)$，$\Delta v(k) = v(k) - v(k-1)$

$$
X = \left[ x^{\mathrm{T}}(k) \;\; x^{\mathrm{T}}(k+1|k) \;\; x^{\mathrm{T}}(k+2|k) \;\; \cdots \;\; x^{\mathrm{T}}(k+N_c-1|k) \right]^{\mathrm{T}}
$$

$$
\Delta V = \left[ \Delta v^{\mathrm{T}}(k) \;\; \Delta v^{\mathrm{T}}(k+1|k) \;\; \Delta v^{\mathrm{T}}(k+2|k) \;\; \cdots \;\; \Delta v^{\mathrm{T}}(k+N_c-1|k) \right]^{\mathrm{T}}
$$

可得整个控制时域 $N_c$ 上的状态预测值：

$$
X = \tilde{A} \Delta V + \gamma \tag{3-28}
$$

其中

$$
\tilde{A} = \begin{bmatrix}
0 & 0 & \cdots & 0 \\
B_d & 0 & \cdots & 0 \\
(A_d + I) B_d & B_d & \cdots & 0 \\
\vdots & \vdots & & \vdots \\
\left( \sum\limits_{i=1}^{N_c-1} A_d{}^{i-1} \right) B_d & \left( \sum\limits_{i=1}^{N_c-2} A_d{}^{i-1} \right) B_d & \cdots & 0
\end{bmatrix}, \quad
\gamma = \begin{bmatrix}
x(k) \\
x(k) + A_d \Delta x(k) \\
x(k) + \left( \sum\limits_{i=1}^{2} A_d{}^{i} \right) \Delta x(k) \\
\vdots \\
x(k) + \left( \sum\limits_{i=1}^{N_c-1} A_d{}^{i} \right) \Delta x(k)
\end{bmatrix}
$$

定义新的状态变量：$x_u(k) = \left[ \Delta x^{\mathrm{T}}(k) \;\; y^{\mathrm{T}}(k) \right]^{\mathrm{T}}$，可得系统（$A_d, B_d, C_d$）的增广模型：

$$
\begin{aligned}
\overbrace{\begin{bmatrix} \Delta x(k+1) \\ y(k+1) \end{bmatrix}}^{x_u(k+1)} &= \overbrace{\begin{bmatrix} A_d & 0_{m \times n} \\ C_d A_d & I_{m \times m} \end{bmatrix}}^{A_u} \overbrace{\begin{bmatrix} \Delta x(k) \\ y(k) \end{bmatrix}}^{x_u(k)} + \overbrace{\begin{bmatrix} B_d \\ C_d B_d \end{bmatrix}}^{B_u} \Delta v(k) \\
y(k) &= \overbrace{\begin{bmatrix} 0_{m \times n} & I_{m \times m} \end{bmatrix}}^{C_u} \begin{bmatrix} \Delta x(k) \\ y(k) \end{bmatrix}
\end{aligned}
\tag{3-29}
$$

其中，$I_{m \times m}$ 是 $m \times m$ 的单位矩阵；$0_{m \times n}$ 是 $m \times n$ 的零矩阵。

基于增广状态空间模型 $(A_u, B_u, C_u)$，在整个预测时域 $N_p$ 上递推未来的状态变量：

$$
\begin{aligned}
x_u(k+1|k) &= A_u x_u(k) + B_u \Delta v(k) \\
x_u(k+2|k) &= A_u x_u(k+1|k) + B_u \Delta v(k+1) \\
&= A_u{}^2 x(k) + A_u B_u \Delta v(k) + B_u \Delta v(k+1) \\
&\;\;\vdots \\
x_u(k+N_p|k) &= A_u{}^{N_p} x_u(k) + A_u{}^{N_p-1} B_u \Delta v(k) \\
&\quad + A_u{}^{N_p-2} B_u \Delta v(k+1) + \cdots + A_u{}^{N_p-N_c} B_u \Delta v(k+N_c-1)
\end{aligned}
\tag{3-30}
$$

基于状态变量预测值可以推导出输出变量预测值：

$$\begin{aligned}
y(k+1|k) &= C_u A_u x_u(k) + C_u B_u \Delta v(k) \\
y(k+2|k) &= C_u A_u^2 x_u(k) + C_u A_u B_u \Delta v(k) + C_u B_u \Delta v(k+1) \\
&\vdots \\
y(k+N_p|k) &= C_u A_u^{N_p} x_u(k) + C_u A_u^{N_p-1} B_u \Delta v(k) \\
&\quad + C_u A_u^{N_p-2} B_u \Delta v(k+1) + \cdots + C_u A_u^{N_p-N_c} B_u \Delta v(k+N_c-1)
\end{aligned} \tag{3-31}$$

在预测时域 $N_p$ 上，输出变量预测值可写成矢量形式：

$$Y = Fx_u(k) + \Phi \Delta V \tag{3-32}$$

其中

$$Y = \left[ y^{\mathrm{T}}(k+1|k) \quad y^{\mathrm{T}}(k+2|k) \quad y^{\mathrm{T}}(k+3|k) \quad \cdots \quad y^{\mathrm{T}}(k+N_p|k) \right]^{\mathrm{T}}$$

$$F = \begin{bmatrix} C_u A_u \\ C_u A_u^2 \\ C_u A_u^3 \\ \vdots \\ C_u A_u^{N_p} \end{bmatrix}, \quad \Phi = \begin{bmatrix} C_u B_u & 0 & 0 & \cdots & 0 \\ C_u A_u B_u & C_u B_u & 0 & \cdots & 0 \\ C_u A_u^2 B_u & C_u A_u B_u & C_u B_u & \cdots & 0 \\ \vdots & \vdots & \vdots & & \vdots \\ C_u A_u^{N_p-1} B_u & C_u A_u^{N_p-2} B_u & C_u A_u^{N_p-3} B_u & \cdots & C_u A_u^{N_p-N_c} B_u \end{bmatrix}$$

在每个采样时刻 $k$，要求如下二次型目标函数最小：

$$J = (R_s - Y)^{\mathrm{T}} (R_s - Y) + \Delta V^{\mathrm{T}} \bar{R} \Delta V \tag{3-33}$$

其中，第一项是预测输出和给定值之间的误差，第二项是控制量的平滑程度。

把式(3-32)代入目标函数(3-33)，优化问题可写成：

$$\begin{aligned}
\min J &= \left(R_s - Fx_u(k)\right)^{\mathrm{T}} \left(R_s - Fx_u(k)\right) \\
&\quad - 2\Delta V^{\mathrm{T}} \Phi^{\mathrm{T}} \left(R_s - Fx_u(k)\right) + \Delta V^{\mathrm{T}} \left(\Phi^{\mathrm{T}} \Phi + \bar{R}\right) \Delta V \\
\text{s.t.} \quad & \underline{V} \leqslant V \leqslant \overline{V}
\end{aligned} \tag{3-34}$$

其中，$\underline{V}$ 和 $\overline{V}$ 分别表示 $V$ 的最小值、最大值。

## 3.3 约 束 处 理

实际对象输入的约束为

$$\underline{U} \leqslant U \leqslant \overline{U} \tag{3-35}$$

其中，$U = \left[ u_k^{\mathrm{T}} \quad \cdots \quad u_{k+N_c-1}^{\mathrm{T}} \right]^{\mathrm{T}}$ 代表当前时刻和未来时刻在整个控制时域 $N_c$ 上的控制输入，$\underline{U}$ 和 $\overline{U}$ 表示 $U$ 的最小值、最大值。

在输入输出反馈线性化后，非线性对象的输入 $U$ 通过非线性状态反馈律(3-25)映射为预测控制器的输出 $V$，不等式(3-35)中关于 $U$ 的原始线性不等式约束转换成关于 $V$ 的非线性不等式约束，因而优化控制序列不能直接应用二次规划(QP)计算。

为了解决非线性约束问题，首先采用线性化约束的迭代二次规划方法寻求优化解。在此基础上，为了保证系统收敛性，采用一种收缩可行域的迭代算法来保证能在整个预测时域上有可行解。

### 3.3.1　非线性约束的展开

在整个控制时域 $N_c$ 上递推状态反馈律(3-25)：

$$\begin{gathered} v(k)=a(x(k))u(k)+b(x(k)) \\ v(k+1)=a(x(k+1))u(k+1)+b(x(k+1)) \\ v(k+2)=a(x(k+2))u(k+2)+b(x(k+2)) \\ \vdots \\ v(k+N_c-1)=a(x(k+N_c-1))u(k+N_c-1)+b(x(k+N_c-1)) \end{gathered} \tag{3-36}$$

由等式(3-28)可以看出，$x$ 可写成 $\Delta v$ 的表达式。因此上面的表达式可在整个控制时域上写成 $\Delta V$ 与 $U$ 的表达式形式：

$$V=G_u[U,\Delta V] \tag{3-37}$$

其中

$$V=\begin{bmatrix} v(k) \\ v(k+1) \\ \vdots \\ v(k+N_c-1) \end{bmatrix}=\begin{bmatrix} 1 & & & & 0 \\ 1 & 1 & & & \\ 1 & 1 & 1 & & \\ \vdots & \vdots & \ddots & \ddots & \\ 1 & 1 & \cdots & 1 & 1 \end{bmatrix}\begin{bmatrix} \Delta v(k) \\ \Delta v(k+1) \\ \vdots \\ \Delta v(k+N_c-1) \end{bmatrix}+v(k-1) \tag{3-38}$$

所以，式(3-37)可改写成下面的形式：

$$f_v(\Delta V)-G_u[U,\Delta V]=0 \tag{3-39}$$

### 3.3.2　迭代 QP 算法

已知 $v(k+i-1)$ 可写成下面的形式：

$$v(k+i-1)=v(k-1)+\sum_{j=1}^{i}\Delta v(k+j-1),\quad i=1,2,\cdots,N_c \tag{3-40}$$

且满足约束：

$$\underline{v}\leqslant v\leqslant\bar{v} \tag{3-41}$$

其中，$\underline{v}$、$\overline{v}$分别表示$v$的最小值和最大值。

联合式(3-40)与式(3-41)可推出：

$$\underline{v}_{k+i-1}\left(x\left(k+i-1\right)\right)-v\left(k-1\right)\leqslant\sum_{j=1}^{i}\Delta v\left(k+j-1\right)\leqslant\overline{v}_{k+i-1}\left(x\left(k+i-1\right)\right)-v\left(k-1\right)\tag{3-42}$$

式(3-42)在整个控制时域上可写成矢量形式：

$$C^{\mathrm{T}}\Delta V\left(k\right)\leqslant c\left(X\left(\Delta V\left(k\right)\right)\right)^{\mathrm{T}}\tag{3-43}$$

其中

$$C=\left[L^{\mathrm{T}}\quad -L^{\mathrm{T}}\right],\ L=\begin{bmatrix}1 & & & 0\\ 1 & 1 & & \\ \vdots & & \ddots & \\ 1 & 1 & \cdots & 1\end{bmatrix}$$

$$c=\left[\overline{v}_k-v\left(k-1\right),\ \cdots,\ \overline{v}_{k+N_c-1}-v\left(k-1\right),v\left(k-1\right)-\underline{v}_k,\ \cdots,\ v\left(k-1\right)-\underline{v}_{k+N_c-1}\right]$$

式(3-39)是关于$U$和$\Delta V$的隐函数，虽然无法求出解析表达式，但当$U$已知时，可通过数值方法求得$\Delta V$，故可将$\Delta V$写成关于$U$的函数，并代入式(3-43)可得出

$$C^{\mathrm{T}}\Delta V\left(k\right)\leqslant c\left(X\left(U\left(k\right)\right)\right)^{\mathrm{T}}\tag{3-44}$$

迭代QP算法具体步骤如下。

Step1：在实际输入约束范围内初始化$c\left(X\left(U^0\left(k\right)\right)\right)$。

Step2：在约束$C^{\mathrm{T}}\Delta V^i\left(k\right)\leqslant c\left(X\left(U^{i-1}\left(k\right)\right)\right)^{\mathrm{T}}$下，通过二次规划求解$\Delta V^i\left(k\right)$。

Step3：计算$c\left(X\left(U^i\left(k\right)\right)\right)$。

Step4：测试$C^{\mathrm{T}}\Delta V^i\left(k\right)\leqslant c\left(X\left(U^i\left(k\right)\right)\right)^{\mathrm{T}}$是否成立。如果成立，迭代结束；否则，$i=i+1$，转向 Step2。

如果初始值选得恰当，迭代二次规划路径能有效解决优化问题。但是，它本质上难以保证可行解的收敛性，为此需要采用如下收缩可行域的迭代算法。

首先，需要对非线性约束进行线性化展开。在工作点$U_0$处实施泰勒展开，忽略高阶项：

$$\Delta V=\Delta V_0+g_B\left[U_0\right]\left(U-U_0\right)\tag{3-45}$$

其中，$N_c\times N_c$矩阵$g_B\left[U_0\right]$代表式(3-45)中$\Delta V$对$U$在工作点的一阶导数。式(3-45)中，

若$U=U_0$，对应可得$\Delta V=\Delta V_0$。这样，控制序列$U$就可以表示关于$\Delta V$的线性函数：

$$U=g_B^{-1}[U_0]\Delta V+U_0-g_B^{-1}[U_0]\Delta V_0 \tag{3-46}$$

那么整个优化问题可写成：

$$\begin{aligned}&\min_{\Delta V} J(\Delta V)=\left\{\frac{1}{2}\Delta V^{\mathrm{T}}H\Delta V+C^{\mathrm{T}}\Delta V\right\}\\&\text{s.t.}\quad \underline{U}\leqslant M\Delta V+m_0\leqslant\bar{U}\end{aligned} \tag{3-47}$$

其中

$$H=\Phi^{\mathrm{T}}\Phi+\bar{R},\quad C=-\Phi^{\mathrm{T}}\left(W-Fx(k)\right)$$
$$M=g_B^{-1}[U_0],\quad m_0=U_0-g_B^{-1}[U_0]\times\Delta V_0$$

其次，为保证收敛性，以上优化问题可以改写成：

$$\begin{aligned}&\min_{\Delta V} J(\Delta V)=\left\{\frac{1}{2}\Delta V^{\mathrm{T}}H\Delta V+C^{\mathrm{T}}\Delta V\right\}\\&\text{s.t.}\quad \underline{U}\leqslant M^{\alpha}\Delta V+m_0^{\alpha}\leqslant\bar{U}\end{aligned} \tag{3-48}$$

其中，$0<\alpha<1$是衰减系数，

$$M^{\alpha}=\left(g_B^{-1}[U_0]\right)^{\alpha}\left(I-\left(g_B^{-1}[U_0]\right)^{\alpha}\right)^{-1}$$

$$m_0^{\alpha}=U_0-\left(g_B^{-1}[U_0]\right)^{\alpha}\left(I-\left(g_B^{-1}[U_0]\right)^{\alpha}\right)^{-1}\Delta V_0$$

因为在优化问题中使用的约束是近似约束，所以求解$\Delta V^*=\arg\min\limits_{\Delta V} J(\Delta V)$的实际对象输入序列可能违反原始约束。

定义$U_{nl}^*$为从式$f_v\left(\Delta V^*\right)-G_u\left[U_{nl}^*,\Delta V^*\right]=0$中得出的非线性控制序列，要保证非线性控制序列$U_{nl}^*$满足原始约束，即

$$\underline{U}\leqslant U_{nl}^*\leqslant\bar{U} \tag{3-49}$$

如果上述不等式成立，考虑线性化约束的优化问题得到的解$\Delta V^*$就是可行解。相反，如果上述不等式不成立，优化解就不能作为可行解，必须另选新的初始值重新进行优化。初始值的优化问题可以通过迭代 QP 求解。如果$U_0$选得恰当，$U_{nl}^*$一定收敛于可行解。

### 3.3.3 算法步骤

将上述保证收敛性的迭代算法和迭代 QP 算法相结合，整体算法步骤如下。

Step1：令$i=0$。

Step2：如果$N-i<0$，转 Step 7。

Step3：确保新的工作点的可行性$\underline{U}\leqslant U_i\leqslant\bar{U}$。

Step4：在$U_i$点解二次规划$\Delta V_{i+1}^* = \arg\min_{\Delta V} J(\Delta V)$ s.t. $C^{\mathrm{T}}\Delta V_{i+1}^* \leqslant c\left(X\left(U_i\right)\right)^{\mathrm{T}}$。

Step5：检验$\Delta V_{nl}^*$是否违反约束。如果$C^{\mathrm{T}}\Delta V_{i+1}^* \leqslant c\left(X\left(U_{i+1}\right)\right)^{\mathrm{T}} \Rightarrow \mathrm{End}$。其中，$U_{i+1} = U_{nl}^*$，是从式$f_v\left(\Delta V_{i+1}^*\right) - G_u\left[U_{nl}^*, \Delta V_{i+1}^*\right] = 0$中得到的非线性控制序列。

Step6：$i = i+1$，转Step2。

Step7：令$U_0 = U_i$，$\Delta V_0 = \Delta V_N^*$。求$M = g_B^{-1}\left[U_0\right]$，$m_0 = U_0 - g_B^{-1}\left[U_0\right] \times \Delta V_0$。

Step8：令$\alpha_{i-1} = 1$。

Step9：令$\alpha_i = \alpha_{i-1} \times \lambda$。

Step10：在$U_0$处新的线性化约束是$\underline{U} \leqslant M^{\alpha_i}\Delta\tilde{V}_{i+1}^* + {m_0}^{\alpha_i} \leqslant \bar{U}$。

Step11：求解二次规划$\Delta V_{i+1}^* = \arg\min_{\Delta V} J(\Delta V)$ s.t. $\underline{U} \leqslant M^{\alpha_i}\Delta\tilde{V}_{i+1}^* + {m_0}^{\alpha_i} \leqslant \bar{U}$。

Step12：计算$U_{nl}^*$，并测试它们是否违反原始的约束。如果$\left(\underline{U} \leqslant U_{nl}^* \leqslant \bar{U}\right) \Rightarrow \mathrm{End}$。

Step13：令$i = i+1$，转Step9。

在每一采样时刻，算法的性能取决于下面两个参数。

$N$：二次规划算法的迭代次数

$\lambda$：保证收敛算法的衰减系数

迭代算法的收敛速度依赖于参数$\alpha$减小的速度，即参数$\lambda(0<\lambda<1)$的大小。

初始值$U_0$的选择对于寻求优化解、降低计算负担具有重要作用。假设当前时刻的输入序列为

$$U_{nl}^* = \left[u(0) \;\; u(1) \;\; \cdots \;\; u\left(N_c - 1\right)\right]^{\mathrm{T}} \tag{3-50}$$

则下一时刻的初始值$U_0$选择为

$$U_0 = \left[u(1) \;\; \cdots \;\; u\left(N_c - 1\right) \;\; 0\right]^{\mathrm{T}} \tag{3-51}$$

也即选择上一时刻最终得出的控制序列的后$N_c - 1$项补零。

## 3.4 仿 真 结 果

本节用两个例子来分析所构造的基于输入输出反馈线性化非线性模型预测控制器的控制性能。一个是基于状态空间方程的数字例子，另一个是化工过程的控制问题。

### 3.4.1 数字例子

状态空间模型如下：

$$\begin{aligned}
\dot{\bar{x}}_1 &= \bar{x}_2 \\
\dot{\bar{x}}_2 &= -3\bar{x}_1^2\bar{x}_2 - \bar{x}_1^3\sin\bar{x}_2 + u \\
y &= \bar{x}_1
\end{aligned}$$

模型约束为

$$-0.5 \leqslant u \leqslant 0.5$$

由等式(3-3)可推出如下状态反馈律：

$$v = u + \left(-3x_1^2 x_2 - x_1^3 \sin x_2\right)$$

状态反馈后新的线性模型如下：

$$\begin{bmatrix} \dot{x}_1 \\ \dot{x}_2 \end{bmatrix} = \begin{bmatrix} 0 & 1 \\ 0 & 0 \end{bmatrix} \begin{bmatrix} x_1 \\ x_2 \end{bmatrix} + \begin{bmatrix} 0 \\ 1 \end{bmatrix} v$$
$$y = x_1$$

选择预测时域 $N_p = 8$，控制时域 $N_c = 5$，采样周期 $\tau = 0.1\text{s}$。图 3-4 显示了本节提出的反馈线性化 MPC 策略下单位阶跃响应。由图 3-4 可以看出该算法能有效地保证对象实际输入不违反定义的约束。系统在 3s 内达到稳定且没有明显超调。图 3-5 显示了在每步优化所需的迭代次数，在初始时刻迭代次数为 65 次，但随后迅速收敛，最后达到迭代次数仅为 1 次。

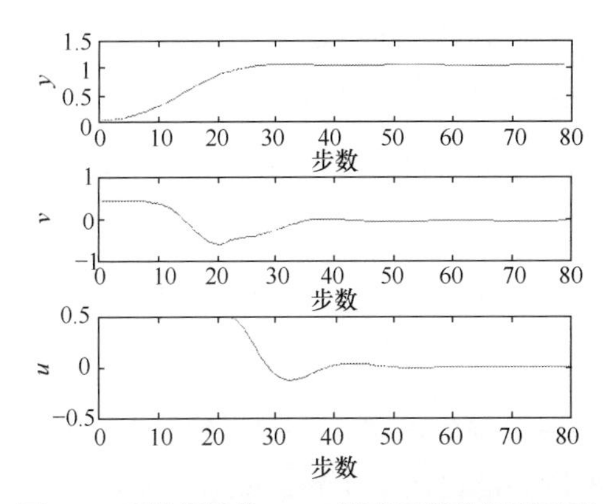


图 3-4　反馈线性化 MPC 策略下单位阶跃响应

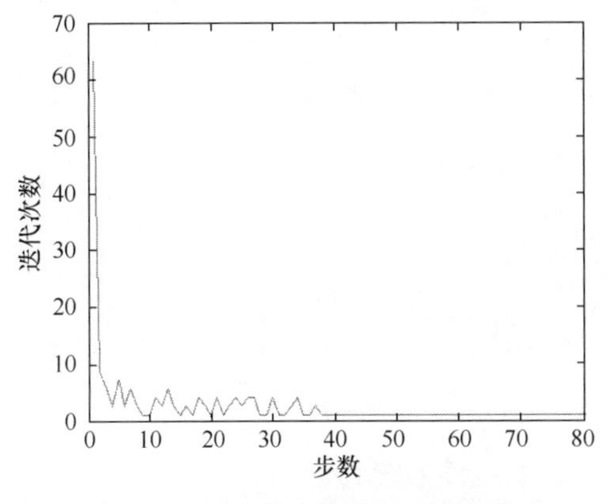


图 3-5　每步优化所需的迭代次数

在预测控制中，增大预测时域可有效改善控制性能，但是计算负担也会相应增加，尤其针对非线性系统，计算负担呈指数增加。以下就控制性能和计算负担两个方面对三个不同预测时域的仿真进行比较，即考察整个仿真时域上输出值的误差平方和(sum squared error，SSE)以及所需的相对优化时间(cputime)，其结果列于表 3-1。定义 SSE=$\sum\left(y-y^*\right)^2$，$y^*$为期望输出。由表 3-1 可以看出，随着预测时域的增大，控制性能得到提高，计算负担也相应增大，这反映了非线性预测控制中改善控制性能与减小计算负担之间的矛盾。

**表 3-1 不同预测时域下的控制性能比较**

| 预测时域 | 计算负担 | SSE |
|---|---|---|
| 8 | 1.0469 | 11.4042 |
| 10 | 1.1875 | 11.4036 |
| 12 | 1.2813 | 11.4032 |

### 3.4.2 搅拌反应器

连续搅拌釜式反应器(continuous stirred tank reactor，CSTR)是化学工业中普遍存在的一类复杂过程。本节中讨论的 CSTR 问题是一个一阶的不可逆的放热反应过程。该过程可由以下代表质量和能量平衡的非线性微分方程描述：

$$\frac{\mathrm{d}x_1}{\mathrm{d}t}=-x_1+D_\alpha\cdot\exp\left(\frac{x_2}{1+x_2/\gamma}\right)$$

$$\frac{\mathrm{d}x_2}{\mathrm{d}t}=-x_2\left(1+\beta\right)+H\cdot D_\alpha\cdot\left(1-x_1\right)\cdot\exp\left(\frac{x_2}{1+x_2/\gamma}\right)+\beta u$$

$$y=x_1$$

其中，两个状态变量 $x_1$ 和 $x_2$ 分别代表反应物浓度和反应器温度，控制变量是冷却水温度与稳态反应时冷却水温度的差值，$D_\alpha$、$\beta$ 和 $\gamma$ 是系统中的常量。控制目标是通过改变冷却水温度跟踪给定的反应物浓度。

本系统静态反馈律为

$$v=au+b$$

其中，$a=\beta\left(\xi_1+\xi_2\right)\cdot\left(1-\frac{1}{r}\ln\frac{\xi_1+\xi_2}{D_\alpha}\right)^2$；

$$b=\beta\left(\xi_1+\xi_2\right)\cdot\left(1-\frac{1}{r}\ln\frac{\xi_1+\xi_2}{D_\alpha}\right)^2\left[\frac{\ln\frac{\xi_1+\xi_2}{D_\alpha}}{1-\frac{1}{r}\ln\frac{\xi_1+\xi_2}{D_\alpha}}\left(1+\beta\right)+H\cdot\left(1-\xi_1\right)\left(\xi_1+\xi_2\right)\right]。$$

反馈线性化后得到的新的线性系统为

$$\begin{bmatrix} \dot{\xi}_1 \\ \dot{\xi}_2 \end{bmatrix} = \begin{bmatrix} 0 & 1 \\ 0 & 0 \end{bmatrix} \begin{bmatrix} \xi_1 \\ \xi_2 \end{bmatrix} + \begin{bmatrix} 0 \\ 1 \end{bmatrix} v$$

$$y = \begin{bmatrix} 1 & 0 \end{bmatrix} \begin{bmatrix} \xi_1 \\ \xi_2 \end{bmatrix}$$

取约束 $-3 \leqslant u \leqslant 3\,(^\circ\mathrm{C})$，$r=1,\ D_\alpha=1,\ H=1$，$\beta=0.01$，$N_p=10$，$N_c=5$。图 3-6 是系统单位阶跃响应仿真结果。从仿真结果可以看出，控制变量没有违反约束。系统在 30 步达到稳定且没有明显超调。

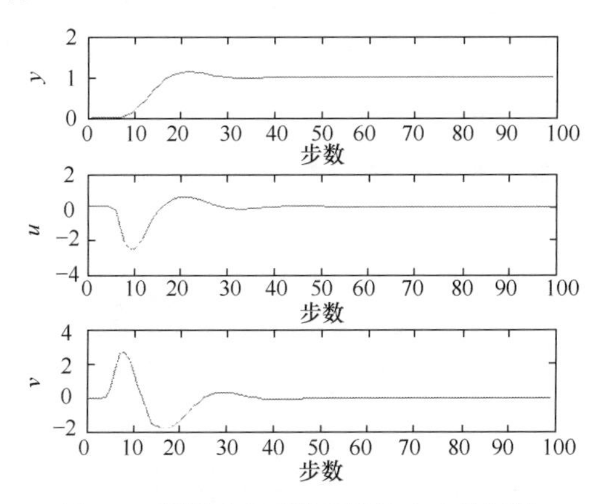


图 3-6　阶跃响应下的系统输出和控制量

以下进行仿真对比研究。如前所述，非线性模型预测控制的约束优化存在两种典型方法：一种是非线性序列二次规划法(SQP MPC)；另一种是一步约束线性近似方法，把当前时刻的约束扩展到整个控制时域[152]。本章所构造的反馈线性化方法与这两种方法进行了比较，图 3-7 给出三种控制策略在 $N_c=5$，$N_p=10$ 时的仿真结果比较。从图 3-7 中可以看出，本章提出的反馈线性化 MPC 策略跟踪效果明显优于其他两种算法。

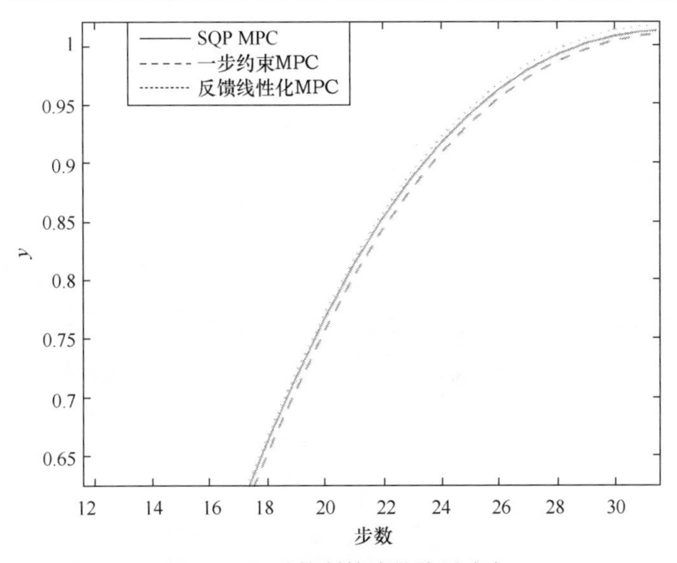


图 3-7　三种控制策略的阶跃响应

由于 CSTR 系统呈强非线性，采用常规预测控制其优化问题通常是非凸的，寻求最优解非常困难，且计算负担较大，很难保证控制的实时性。增大预测时域可改善控制性能，但是相应的计算负担也增大较多，尤其是对非线性系统，计算负担呈指数增加。本节中就控制性能和计算负担两个方面对三种控制器进行比较，即考察整个仿真时域上输出值的误差平方和以及所需的相对优化时间。表 3-2 显示不同预测时域时三种控制策略的对比结果。三种控制策略在整个预测时域上都得到了可行解，它们的闭环控制性能相似，但是如图 3-8 所示，一步约束 MPC 策略所需计算负担较小。随着预测时域的增大，SQP MPC 策略的计算时间增大较明显，本节所提出的反馈线性化 MPC 策略计算时间增加较少，这归因于有效的迭代过程。从图 3-8 可明显看出，综合考虑计算负担和控制性能，本节提出的反馈线性化 MPC 策略最优。

**表 3-2　整个仿真的计算负担和误差平方和(SSE)**

| 预测时域 | 计算负担/ms | | | SSE | | |
|---|---|---|---|---|---|---|
| | 一步约束 MPC | 反馈线性化 MPC | SQP MPC | 一步约束 MPC | 反馈线性化 MPC | SQP MPC |
| 10 | 0.1563 | 0.6563 | 61.4375 | 11.5181 | 11.4042 | 11.4481 |
| 11 | 0.1677 | 0.9688 | 61.6094 | 11.5181 | 11.4042 | 11.4481 |
| 12 | 0.1719 | 1.0156 | 61.7813 | 11.5180 | 11.4042 | 11.4480 |
| 13 | 0.1875 | 1.0469 | 61.9375 | 11.5178 | 11.4038 | 11.4478 |
| 14 | 0.2031 | 1.1094 | 62.4375 | 11.5177 | 11.4036 | 11.4477 |
| 15 | 0.2500 | 1.2500 | 62.5625 | 11.5176 | 11.4035 | 11.4476 |

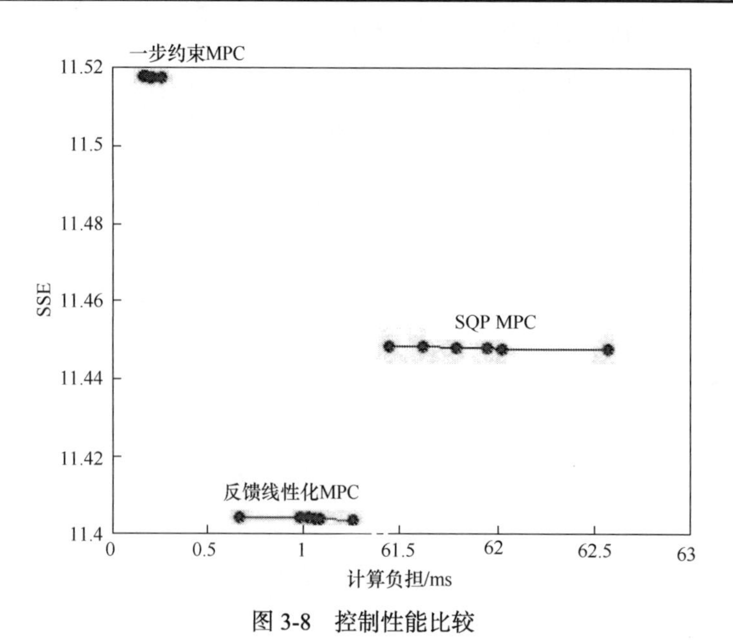


图 3-8　控制性能比较

## 3.5 本章小结

模型预测控制广泛应用于工业过程，但目前大多数应用都是基于线性模型的。当输出远离线性工作点，尤其又存在约束时，预测控制性能会变差。本章针对一类非线性对象，将输入输出反馈线性化方法与预测控制技术相结合，实质是采用线性优化技术，避免复杂的非线性优化问题。采用迭代优化获得能够保证收敛性的可行解，并且选择恰当的初始值 $U_0$，可以大大降低计算负担。在数字例子和 CSTR 的仿真中，详细比较了整个仿真过程中不同预测时域下控制策略的计算负担和控制性能，显示了本章提出的反馈线性化 MPC 策略的优越性。

# 第 4 章　风力发电系统高效非线性模型预测控制

我国是世界上新能源规模最大、发展最快的国家。图 4-1 显示截至 2019 年底我国各类发电机组装机容量占比。由此可以看出，高比例新能源已成为当前我国电力系统发展的突出特征，新能源发电控制问题也日益成为焦点。

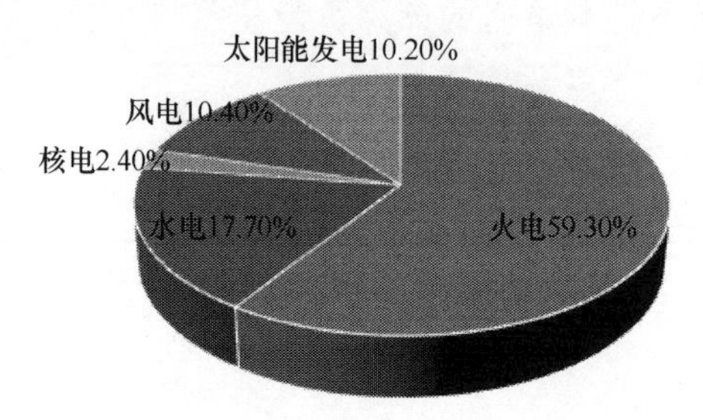


图 4-1　2019 年底我国各类发电机组装机容量占比

在新能源发电系统中，风力发电(简称风电)技术因其可再生、清洁、成本低和环境效益好等特点，具备很好的发展前景。近年来，由于风电技术的迅猛发展，全球风电装机容量持续上涨。图 4-2 显示 2014～2019 年全球风电装机容量增长情况，2018 年全球风电新增装机容量达到了 51.3GW[155]，2019 年全球累计装机容量达到 651GW，与 2018 年底装机容量 591GW 相比，同比增长 10.2%。由于我国风力资源异常丰富，风电技术发展迅猛，风力发电在可再生能源发电中占据重要地位，如图 4-3 所示。截至 2019 年底，我国新增风电装机容量达到 26.227GW，连续两年排名全球第一，占全球新增装机容量近一半份额。

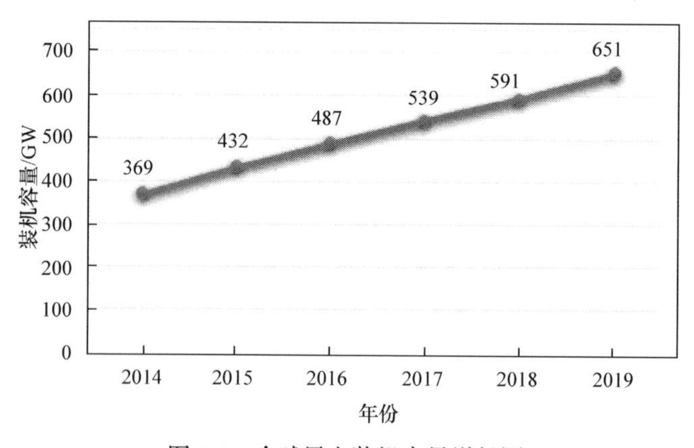


图 4-2　全球风电装机容量增长图

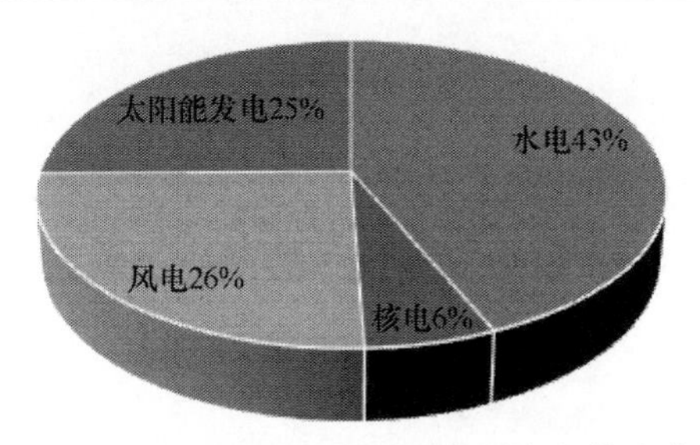


图 4-3　2019 年底我国可再生能源发电技术占比

风力发电机组是将风能转化成电能的能量转换装置，由风轮、传动系统、机舱、塔架、发电机等部件组成。风轮叶片在风的作用下产生动力使风轮旋转，将风的水平运动动能转换成风轮转动的动能去带动发电机发电。风力发电机组控制系统执行机组从启动并网到运行发电过程中的控制任务，保证机组在运行中的安全性。由于风能具有很强的间歇性和随机性，会引发风电机组出现一系列如节点电压波动、电压闪变、电网短路、网损变化、谐波以及弃风等问题，威胁整个电网的安全、稳定运行。随着风电机组单机容量的不断增大和风电场规模的不断扩大，电网对风电机组的安全可靠运行提出了越来越高的要求。风力发电的控制问题作为风电机组安全有效运行的重要组成部分受到越来越广泛的关注。

模型预测控制作为一种基于模型的约束优化控制技术，能够直接处理耦合多变量系统，在复杂工业过程中取得了许多成功的应用，但是应用于风力发电领域却遇到了很大的挑战，其原因在于以电机控制为核心的风力发电系统是典型的快速过程，采样周期是毫秒级的，而模型预测控制需在每个采样周期迭代寻找优化解，当系统存在非线性时，其计算量会随预测时域的增加呈指数增长。因而，构造高效非线性模型预测控制策略是将其应用于风力发电系统控制的前提。本章分别针对双馈风力发电机组和永磁同步电机，构造基于输入输出反馈线性化的高效非线性模型预测控制，在保证控制系统实时性的前提下，有效提高了系统的控制性能。

## 4.1　双馈风力发电机组的非线性模型预测控制

### 4.1.1　双馈风力发电机组控制的研究背景

在全世界范围内，大部分风电场都采用双馈风力发电机(doubly fed induction generator，DFIG)实现变速恒频控制。如图 4-4 所示，在双馈风力发电机组中，定子直接连接到电网，而转子通过双向变流器连接到电网，该变流器控制双馈电机定子向电网提供有功和无功功率。控制系统以定子侧输出功率为直接控制目标，通过控制功率间接控制电机转速，调节风力机叶尖速比，使风力机始终运行在最佳转速，从而追踪与捕获最大风能。

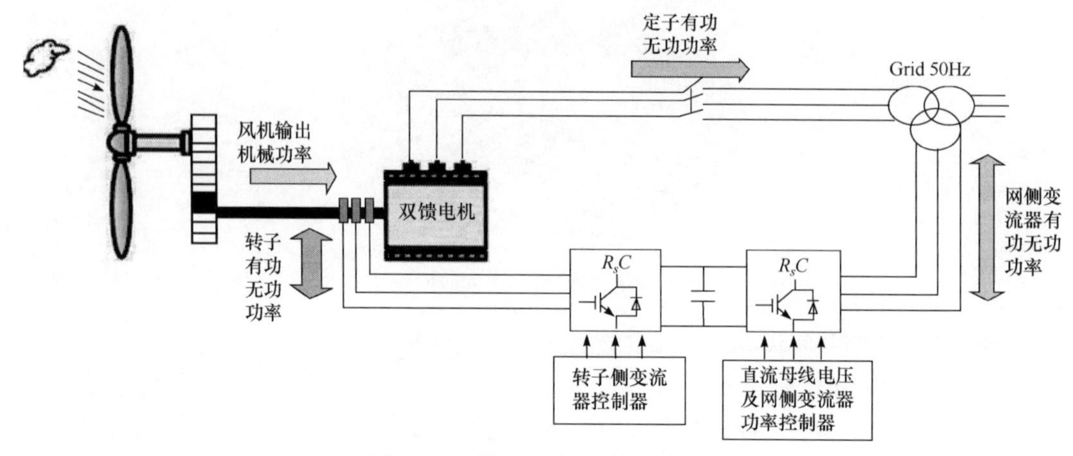


图 4-4　双馈风力发电系统的结构

风力发电系统广泛采用矢量控制技术，将转子电流分解成有功和无功功率部分，由转子电流控制器实现有功和无功功率的控制。在双馈风力发电机并网控制中，定子侧输出功率是通过定子电流的控制和转子侧的励磁电流控制来实现的。而转子侧励磁电流是通过调节转子侧变流器的输出电压(电机转子端的输入电压)来控制的，定子侧输出的有功和无功功率同时受转子端输入电压在 $d$ 轴和 $q$ 轴上的分量影响。定子电压、转子电压和电磁转矩等变量包含定子电流、转子电流、转子转速、位置角等状态变量的乘积项。因而双馈风力发电系统是一个多变量、强耦合的系统。

同时，双馈风力发电系统是一个多约束系统。为了保证双馈风力发电系统安全联网运行，需满足双馈发电机转子最大电流约束、静态稳定约束以及电网导则约束等物理约束。当电网出现不对称故障时，过压、过流的现象更加严重，因为在定子电压中含有负序分量，而负序分量可以产生很高的滑差。在控制目标中增加消除定子有功功率和电磁转矩的二倍频率脉动，消除定子无功功率二倍频脉动，降低转子过电流的优化项，是实现电网不平衡条件下双馈风力发电机不脱网运行的重要手段。

模型预测控制能够直接处理系统多变量，显式处理系统约束，实现系统多目标优化，因此广泛应用于双馈风力发电系统的控制。

然而，对双馈发电机实施非线性预测控制面临两个重大挑战。

(1) 系统具有强非线性。定、转子间的互感与转子位置角呈非线性关系，是由电机的磁路所交链的电机槽及气隙的机械结构决定的。采用矢量控制技术，可以消除由定、转子互感引起的系统耦合。同时，在双馈电机模型中，转子电压和电磁转矩中存在状态变量乘积项，即转子转速与电流分量的乘积和电流分量之间的乘积，针对这种强非线性问题，需采用输入/输出反馈线性化构造有效的非线性模型预测控制策略。

(2) 双馈发电机系统是典型的快速过程，采样周期只有几毫秒到十几毫秒。而模型预测控制在每一个采样周期都要在线求解优化问题，采用非线性模型的序列二次规划技术，通常会导致非凸优化问题，同时计算量庞大，尤其当控制变量维数增加时，计算量呈指数增加。这不仅使得寻找优化解更加困难，而且即便找到也难以达到全局最优解，难以在线实施。采用输入输出反馈线性化技术，可以得到简化的线性模型，从而构造高效的非线性预测控制，满足系统的实时性要求。

国内外现有的研究大都采用近似的简化模型，如转子电流控制、直接功率控制、一步预测电流控制等方法。这些近似方法的共同目的就是运用 MPC 时避免求解非线性约束优化问题，降低在线计算量，但对于由此带来的近似误差及约束非线性问题没有给予充分考虑。目前，在双馈风力发电系统控制研究领域中，输入输出反馈线性化方法已成为一种有效的手段，该方法采用微分几何反馈线性化变换实现全局精确线性化，根据反馈线性化模型设计控制器，从而实现额定风速以上的恒功率控制和额定风速以下的最大风能捕获控制。因而，输入输出反馈线性化成为实现双馈风力发电机组非线性模型预测控制的重要手段[119,156]。

然而，MPC 在每个采样时刻都需在线求解有限时域的优化问题，并将当前时刻的优化控制量施加给被控对象，从而实现滚动优化。虽然 MPC 可以通过增加控制时域长度来提升控制性能，但是系统的在线计算量也会随之急剧增加，很难保证快速系统预测控制的实时性。因此，降低在线计算负担、提高控制实时性一直是 MPC 在实际应用中需要解决的问题。Pannocchia 等提出了结合存储表和在线优化的局部查记法对 MPC 寻优提速[157]。Wang 等针对 MPC 特殊结构，提出了对优化变量进行再排序来实现快速在线优化的 MPC 算法[158]。Li 等提出了将移动窗口块策略和收缩约束集策略相结合，通过松弛部分等式约束降低滚动时域上计算负担的快速 MPC 算法[159]。然而，目前的这些研究尚难以保证闭环系统的稳定性。因此，开展能够保证系统稳定性和在线实时性要求的基于输入输出反馈线性化的双馈风力发电机组高效非线性模型预测控制研究，实现风力发电机组的优化和经济运行是当今新能源发电控制领域研究的一个重要方向。

本节针对电网平衡情况和电网不平衡情况，分别建立了双馈风力发电系统的非线性模型。在此基础上，构造了基于输入输出反馈线性化(IOFL)的非线性模型预测控制策略。仿真实验结果表明，双馈电机无论在转子转速恒定还是变化时，该控制算法都能得到性能最优的功率控制，有效减小输出电流脉动，实现系统的经济目标及跟踪目标。

### 4.1.2　电网平衡情况下双馈风力发电机非线性模型预测控制

1. DFIG 非线性建模

由于双馈风力发电机中存在磁路上的耦合，因此在三相坐标下它是非线性、时变的高阶系统。为了实现有功功率和无功功率的解耦控制，双馈风力发电机通常采用矢量控制技术。

图 4-5 显示双馈风力发电机在 $dq$ 坐标下的等效电路。在两相同步旋转坐标系下定子磁链链 $\varphi_s$ 和转子磁链 $\varphi_r$ 可分别表示为

$$\begin{cases}\varphi_s = L_s i_s + L_m i_r \\ \varphi_r = L_m i_s + L_r i_r\end{cases} \tag{4-1}$$

其中，$L_s = L_{\sigma s} + L_m$、$L_r = L_{\sigma r} + L_m$ 分别是定子、转子自感；$L_{\sigma s}$、$L_{\sigma r}$ 和 $L_m$ 分别是定子、转子漏感和互感；$i_s$、$i_r$ 分别是定子、转子电流。

基于式(4-1)，可以用$i_s$和$\varphi_s$来表示转子磁链$\varphi_r$：

$$\varphi_r = \left(L_m - \frac{L_r L_s}{L_m}\right) i_s + \frac{L_r}{L_m} \varphi_s \tag{4-2}$$

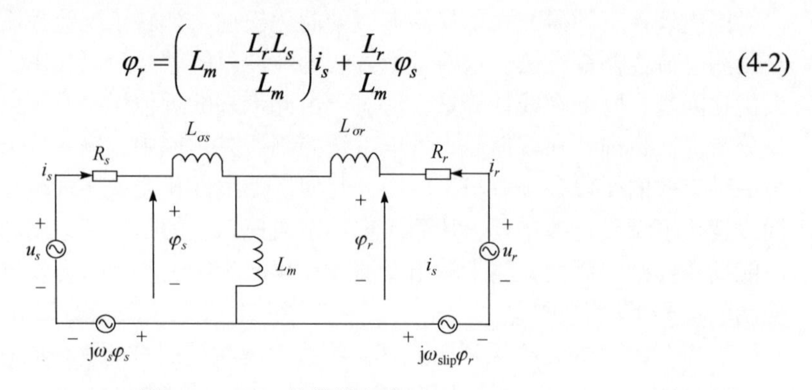


图 4-5　DFIG 的等效电路

根据图 4-5，两相同步旋转坐标系下的定子电压$u_s$和转子电压$u_r$可分别表示为

$$\begin{cases} u_s = R_s i_s + \mathrm{d}\varphi_s / \mathrm{d}t + \mathrm{j}\omega_s \varphi_s \\ u_r = R_r i_r + \mathrm{d}\varphi_r / \mathrm{d}t + \mathrm{j}(\omega_s - \omega_r)\varphi_r \end{cases} \tag{4-3}$$

其中，$u_s$和$u_r$分别是定子和转子电压；$R_s$和$R_r$分别是定子和转子电阻；$\omega_s$是同步转速；$\omega_r$是转子转速；$\omega_{\text{slip}} = \omega_s - \omega_r$是转差角速度。

基于式(4-2)，可以用$\varphi_r$和$i_s$来表示定子磁链$\varphi_s$：

$$\varphi_s = \left(L_s - \frac{L_m{}^2}{L_r}\right) i_s + \frac{L_m}{L_r} \varphi_r \tag{4-4}$$

因此，可以在双馈电机建模中选取$\varphi_r$作为补充的状态变量。

将式(4-4)代入式(4-3)，可以得到定子和转子电压方程式：

$$\begin{cases} u_s = R_s i_s + \left(L_s - \dfrac{L_m{}^2}{L_r}\right) \mathrm{d}i_s / \mathrm{d}t + \dfrac{L_m}{L_r} \mathrm{d}\varphi_r / \mathrm{d}t + \mathrm{j}\omega_s \varphi_s \\ u_r = R_r i_r + \mathrm{d}\varphi_r / \mathrm{d}t + \mathrm{j}(\omega_s - \omega_r)\varphi_r \end{cases} \tag{4-5}$$

如图 4-6 所示，基于定子磁链定向(stator flux orientation，SFO)建模，$\varphi_s = \varphi_{sd}$，$\varphi_{sq} = 0$，$\varphi_s = \varphi_{sd} + \mathrm{j}\varphi_{sq}$。式(4-5)可以写成：

$$\begin{cases} u_{sq} = u_s = R_s i_{sq} + \left(L_s - \dfrac{L_m{}^2}{L_r}\right) \mathrm{d}i_{sq} / \mathrm{d}t + \dfrac{L_m}{L_r} \mathrm{d}\varphi_{rq} / \mathrm{d}t + \omega_s \varphi_{sd} \\ u_{sd} = R_s i_{sd} + \left(L_s - \dfrac{L_m{}^2}{L_r}\right) \mathrm{d}i_{sd} / \mathrm{d}t + \dfrac{L_m}{L_r} \mathrm{d}\varphi_{rd} / \mathrm{d}t - \omega_s \varphi_{sq} \\ u_{rd} = R_r i_{rd} + \mathrm{d}\varphi_{rd} / \mathrm{d}t - (\omega_s - \omega_r)\varphi_{rq} \\ u_{rq} = R_r i_{rq} + \mathrm{d}\varphi_{rq} / \mathrm{d}t + (\omega_s - \omega_r)\varphi_{rd} \end{cases} \tag{4-6}$$

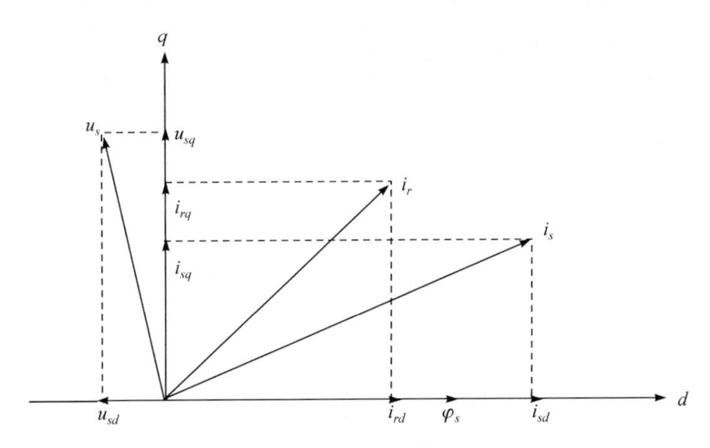


图 4-6　定子磁链定向矢量图

式(4-1)可以写成：

$$\begin{cases} \varphi_{sd} = L_s i_{sd} + L_m i_{rd} \\ \varphi_{sq} = L_s i_{sq} + L_m i_{rq} = 0 \\ \varphi_{rd} = L_m i_{sd} + L_r i_{rd} \\ \varphi_{rq} = L_m i_{sq} + L_r i_{rq} \end{cases} \tag{4-7}$$

将式(4-6)和式(4-7)相结合，得到如下关于 $i_s$ 和 $\varphi_r$ 的微分等式：

$$\begin{cases} \dot{i}_{sd} = \dfrac{{L_m}^2 R_r + {L_r}^2 R_s}{L_r {L_m}^2 - L_s {L_r}^2} i_{sd} + \omega_{\text{slip}} i_{sq} - \dfrac{L_m R_r}{L_r {L_m}^2 - L_s {L_r}^2} \varphi_{rd} + \dfrac{L_r}{L_s L_r - {L_m}^2} u_{sd} - \dfrac{L_m}{L_s L_r - {L_m}^2} u_{rd} \\ \dot{i}_{sq} = -\omega_s i_{sd} + \dfrac{L_r R_s + L_s R_r}{{L_m}^2 - L_s L_r} i_{sq} + \dfrac{\omega_s}{{L_m}^2 - L_s L_r} \varphi_{rd} + \dfrac{L_m}{L_s L_r - {L_m}^2} \omega_{\text{slip}} \varphi_{rd} \\ \qquad + \dfrac{L_r}{L_s L_r - {L_m}^2} u_{sq} - \dfrac{L_m}{L_s L_r - {L_m}^2} u_{rq} \\ \dot{\varphi}_{rd} = \dfrac{L_m R_r}{L_r} i_{sd} - \dfrac{R_r}{L_r} \varphi_{rd} + \omega_{\text{slip}} \varphi_{rq} + u_{rd} \\ \dot{\varphi}_{rq} = -\dfrac{L_s R_r}{L_m} i_{sq} - \omega_{\text{slip}} \varphi_{rd} + u_{rq} \end{cases} \tag{4-8}$$

DFIG 的电磁力矩方程和运动方程式如下：

$$M_e = P_N L_m (i_{sq} i_{rd} - i_{sd} i_{rq}) \tag{4-9}$$

$$M_L - M_e = J \frac{\mathrm{d}\omega_r}{\mathrm{d}t} \tag{4-10}$$

其中，$P_N$ 是 DFIG 的极对数；$M_L = \dfrac{T_a}{P_N}$ 是风机提供的力矩；$T_a = \dfrac{1}{2}\rho\pi R^3 C_q(\lambda,\beta) w^2$ 是风机捕获的能量，$w$ 为风速，$R$、$\lambda$、$\beta$ 为风机参数，$\rho$ 为空气密度。

式(4-7)、式(4-9)和式(4-10)相结合，可得到关于 $\omega_{\text{slip}}$ 的微分方程：

$$\dot{\omega}_{\text{slip}}=\frac{P_N\left(L_rL_s-L_m{}^2\right)}{JL_r}i_{sd}i_{sq}+\frac{P_NL_m}{JL_r}i_{sq}\varphi_{rd}-\frac{1}{J}M_L \tag{4-11}$$

DFIG 系统的实际输出为有功和无功功率，可表示成如下形式：

$$\begin{aligned}P&=u_si_{sq}\\Q&=-u_si_{sd}\end{aligned} \tag{4-12}$$

基于式(4-8)、式(4-11)和式(4-12)，系统的状态空间模型可以写成如下形式：

$$\begin{cases}\dot{\overline{x}}=f(\overline{x})+gu_r\\ y=\begin{bmatrix}h_1(\overline{x})\\h_2(\overline{x})\end{bmatrix}=\begin{bmatrix}u_s\overline{x}_2\\-u_s\overline{x}_1\end{bmatrix}\end{cases} \tag{4-13}$$

其中

$$\overline{x}=\left[i_{sd},i_{sq},\varphi_{rd},\varphi_{rq},\omega_{\text{slip}}\right]^{\mathrm{T}},\quad u_r=\left[u_{rd},u_{rq}\right]^{\mathrm{T}},\quad y=\left[P\quad Q\right]^{\mathrm{T}}$$

$$f(\overline{x})=\begin{bmatrix}f_1(\overline{x})\\f_2(\overline{x})\\f_3(\overline{x})\\f_4(\overline{x})\\f_5(\overline{x})\end{bmatrix}=\begin{bmatrix}a_{11}\overline{x}_1+a_{12}\overline{x}_3+\overline{x}_2\overline{x}_5+a_{13}u_{sd}\\a_{14}\overline{x}_2+a_{15}\overline{x}_1+a_{16}\overline{x}_3+a_{17}\overline{x}_3\overline{x}_5+a_{13}u_{sq}\\a_{18}\overline{x}_1+a_{19}\overline{x}_3+\overline{x}_4\overline{x}_5\\a_{20}\overline{x}_2-\overline{x}_3\overline{x}_5\\a_{21}\overline{x}_2\overline{x}_3+a_{21}\overline{x}_1\overline{x}_4+a_{55}M_L\end{bmatrix},\quad g=\left[g_1\quad g_2\right]=\begin{bmatrix}b_1&0\\0&b_1\\1&0\\0&1\\0&0\end{bmatrix}$$

$$b_1=-\frac{L_m}{L_sL_r-L_m{}^2}$$

2. 基于输入输出反馈线性化的双馈电机预测控制策略

在采用标准的线性 MPC 策略之前，仿射型双馈电机非线性模型(4-13)需采用微分几何中的输入输出反馈线性化的方法实施线性化[150]。整个输入输出线性化过程如图 4-7 所示。

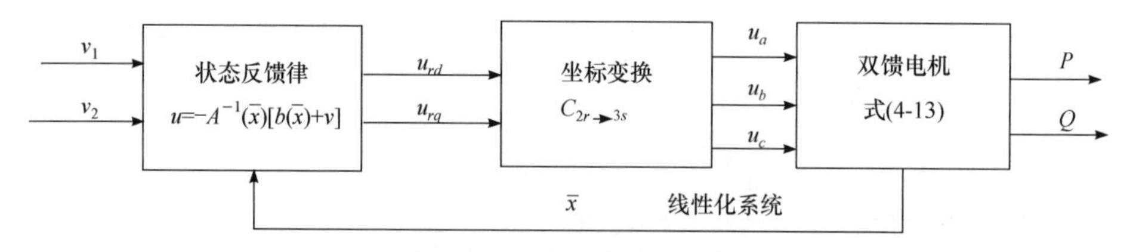


图 4-7　输入输出线性化框图

在系统模型(4-13)中，由于 $\mathcal{L}_{g_2}h_1(\overline{x})=-\dfrac{L_m}{L_sL_r-L_m{}^2}\neq0$，因此相对阶 $\gamma_1=1$。与此类似，由于 $\mathcal{L}_{g_1}h_2(\overline{x})=-\dfrac{L_m}{L_sL_r-L_m{}^2}\neq0$，因此相对阶 $\gamma_2=1$。

DFIG 系统的总相对阶 $\gamma=\gamma_1+\gamma_2=2\leqslant n$，其中 $n$ 是系统的状态变量个数。因此，系统只能采取输入输出反馈线性化而不是精确的状态反馈线性化。选取如下状态变量：

$$x=\begin{bmatrix}x_1\\x_2\end{bmatrix}=\begin{bmatrix}\phi_1(\bar{x})\\\phi_2(\bar{x})\end{bmatrix}=\begin{bmatrix}h_1(\bar{x})\\h_2(\bar{x})\end{bmatrix}=\begin{bmatrix}\bar{x}_2\\\bar{x}_1\end{bmatrix}\tag{4-14}$$

其他三个补充状态为

$$\eta=\begin{bmatrix}\eta_1\\\eta_2\\\eta_3\end{bmatrix}=\begin{bmatrix}\phi_3(\bar{x})\\\phi_4(\bar{x})\\\phi_5(\bar{x})\end{bmatrix}=\begin{bmatrix}\bar{x}_3\\\bar{x}_4\\\bar{x}_5\end{bmatrix}\tag{4-15}$$

雅可比矩阵为

$$\frac{\partial\phi}{\partial\bar{x}^r}=\begin{bmatrix}\dfrac{\partial\phi_1}{\partial\bar{x}_1}&\cdots&\dfrac{\partial\phi_1}{\partial\bar{x}_5}\\\vdots&&\vdots\\\dfrac{\partial\phi_5}{\partial\bar{x}_1}&\cdots&\dfrac{\partial\phi_5}{\partial\bar{x}_5}\end{bmatrix}=\begin{bmatrix}0&u_s&0&0&0\\-u_s&0&0&0&0\\0&0&1&0&0\\0&0&0&1&0\\0&0&0&0&1\end{bmatrix}\tag{4-16}$$

对任意 $\bar{x}$，矩阵 $\dfrac{\partial\phi}{\partial\bar{x}^r}$ 是非奇异的。因此，映射 $\phi=\begin{bmatrix}\phi_1&\phi_2&\phi_3&\phi_4&\phi_5\end{bmatrix}^{\mathrm{T}}$ 是一个微分同胚映射。新的状态变量可以写成：

$$\begin{cases}\dot{x}_1=\mathcal{L}_f h_1(\bar{x})+\mathcal{L}_{g_2}h_1(\bar{x})u_{rq}\\\dot{x}_2=\mathcal{L}_f h_2(\bar{x})+\mathcal{L}_{g_1}h_2(\bar{x})u_{rd}\\\dot{\eta}_1=\mathcal{L}_f\phi_3(\bar{x})+\mathcal{L}_{g_1}\phi_3(\bar{x})u_{rd}\\\dot{\eta}_2=\mathcal{L}_f\phi_4(\bar{x})+\mathcal{L}_{g_2}\phi_4(\bar{x})u_{rq}\\\dot{\eta}_3=\mathcal{L}_f\phi_5(\bar{x})\end{cases}\tag{4-17}$$

定义：$b(\bar{x})=\begin{bmatrix}\mathcal{L}_f h_1(\bar{x})\\\mathcal{L}_f h_2(\bar{x})\end{bmatrix}=\begin{bmatrix}f_2(\bar{x})\\f_1(\bar{x})\end{bmatrix}$，$A(\bar{x})=\begin{bmatrix}\mathcal{L}_{g_1}h_1(\bar{x})&\mathcal{L}_{g_2}h_1(\bar{x})\\\mathcal{L}_{g_1}h_2(\bar{x})&\mathcal{L}_{g_2}h_2(\bar{x})\end{bmatrix}=\begin{bmatrix}0&b_1u_s\\-b_1u_s&0\end{bmatrix}$。由于 $\det\left(A(\bar{x})\right)\neq0$，对任意 $\bar{x}$，$A^{-1}(\bar{x})$ 都存在。定义新的输入：$b(\bar{x})+A(\bar{x})u_r(\bar{x})=v=\begin{bmatrix}v_1\\v_2\end{bmatrix}$。

可以从以上定义 $u_r=A^{-1}(\bar{x})\left[-b(\bar{x})+v\right]$ 得到反馈律。基于此反馈律，系统模型(4-13)可以转换成：

$$\begin{cases}\dot{x}_1=v_1\\\dot{x}_2=v_2\\\dot{\eta}=\bar{q}(x,\eta)+\bar{p}(x,\eta)v\end{cases}\tag{4-18}$$

输出为 $\begin{cases}h_1=x_1\\h_2=x_2\end{cases}$。

基于上述的坐标变换和状态反馈，系统实现了输入输出反馈线性化。

状态$\eta$为系统的内部状态，需要考察其稳定性。由零动态定义，令$x_1 = x_2 = 0$，可以求出将输出强制为零的输入：

$$u_{rd}(0,\eta) = -\frac{1}{b_1}(a_{12}\eta_1 + a_{13}u_{sd})$$

$$u_{rq}(0,\eta) = -\frac{1}{b_1}(a_{16}\eta_1 + a_{17}\eta_1\eta_3 + a_{13}u_{sq})$$

将上式代入式(4-17)中的后三个方程，并令$x_1 = x_2 = 0$，得到动态子系统的零动态特性方程为

$$\dot{\eta} = 0,\ \ \eta(0) = \left[\varphi_{rd}(0)\ \ \varphi_{rq}(0)\ \ \omega_{\text{slip}}(0)\right]^{\mathrm{T}}$$

可见，系统的零动态特性是稳定的。基于新的状态变量和输入变量，原 DFIG 非线性模型转换成新的线性状态空间模型：

$$\begin{aligned} \dot{x} &= Ax + Bv \\ y &= Cx \end{aligned} \tag{4-19}$$

针对线性状态空间方程(4-19)，可使用标准的预测控制策略。将系统(4-19)离散化：

$$x(k+1) = A_d x(k) + B_d v(k) \tag{4-20}$$

$$y(k) = C_d x(k) \tag{4-21}$$

其中，$A_d = \mathrm{e}^{AT}$，$B_d = \int_0^T \mathrm{e}^{At}\mathrm{d}t \cdot B$，$C_d = C$，$T$为采样周期。

定义状态增量$\Delta x(k) = x(k) - x(k-1)$和控制量增量$\Delta v(k) = v(k) - v(k-1)$。选定一组新的状态变量$x_u(k) = \left[\Delta x(k)^{\mathrm{T}}\ y(k)^{\mathrm{T}}\right]^{\mathrm{T}}$，可得增广模型：

$$\begin{aligned} \overbrace{\begin{bmatrix} \Delta x(k+1) \\ y(k+1) \end{bmatrix}}^{x_u(k+1)} &= \overbrace{\begin{bmatrix} A_d & 0_{2\times 2} \\ C_d A_d & I_{2\times 2} \end{bmatrix}}^{A_u} \overbrace{\begin{bmatrix} \Delta x(k) \\ y(k) \end{bmatrix}}^{x_u(k)} + \overbrace{\begin{bmatrix} B_d \\ C_d B_d \end{bmatrix}}^{B_u} \Delta v(k) \\ y(k) &= \overbrace{[0_{2\times 2}\quad I_{2\times 2}]}^{C_u} \begin{bmatrix} \Delta x(k) \\ y(k) \end{bmatrix} \end{aligned} \tag{4-22}$$

其中，$I_{2\times 2}$是$2\times 2$的单位矩阵；$0_{2\times 2}$是$2\times 2$的零矩阵。

基于状态空间模型$(A_u, B_u, C_u)$，未来的输出变量可以计算如下：

$$y(k+1|k) = C_u A_u x_u(k) + C_u B_u \Delta v(k) \tag{4-23}$$

$$\vdots$$

$$\begin{aligned} y(k+N_p|k) = {} & C_u A_u^{N_p} x_u(k) + C_u A_u^{N_p-1} B_u \Delta v(k) + C_u A_u^{N_p-2} B_u \Delta v(k+1) + \cdots \\ & + C_u A_u^{N_p-N_c} B_u \Delta v(k+N_c-1) \end{aligned} \tag{4-24}$$

定义输出向量$Y = \left[y(k+1|k)^{\mathrm{T}}\ \ \cdots\ \ y(k+N_p|k)^{\mathrm{T}}\right]^{\mathrm{T}}$，维数为$2N_p \times 1$。式(4-23)和式

(4-24)可以写成矢量形式：

$$Y = Fx_u(k) + \Phi\Delta V \tag{4-25}$$

其中，$F = \left[ C_u A_u \quad \cdots \quad C_u A_u^{N_p} \right]^{\mathrm{T}}$，$\Phi = \begin{bmatrix} C_u B_u & 0 & \cdots & 0 \\ C_u A_u B_u & C_u B_u & \cdots & 0 \\ \vdots & \vdots & & \vdots \\ C_u A_u^{N_p-1} B_u & C_u A_u^{N_p-2} B_u & \cdots & C_u A_u^{N_p-N_c} B_u \end{bmatrix}$，

$\Delta V = \left[ \Delta v(k)^{\mathrm{T}} \quad \Delta v(k+1|k)^{\mathrm{T}} \quad \cdots \quad \Delta v(k+N_c-1|k)^{\mathrm{T}} \right]^{\mathrm{T}}$。

目标函数是一个二次型函数，包含两部分：第一部分 $J_1 = (R_s - Y)^{\mathrm{T}}(R_s - Y) + \Delta V^{\mathrm{T}} \bar{R} \Delta V$ 是 DFIG 系统的跟踪指标；第二部分 $J_2 = i_{sq} - i_{sq_{\mathrm{ref}}}$ 是经济指标，期望得到更高的有功功率输出。优化问题可以总结为

$$\begin{aligned} \min J &= \min(J_1 - \eta J_2) \\ &= \min(R_s - Y)^{\mathrm{T}}(R_s - Y) + \Delta V^{\mathrm{T}} \bar{R} \Delta V - \eta\left(i_{sq} - i_{sq_{\mathrm{ref}}}\right) \\ &\text{s.t.} \quad V_l \leqslant V \leqslant V_u, \quad \Delta V_l \leqslant \Delta V \leqslant \Delta V_u \end{aligned} \tag{4-26}$$

其中，下标 $l$ 和 $u$ 代表变量的最小值、最大值；$\eta$ 是经济指标系数。约束优化问题(4-26)可表示成关于变量 $\Delta V$ 的形式。在这种情况下，针对带线性不等式约束优化问题(4-26)，线性 MPC 可以通过快速可靠的二次规划获得最优解。约束处理时采用自适应方法校正约束线性化产生的误差(详见第 3 章)。

3. 仿真结果

如图 4-8 所示，实验在对拖系统平台完成，采用 17kW 交流电机模拟风力机(风轮)拖动 11kW 的 Y 系列双馈电机，为双馈电机提供转矩和转子转速。双馈电机参数为：$R_s = 2\Omega$；$R_r = 2\Omega$；$L_m = 0.1\mathrm{H}$；$L_{\sigma s} = 0.06\mathrm{H}$；$L_{\sigma r} = 0.06\mathrm{H}$；$J = 26\mathrm{kg \cdot m^2}$；$P_N = 2$；$u_s = 220\mathrm{V}$；约束量选取 $-2\times10^2 \leqslant \Delta u_r \leqslant 2\times10^2$。在仿真中设定预测时域 $N_p = 6$，控制时域 $N_c = 3$。

图 4-8　双馈电机-直流电机实验连接图

系统控制结构如图 4-9 所示，按照风力发电机的功率输出设定 $P_{\mathrm{ref}}$ 和 $Q_{\mathrm{ref}}$，给定包含系统跟踪指标和经济指标的目标函数，针对反馈线性化后的新系统设计模型预测控制器。有功功率取决于转子侧励磁电流 $q$ 轴分量，无功功率取决于转子侧励磁电流 $d$ 轴分量。通过磁链观测器，可以把线性系统的输入转化为双馈电机励磁电压 $d$、$q$ 轴分量，经

过旋转坐标变换后，转换为静止坐标系下 $a$、$b$、$c$ 分量，再通过 PWM 输出。

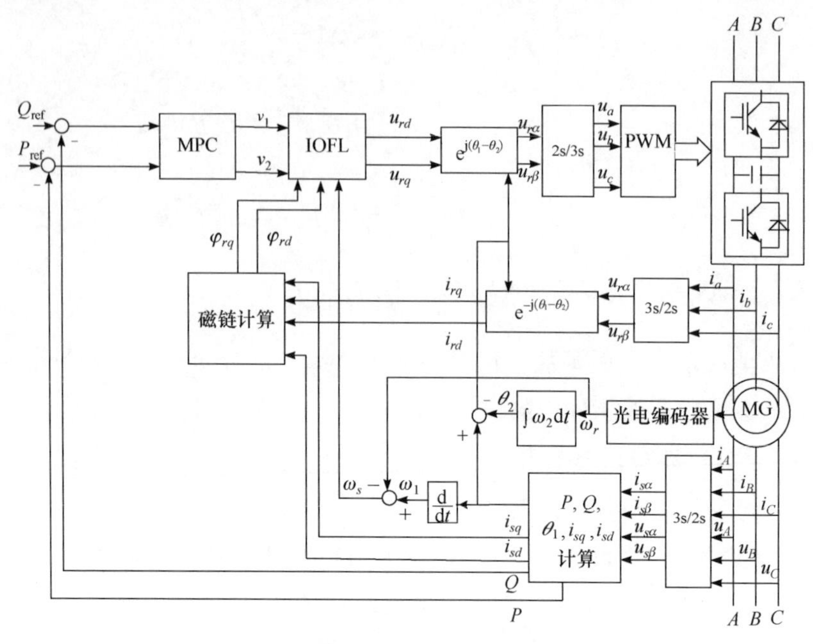


图 4-9　DFIG 系统控制结构图

首先研究本节提出的基于输入输出反馈线性化模型预测控制(input-output feedback linearization model predictive control，IOFL MPC)策略的有功和无功阶跃响应性能。当转子转速恒定为 1200 r/min 时，双馈电机预测控制的动态阶跃响应如图 4-10～图 4-15 所示。图 4-10 中，有功功率的参考值在 0.3s 由 5kW 跳变到 7kW，同时功率因数(power factor, PF)由+0.85 变到 –0.85。在 0.6s 时有功功率的参考值由 7kW 跳变到 10kW，同时功率因数保持不变。因为 $Q = P\sqrt{1-\mathrm{PF}^2}/\mathrm{PF}$，无功功率的参考值在 0.3s 由 3.0987kW 跳变到 –4.3382kW，在 0.6s 时跳变到–6.1974kW。

通常而言，非线性预测控制在每个采样周期直接采用序列二次规划方法(SQP)在线寻优。将这种常规的非线性预测控制策略(SQP)和广泛使用的 PI 控制器与本节提出的 IOFL MPC 策略在转子转速恒定为 1200r/min 的情况下进行比较。PI 控制器的参数选取来自实际的 11kW 双馈电机的控制。如图 4-10 所示，与传统 PI 控制器相比，本节提出的 IOFL MPC 策略和 SQP 策略具有更好的阶跃响应性能，超调量更小，调节时间更短。图 4-11 和图 4-12 是转子电流和定子电流的阶跃响应曲线，从图中可以看出，控制系统具有很好的跟踪性能。本节提出的 IOFL MPC 策略的转子、定子的有功和无功电流的阶跃响应时间在 30ms 以内，且超调很小，并且和 PI 控制器的响应相比，电流脉动也大大减少，这直接导致转矩脉动大大减少。因此，机组疲劳和由此引起的维修费用与 PI 控制器相比也明显减少。

由图 4-13 可以看出，传统 PI 控制器的控制电压变化要比两种 MPC 控制器的电压变化大。两种 MPC 控制器所得的控制电压都能够满足约束条件。图 4-14 和图 4-15 显示，定子和转子三项电流在功率阶跃时能保持频率恒定。

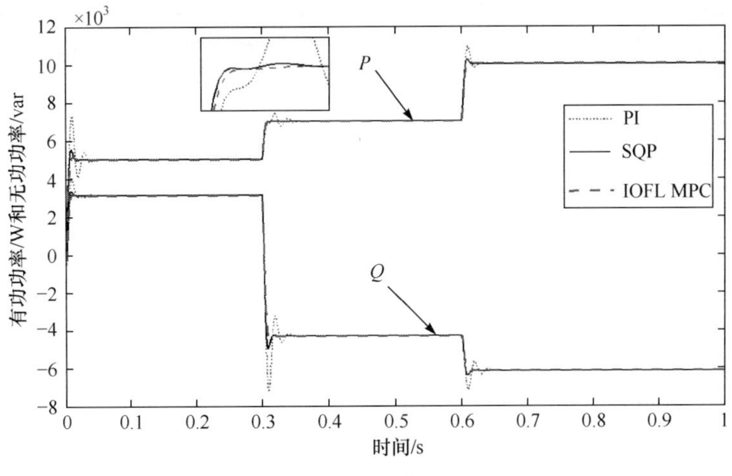


图 4-10 功率阶跃响应

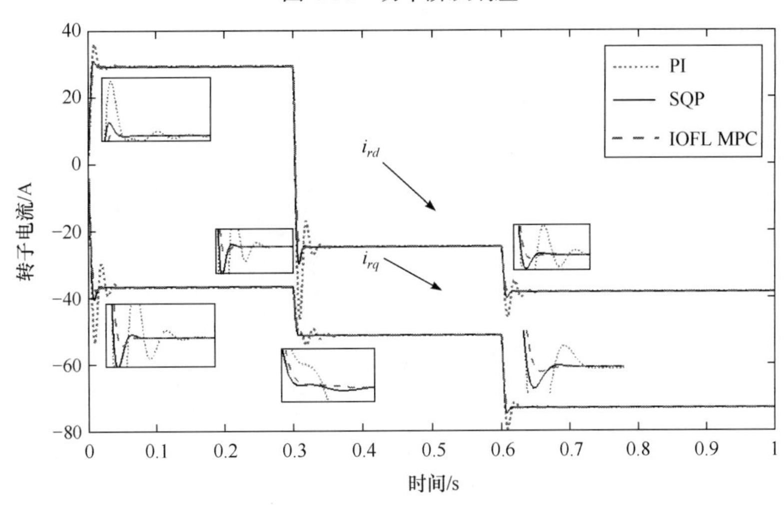


图 4-11 转子电流阶跃响应

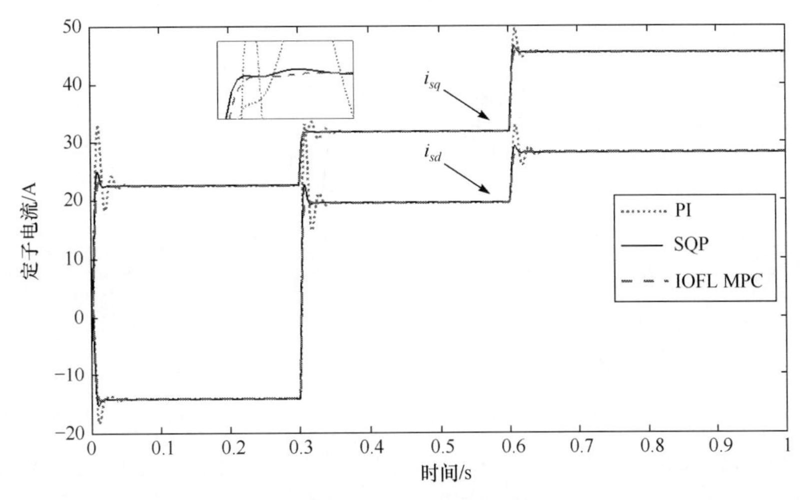


图 4-12 定子电流阶跃响应

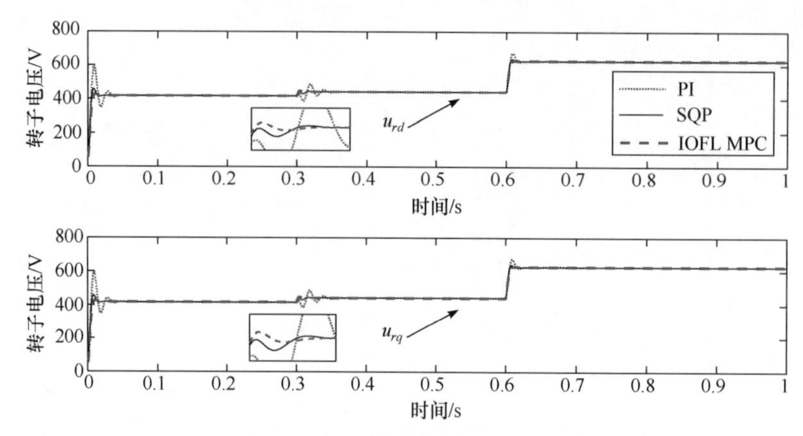


图 4-13　转子电压阶跃响应

由于 MPC 策略要在每个采样周期寻找优化解，而双馈电机的采样周期只有几十毫秒。针对双馈电机这样的快过程，如何构造高效的非线性预测控制器，保证控制的实时性，是人们广泛关注的焦点问题。在预测控制中，通常通过增大预测时域来提高控制性能，但是系统的计算负担也会大大增加。

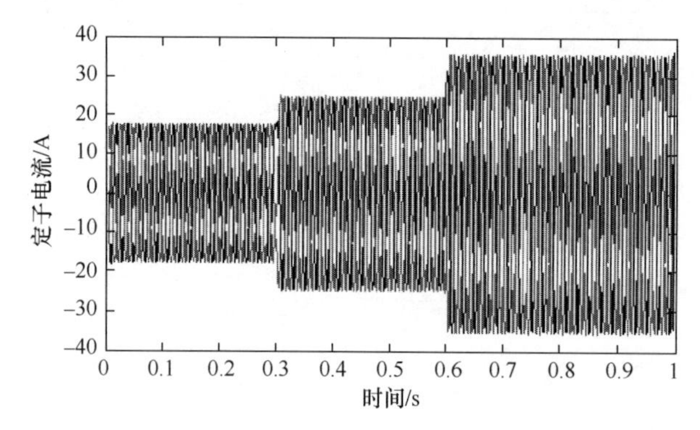


图 4-14　本节提出的 IOFL MPC 策略下的定子电流

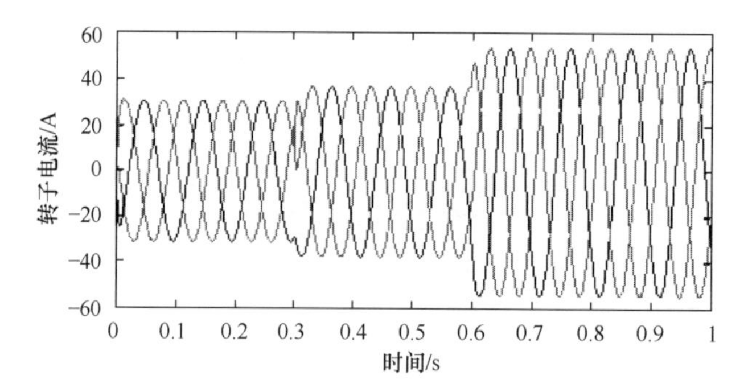


图 4-15　本节提出的 IOFL MPC 策略下的转子电流

以下就控制性能和计算负担两个方面对 IOFL MPC 和 SQP 两种控制策略在不同预测时域的仿真进行比较，即考察整个仿真时域上输出值的误差平方和(SSE)以及所需的相对优化时间。定义 $\mathrm{SSE}=\sum(P-P^*)^2+(Q-Q^*)^2$ ，$P^*$ 、$Q^*$ 为期望有功、无功输出功率。选取固定的控制时域 3，预测时域从 5～12 依次变化。从图 4-16 中可以看出，随着预测时域的增加，两种控制策略的跟踪误差变化方向一致，而且 IOFL MPC 策略的跟踪误差要小一些，优化时间也要短一些。同时，随着预测时域的增加，SQP 策略的优化时间增加得要比 IOFL MPC 的大。图 4-16 明显表示，当 SQP 策略的预测时域大于 6 时，优化时间要大于采样时间，控制器将不能实施，而 IOFL MPC 策略的预测时域上限是 11。综合跟踪误差和优化时间两种性能，IOFL MPC 策略明显优于 SQP 策略。

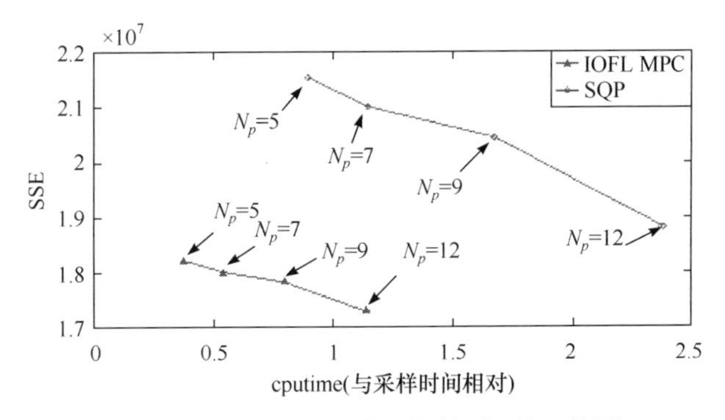


图 4-16　不同预测时域下控制型性能比较图

在风电场中风速频繁变化的情况下，由于变桨距控制系统响应缓慢，也使得有功功率和无功功率的响应缓慢，而且桨距角频繁变化会对发电系统设备造成巨大磨损。因此，现代风力发电厂对双馈电机的控制采用变转差率的方法来保证在变风速下双馈电机的输出频率与电网频率一致。以下仿真测试在变转速情况下所提出的 IOFL MPC 策略的有效性。如图 4-17 所示，在 0.3～0.7s，转子转速从 1200r/min 增加到 1800r/min。有功功率的参考值在 0.3s 由 5kW 跳变到 7kW(图 4-18)，同时功率因数(PF)由+0.85 变到 –0.85。在 0.6s 有功功率的参考值由 7kW 跳变到 10kW，同时功率因数保持不变，如图 4-18 所示。在转子转速变化情况下，功率阶跃响应速度很快且超调很小。转子和定子 $dq$ 轴电流及三相静态坐标下电流如图 4-19～图 4-22 所示。当电机转子转速由 1200r/min 匀速变化上升到 1800r/min 时，转子的转差率 $s$ 由+0.2 变化到–0.2。在此过程中，可以通过改变励磁电流的频率来保持输出电流频率恒定为 50Hz，实现了变速下的恒频调节。如图 4-22 所示，在 0.5s 附近，因双馈电机从亚同步运行状态变为超同步运行状态，转子中的电流相序发生了改变。从图 4-23 可以看出，系统没有违反输入约束。

在实际的 DFIG 控制中，环境因素对诸多系统参数都有影响，如转子和定子中的电阻和电感。为了测试参数的变化对系统性能的影响，将 $d$ 轴的磁链 $\varphi_{sd}$ 增加 20%。参数变化后进行同样的有功和无功功率阶跃响应测试，如图 4-24～图 4-29 所示。从仿真结果图可以看出，定子磁链有较大误差时，系统响应仍然令人满意，显示出所提出的预测控制策略具有较强的鲁棒性。

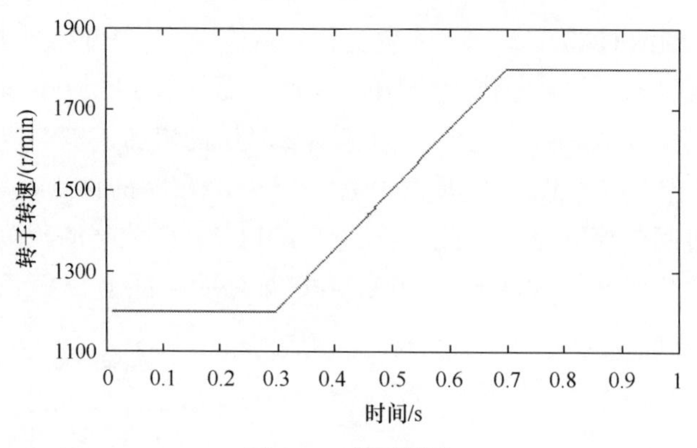


图 4-17 转子转速

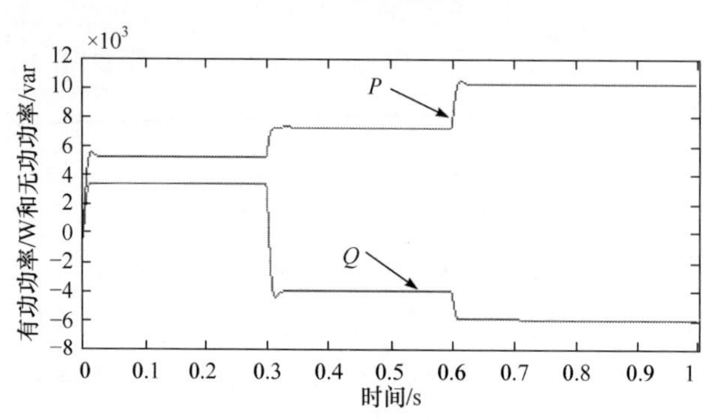


图 4-18 功率阶跃响应

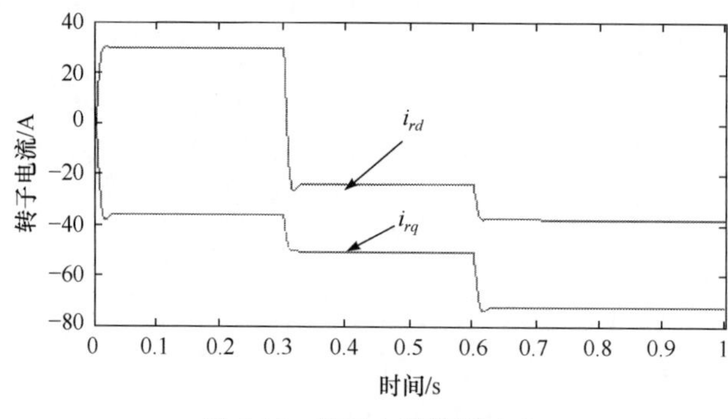


图 4-19 转子电流阶跃响应

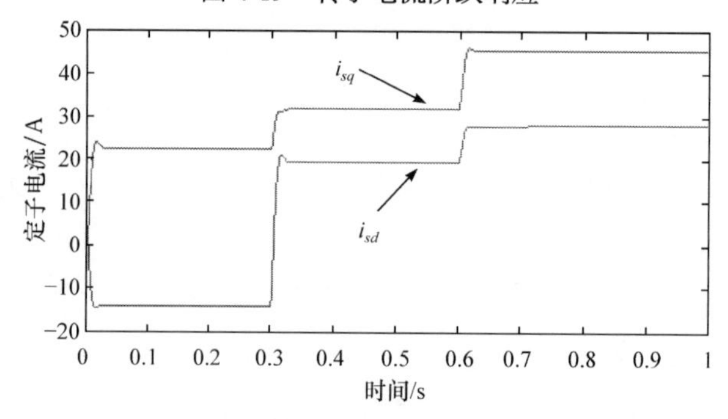


图 4-20 定子电流阶跃响应

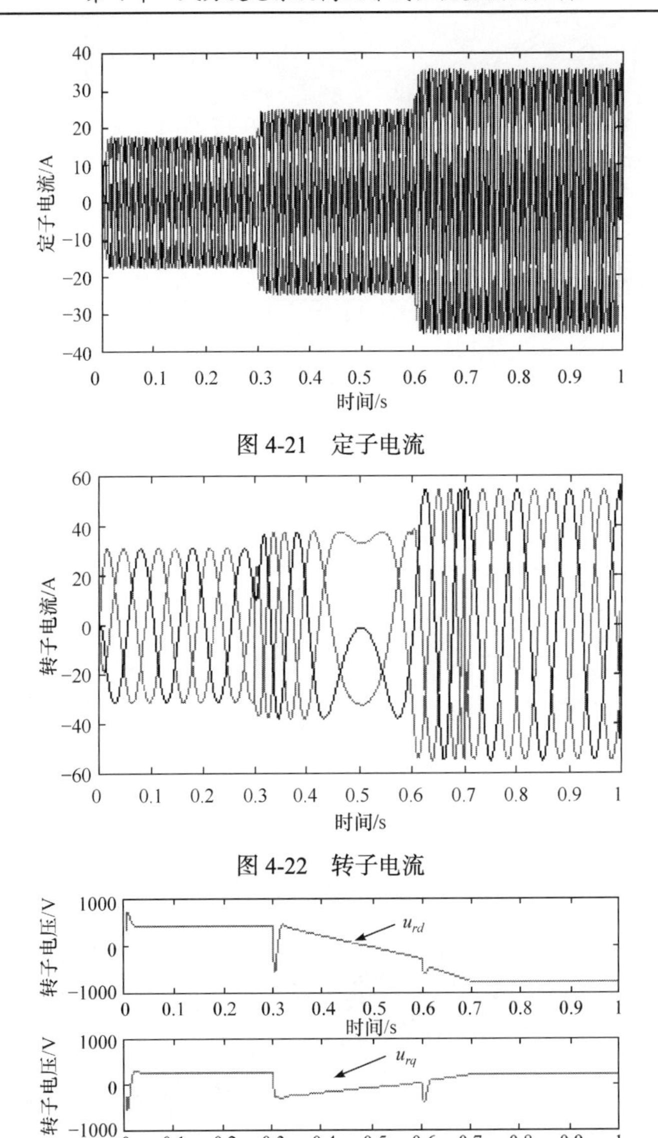


图 4-21　定子电流

图 4-22　转子电流

图 4-23　转子电压的阶跃响应

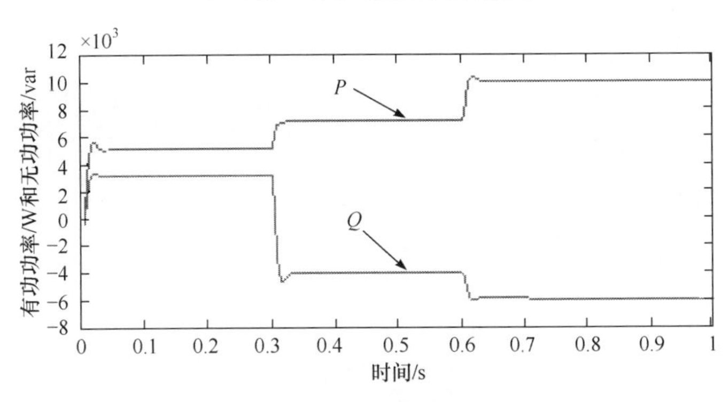


图 4-24　功率阶跃响应

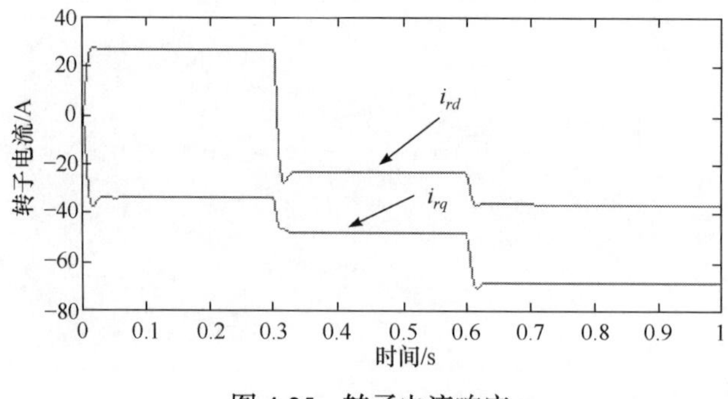


图 4-25　转子电流响应

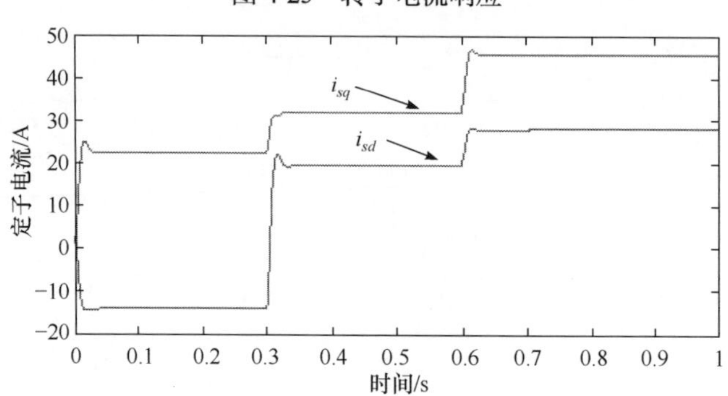


图 4-26　定子电流响应

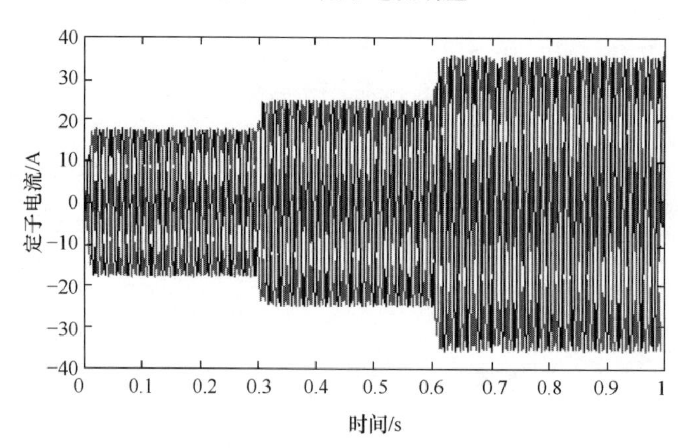


图 4-27　定子电流响应

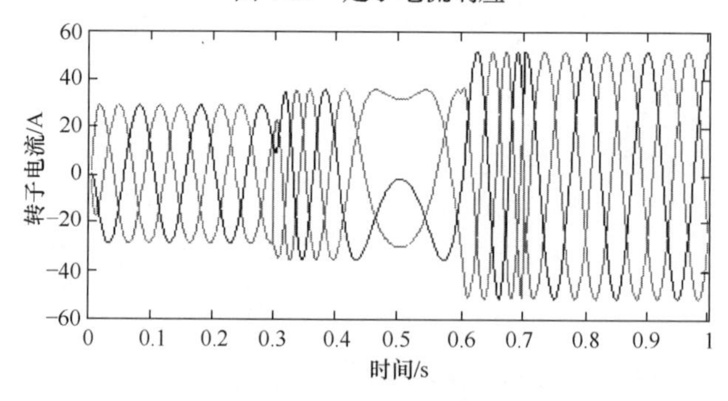


图 4-28　转子电流响应

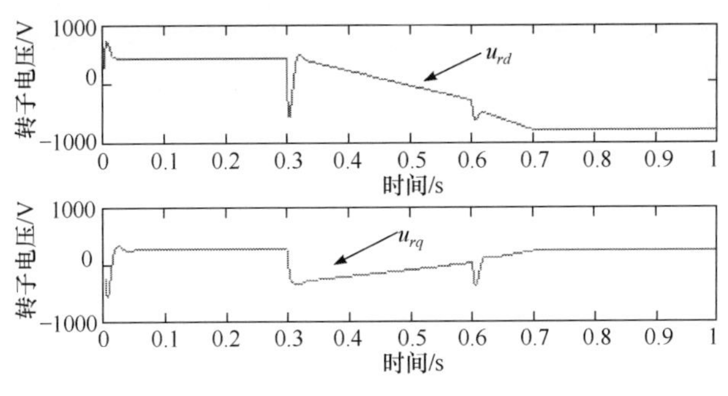


图 4-29　转子电压

表 4-1 列出了三种情况下由式(4-26)定义的目标函数值。可以看出，转子转速变化和双馈电机参数变化都会降低控制系统的性能，但模型预测控制能够克服系统的干扰，有效减小输出电流脉动，实现变速恒频控制下的经济目标及跟踪目标。

**表 4-1　目标函数值对比**

| 式(4-26)定义的预测控制目标函数 | PID 控制转子转速恒定 | IOFL MPC 控制转子转速恒定 | IOFL MPC 控制转子转速变化 | IOFL MPC 控制转子转速变化，双馈电机参数变化 |
|---|---|---|---|---|
| $J_1$ | 3564.5 | 1652.5 | 1801.4 | 1840.1 |
| $J_2$ | 561.16 | 546.16 | 461.76 | 431.71 |

电网电压不平衡状况下，转子转速和定子有功输出最大的情况下发生电网故障情况最危急。而且，定子有功功率输出越大，电压跌落时，过电流情况越严重。因此需设计仿真测试，验证所提出的 IOFL MPC 策略在电网电压跌落情况下的动态性能。在状态空间方程模型(4-13)中，设定转子转速为 1.2pu(1800r/min)，定子有功功率输出设定为 1.0pu(11kW)，电网故障发生在 2.1s，电网电压跌落到正常值的 67%，在 2.3s 故障消失，电网电压恢复正常值。图 4-30～图 4-32 显示了传统的 PI 控制器与本节提出的 IOFL MPC 策略在电网电压不平衡情况下的响应对比。如图 4-31 所示，可以明显看出 IOFL MPC 策略产生的转子过电流比 PI 控制器产生的小很多。从图 4-32 可以看出，由于 MPC 的约束处理能力，IOFL MPC 产生的控制电压增量波动比 PI 控制器的小很多。对比显示，IOFL MPC 策略在跟踪给定值的同时，可以有效地降低电网电压跌落情况下的过电流。因此，本节所构造的非线性 IOFL MPC 策略可以提高风力发电机的并网能力。

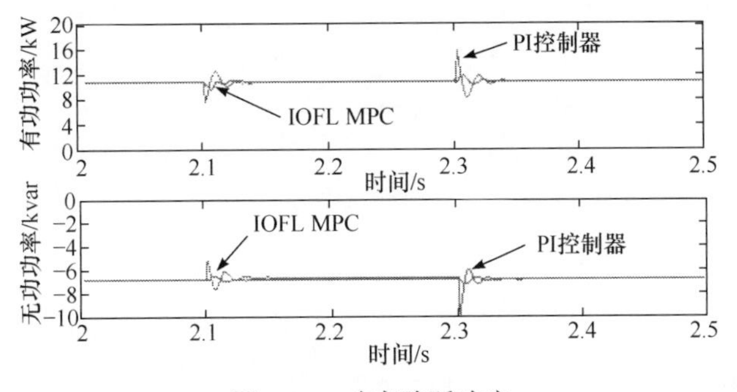


图 4-30　功率阶跃响应

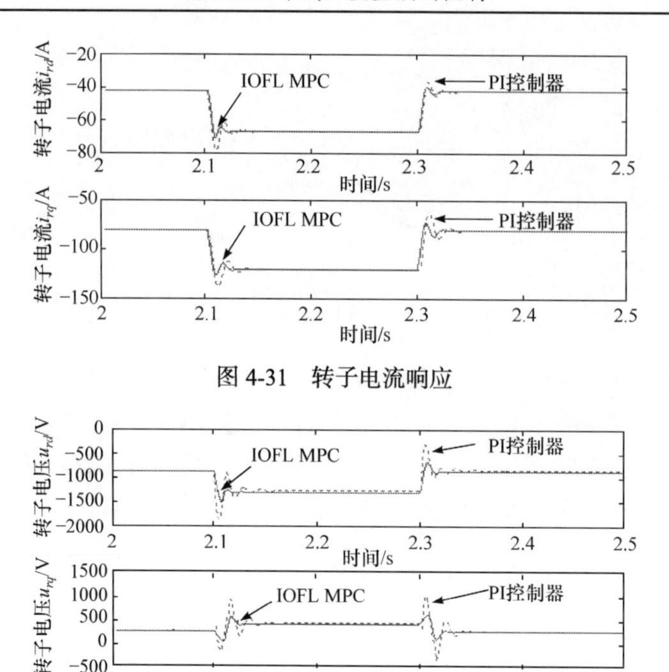


图 4-31　转子电流响应

图 4-32　转子电压响应

### 4.1.3　电网不平衡情况下双馈风力发电机非线性模型预测控制

电网系统中的不对称负载往往会导致电压出现不平衡，即三相电源各相的电压不一致或相角发生变化，或二者兼有。当系统出现故障(如接地或者断线)时，就会发生这种不平衡现象。电网电压不平衡会对整个风力发电系统带来危害，导致不对称电流以及功率、转矩的二倍频脉动。负序的定子、转子电流将加重绕组的发热，电流不对称度严重时还会引起过电流现象。在双旋转坐标系下对双馈发电机转子电流的正负序分量分别进行控制，是减小转矩及功率脉动、减少发电机组磨损的有效方法。

1. DFIG 非线性建模

理想状况下电网系统三相电压是对称的。如果实际系统不平衡，根据对称分量法可知，不平衡的电压、电流、磁量等三相变量中会存在正负序分量，因此在电网电压不平衡的情况下，DFIG 定子电压、磁链和转子电压、磁链可以分别表示为

$$F_s = f_{sdq^+}^{+} \mathrm{e}^{\mathrm{j}\omega_s t} + f_{sdq^-}^{-} \mathrm{e}^{-\mathrm{j}\omega_s t} \tag{4-27}$$

$$F_r = f_{rdq^+}^{+} \mathrm{e}^{\mathrm{j}(\omega_s - \omega_r)t} + f_{rdq^-}^{-} \mathrm{e}^{-\mathrm{j}(\omega_s + \omega_r)t} \tag{4-28}$$

其中，$F_s$ 可以表示定子电压、电流、磁链矢量等；$f_{sdq^+}^{+}$ 及 $f_{sdq^-}^{-}$ 表示定子电压、电流及磁链矢量分别在正序和负序同步旋转坐标系下的 $dq$ 轴合成矢量；$F_r$ 可以表示转子电压、电流、磁链矢量等；$f_{rdq^+}^{+}$ 及 $f_{rdq^-}^{-}$ 表示转子电压、电流及磁链分别在正序和负序同步旋转坐标系下的 $dq$ 轴合成矢量。

双馈电机 $\alpha\beta$ 两相静止坐标系、两相旋转正序 $(dq)^+$ 坐标系和两相旋转负序 $(dq)^-$ 坐标系之间的变换关系如图 4-33 所示。联立式(4-1)、式(4-3)、式(4-27)、式(4-28)并结合功率恒定原则进行坐标变换，可将 $\alpha\beta$ 坐标系分别变换到 $(dq)^+$ 坐标系及 $(dq)^-$ 坐标系。

基于 $(dq)^+$ 坐标系，双馈电机的电压方程可表示为

$$\begin{cases} u_{sd^+}^+ = R_s i_{sd^+}^+ + \dfrac{\mathrm{d}\phi_{sd^+}^+}{\mathrm{d}t} - \omega_s \phi_{sq^+}^+ \\ u_{sq^+}^+ = R_s i_{sq^+}^+ + \dfrac{\mathrm{d}\phi_{sq^+}^+}{\mathrm{d}t} + \omega_s \phi_{sd^+}^+ \\ u_{rd^+}^+ = R_r i_{rd^+}^+ + \dfrac{\mathrm{d}\phi_{rd^+}^+}{\mathrm{d}t} - \omega_{\mathrm{slip}^+} \phi_{rq^+}^+ \\ u_{rq^+}^+ = R_r i_{rq^+}^+ + \dfrac{\mathrm{d}\phi_{rq^+}^+}{\mathrm{d}t} + \omega_{\mathrm{slip}^+} \phi_{rd^+}^+ \end{cases} \tag{4-29}$$

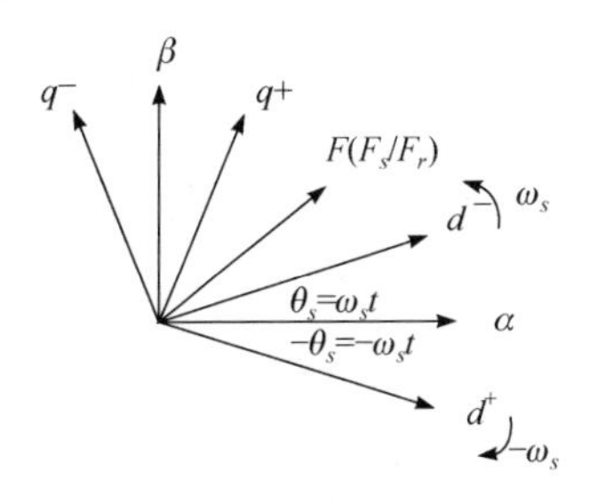


图 4-33　$\alpha\beta$ 两相静止坐标系、两相旋转正序 $(dq)^+$ 坐标系和两相旋转负序 $(dq)^-$ 坐标系之间的变换关系

其中，$\omega_{\mathrm{slip}^+} = = \omega_s - \omega_r$ 为正转转差角频率。

磁链方程可表示为

$$\begin{cases} \phi_{sd^+}^+ = L_s i_{sd^+}^+ + L_m i_{rd^+}^+ \\ \phi_{sq^+}^+ = L_s i_{sq^+}^+ + L_m i_{rq^+}^+ \\ \phi_{rd^+}^+ = L_m i_{sd^+}^+ + L_r i_{rd^+}^+ \\ \phi_{rq^+}^+ = L_m i_{sq^+}^+ + L_r i_{rq^+}^+ \end{cases} \tag{4-30}$$

电磁转矩可表示为

$$M_e = p_n L_m (i_{sq^+}^+ i_{rd^+}^+ - i_{sd^+}^+ i_{rq^+}^+) \tag{4-31}$$

双馈电机运动方程为

$$M_L - M_e = J \frac{\mathrm{d}\omega_r}{\mathrm{d}t} \tag{4-32}$$

其中，$M_e$ 是电磁转矩；$M_L$ 是风机所提供转矩；$p_n$ 是电机的极对数；$J$ 是转动惯量。

由于定子绕组直接与电网相连，其电阻压降相对于电网电压来说可以忽略不计。因此，根据定子磁链定向规则，式(4-29)和式(4-30)可化简为

$$\begin{cases} \phi_{sd^+}^+ = L_s i_{sd^+}^+ + L_m i_{rd^+}^+ = \phi_s^+ \\ \phi_{sq^+}^+ = 0 \\ \phi_{sd^+}^+ \approx \dfrac{\mathrm{d}\phi_{sd^+}^+}{\mathrm{d}t} = 0 \\ u_{sq^+}^+ \approx \omega_s \phi_{sd^+}^+ = u_s^+ \end{cases} \tag{4-33}$$

综合式(4-29)～式(4-33)，可得双馈风力发电系统$(dq)^+$坐标系下的模型表达式：

$$\begin{cases} \dot{i}_{sd^+}^+ = \dfrac{L_rR_s + R_rL_m^2/L_r}{\delta} i_{sd^+}^+ - \dfrac{R_rL_m/L_r}{\delta}\phi_{rd^+}^+ + \dfrac{L_m}{\delta}\omega_{\text{slip}^+}\phi_{rq^+}^+ + \dfrac{L_m}{\delta}u_{rd^+}^+ \\ \dot{i}_{sq^+}^+ = \dfrac{R_rL_m^2/L_r}{\delta} i_{sq^+}^+ - \dfrac{R_rL_m/L_r}{\delta}\phi_{rq^+}^+ - \dfrac{L_m}{\delta}\omega_{\text{slip}^+}\phi_{rd^+}^+ + \dfrac{L_m}{\delta}u_{rq^+}^+ \\ \dot{\phi}_{rd^+}^+ = \dfrac{R_rL_m}{L_r} i_{sd^+}^+ - \dfrac{R_r}{L_r}\phi_{rd^+}^+ + \omega_{\text{slip}^+}\phi_{rq^+}^+ + u_{rd^+}^+ \\ \dot{\phi}_{rq^+}^+ = \dfrac{R_rL_m}{L_r} i_{sq^+}^+ - \dfrac{R_r}{L_r}\phi_{rq^+}^+ + \omega_{\text{slip}^+}\phi_{rd^+}^+ + u_{rq^+}^+ \\ \dot{\omega}_{\text{slip}^+} = \dfrac{p_nL_m}{JL_r} i_{sq^+}^+\phi_{rd^+}^+ - \dfrac{p_nL_m}{JL_r} i_{sd^+}^+\phi_{rq^+}^+ - \dfrac{1}{J}M_L \end{cases} \tag{4-34}$$

其中，$\delta = L_m^2 - L_sL_r$。

同理，可建立$(dq)^-$坐标系下的系统模型：

$$\begin{cases} \dot{i}_{sd^-}^- = \dfrac{L_rR_s + R_rL_m^2/L_r}{\delta} i_{sd^-}^- - \dfrac{R_rL_m/L_r}{\delta}\phi_{rd^-}^- + \dfrac{L_m}{\delta}\omega_{\text{slip}^-}\phi_{rq^-}^- + \dfrac{L_m}{\delta}u_{rd^-}^- \\ \dot{i}_{sq^-}^- = \dfrac{R_rL_m^2/L_r}{\delta} i_{sq^-}^- - \dfrac{R_rL_m/L_r}{\delta}\phi_{rq^-}^- - \dfrac{L_m}{\delta}\omega_{\text{slip}^-}\phi_{rd^-}^- + \dfrac{L_m}{\delta}u_{rq^-}^- \\ \dot{\phi}_{rd^-}^- = \dfrac{R_rL_m}{L_r} i_{sd^-}^- - \dfrac{R_r}{L_r}\phi_{rd^-}^- + \omega_{\text{slip}^-}\phi_{rq^-}^- + u_{rd^-}^- \\ \dot{\phi}_{rq^-}^- = \dfrac{R_rL_m}{L_r} i_{sq^-}^- - \dfrac{R_r}{L_r}\phi_{rq^-}^- + \omega_{\text{slip}^-}\phi_{rd^-}^- + u_{rq^-}^- \\ \dot{\omega}_{\text{slip}^-} = \dfrac{p_nL_m}{JL_r} i_{sq^-}^-\phi_{rd^-}^- - \dfrac{p_nL_m}{JL_r} i_{sd^-}^-\phi_{rq^-}^- - \dfrac{1}{J}M_L \end{cases} \tag{4-35}$$

其中，$\omega_{\text{slip}^-} = -\omega_s - \omega_r$为反转转差角频率。

定义：$\hat{x} = (i_{sd^+}^+, i_{sq^+}^+, \phi_{rd^+}^+, \phi_{rq^+}^+, \omega_{\text{slip}^+}, i_{sd^-}^-, i_{sq^-}^-, \phi_{rd^-}^-, \phi_{rq^-}^-, \omega_{\text{slip}^-})^{\mathrm{T}}$，$u = (u_{rd^+}^+, u_{rq^+}^+, u_{rd^-}^-, u_{rq^-}^-)^{\mathrm{T}}$，$y = (\hat{x}_1, \hat{x}_2, \hat{x}_6, \hat{x}_7)^{\mathrm{T}}$。综合双馈风力发电系统$(dq)^+$和$(dq)^-$坐标系下的动态方程(4-34)和方程(4-35)，其状态空间模型可以写成如下形式：

$$\begin{cases} \dot{\hat{x}} = f(\hat{x}) + gu_r \\ y = h(x) = \begin{bmatrix} h_1(\hat{x}) \\ h_2(\hat{x}) \\ h_3(\hat{x}) \\ h_4(\hat{x}) \end{bmatrix} = \begin{bmatrix} \hat{x}_1 \\ \hat{x}_2 \\ \hat{x}_6 \\ \hat{x}_7 \end{bmatrix} \end{cases} \tag{4-36}$$

其中

$$f(\hat{x})=\begin{bmatrix} a_{11}\hat{x}_1-a_{13}\hat{x}_3+a_{14}\hat{x}_4\hat{x}_5 \\ a_{21}\hat{x}_2-a_{13}\hat{x}_4-a_{14}\hat{x}_3\hat{x}_5 \\ a_{31}\hat{x}_1-a_{33}\hat{x}_3+\hat{x}_4\hat{x}_5 \\ a_{31}\hat{x}_2-a_{33}\hat{x}_4-\hat{x}_3\hat{x}_5 \\ a_{51}\hat{x}_2\hat{x}_3-a_{51}\hat{x}_1\hat{x}_4-M_L/J \\ a_{11}\hat{x}_6-a_{13}\hat{x}_8+a_{14}\hat{x}_9\hat{x}_{10} \\ a_{21}\hat{x}_7-a_{13}\hat{x}_9-a_{14}\hat{x}_8\hat{x}_{10} \\ a_{31}\hat{x}_6-a_{33}\hat{x}_8+\hat{x}_9\hat{x}_{10} \\ a_{31}\hat{x}_7-a_{33}\hat{x}_9-\hat{x}_8\hat{x}_{10} \\ a_{51}\hat{x}_7\hat{x}_8-a_{51}\hat{x}_6\hat{x}_9-M_L/J \end{bmatrix},\quad g=\mathrm{diag}[g_1,g_1],\quad g_1=\begin{bmatrix} L_m/\delta & 0 \\ 0 & L_m/\delta \\ 1 & 0 \\ 0 & 1 \\ 0 & 0 \end{bmatrix}$$

当电网电压不平衡时，定子的有功功率 $P_s$ 和无功功率 $Q_s$ 都会包含二倍频脉动分量，具体表示为

$$P_s=P_{s0}+P_{s\sin 2}\cdot\sin(2\omega_s t)+P_{s\cos 2}\cdot\cos(2\omega_s t) \tag{4-37}$$

$$Q_s=Q_{s0}+Q_{s\sin 2}\cdot\sin(2\omega_s t)+Q_{s\cos 2}\cdot\cos(2\omega_s t) \tag{4-38}$$

其中，$P_{s0}=\dfrac{3L_m}{2L_s}\left(u_s^+i_{rq^+}^+-u_s^-i_{rq^-}^-\right)$，$Q_{s0}=\dfrac{3(u_s^{-2}-u_s^{+2})}{2\omega_s L_s}+\dfrac{3L_m}{2L_s}\left(u_s^+i_{rd^+}^+-u_s^-i_{rd^-}^-\right)$是有功及无功功率的直流分量，$P_{s\sin 2}=\dfrac{3u_s^+u_s^-}{\omega_s L_s}-\dfrac{3L_m}{2L_s}\left(u_s^-i_{rd^+}^++u_s^+i_{rd^-}^-\right)$，$P_{s\cos 2}=\dfrac{3L_m}{2L_s}\left(u_s^+i_{rq^-}^--u_s^-i_{rq^+}^+\right)$，$Q_{s\sin 2}=\dfrac{3L_m}{2L_s}\left(u_s^+i_{rq^-}^-+u_s^-i_{rq^+}^+\right)$，$Q_{s\cos 2}=\dfrac{3L_m}{2L_s}\left(u_s^+i_{rd^-}^--u_s^-i_{rd^+}^+\right)$是有功及无功功率的脉动系数。

在正序坐标中，控制转子电流可使功率直流分量跟踪设定值。在负序坐标中，控制转子电流可抑制定转子电流的不对称以及有效抑制功率脉动。转子电流、定子功率的直流分量与系统的输出变量之间的关系可表示为

$$i_{rd^+}^+=\frac{u_s^+}{\omega_s L_m}-\frac{R_1}{\omega_s L_m}\hat{x}_2-\frac{L_s}{L_m}\hat{x}_1 \tag{4-39}$$

$$i_{rq^+}^+=-\frac{L_s}{L_m}\hat{x}_2 \tag{4-40}$$

$$i_{rd^-}^-=\frac{u_s^-}{\omega_s L_m}-\frac{R_1}{\omega_s L_m}\hat{x}_7-\frac{L_s}{L_m}\hat{x}_6 \tag{4-41}$$

$$i_{rq^-}^-=-\frac{L_s}{L_m}\hat{x}_7 \tag{4-42}$$

$$P_{s0}=-\frac{3u_s^+}{2}\hat{x}_2+\frac{3u_s^-}{2}\hat{x}_7 \tag{4-43}$$

$$Q_{s0}=-\frac{3u_s^+}{2}\hat{x}_1-\frac{3R_1u_s^+}{2\omega_s L_s}\hat{x}_2+\frac{3u_s^-}{2}\hat{x}_6+\frac{3R_1u_s^-}{2\omega_s L_s}\hat{x}_7 \tag{4-44}$$

其中，$u_s^+$、$u_s^-$ 代表电网不平衡时产生的正序电压有效值和负序电压有效值。

2. 基于输入输出反馈线性化的双馈电机预测控制策略

模型(4-36)中，$f(\hat{x})$ 含有 $\omega_{\text{slip}^+}\phi_{rq^+}^+$，$\omega_{\text{slip}^+}\phi_{rd^+}^+$，$i_{sq^+}^+\phi_{rd^+}^+$，$i_{sd^+}^+\phi_{rq^+}^+$ 及 $\omega_{\text{slip}^-}\phi_{rq^-}^-$，$\omega_{\text{slip}^-}\phi_{rd^-}^-$，$i_{sq^-}^-\phi_{rd^-}^-$，$i_{sd^-}^-\phi_{rq^-}^-$ 等状态变量相乘项，因而显示出强非线性特征。采用非线性预测控制算法直接处理这些项将会引起复杂的非凸优化问题，因而需要对该仿射非线性系统进行输入输出反馈线性化处理，然后采用标准的线性 MPC 求解约束优化问题。

经计算系统总相对阶 $\gamma=\sum_{i=1}^{4}\gamma_i=4<n$，其中 $n=10$ 为状态变量个数，因此该模型不满足精确线性化条件，可实现输入输出线性化。根据相对阶的个数选择新的状态变量 $\begin{cases}x_1=\phi_1(\hat{x})=h_1(\hat{x})=\hat{x}_1\\x_2=\phi_2(\hat{x})=h_2(\hat{x})=\hat{x}_2\\x_3=\phi_3(\hat{x})=h_3(\hat{x})=\hat{x}_6\\x_4=\phi_4(\hat{x})=h_4(\hat{x})=\hat{x}_7\end{cases}$，并且补充六个新状态 $\begin{cases}\eta_1=\phi_5(\hat{x})=\hat{x}_3\\\eta_2=\phi_6(\hat{x})=\hat{x}_4\\\eta_3=\phi_7(\hat{x})=\hat{x}_5\\\eta_4=\phi_8(\hat{x})=\hat{x}_8\\\eta_5=\phi_9(\hat{x})=\hat{x}_9\\\eta_6=\phi_{10}(\hat{x})=\hat{x}_{10}\end{cases}$。

经过计算得知矢量函数 $\Phi(\hat{x})=(\phi_1(\hat{x}),\phi_2(\hat{x}),\cdots,\phi_{10}(\hat{x}))^{\mathrm{T}}$ 的雅可比矩阵对于任意 $\hat{x}$ 都是非奇异的，此矢量函数所代表的坐标变换是一个微分同胚变换。在新坐标 $\Phi(\hat{x})$ 下，系统可写为

$$\begin{cases}\dot{x}_1=L_fh_1(\hat{x})+L_{g_1}h_1(\hat{x})u_{rd^+}^+\\\dot{x}_2=L_fh_2(\hat{x})+L_{g_2}h_2(\hat{x})u_{rq^+}^+\\\dot{x}_3=L_fh_3(\hat{x})+L_{g_3}h_3(\hat{x})u_{rd^-}^-\\\dot{x}_4=L_fh_4(\hat{x})+L_{g_4}h_4(\hat{x})u_{rq^-}^-\\\dot{\eta}_1=L_f\phi_5(\hat{x})+L_{g_1}\phi_5(\hat{x})u_{rd^+}^+\\\dot{\eta}_2=L_f\phi_6(\hat{x})+L_{g_2}\phi_6(\hat{x})u_{rq^+}^+\\\dot{\eta}_3=L_f\phi_7(\hat{x})\\\dot{\eta}_4=L_f\phi_8(\hat{x})+L_{g_3}\phi_8(\hat{x})u_{rd^-}^-\\\dot{\eta}_5=L_f\phi_9(\hat{x})+L_{g_4}\phi_9(\hat{x})u_{rq^-}^-\\\dot{\eta}_6=L_f\phi_{10}(\hat{x})\end{cases}\tag{4-45}$$

为实现闭环系统的输入输出线性化，需要进行如下非线性状态反馈：

$$v=\begin{bmatrix}v_1\\v_2\\v_3\\v_4\end{bmatrix}=\begin{bmatrix}\dot{x}_1\\\dot{x}_2\\\dot{x}_3\\\dot{x}_4\end{bmatrix}=D(\hat{x})u_r(\hat{x})+b(\hat{x})$$

其中，$v$ 为新的线性化系统的输入。

则状态反馈律可表示为

$$u_r = D^{-1}(\hat{x})[v - b(\hat{x})] \tag{4-46}$$

其中

$$b(\hat{x}) = \left[L_f h_1(\hat{x}); L_f h_2(\hat{x}); L_f h_3(\hat{x}); L_f h_4(\hat{x})\right]$$

$$D(\hat{x}) = \begin{bmatrix} L_{g_1}h_1(\hat{x}) & L_{g_2}h_1(\hat{x}) & L_{g_3}h_1(\hat{x}) & L_{g_4}h_1(\hat{x}) \\ L_{g_1}h_2(\hat{x}) & L_{g_2}h_2(\hat{x}) & L_{g_3}h_2(\hat{x}) & L_{g_4}h_2(\hat{x}) \\ L_{g_1}h_3(\hat{x}) & L_{g_2}h_3(\hat{x}) & L_{g_3}h_3(\hat{x}) & L_{g_4}h_3(\hat{x}) \\ L_{g_1}h_4(\hat{x}) & L_{g_2}h_4(\hat{x}) & L_{g_3}h_4(\hat{x}) & L_{g_4}h_4(\hat{x}) \end{bmatrix}$$

由于解耦矩阵 $\det[D(\hat{x})] \neq 0$，因此 $D(\hat{x})$ 是非奇异的。

基于反馈控制律(4-46)，双馈电机非线性模型(4-36)的状态方程可变换为

$$\begin{cases} \dot{x}_1 = v_1 \\ \dot{x}_2 = v_2 \\ \dot{x}_3 = v_3 \\ \dot{x}_4 = v_4 \\ \dot{\eta} = q(x,\eta) + p(x,\eta)v \end{cases} \tag{4-47}$$

输出方程可写为

$$y = \begin{bmatrix} x_1 \\ x_2 \\ x_3 \\ x_4 \end{bmatrix} \tag{4-48}$$

令 $x = [x_1, x_2, x_3, x_4, \eta_1, \cdots, \eta_6]^{\mathrm{T}}$，则双馈电机模型可写为如下线性形式：

$$\begin{aligned} \dot{x} &= Ax + Bv \\ y &= Cx \end{aligned} \tag{4-49}$$

由于在输出中得不到任何反映，内状态变量 $\eta$ 是不能观的，继而内动态稳定便成为输入输出线性化的必要条件。由零动态定义，设 $x_1 = x_2 = x_3 = x_4 = 0$，即 $\hat{x}_1 = \hat{x}_2 = \hat{x}_6 = \hat{x}_7 = 0$。根据式(4-35)以及式(4-36)可求得输出为零时的输入表达式：

$$\begin{cases} u_{rd^+}^+(0,\eta) = a_{33}\eta_1 - \eta_2\eta_3 \\ u_{rq^+}^+(0,\eta) = a_{33}\eta_2 + \eta_1\eta_3 \\ u_{rd^-}^-(0,\eta) = a_{33}\eta_4 - \eta_5\eta_6 \\ u_{rq^-}^-(0,\eta) = a_{33}\eta_5 + \eta_4\eta_6 \end{cases}$$

将上述四个输入表达式代入式(4-45)中后六个方程，并令 $x_1 = x_2 = x_3 = x_4 = 0$，得到子系统的零动态方程为

$$\dot{\eta}=\begin{cases}\dot{\eta}_1=L_f\phi_5(\hat{x})+L_{g_1}\phi_5(\hat{x})u^+_{rd^+}=-a_{33}\eta_1+\eta_2\eta_3+u^+_{rd^+}(0,\eta)=0\\ \dot{\eta}_2=L_f\phi_6(\hat{x})+L_{g_2}\phi_6(\hat{x})u^+_{rq^+}=-a_{33}\eta_2-\eta_1\eta_3+u^+_{rq^+}(0,\eta)=0\\ \dot{\eta}_3=L_f\phi_7(\hat{x})=0\\ \dot{\eta}_4=L_f\phi_8(\hat{x})+L_{g_3}\phi_8(\hat{x})u^-_{rd^-}=-a_{33}\eta_4+\eta_5\eta_6+u^-_{rd^-}(0,\eta)=0\\ \dot{\eta}_5=L_f\phi_9(\hat{x})+L_{g_4}\phi_9(\hat{x})u^-_{rq^-}=-a_{33}\eta_5-\eta_4\eta_6+u^-_{rq^-}(0,\eta)=0\\ \dot{\eta}_6=L_f\phi_{10}(\hat{x})=0\end{cases}$$

可得$\eta(0)=[\phi^+_{rd^+}(0),\phi^+_{rq^+}(0),\omega_{\text{slip}^+}(0),\phi^-_{rd^-}(0),\phi^-_{rq^-}(0),\omega_{\text{slip}^-}(0)]^{\mathrm{T}}$。

由此可知，系统的零动态特性是稳定的。根据反馈线性化模型(4-49)，可以设计相应的模型预测控制器。

将式(4-49)离散化得

$$\begin{aligned}x(k+1)&=A_d x(k)+B_d v(k)\\ y(k)&=C_d x(k)\end{aligned}\tag{4-50}$$

其中，$A_d=\mathrm{e}^{AT}$，$B_d=\int_0^T \mathrm{e}^{AT}\mathrm{d}t\cdot B$，$C_d=C$，$T$为采样时间。

定义$\Delta x(k+1)=x(k+1)-x(k)$，$\Delta v(k)=v(k)-v(k-1)$，$x_u(k)=\left[\Delta x(k),y(k)\right]^{\mathrm{T}}$，可得系统增广模型：

$$\begin{aligned}\overbrace{\begin{bmatrix}\Delta x(k+1)\\ y(k+1)\end{bmatrix}}^{x_u(k+1)}&=\overbrace{\begin{bmatrix}A_d & 0_{4\times6}\\ C_dA_d & I_{6\times6}\end{bmatrix}}^{A_u}\overbrace{\begin{bmatrix}\Delta x(k)\\ y(k)\end{bmatrix}}^{x_u(k)}+\overbrace{\begin{bmatrix}B_d\\ C_dB_d\end{bmatrix}}^{B_u}\Delta v(k)\\ y(k)&=\overbrace{\begin{bmatrix}0_{6\times4} & I_{6\times6}\end{bmatrix}}^{C_u}\overbrace{\begin{bmatrix}\Delta x(k)\\ y(k)\end{bmatrix}}^{x_u(k)}\end{aligned}\tag{4-51}$$

其中，$I_{6\times6}$是$6\times6$的单位矩阵；$0_{4\times6}$及$0_{6\times4}$分别是$4\times6$和$6\times4$的零矩阵。

基于状态空间模型(4-51)，在预测时域$N_p$上递推输出变量预测值：

$$\begin{aligned}y(k+1|k)&=C_uA_ux_u(k)+C_uB_u\Delta v(k)\\ y(k+2|k)&=C_uA_u^2x_u(k)+C_uA_uB_u\Delta v(k)+C_uB_u\Delta v(k+1)\\ &\vdots\\ y(k+N_p|k)&=C_uA_u^{N_p}x_u(k)+C_uA_u^{N_p-1}B_u\Delta v(k)\\ &\quad+C_uA_u^{N_p-2}B_u\Delta v(k+1)+\cdots\\ &\quad+C_uA_u^{N_p-N_c}B_u\Delta v(k+N_c-1)\end{aligned}\tag{4-52}$$

其中，$N_c$为控制时域；$N_p$为预测时域。

定义

$$Y=\left[y(k+1|k)^{\mathrm{T}}\quad y(k+2|k)^{\mathrm{T}}\quad\cdots\quad y(k+N_p|k)^{\mathrm{T}}\right]^{\mathrm{T}}$$

$$\Delta V = \left[ \Delta v(k)^{\mathrm{T}} \quad \Delta v(k+1)^{\mathrm{T}} \quad \cdots \quad \Delta v(k+N_c-1)^{\mathrm{T}} \right]^{\mathrm{T}}$$

则式(4-52)可写成如下矢量形式：

$$Y = FX_u(k) + \Phi \Delta V \tag{4-53}$$

其中

$$F = \left[ (C_u A_u)^{\mathrm{T}} \quad (C_u A_u^2)^{\mathrm{T}} \quad \cdots \quad (C_u A_u^{N_p})^{\mathrm{T}} \right]^{\mathrm{T}},$$

$$\Phi = \begin{bmatrix} C_u B_u & & & & \\ C_u A_u B_u & C_u B_u & & & \\ C_u A_u^2 B_u & C_u A_u B_u & C_u B_u & & \\ \vdots & \vdots & \vdots & \ddots & \\ C_u A_u^{N_c-1} B_u & C_u A_u^{N_c-2} B_u & C_u A_u^{N_c-3} B_u & \cdots & C_u B_u \\ \vdots & \vdots & \vdots & & \vdots \\ C_u A_u^{N_p-1} B_u & C_u A_u^{N_p-2} B_u & C_u A_u^{N_p-3} B_u & \cdots & C_u A_u^{N_p-N_c} B_u \end{bmatrix}$$

同理，整个控制时域 $N_c$ 上的状态变量也可表示为矢量形式：

$$X = \overline{A} \Delta V + \gamma \tag{4-54}$$

其中

$$X = \left[ x(k)^{\mathrm{T}} \quad x(k+1|k)^{\mathrm{T}} \quad \cdots \quad x(k+N_c-1|k)^{\mathrm{T}} \right]^{\mathrm{T}}$$

$$\overline{A} = \begin{bmatrix} 0 & 0 & \cdots & 0 \\ B_d & 0 & \cdots & 0 \\ (I+A_d)B_d & B_d & \cdots & 0 \\ \vdots & \vdots & & \vdots \\ \left(\sum_{i=1}^{N_c-1} A_d^{i-1}\right) B_d & \left(\sum_{i=1}^{N_c-2} A_d^{i-1}\right) B_d & \cdots & 0 \end{bmatrix}, \quad \gamma = \begin{bmatrix} x(k) \\ x(k) + A_d \Delta x(k) \\ x(k) + \left(\sum_{i=1}^{2} A_d^i\right) \Delta x(k) \\ \vdots \\ x(k) + \left(\sum_{i=1}^{N_c-1} A_d^i\right) \Delta x(k) \end{bmatrix}$$

**控制目标 1**：消除有功功率中的二倍频脉动，实现输出有功功率的恒定，同时保证功率的直流分量 $P_{s0}$ 和 $Q_{s0}$ 有良好的跟踪性能。令式(4-37)中 $P_{s\sin 2}=0$，$P_{s\cos 2}=0$，可以得到负序电流参考值 $i_{rd1^-}^{-\ *}$ 以及 $i_{rq1^-}^{-\ *}$，此时定义目标函数为

$$J = J_1 + J_2 \tag{4-55}$$

其中，$J_1 = \|\Delta V\|_R^2 + \left\| i_{rd^+}^+ - i_{rd^+}^{+\ *} \right\|_{Q_1}^2 + \left\| i_{rq^+}^+ - i_{rq^+}^{+\ *} \right\|_{Q_2}^2$，$J_2 = \left\| i_{rd^-}^- - i_{rd1^-}^{-\ *} \right\|_{Q_3}^2 + \left\| i_{rq^-}^- - i_{rq1^-}^{-\ *} \right\|_{Q_4}^2$。

**控制目标 2**：消除无功功率中的二倍频脉动，实现输出无功功率的恒定，同时保证功率的直流分量 $P_{s0}$ 和 $Q_{s0}$ 有良好的跟踪性能。令式(4-38)中 $Q_{s\sin 2}=0$，$Q_{s\cos 2}=0$，可得到负序电流参考值 $i_{rd2^-}^{-\ *}$ 以及 $i_{rq2^-}^{-\ *}$，此时定义目标函数为

$$J = J_1 + J_3 \tag{4-56}$$

其中，$J_3 = \left\| i_{rd^-}^- - i_{rd2^-}^{-\ *} \right\|_{Q_5}^2 + \left\| i_{rq^-}^- - i_{rq2^-}^{-\ *} \right\|_{Q_6}^2$。

式(4-49)中，系统原始输入变量 $u$ 在经过输入输出反馈线性化后转变为新的输入变量 $v$。实际中关于 $u$ 的约束转化成关于 $v$ 的约束。由于关于新输入 $v$ 的约束是非线性且依赖于状态的，因而一般的二次规划方法仍然难以直接应用。由此采用近似处理非线性约束方法[151]，将第一步预测中确切的线性关系扩展到整个控制时域[152]，这种方法能最大限度地保证控制系统品质，实现系统的优化控制。

3. 仿真实验

采用 MATLAB/Simulink 仿真验证在电网电压不平衡条件下本节所构造的控制策略的有效性。图 4-34 为控制系统的结构图，系统的输入变量是转子电流的正、负序分量，采用基于输入输出反馈线性化模型预测控制得到转子电压。为了保证 $(dq)^+$ 及 $(dq)^-$ 坐标系的准确变换，利用锁相环(phase locked loop，PLL)技术将定子磁链锁相，从而检测出精确的转速 $\omega_s$ 以及相角 $\theta_s$。通过坐标变换，获得正负序坐标系下的定、转子电流以及磁链。仿真对象为额定功率为 4kW 的双馈发电机，系统参数为：$R_s = 0.02475\Omega$，$R_r = 0.0133\Omega$，$L_m = 0.01425\text{H}$，$L_s = 0.014534\text{H}$，$L_r = 0.014534\text{H}$，$J = 2.6\text{kg}\cdot\text{m}^2$，$p_n = 2$。约束量为 $-1 \leqslant u_r \leqslant 1$。选定预测时域 $N_p = 6$，控制时域 $N_c = 3$。

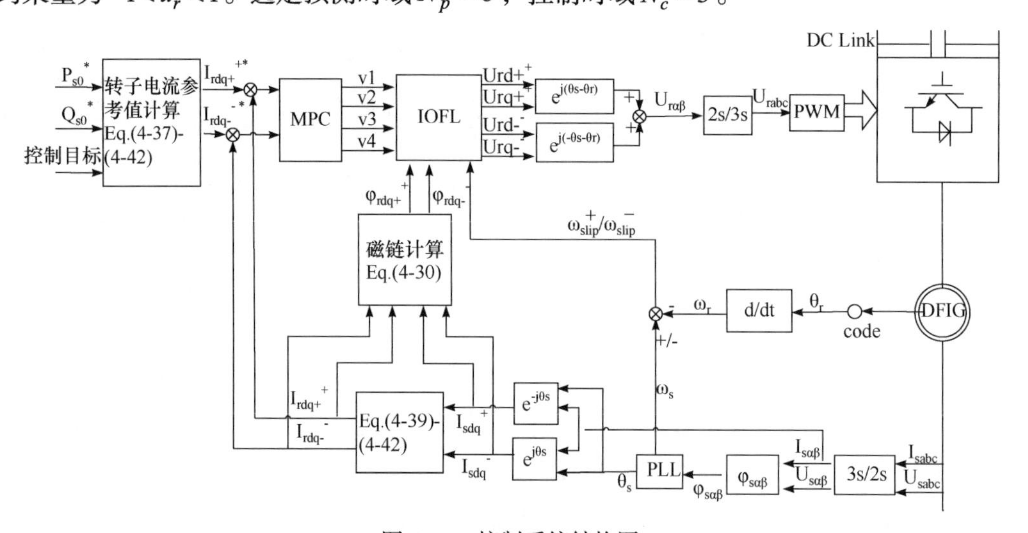


图 4-34　控制系统结构图

假设定子电压 A 相由于故障在 0.2s 时跌落了 16%，造成了电网电压的不平衡状况。采用传统矢量控制策略对双馈发电机在电网电压不对称情况下进行仿真，结果如图 4-35 所示。有功功率指令值为 2kW，无功功率指令值为–2kW；定子电压正序线电压有效值为 380V，负序线电压有效值为 15V；转子转速恒定为 1300r/min。定子电压在 0.2s 时加入了负序分量，在 0.8s 时恢复正常。从图 4-35 及图 4-36 中的仿真波形可以看出，电网电压出现了不对称畸变，有功功率及无功功率脉动均已经达到了 25%左右。

为了验证本节所提出的输入输出反馈线性化模型预测控制策略的有效性，分别基

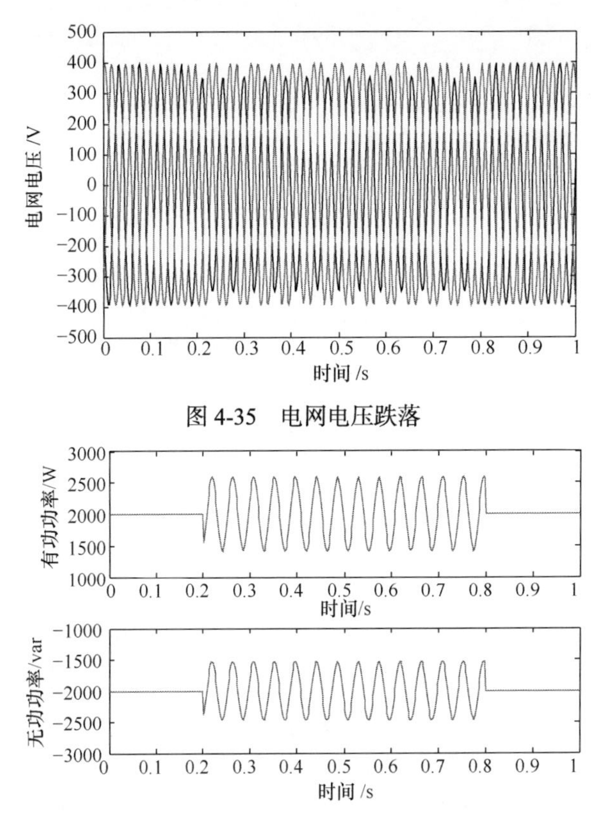


图 4-35　电网电压跌落

图 4-36　电网电压不平衡时有功、无功功率曲线

图 4-37～图 4-41 显示了第一个控制目标(4-55)下的仿真结果。从图 4-37 和图 4-38 可看出，转子两相电流及电压在出现不平衡波动后能很快调整，0.1s 内达到新的稳定状态；同时，转子的三相电流及电压波形保持基本对称，抑制了畸变。图 4-39 显示 0.2s 时刻发生不平衡后，系统能在约 0.05s 的时间使得功率直流分量依旧追踪设定值，有很好的跟踪性。图 4-40 显示具体的功率脉动系数的变化，从图中四个参数变化可以看出，当控制目标是消除有功功率脉动时，0.2s 后有功系数 $P_{s\sin2}$ 和 $P_{s\cos2}$ 均趋于 0，很好地达到了要求，此时无功系数 $Q_{s\sin2}$ 和 $Q_{s\cos2}$ 也较之前有了大幅度下降。

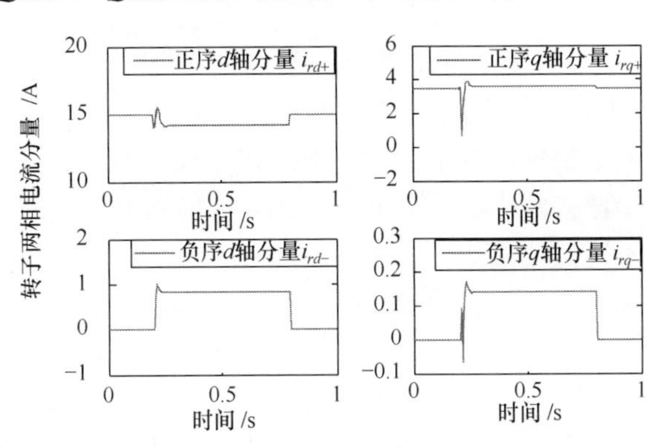

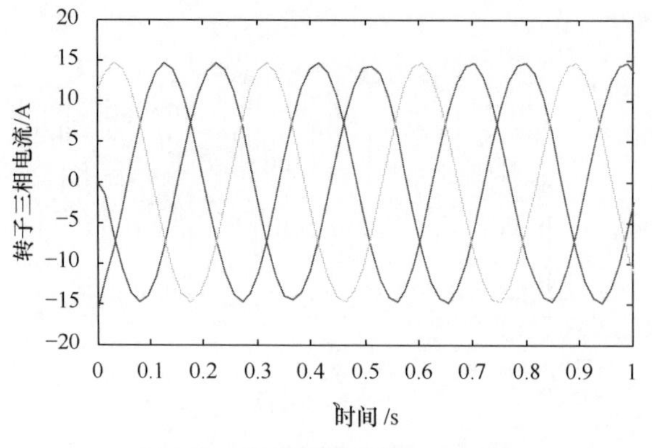


图 4-37　转子电流两相、三相图

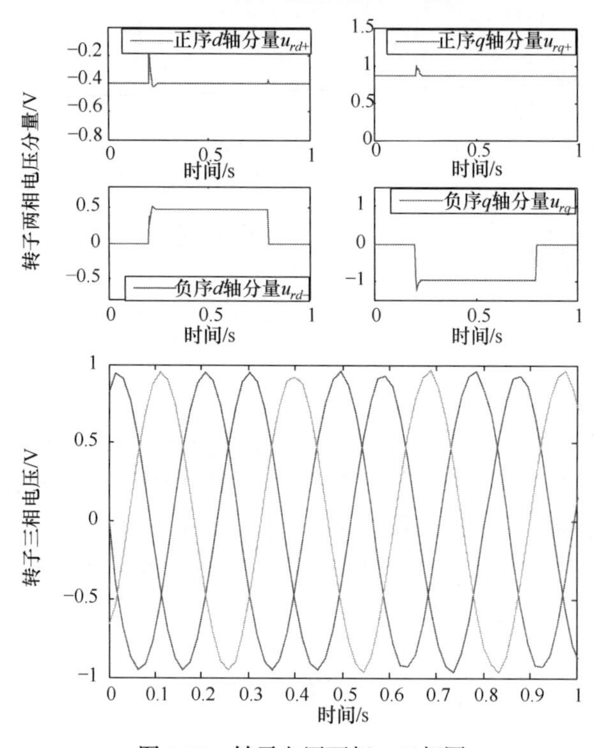


图 4-38　转子电压两相、三相图

序列二次规划(SQP)是一种常用的非线性优化技术。当系统处在电网不平衡状态时，将本节提出的 IOFL MPC 方法与序列二次规划方法以及传统比例积分(proportion-integral，PI)算法做比较。如图 4-41 所示，前两者的超调以及调节时间均比后者要小，且都能保证不违反约束。

在非线性预测控制系统中，提高预测时域可改善控制性能，但是相应的计算量也会呈指数增长。采用输入输出反馈线性化技术的目的是针对非线性双馈发电机快速系统构建高效模型预测控制器，即该非线性模型预测控制器能够在数毫秒的采样时间内完成优化过程。选取预测时域分别为 4、6、8、11 时，就 SQP 与 IOFL MPC 方法的控制性能和计算量两个方面进行比较，即考察整个仿真时域上输出值的误差平方和(SSE)以及所需的相

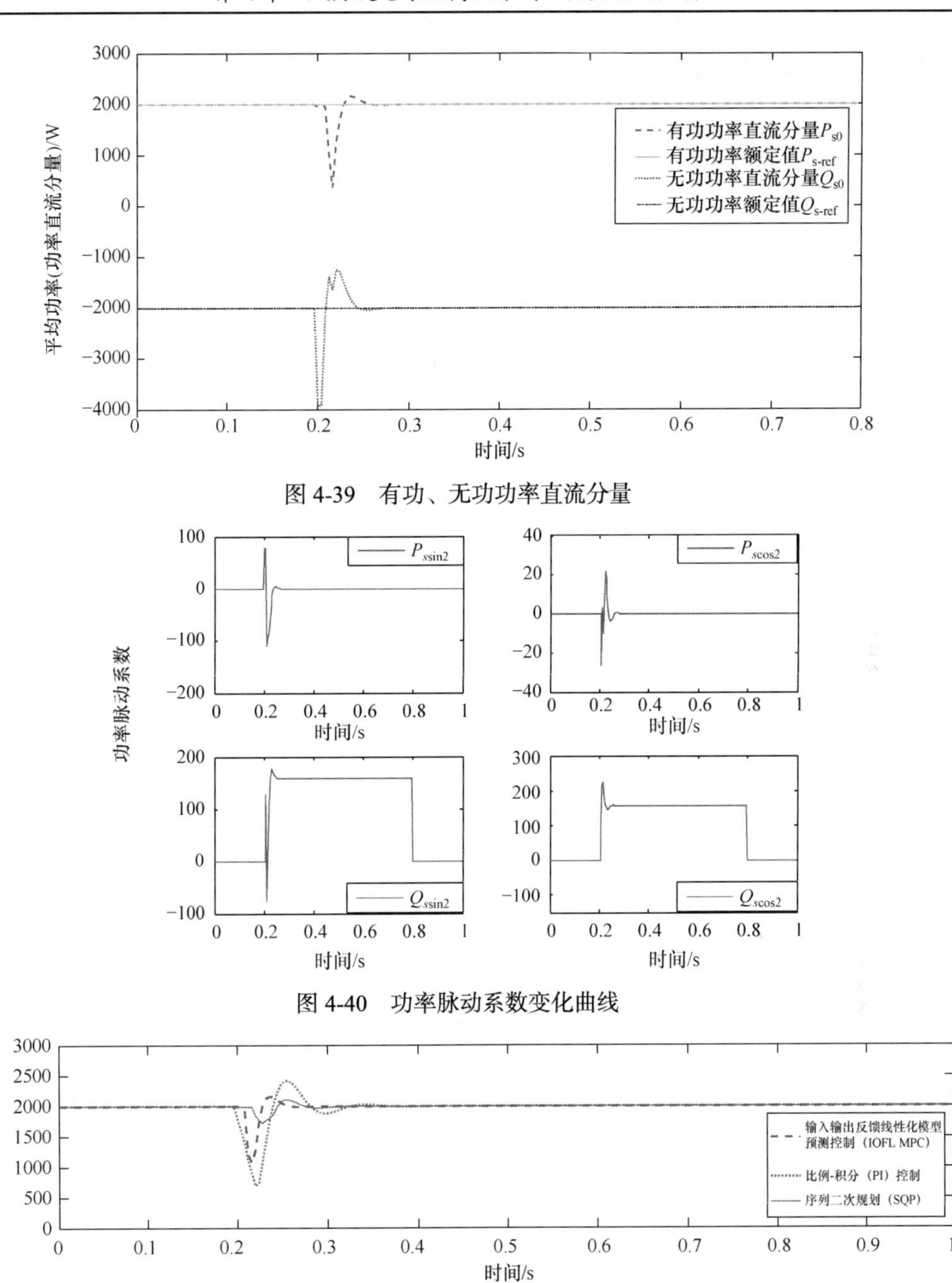


图 4-39　有功、无功功率直流分量

图 4-40　功率脉动系数变化曲线

无功功率/var

时间/s

图 4-41　三种不同控制策略下的定子有功、无功功率比较

对优化时间。定义 SSE：

$$\mathrm{SSE}=\sum\left(i_{rd^+}^{+\ *}-i_{rd^+}^{+}\right)^2+\left(i_{rq^+}^{+\ *}-i_{rq^+}^{+}\right)^2+\left(i_{rd^-}^{-\ *}-i_{rd^-}^{-}\right)^2+\left(i_{rq^-}^{-\ *}-i_{rq^-}^{-}\right)^2$$

从图 4-42 可以看出，两种控制方法的误差平方和曲线总体上有相似的走向。当预测时域增大时，二者的优化时间都相应增大，而 SQP 的增大速率要高于 IOFL MPC。当预测时域增加到一定值时，SQP 的优化时间首先超出采样周期，而本节所提出的 IOFL MPC 方法，允许采用更高的预测时域。综合考虑计算量与优化性能，IOFL MPC 方法更具有优势。

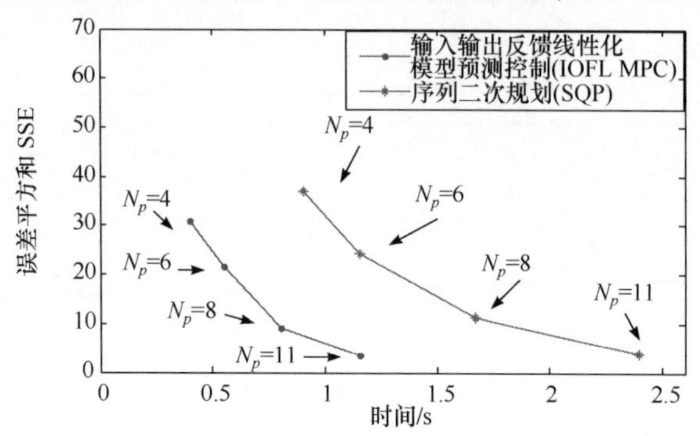


图 4-42　不同预测时域下 SQP 与 IOFL MPC 误差平方和

图 4-43～图 4-47 显示以消除无功功率脉动为控制目标的仿真结果。表 4-2 列出了在三种控制策略下，由式(4-55)及式(4-56)定义的目标函数值。从表中可以明显看出，本节提出的 IOFL MPC 策略效果最好。

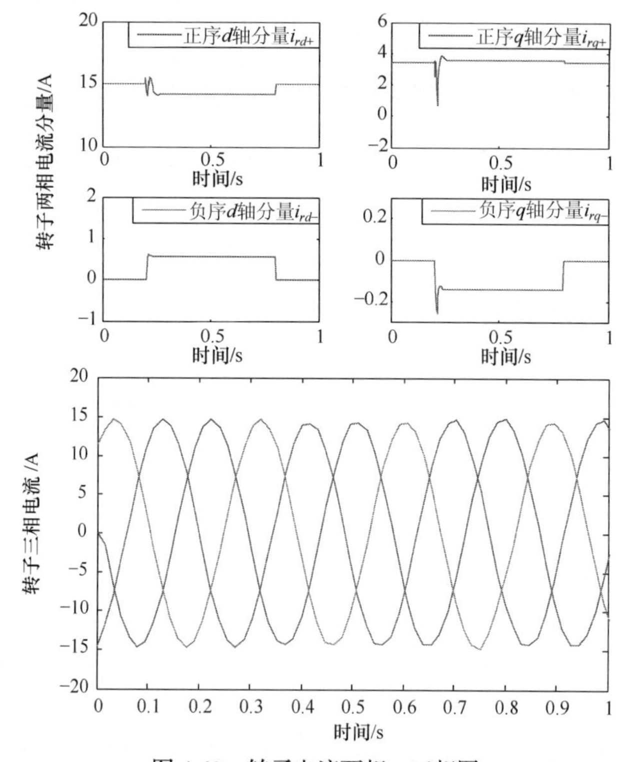


图 4-43　转子电流两相、三相图

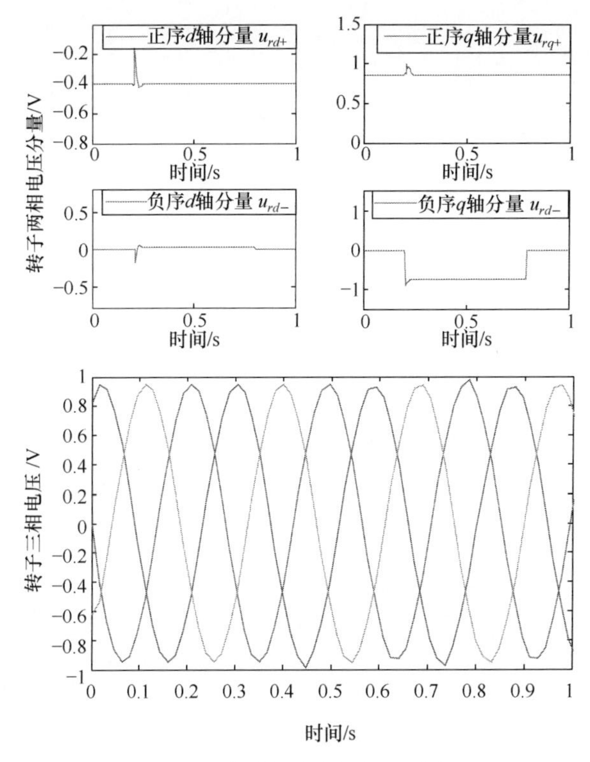


图 4-44　转子电压两相、三相图

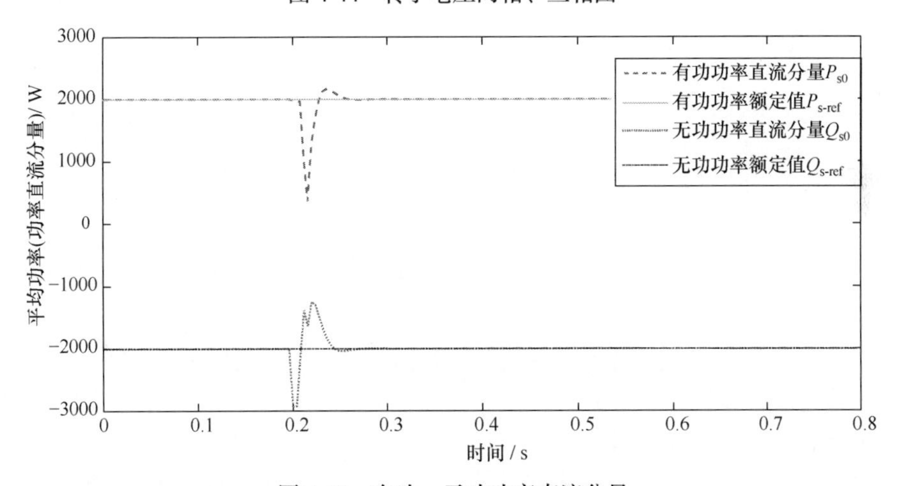


图 4-45　有功、无功功率直流分量

**表 4-2　目标函数值 $J$**

| 目标函数 $J$ | | 控制目标 1 | 控制目标 2 |
|---|---|---|---|
| 控制策略 | 比例积分 (PI) | 389.2 | 380.7 |
| | 二次序列规划(SQP) | 249.5 | 244.1 |
| | 输入输出反馈线性化模型预测控制 (IOFL MPC) | 215.2 | 210.4 |

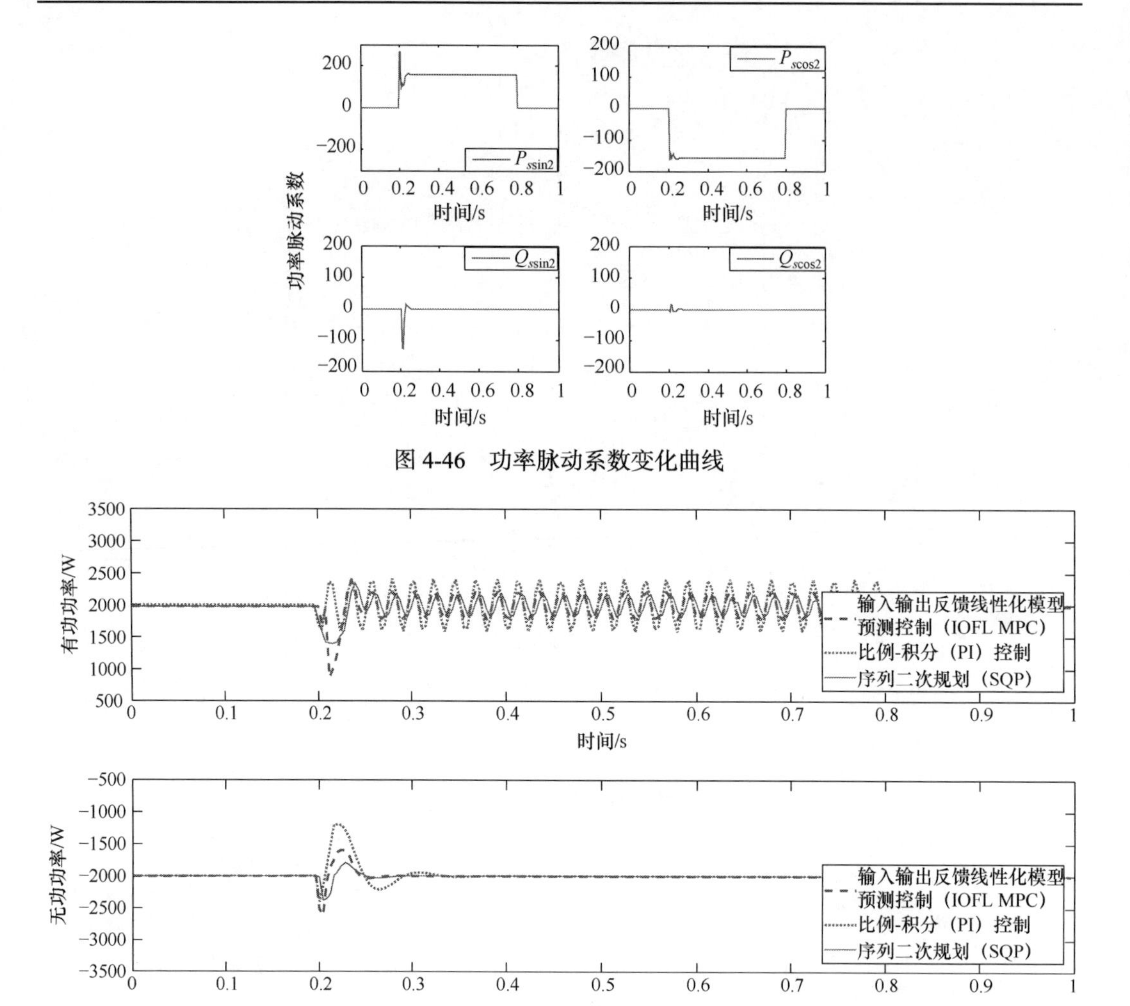


图 4-46　功率脉动系数变化曲线

图 4-47　三种不同控制策略下的定子有功、无功功率比较

# 4.2　永磁同步电机高效非线性模型预测控制

## 4.2.1　永磁同步电机控制背景

永磁同步电机(permanent magnet synchronous motor，PMSM)具有结构简单、效率高、功率因数高、转矩/重量比高、转动惯量低等优点，广泛应用于当今新能源领域的电动汽车、风力发电等系统中。永磁同步电机是一个多变量、非线性和强耦合性系统，且模型参数的不确定性、外部负载扰动以及端部效应等因素使得常规线性控制方法难以奏效。

因而，近年来发展了许多先进控制算法用来提高永磁同步电机的性能，包括免疫协同微粒群进化算法的永磁同步电机多参数辨识模型方法、基于神经网络的动态解耦控制、变结构滑模控制、自适应控制、模糊滑模转速控制以及鲁棒控制等。尽管这些先进算法不同程度地提高了永磁同步电机的控制性能，但实现高转速跟踪控制很容易产生转矩脉动，从而对电动机造成损害，还限制了其在一些要求高精度位置、速度控制系统中的应用。由于 MPC 能够直接处理系统的多变量和显示处理约束，国内外许多学者采用简化模型方法将 MPC 方法应用于永磁同步电机控制中。文献[160]采用了线性永磁同步电机模型，文献[161]将非线性永磁同步电机模型在局域点线性化，文献[162]将非线性永磁同步电机模型进行输入输出线性化。这些近似方法的共同目的就是运用 MPC 时避免求解非线性约束优化问题，降低在线计算量，但对于由此带来的模型近似及约束非线性问题没有充分考虑。

本节针对永磁同步电机采用输入输出反馈线性化实现非线性预测控制。在非线性约束条件下，构造收敛算法保证约束解的可行性。仿真结果表明，与现有的非线性预测控制相比较，本节提出的控制算法降低了在线计算量且具有很好的转速跟踪性能，能有效抑制转矩脉动，对负载扰动和参数变化不敏感，易于在线实施。

### 4.2.2 PMSM 非线性模型建立

在 PMSM 矢量控制中，定义定子磁链方向为 $d$ 轴，则 $dq$ 坐标下的等效电路如图 4-48 所示[161]。

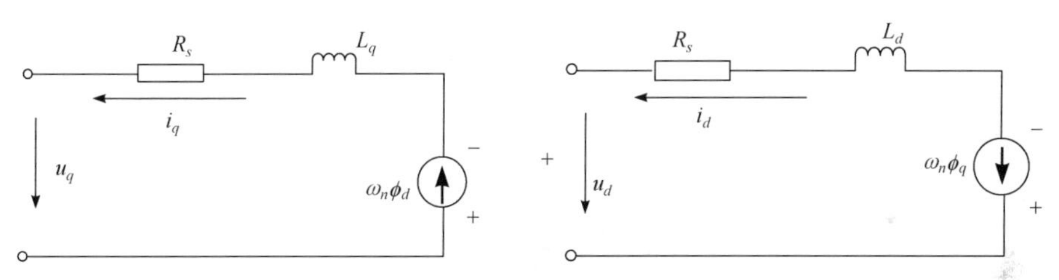


图 4-48　PMSM 的等效电路

图 4-48 中，$u_d$ 和 $u_q$ 分别是定子 $d$ 轴和 $q$ 轴上的电压分量，$i_d$ 和 $i_q$ 是定子 $d$ 轴和 $q$ 轴上的电流分量，$L_d$ 和 $L_q$ 分别是定子 $d$ 轴和 $q$ 轴上的电感分量，$R_s$ 是定子电阻，$\phi_d$ 和 $\phi_q$ 分别是 $d$ 轴和 $q$ 轴上的磁链分量，$\omega_n$ 是电角速度。

由图 4-48，定子磁链定向的 $dq$ 两相旋转坐标系下电压方程为

$$\begin{cases} u_d = R_s i_d + \mathrm{p}\phi_d - \omega_n \phi_q \\ u_q = R_s i_q + \mathrm{p}\phi_q + \omega_n \phi_d \end{cases} \tag{4-57}$$

其中，p 是微分算子。磁链方程为

$$\begin{cases} \phi_d = L_d i_d + \phi_f \\ \phi_q = L_q i_q \end{cases} \tag{4-58}$$

其中，$\phi_f$ 是永磁体的磁链。通常情况下，$\mathrm{p}\phi_f = 0$，即永磁体的磁链不发生变化。

PMSM 的电磁转矩 $T_e$ 表达式为

$$T_e = \frac{3}{2} P_n \left[ (L_d - L_q) i_d i_q + \phi_f i_q \right] \tag{4-59}$$

其中，$P_n$ 是电机的极对数。

PMSM 的永磁体多采用径向表面式分布，即 $L_d = L_q$，则 PMSM 的电磁转矩可简化为

$$T_e = \frac{3}{2} P_n \phi_f i_q \tag{4-60}$$

PMSM 的运动方程为

$$T_e = T_{\mathrm{L}} + B_m \omega_r + J\mathrm{p}\omega_r \tag{4-61}$$

其中，$T_{\mathrm{L}}$ 是负载转矩；$B_m$ 是黏滞摩擦系数；$J$ 是转动惯量；$\omega_r$ 是转子转速。

综合式(4-57)、式(4-58)和式(4-61)，可得到 PMSM 的偏微分模型方程：

$$\begin{cases} \mathrm{p}i_d = \left( u_d - R_s i_d + \omega_n L_q i_q \right) / L_d \\ \mathrm{p}i_q = \left( u_q - R_s i_q - \omega_n L_d i_d - \omega_n \phi_f \right) / L_q \\ \mathrm{p}\omega_r = \left( T_e - T_{\mathrm{L}} - B_m \omega_r \right) / J \end{cases} \tag{4-62}$$

其中，$\omega_n = P_n \omega_r$。

由式(4-62)可得 PMSM 的标准非线性状态空间模型：

$$\begin{cases} \dot{\bar{x}} = f(\bar{x}) + gu \\ y = \begin{bmatrix} i_d \\ \omega_r \end{bmatrix} = \begin{bmatrix} h_1(\bar{x}) \\ h_2(\bar{x}) \end{bmatrix} \end{cases} \tag{4-63}$$

其中

$$\bar{x} = \begin{bmatrix} i_d & i_q & \omega_r \end{bmatrix}^{\mathrm{T}}, \quad u = \begin{bmatrix} u_d & u_q \end{bmatrix}^{\mathrm{T}}$$

$$f(\bar{x}) = \begin{bmatrix} -\dfrac{R_s}{L_d} i_d + P_n \omega_r i_q \\ -\dfrac{R_s}{L_q} i_q - P_n \omega_r i_d - \dfrac{P_n \phi_f}{L_q} \omega_r \\ \dfrac{3 P_n \phi_f}{2J} i_q - \dfrac{B_m}{J} \omega_r - \dfrac{1}{J} T_{\mathrm{L}} \end{bmatrix}, \quad g = \begin{bmatrix} g_1 & g_2 \end{bmatrix} = \begin{bmatrix} \dfrac{1}{L_d} & 0 \\ 0 & \dfrac{1}{L_q} \\ 0 & 0 \end{bmatrix}$$

### 4.2.3　PMSM 状态反馈线性化

PMSM 的仿射型状态空间模型(4-63)为非线性模型，采用模型预测控制，需首先对

其实施输入输出反馈线性化[150]。对输出变量分别求李导数：

$$\begin{cases} L_{g_1}h_1(\bar{x}) = \dfrac{1}{L_d} \neq 0 \\ L_{g_2}h_2(\bar{x}) = 0 \\ L_f h_2(\bar{x}) = f_3(\bar{x}) \\ L_{g_2}L_f h_2(\bar{x}) = \dfrac{3P_n\phi_f}{2JL_q} \neq 0 \end{cases}$$

由于 $L_{g_1}h_1(\bar{x}) = \dfrac{1}{L_d} \neq 0$，$L_{g_2}L_f h_2(\bar{x}) = \dfrac{3P_n\phi_f}{2JL_q} \neq 0$，系统相对阶 $\gamma_1 = 1$，$\gamma_2 = 2$。因为 PMSM 的相对阶 $\gamma_1 + \gamma_2 = 3 = n$，其中 $n$ 为状态变量的个数，因此 PMSM 非线性状态空间模型可以精确线性化。如下选择一组新的状态变量：

$$\begin{aligned} x_1 &= h_1(\bar{x}) = i_d = \bar{x}_1 \\ x_2 &= h_2(\bar{x}) = \omega_r = \bar{x}_3 \\ x_3 &= L_f h_2(\bar{x}) = \frac{3P_n\phi_f}{2J}i_q - \frac{B_m}{J}\omega_r - \frac{1}{J}T_\mathrm{L} = \frac{3P_n\phi_f}{2J}\bar{x}_2 - \frac{B_m}{J}\bar{x}_3 - \frac{1}{J}T_\mathrm{L} \end{aligned} \tag{4-64}$$

非线性反馈线性控制律为

$$u = \begin{bmatrix} L_{g_1}h_1(\bar{x}) & L_{g_2}h_2(\bar{x}) \\ L_{g_1}L_f h_2(\bar{x}) & L_{g_2}L_f h_2(\bar{x}) \end{bmatrix}^{-1} \left( -\begin{bmatrix} L_f h_1(\bar{x}) \\ L_f^2 h_2(\bar{x}) \end{bmatrix} + v \right) \tag{4-65}$$

其中

$$\begin{bmatrix} L_{g_1}h_1(\bar{x}) & L_{g_2}h_2(\bar{x}) \\ L_{g_1}L_f h_2(\bar{x}) & L_{g_2}L_f h_2(\bar{x}) \end{bmatrix} = \begin{bmatrix} \dfrac{1}{L_d} & 0 \\ 0 & \dfrac{3P_n\phi_f}{2JL_q} \end{bmatrix},\quad L_f h_1(\bar{x}) = -\frac{R_s}{L_d}\bar{x}_1 + P_n\bar{x}_2\bar{x}_3$$

$$L_f^2 h_2(\bar{x}) = -\left(\frac{3P_n\phi_f R_s}{2JL_q} + \frac{3P_n\phi_f B_m}{2J^2}\right)\bar{x}_2 + \left(\frac{B_m^2}{J^2} - \frac{3P_n^2\phi_f^2}{2JL_q}\right)\bar{x}_3 - \frac{3P_n^2\phi_f}{2J}\bar{x}_1\bar{x}_3 + \frac{B_m}{J^2}T_\mathrm{L}$$

在新的状态变量 $x$ 和新的输入 $v$ 下，PMSM 的状态微分方程可写为

$$\begin{cases} \dot{x}_1 = \dot{y}_1 = v_1 \\ \dot{x}_2 = x_3 \\ \dot{x}_3 = \ddot{y}_2 = v_2 \end{cases}$$

将上式写成状态空间方程：

$$\begin{cases} \dot{x} = Ax + Bv = \begin{bmatrix} 0 & 0 & 0 \\ 0 & 0 & 1 \\ 0 & 0 & 0 \end{bmatrix} x + \begin{bmatrix} 1 & 0 \\ 0 & 0 \\ 0 & 1 \end{bmatrix} v \\ y = Cx = \begin{bmatrix} 1 & 0 & 0 \\ 0 & 1 & 0 \end{bmatrix} x \end{cases} \tag{4-66}$$

### 4.2.4 PMSM 的约束模型预测控制策略

1. PMSM 线性模型预测控制

PMSM 的非线性模型经过输入输出反馈线性化后得到的线性模型(4-66)可直接使用标准的模型预测控制策略[154]。对模型(4-66)进行离散化：

$$x(k+1) = A_d x(k) + B_d v(k) \tag{4-67}$$

$$y(k) = C_d x(k) \tag{4-68}$$

其中，矩阵 $A_d$ 、$B_d$ 和 $C_d$ 由 $A_d = \mathrm{e}^{AT}$ ，$B_d = \int_0^T \mathrm{e}^{At}\mathrm{d}t \cdot B$ ，$C_d = C$ 获得，$T = 0.1\mathrm{ms}$ 是采样周期。

定义状态增量 $\Delta x(k+1) = x(k+1) - x(k)$ ，$\Delta x(k) = x(k) - x(k-1)$ ，控制增量 $\Delta v(k) = v(k) - v(k-1)$。定义一组新的状态变量 $x_u(k) = \left[\Delta x(k)^{\mathrm{T}}\ y(k)^{\mathrm{T}}\right]^{\mathrm{T}}$，可得增广模型：

$$\begin{aligned} \overbrace{\begin{bmatrix} \Delta x(k+1) \\ y(k+1) \end{bmatrix}}^{x_u(k+1)} &= \overbrace{\begin{bmatrix} A_d & 0_{2\times3} \\ C_d A_d & I_{2\times2} \end{bmatrix}}^{A_u} \overbrace{\begin{bmatrix} \Delta x(k) \\ y(k) \end{bmatrix}}^{x_u(k)} + \overbrace{\begin{bmatrix} B_d \\ C_d B_d \end{bmatrix}}^{B_u} \Delta v(k) \\ y(k) &= \overbrace{\begin{bmatrix} 0_{2\times3} & I_{2\times2} \end{bmatrix}}^{C_u} \begin{bmatrix} \Delta x(k) \\ y(k) \end{bmatrix} \end{aligned} \tag{4-69}$$

PMSM模型中，$I_{2\times2}$ 是 $2\times2$ 的单位矩阵，$0_{2\times3}$ 是 $2\times3$ 的零矩阵。基于系统 $(A_u, B_u, C_u)$ 可计算出整个预测时域 $N_p$ 上的输出预测值为

$$Y = Fx_u(k) + \Phi\Delta V \tag{4-70}$$

其中

$$Y = \left[y(k+1|k)^{\mathrm{T}} \ \cdots \ y(k+N_p|k)^{\mathrm{T}}\right]^{\mathrm{T}}, \quad y(k+i|k) = \left[y_1(k+i|k) \ \ y_2(k+i|k)\right]^{\mathrm{T}}$$

$$\Delta V = \left[\Delta v(k)^{\mathrm{T}} \ \ \Delta v(k+1|k)^{\mathrm{T}} \ \cdots \ \Delta v(k+N_c-1|k)^{\mathrm{T}}\right]^{\mathrm{T}}$$

$$F=\begin{bmatrix} C_uA_u \\ C_uA_u{}^2 \\ C_uA_u{}^3 \\ \vdots \\ C_uA_u{}^{N_p} \end{bmatrix},\quad \varPhi=\begin{bmatrix} C_uB_u & 0 & 0 & \cdots & 0 \\ C_uA_uB_u & C_uB_u & 0 & \cdots & 0 \\ C_uA_u{}^2B_u & C_uA_uB_u & C_uB_u & \cdots & 0 \\ \vdots & \vdots & \vdots & & \vdots \\ C_uA_u{}^{N_p-1}B_u & C_uA_u{}^{N_p-2}B_u & C_uA_u{}^{N_p-3}B_u & \cdots & C_uA_u{}^{N_p-N_c}B_u \end{bmatrix}$$

同理，基于模型$(A_d,B_d,C_d)$可得整个控制时域$N_c$上状态预测值：

$$X=\tilde{A}\Delta V+\gamma \tag{4-71}$$

其中

$$X=\left[x(k)^{\mathrm{T}}\quad x(k+1|k)^{\mathrm{T}}\quad\cdots\quad x(k+N_c-1|k)^{\mathrm{T}}\right]^{\mathrm{T}}$$

$$\tilde{A}=\begin{bmatrix} 0 & 0 & \cdots & 0 \\ B_d & 0 & \cdots & 0 \\ (A_d+I)B_d & B_d & \cdots & 0 \\ \vdots & \vdots & & \vdots \\ \left(\sum\limits_{i=1}^{N_c-1}A_d{}^{i-1}\right)B_d & \left(\sum\limits_{i=1}^{N_c-2}A_d{}^{i-1}\right)B_d & \cdots & 0 \end{bmatrix},\quad \gamma=\begin{bmatrix} x(k) \\ x(k)+A_d\Delta x(k) \\ x(k)+\left(\sum\limits_{i=1}^{2}A_d{}^{i}\right)\Delta x(k) \\ \vdots \\ x(k)+\left(\sum\limits_{i=1}^{N_c-1}A_d{}^{i}\right)\Delta x(k) \end{bmatrix}$$

定义基于$\Delta V$的二次目标函数：

$$J=(R_s-Y)^{\mathrm{T}}(R_s-Y)+\Delta V^{\mathrm{T}}\bar{R}\Delta V \tag{4-72}$$

其中，$\bar{R}$是控制量增量$\Delta V$的权值矩阵；$R_s$是预测时域上的输出量参考值。将式(4-70)代入式(4-72)，优化目标函数为

$$J_{\min}=\frac{1}{2}\Delta V^{\mathrm{T}}H\Delta V+\eta^{\mathrm{T}}\Delta V \tag{4-73}$$

其中，$H=\varPhi^{\mathrm{T}}\varPhi+\bar{R},\eta=\varPhi^{\mathrm{T}}\left(-R_s+Fx_u(k)\right)$。

2. 控制电压约束优化解

在 PMSM 系统中，控制输入电压$u_d$和$u_q$的约束值和直流母线电压($V_{\mathrm{dc}}$)相关，且控制电压最大值经脉宽调制器(PWM)调节为$V_{\mathrm{dc}}/\sqrt{3}$，直流母线电压对输入电压最大值的约束可分解为

$$\begin{aligned} |u_q| &\leqslant \varepsilon\frac{V_{\mathrm{dc}}}{\sqrt{3}} \\ |u_d| &\leqslant \sqrt{1-\varepsilon^2}\frac{V_{\mathrm{dc}}}{\sqrt{3}} \end{aligned} \tag{4-74}$$

其中，$0<\varepsilon<1$。

在输入输出反馈线性化后，PMSM 的非线性模型的输入 $U$ 通过非线性状态反馈控制律(4-65)映射为预测控制器的输出$\Delta V$，不等式(4-65)中关于 $U$ 的原始线性不等式约束转换成关于$\Delta V$ 的非线性不等式约束。需要对非线性约束 $V$ 采用适当的线性化技术，从而使得新的优化问题仍能采用二次规划(QP)计算。

基于式(4-64)和式(4-65)，新的线性系统输入量和实际系统输入量的关系如下：

$$
\begin{aligned}
v_1 &= \frac{1}{L_d}u_d - \frac{R_s}{L_d}x_1 + \frac{2J}{3\phi_f}x_2x_3 + \frac{B_m}{3\phi_f}x_2{}^2 + \frac{2}{3\phi_f}T_{\mathrm{L}}x_2 \\
v_2 &= \frac{3P_n\phi_f}{2JL_q}u_q - \left(\frac{3P_n\phi_f R_s}{2JL_q} + \frac{3P_n\phi_f B_m}{2J^2}\right)\overline{x}_2 + \left(\frac{B_m^2}{J^2} - \frac{3P_n^2\phi_f^2}{2JL_q}\right)\overline{x}_3 - \frac{3P_n^2\phi_f}{2J}\overline{x}_1\overline{x}_3 + \frac{B_m}{J^2}T_{\mathrm{L}} \\
&= \frac{3P_n\phi_f}{2JL_q}u_q - \left(\frac{R_s}{L_q} + \frac{B_m}{J}\right)x_3 - \left(\frac{3P_n^2\phi_f^2}{2JL_q} + \frac{R_sB_m}{JL_q}\right)x_2 - \frac{3P_n^2\phi_f}{2J}x_1x_2 - \frac{R_s}{JL_q}T_{\mathrm{L}}
\end{aligned}
\tag{4-75}
$$

在 $k$ 时刻，要对未来控制时域 $N_c$ 上的实际对象控制量进行约束。因此将式(4-75)在控制时域 $N_c$ 上扩展：

$$
\begin{cases}
v_1(k) = \dfrac{1}{L_d}u_d(k) - \dfrac{R_s}{L_d}x_1(k) + \dfrac{2J}{3\phi_f}x_2(k)x_3(k) + \dfrac{B_m}{3\phi_f}x_2(k)^2 + \dfrac{2}{3\phi_f}T_{\mathrm{L}}x_2(k) \\
v_2(k) = \dfrac{3P_n\phi_f}{2JL_q}u_q(k) - \left(\dfrac{R_s}{L_q} + \dfrac{B_m}{J}\right)x_3(k) - \left(\dfrac{3P_n^2\phi_f^2}{2JL_q} + \dfrac{R_sB_m}{JL_q}\right)x_2(k) - \dfrac{3P_n^2\phi_f}{2J}x_1(k)x_2(k) - \dfrac{R_s}{JL_q}T_{\mathrm{L}}
\end{cases}
\tag{4-76}
$$

$$
\begin{cases}
v_1(k+1) = \dfrac{1}{L_d}u_d(k+1) - \dfrac{R_s}{L_d}x_1(k+1) + \dfrac{2J}{3\phi_f}x_2(k+1)x_3(k+1) + \dfrac{B_m}{3\phi_f}x_2(k+1)^2 + \dfrac{2}{3\phi_f}T_{\mathrm{L}}x_2(k+1) \\
v_2(k+1) = \dfrac{3P_n\phi_f}{2JL_q}u_q(k+1) - \left(\dfrac{R_s}{L_q} + \dfrac{B_m}{J}\right)x_3(k+1) - \left(\dfrac{3P_n^2\phi_f^2}{2JL_q} + \dfrac{R_sB_m}{JL_q}\right)x_2(k+1) \\
\qquad\qquad - \dfrac{3P_n^2\phi_f}{2J}x_1(k+1)x_2(k+1) - \dfrac{R_s}{JL_q}T_{\mathrm{L}}
\end{cases}
$$

$$\vdots$$

$$
\begin{cases}
v_1(k+N_c-1) = \dfrac{1}{L_d}u_d(k+N_c-1) - \dfrac{R_s}{L_d}x_1(k+N_c-1) + \dfrac{2J}{3\phi_f}x_2(k+N_c-1)x_3(k+N_c-1) \\
\qquad\qquad + \dfrac{B_m}{3\phi_f}x_2(k+N_c-1)^2 + \dfrac{2}{3\phi_f}T_{\mathrm{L}}x_2(k+N_c-1) \\
v_2(k+N_c-1) = \dfrac{3P_n\phi_f}{2JL_q}u_q(k+N_c-1) - \left(\dfrac{R_s}{L_q} + \dfrac{B_m}{J}\right)x_3(k+N_c-1) - \left(\dfrac{3P_n^2\phi_f^2}{2JL_q} + \dfrac{R_sB_m}{JL_q}\right)x_2(k+N_c-1) \\
\qquad\qquad - \dfrac{3P_n^2\phi_f}{2J}x_1(k+N_c-1)x_2(k+N_c-1) - \dfrac{R_s}{JL_q}T_{\mathrm{L}}
\end{cases}
\tag{4-77}
$$

由式(4-71)可以看出 $X$ 可写成 $\Delta V$ 的表达式，且

$$V=\begin{bmatrix} v(k) \\ v(k+1) \\ \vdots \\ v(k+N_c-1) \end{bmatrix}=\begin{bmatrix} I_{2\times 2} & & & & 0 \\ I & I & & & \\ I & I & I & & \\ \vdots & \vdots & \vdots & \ddots & \\ I & I & I & \cdots & I \end{bmatrix}\cdot\begin{bmatrix} \Delta v(k) \\ \Delta v(k+1) \\ \vdots \\ \Delta v(k+N_c-1) \end{bmatrix}+v(k-1)$$

式(4-76)和式(4-77)可在整个控制时域上写成如下矢量表达式：

$$U=G[\Delta V] \tag{4-78}$$

其中，$U=\left[u(k)^{\mathrm{T}} \quad u(k+1)^{\mathrm{T}} \quad \cdots \quad u(k+N_c-1)^{\mathrm{T}}\right]^{\mathrm{T}}$。

$v(k+i-1)$ 可写成如下形式：

$$v(k+i-1)=v(k-1)+\sum_{j=1}^{i}\Delta v(k+j-1),\ \ i=1,2,\cdots,N_c \tag{4-79}$$

$$\text{s.t.}\ \ \underline{v}\leqslant v\leqslant \bar{v} \tag{4-80}$$

其中，$\underline{v}$、$\bar{v}$ 代表 $v$ 的最小值和最大值，且 $\underline{v}$、$\bar{v}$ 是状态相关的。式(4-79)和式(4-80)联合可推出：

$$\underline{v}_{k+i-1}(x(k+i-1))-v(k-1)\leqslant\sum_{j=1}^{i}\Delta v(k+j-1)\leqslant\bar{v}_{k+i-1}(x(k+i-1))-v(k-1) \tag{4-81}$$

式(4-81)在整个控制时域上可写成矢量形式：

$$\varLambda^{\mathrm{T}}\Delta V(k)\leqslant c(X(\Delta V(k)))^{\mathrm{T}} \tag{4-82}$$

其中

$$\varLambda=\left[L^{\mathrm{T}} \quad -L^{\mathrm{T}}\right],\ \ L=\begin{bmatrix} 1 & 0 & & & & & 0 \\ 0 & 1 & & & & & \\ \vdots & \vdots & \ddots & & & & \\ 1 & 0 & 1 & 0 & \cdots & 1 & 0 \\ 0 & 1 & 0 & 1 & \cdots & 0 & 1 \end{bmatrix}$$

$$c=\left[(\bar{v}_k-v(k-1))^{\mathrm{T}} \ \cdots \ (\bar{v}_{k+N_c-1}-v(k-1))^{\mathrm{T}} \ \ (v(k-1)-\underline{v}_k)^{\mathrm{T}} \ \cdots \ (v(k-1)-\underline{v}_{k+N_c-1})^{\mathrm{T}}\right]^{\mathrm{T}}$$

基于式(4-78)中 $\Delta V$ 和 $U$ 的关系，式(4-82)可写成如下形式：

$$\varLambda^{\mathrm{T}}\Delta V(k)\leqslant c(X(\Delta V(U(k))))^{\mathrm{T}} \tag{4-83}$$

优化问题可归结为在约束(4-83)下，使目标函数(4-73)最小。在实际约束范围内选取

初始值，采用迭代 QP 算法求此非线性预测控制优化解。

如果初始值选得恰当，迭代二次规划路径能有效解决优化问题。然而，它本质上难以保证可行解的收敛性，为此需增加以下算法以保证可行解的收敛性[28,44]。

假定工作点为$U_0$，对式(4-78)进行泰勒展开并忽略高阶项：

$$U = U_0 + g\left[\Delta V_0\right]\left(\Delta V - \Delta V_0\right) \tag{4-84}$$

其中，$U_0$是初始给定工作点；$\Delta V_0 = G^{-1}\left(U_0\right)$，矩阵$g\left[\Delta V_0\right]$是$\dfrac{\partial U}{\partial \Delta V}$在$U_0$点的雅可比矩阵。定义$M = g\left[\Delta V_0\right]$，$m_0 = U_0 - g\left[\Delta V_0\right] \times \Delta V_0$。基于式(4-74)中 PMSM 的实际约束可写成：

$$\underline{U} \leqslant M\Delta V + m_0 \leqslant \bar{U} \tag{4-85}$$

其中

$$\underline{U} = \begin{bmatrix} -\sqrt{1-\varepsilon^2}\dfrac{V_{\mathrm{dc}}}{\sqrt{3}} & -\varepsilon\dfrac{V_{\mathrm{dc}}}{\sqrt{3}} & \cdots & -\sqrt{1-\varepsilon^2}\dfrac{V_{\mathrm{dc}}}{\sqrt{3}} & -\varepsilon\dfrac{V_{\mathrm{dc}}}{\sqrt{3}} \end{bmatrix}_{1\times 2N_c}^{\mathrm{T}}$$

$$\bar{U} = \begin{bmatrix} \sqrt{1-\varepsilon^2}\dfrac{V_{\mathrm{dc}}}{\sqrt{3}} & \varepsilon\dfrac{V_{\mathrm{dc}}}{\sqrt{3}} & \cdots & \sqrt{1-\varepsilon^2}\dfrac{V_{\mathrm{dc}}}{\sqrt{3}} & \varepsilon\dfrac{V_{\mathrm{dc}}}{\sqrt{3}} \end{bmatrix}_{1\times 2N_c}^{\mathrm{T}}$$

为了解决收敛问题，PMSM 的优化问题可以改为

$$J_{\min} = \frac{1}{2}\Delta V^{\mathrm{T}} H \Delta V + \eta^{\mathrm{T}}\Delta V \tag{4-86}$$

且满足线性约束：

$$\underline{U} \leqslant M^{\alpha}\Delta V + {m_0}^{\alpha} \leqslant \bar{U} \tag{4-87}$$

其中，$M^{\alpha} = \dfrac{1}{\alpha} g\left[\Delta V_0\right]$，${m_0}^{\alpha} = U_0 - \dfrac{1}{\alpha} g\left[\Delta V_0\right] \times \Delta V_0$。

以上保证收敛性的迭代算法步骤可归纳如下。

Step1：$i = 0$，在实际约束范围内初始化$U_0$。其中，$N = 10$，$\lambda = 0.75$。

Step2：如果$N - i < 0$，转Step6。

Step3：在$U_i$点优化求解$\Delta V_{i+1}^{*} = \underset{\Delta V}{\arg\min}\, J_{\min}\left(\Delta V\right)$，满足约束$\Lambda^{\mathrm{T}}\Delta V\left(k\right) \leqslant c\left(X\left(\Delta V\left(U_i\left(k\right)\right)\right)\right)^{\mathrm{T}}$。

Step4：计算$c\left(X\left(\Delta V\left(U_{i+1}\left(k\right)\right)\right)\right)^{\mathrm{T}}$，其中$U_{i+1}\left(k\right) = G\left[\Delta V_{i+1}^{*}\right]$。

Step5：检验$\Lambda^{\mathrm{T}}\Delta V_{i+1}\left(k\right) \leqslant c\left(X\left(\Delta V\left(U_{i+1}\left(k\right)\right)\right)\right)^{\mathrm{T}}$是否成立，如成立，迭代结束；否则，$i = i + 1$，转Step2。

Step6：$U_0 = U_{i+1}$，$\Delta V_0 = G^{-1}\left[U_0\right]$，$\alpha_{i-1} = 1$，根据定义求出$M$和$m_0$。

Step7：减小系数 $\alpha_i = \alpha_{i-1} \times \lambda$ 。

Step8：优化求解 $\Delta V_{i+1}^{*} = \arg\min_{\Delta V} J_{\min}(\Delta V)$ ，满足约束 $\underline{U} \leqslant M^{\alpha}\Delta V + m_0^{\alpha} \leqslant \bar{U}$ 。

Step9： $U_{i+1}(k) = G\left[\Delta V_{i+1}^{*}\right]$ ，如果 $\left(\underline{U} \leqslant U_{i+1} \leqslant \bar{U}\right)$ 成立，则迭代结束；否则， $i = i+1$ ，转Step7。

### 4.2.5　仿真结果

仿真中首先将本节提出的 IOFL MPC 方法与近年来永磁同步电机广泛采用的两种高效预测控制方法进行对比。

方法 1：局部模型线性化的预测控制策略[161]。

方法 2：基于反馈线性化的非线性约束预测控制策略[162]。

PMSM系统参数选择如下[161]：PMSM极对数 $p_n = 2$ ，转动惯量 $J = 0.47\text{kg}\cdot\text{cm}^2$ ，黏滞摩擦系数 $B_m = 1.1\times10^{-4}$ ，定子 $d$ 轴和 $q$ 轴上的电感分量 $L_d = L_q = 7.0\text{mH}$ ，定子电阻 $R_s = 2.98\Omega$ ，永磁体的磁链 $\phi_f = 0.125\text{Wb}$ ，直流母线电压 $V_{\text{dc}} = 100\text{V}$ ，额定负载转矩 $T_{\text{L}} = 2\text{N}\cdot\text{m}$ 。

首先，在永磁同步电机空载情况下进行仿真研究，选择控制时域 $N_c = 3$ ，预测时域 $N_p = 7$ ，约束分解系数 $\varepsilon = 0.9$ 。转速给定值为 1000r/min，定子电流 $d$ 轴分量 $i_d$ 为 0。三种控制算法的转速阶跃响应如图 4-49 所示。三种控制方法的控制性能可从控制精度( $\text{SSE} = \sum (i_d - i_d^{*})^2 + (\omega_r - \omega_r^{*})^2$ ， $i_d^{*}$ 、 $\omega_r^{*}$ 为期望输出)和计算负担两个方面做全面比较，列于表 4-3。由图 4-49 和表 4-3 可知，IOFL MPC 方法跟踪效果好，响应快且超调小，可以使转速在 5ms 左右达到给定值。方法 2 采用输入输出反馈线性化后使得系统整体呈线性，但系统约束为非线性，约束求解采用了非线性优化中的内点法，计算量仍然较大。方法 1 在每一点都采用局部模型线性化方法，计算量大大降低，控制性能稍有下降。

**表 4-3　$N_c = 3, N_p = 7$ 时三种控制方法的性能比较**

| 方法 | 计算负担(相对采样时间的 cputime) | 输出误差平方和(SSE) |
|---|---|---|
| IOFL MPC | 0.5213 | $6.97\times10^6$ |
| 方法 1 | 0.3976 | $7.78\times10^6$ |
| 方法 2 | 0.9542 | $7.1596\times10^6$ |

图 4-50 是三种控制策略下的控制量 $u_q$ 的响应对比，这三种控制策略下的控制量 $u_q$ 都满足约束。图 4-51 显示 IOFL MPC 策略中每步优化的迭代次数，在初始时刻迭代次数最大为 33 次，但随后迅速收敛，最后仅需 1 次。

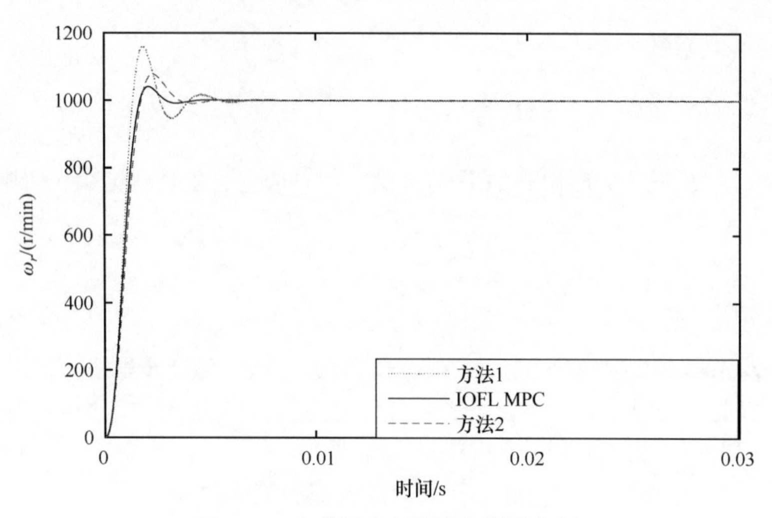


图 4-49　永磁同步电机转速阶跃响应

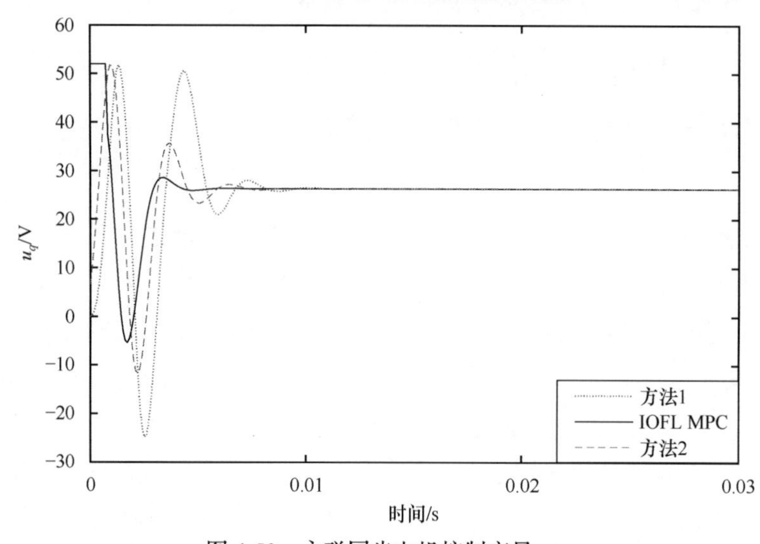


图 4-50　永磁同步电机控制变量 $u_q$

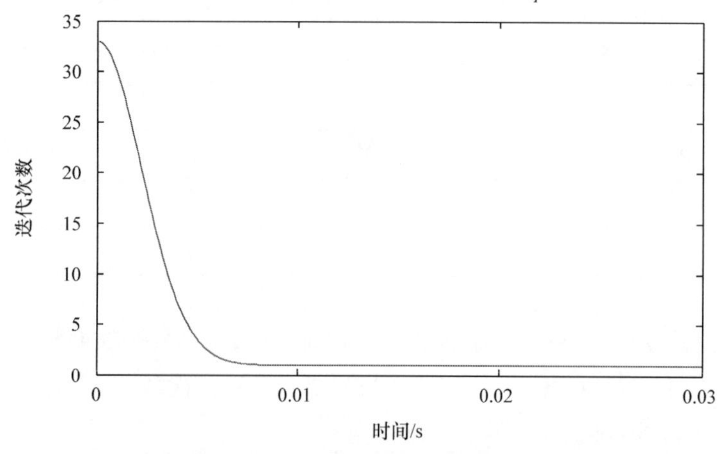


图 4-51　IOFL MPC 中每步优化迭代次数

本节构造的 IOFL MPC 策略，其本质是采用迭代二次规划方法求解线性优化问题，而非线性模型预测控制的通用方法是采用序列二次规划方法。以下就控制性能和计算负担两个方面对两种控制策略进行比较，即考察整个时域上输出误差平方和以及所需的相对优化时间。预测控制系统中，随着预测时域的增大，控制性能得到提高，但是相应的计算负担也增大较多，对于永磁同步电机这样的快过程难以在线实施。这反映了非线性预测控制中改善控制性能与减小计算负担之间的矛盾。表 4-4 显示了不同预测时域下两种控制策略的对比结果。两种控制策略在整个预测时域上都得到了可行解，它们的闭环控制性能相似，随着预测时域的增大，SQP 策略的计算时间增大较明显，本节所提出的 IOFL MPC 策略计算时间增加较少，这归因于有效的迭代过程。从图 4-52 可明显看出，综合考虑计算负担和控制性能，本节提出的 IOFL MPC 策略优于 SQP 策略。

**表 4-4　不同控制时域下 SQP 和 IOFL MPC 的控制性能比较**

| 预测时域 | 计算负担(相对采样时间的 cputime) | | 输出误差平方和(SSE) | |
|---|---|---|---|---|
| | IOFL MPC | SQP | IOFL MPC | SQP |
| 5 | 0.3125 | 0.8513 | $7.01\times10^{-6}$ | $7.14\times10^{-6}$ |
| 7 | 0.5213 | 1.3624 | $6.97\times10^{-6}$ | $7.03\times10^{-6}$ |
| 10 | 0.9487 | 2.0089 | $6.92\times10^{-6}$ | $6.98\times10^{-6}$ |
| 13 | 1.4316 | 2.7350 | $6.84\times10^{-6}$ | $6.87\times10^{-6}$ |

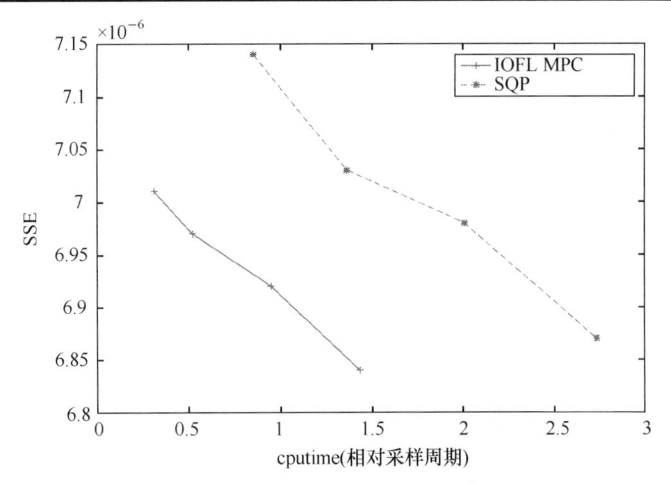


图 4-52　两种控制策略控制性能比较图

在实际系统中，永磁同步电机的负载会频繁变化。为了测试负载变化对系统性能的影响，设定转速参考值为 1000r/min，在 0.03s，电机由空载上升到额定负载的 50%并保持。测试结果如图 4-53 和图 4-54 所示。图 4-53 为系统负载变化时永磁同步电机的转速响应曲线，从图中可以看出负载变化对转速响应影响很小。图 4-54 为系统负载变化情况下控制量 $u_q$ 的响应曲线，可以看出控制量的波动时间较短，且满足约束。

在实际系统中，永磁同步电机的诸多参数受环境因素影响，例如，定子中的电阻和电感会随环境温度的变化而变化。为了测试参数( $L_d$ , $L_q$, $R_s$, $J$ , $B_m$ )变化对系统性能的影响，在空载情况下，设定转速参考值为1000r/min，在0.03s，定子电感$L_d$和$L_q$及定子电阻$R_s$增加20%，在0.06s，转动惯量$J$和黏滞系数$B_m$上升20%。测试结果如图4-55、图4-56所示。图4-55为系统参数变化情况下永磁同步电机的转速响应曲线，从图中可以看出参数扰动对转速响应影响很小，本节设计的IOFL MPC具有很好的鲁棒性。图4-56为系统参数变化情况下控制量$u_q$的响应曲线，可以看出控制量的波动时间较短，且满足约束。

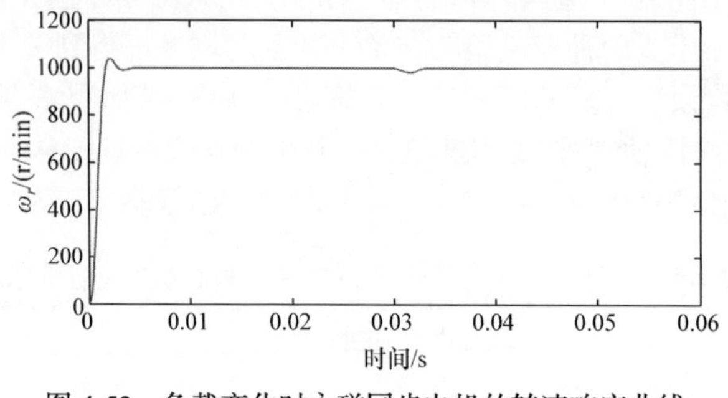


图4-53　负载变化时永磁同步电机的转速响应曲线

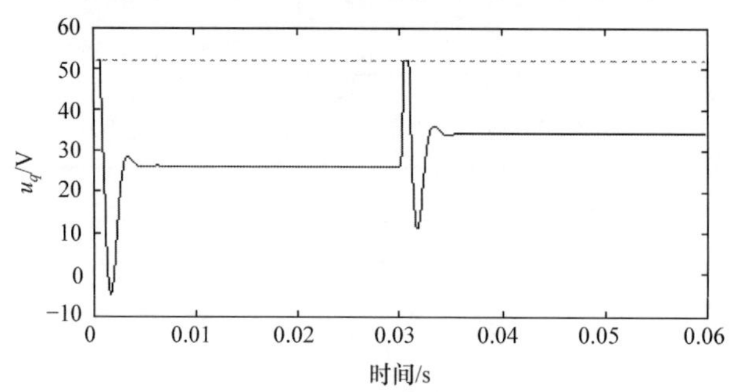


图4-54　负载变化时控制量$u_q$

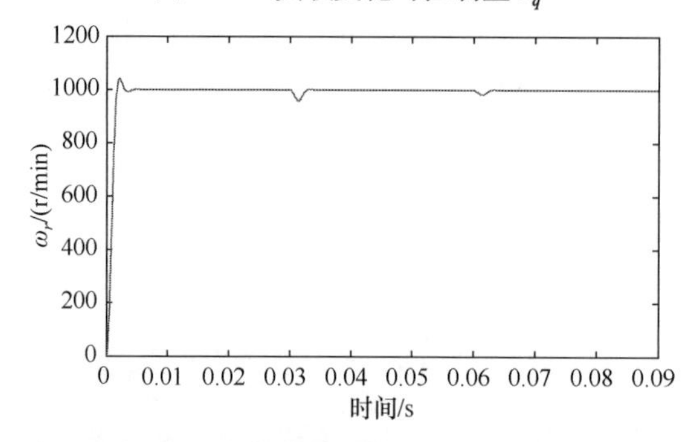


图4-55　系统参数变化时转速响应曲线

永磁同步电机实现转速跟踪控制的同时很容易产生转矩脉动，不仅对电动机造成损害，还限制了其在一些要求高精度的位置、速度控制系统中的应用。以下将本节的方法与现今较为流行的变结构滑模控制方法进行对比。滑模面的设计如下：设定转速给定值为$\omega_r^*$，定义误差状态为$e_\omega=\omega_r^*-\omega_r$，则转速误差系统的方程为$\dot{e}_\omega=\dot{\omega}_r^*-\left(\frac{3}{2}p_n\phi_f i_q-T_\mathrm{L}-B_m\omega_r\right)/J$。非奇异终端滑模面为$l_\omega=e_\omega+\gamma_1\dot{e}_\omega^{\,p_1/q_1}$，式中，$\gamma_1>0$，$p_1$、$q_1$

为奇数且$1 < p_1 / q_1 < 2$。

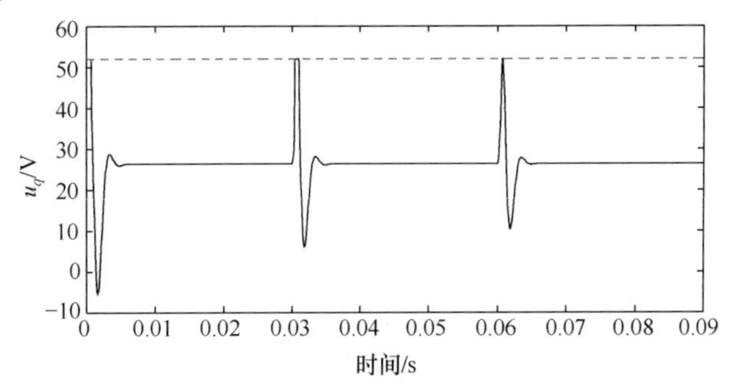


图 4-56　系统参数变化时控制量 $u_q$

图 4-57～图 4-59 显示在空载情况下转速阶跃变化时两种方法的控制效果。模型预测控制作为一种基于模型的约束优化控制技术，有效约束了控制电压，从而抑制转矩脉动，提高电机运行效率。

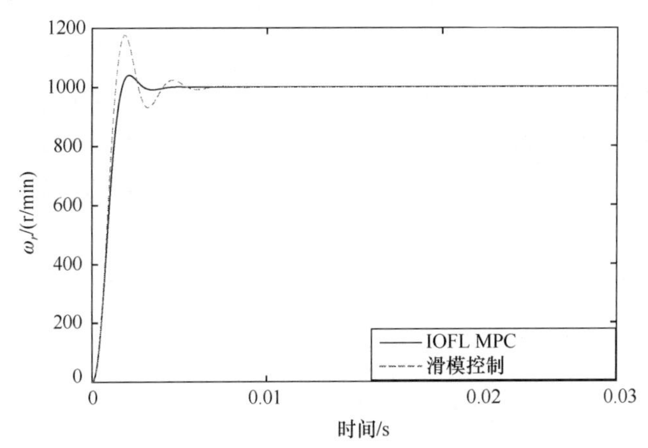


图 4-57　永磁同步电机转速阶跃响应

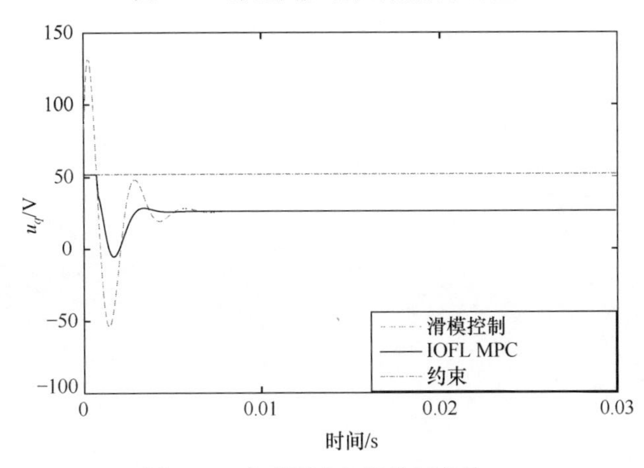


图 4-58　永磁同步电机控制变量 $u_q$

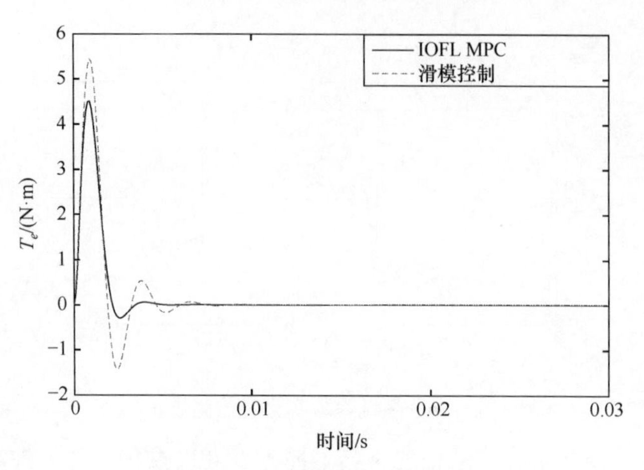


图 4-59　永磁同步电机转矩 $T_e$

## 4.3　本 章 小 结

模型预测控制作为在工业过程控制领域有效的先进控制技术，在应用于风力发电系统快速过程时遇到了巨大挑战，尤其当双馈风力发电机和永磁同步发电机都显示出强非线性时，不仅使得寻优过程为非凸问题，而且控制系统的实时性难以保证。运用输入输出反馈线性化，避免了复杂的非线性非凸优化问题，构造高效非线性模型预测控制，不仅提高了电机优化控制性能，有效减小了电磁转矩脉动，而且为更广泛的一类快速过程控制提供了有效的解决途径。

# 第 5 章　火力发电机组的非线性模型预测控制

模型预测控制自 20 世纪 70 年代诞生以来，主要应用领域为石油冶炼和化工过程。针对电力生产过程开展模型预测控制(model predictive control，MPC)的应用研究，始于 20 世纪 90 年代。国际上公认的最早开展的研究工作是英国贝尔法斯特大学 Hogg 教授课题组，该课题组于 1991 年成功构造了多回路广义预测控制[109]，相关的研究成果发表在国际能源领域的旗舰期刊 *IEEE Transactions on Energy Conversion* 上。随后该研究团队逐渐发展了基于神经网络的约束多变量远程预测控制[110]以及分层控制策略等[111]。

在火力发电厂中，由于负荷的循环变换导致过程动态变化和系统非线性，采用常规的非线性预测模型会使在线动态优化问题成为非凸优化问题，进而导致难以找到全局最优解甚至优化问题不可行。此外，非线性优化问题计算量庞大，尤其当预测时域增加时，其计算量将呈指数增加。当时，Hogg 教授课题组并没有很好地解决这些难题。

尽管火力发电机组的动态特性呈现非线性特征，其非线性机理仍然遵循一定的规律，即非线性动态特性依赖于负荷变化。随后发展起来的针对火电机组依据实时运行工况的模糊建模方法，为从本质上解决非线性模型预测控制的非凸优化问题提供了有效的路径。本章前半部分针对 160MW 燃油火电机组，构造基于模糊模型的非线性模型预测迭代学习控制；后半部分针对 1000MW 超超临界机组，构造基于模糊神经网络的分级递阶非线性模型预测控制。

## 5.1　基于模糊模型的非线性模型预测迭代学习控制

迭代学习控制(iterative learning control, ILC)作为一种智能学习机制被广泛应用于机器人领域[163]和间歇化工过程中[164]。该方法仿效人类重复学习策略，利用过去系统输出与期望输出的偏差修正控制信号，使系统的跟踪性能得以提高。ILC 采用离线的学习方式，不依赖于动态系统的精确数学模型，能有效处理不确定、强耦合、非线性的复杂系统，而且只需较少的先验知识和计算量。

模型预测迭代学习控制(model predictive iterative learning control, MPILC)[165]将基于 MPC 框架的反馈设计引入 ILC 中，利用 ILC 消除来自前一次迭代过程的持续性误差，并通过 MPC 在时间方向上抑制实时干扰。

针对非线性工业过程，现有的 MPILC 方法通常在某一特定工况点附近将误差轨迹方程线性化(通常采用泰勒展开)。该方法对动态特性变化较慢的非线性系统较为有效。然而大多数工业对象的动态特性会在大范围工况下频繁变化。由此产生的模型误差就不可避免地带来附加干扰，从而影响系统的跟踪性能。

因此，在 MPILC 设计过程中必须从理论上考虑系统的非线性以克服模型失配问题。

Takagi-Sugeno(T-S)模糊模型[166]能以任意精度逼近非线性系统，它由 IF-THEN 模糊规则描述，其每条规则代表了非线性系统的一种局部输入-输出关系。本节针对火力发电过程，建立基于模糊建模技术的非线性模型预测迭代学习控制(nonlinear MPILC, NMPILC)方法。以火电厂负荷变量为规则的前件输入，建立不同工作点的局域模型，通过模糊规则合成 T-S 模型，再基于模糊模型设计 NMPILC 控制器。基于模糊模型的 NMPILC 方法能有效提高发电系统在大范围运行工况下的负荷跟踪性能。

### 5.1.1 T-S 过程模型的描述

考虑多输入多输出的非线性离散系统，输入输出维数分别为$n_u$和$n_y$，系统包含$N$个采样点。系统的输入输出关系可写成如下形式：

$$\boldsymbol{y}=\boldsymbol{F}(\boldsymbol{u},\boldsymbol{d}) \tag{5-1}$$

其中，$\boldsymbol{F}$代表非线性函数；$\boldsymbol{y}$、$\boldsymbol{u}$、$\boldsymbol{d}$分别代表输出、输入和扰动。定义输入、输出和干扰序列为如下形式：

$$\begin{aligned}\boldsymbol{u}&\triangleq\left[u^{\mathrm{T}}(0)\ \ u^{\mathrm{T}}(1)\ \ \ldots\ \ u^{\mathrm{T}}(N-1)\right]^{\mathrm{T}}\in\mathbb{R}^{n_uN}\\ \boldsymbol{y}&\triangleq\left[y^{\mathrm{T}}(1)\ \ y^{\mathrm{T}}(2)\ \ \ldots\ \ y^{\mathrm{T}}(N)\right]\in\mathbb{R}^{n_yN}\\ \boldsymbol{d}&\triangleq\left[d^{\mathrm{T}}(1)\ \ d^{\mathrm{T}}(2)\ \ \ldots\ \ d^{\mathrm{T}}(N)\right]\in\mathbb{R}^{n_yN}\end{aligned} \tag{5-2}$$

非线性函数$\boldsymbol{F}$可由 T-S 模糊模型建模得到：

$$\begin{aligned}&R^i:\text{If } Z_1(t) \text{ is } A_{i1} \text{ and } \cdots \text{and } Z_p(t) \text{ is } A_{ip},\\ &\text{then}\quad \boldsymbol{y}^i=\boldsymbol{G}^i\boldsymbol{u}-\boldsymbol{P}^i,\quad i=1,2,\cdots,r\end{aligned} \tag{5-3}$$

其中，$\boldsymbol{P}^i$代表第$i$个子模型中干扰、偏差和测量噪声的综合效应；$r$是模糊规则的最大数值；$\boldsymbol{G}^i$为第$i$个线性子系统对应的脉冲响应系数矩阵，描述如下：

$$\boldsymbol{G}^i=\begin{bmatrix}g^i_{1,0} & 0 & \ldots & 0\\ g^i_{2,0} & g^i_{2,1} & \ldots & 0\\ \vdots & \vdots & \ddots & 0\\ g^i_{N,0} & \cdots & \cdots & g^i_{N,N-1}\end{bmatrix}\in\mathbb{R}^{n_yN\times n_uN}$$

其中，$g^i_{p,q}\in\mathbb{R}^{n_y\times n_u}$表示在$q$时刻单位脉冲输入作用下$p$时刻的输出脉冲响应系数矩阵。

系统的输出可表示为

$$\boldsymbol{y}=\frac{\sum_{i=1}^{r}w_i(z(t))\boldsymbol{y}^i}{\sum_{i=1}^{r}w_i(z(t))} \tag{5-4}$$

其中

$$z(t)=(z_1(t),\cdots,z_p(t)) \tag{5-5}$$

$$w_i\left(z(t)\right)=\prod_{j=1}^{p}A_{ij}\left(z_j(t)\right) \tag{5-6}$$

令

$$h_i\left(z(t)\right)=\frac{w_i\left(z(t)\right)}{\sum_{i=1}^{r}w_i\left(z(t)\right)} \tag{5-7}$$

并且有 $w_i(z(t))\geqslant 0$ ，$\sum_{i=1}^{r}w_i(z(t))>0$ ，$h_i(z(t))\geqslant 0$ ，$\sum_{i=1}^{r}h_i(z(t))=1$ ，$i=1,2,\cdots,r$ 。

根据式(5-3)～式(5-7)，可得到

$$\boldsymbol{y}=\frac{\sum_{i=1}^{r}w_i\left(z(t)\right)\boldsymbol{y}^i}{\sum_{i=1}^{r}w_i\left(z(t)\right)}=\sum_{i=1}^{r}h_i\left(z(t)\right)\left(\boldsymbol{G}^i\boldsymbol{u}-\boldsymbol{P}^i\right)=\sum_{i=1}^{r}h_i\left(z(t)\right)\boldsymbol{G}^i\boldsymbol{u}-\sum_{i=1}^{r}h_i\left(z(t)\right)\boldsymbol{P}^i \tag{5-8}$$

每个子区域的干扰与误差 $P^i$ 的加权和可统一表达成如下形式：

$$\boldsymbol{D}=\sum_{i=1}^{r}h_i\left(z(t)\right)\boldsymbol{P}^i \tag{5-9}$$

假设 $\boldsymbol{y}_d$ 代表设定输出参考轨迹，则误差轨迹 $\boldsymbol{e}$ 可写作：

$$\boldsymbol{e}=\boldsymbol{y}_d-\boldsymbol{y}=\boldsymbol{y}_d-\sum_{i=1}^{r}h_i\left(z(t)\right)\boldsymbol{G}^i\boldsymbol{u}+\boldsymbol{D} \tag{5-10}$$

通常，$\boldsymbol{D}$ 包括确定和随机两部分。将其表示成线性随机系统的输出：

$$\begin{cases}\overline{\boldsymbol{D}}_{k+1}=\overline{\boldsymbol{D}}_k+\boldsymbol{w}_k\\ \boldsymbol{D}_k=\overline{\boldsymbol{D}}_k+\boldsymbol{v}_k\end{cases} \tag{5-11}$$

其中，$k$ 表示迭代次数；$\boldsymbol{D}_k$ 表示第 $k$ 次迭代过程中产生的所有干扰和误差；$\boldsymbol{w}_k$ 和 $\boldsymbol{v}_k$ 表示第 $k$ 次迭代过程中的零均值独立同分布干扰序列，$\boldsymbol{R}_w$ 和 $\boldsymbol{R}_v$ 分别代表它们各自的协方差。

$$\begin{aligned}\boldsymbol{R}_w&=E\{\boldsymbol{w}_k\quad \boldsymbol{w}_k{}^{\mathrm{T}}\}\\ \boldsymbol{R}_v&=E\{\boldsymbol{v}_k\quad \boldsymbol{v}_k{}^{\mathrm{T}}\}\end{aligned} \tag{5-12}$$

式(5-11)中，$\overline{\boldsymbol{D}}_k$ 表示 $\boldsymbol{D}_k$ 的一部分，它将在随后的迭代学习过程中重复出现，而 $\boldsymbol{v}_k$ 是在第 $k$ 次迭代过程中随机出现的部分。由此，式(5-11)将确定部分和随机部分完全分离开，便于在算法中分别进行处理。

定义 $\overline{\boldsymbol{e}}$ 为 $\boldsymbol{e}$ 的一部分，代表在下一次迭代学习过程中重复出现的跟踪误差。根据式(5-10)和式(5-11)，相邻两次迭代过程的跟踪误差序列表达如下：

$$\begin{cases} \boldsymbol{e}_k = \boldsymbol{y}_d - \sum_{i=1}^{r} h_i\left(z(t)\right)\boldsymbol{G}^i\boldsymbol{u}_k + \overline{\boldsymbol{D}}_k + \boldsymbol{v}_k \\ \overline{\boldsymbol{e}}_k = \boldsymbol{y}_d - \sum_{i=1}^{r} h_i\left(z(t)\right)\boldsymbol{G}^i\boldsymbol{u}_k + \overline{\boldsymbol{D}}_k \end{cases} \tag{5-13}$$

$$\begin{cases} \boldsymbol{e}_{k+1} = \boldsymbol{y}_d - \sum_{i=1}^{r} h_i\left(z(t)\right)\boldsymbol{G}^i\boldsymbol{u}_{k+1} + \overline{\boldsymbol{D}}_{k+1} + \boldsymbol{v}_{k+1} \\ \overline{\boldsymbol{e}}_{k+1} = \boldsymbol{y}_d - \sum_{i=1}^{r} h_i\left(z(t)\right)\boldsymbol{G}^i\boldsymbol{u}_{k+1} + \overline{\boldsymbol{D}}_{k+1} \end{cases} \tag{5-14}$$

将式(5-14)与式(5-13)作差，并结合式(5-11)可得到

$$\begin{cases} \overline{\boldsymbol{e}}_{k+1} = \overline{\boldsymbol{e}}_k - \sum_{i=1}^{r} h_i\left(z(t)\right)\boldsymbol{G}^i\Delta\boldsymbol{u}_{k+1} + \boldsymbol{w}_k \\ \boldsymbol{e}_k = \overline{\boldsymbol{e}}_k + \boldsymbol{v}_k \end{cases} \tag{5-15}$$

其中，$\Delta\boldsymbol{u}_{k+1} = \boldsymbol{u}_{k+1} - \boldsymbol{u}_k$，$\Delta$ 表示迭代轴方向上的差分算子。

为了消除非重复性干扰的影响，需在每次迭代过程中将时间轴上的信息融入上述公式中。

### 5.1.2　NMPILC 控制律求解

图 5-1 给出了 NMPILC 系统结构。通过 T-S 模糊建模得到由一系列局域子模型加权构成的全局非线性模型。权值在操作点上接近于 1，远离操作点时为 0。因此，T-S 模糊模型能较为精确地描述系统在不同工作点的实时动态，基于 T-S 模糊模型设计的非线性模型预测迭代控制器在大范围工况下具有优异的控制性能。

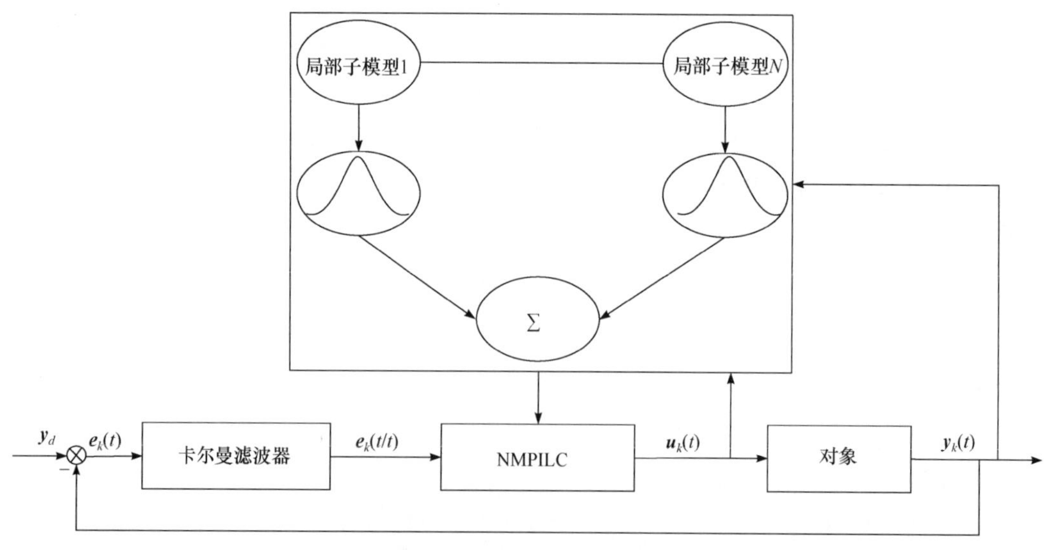


图 5-1　NMPILC 系统结构

将式(5-15)在时间轴方向上进行递推，其中 $\boldsymbol{G}^i$ 沿时间轴展开为如下形式：

$$\boldsymbol{G}^i=\left[G^i(0),G^i(1),\cdots,G^i(N-1)\right],\quad G^i(j)\in\mathbb{R}^{Nn_y\times n_u} \tag{5-16}$$

定义误差状态量$\boldsymbol{e}_k(t)$为

$$\boldsymbol{e}_k(t)\triangleq\boldsymbol{e}_k,\quad \Delta u_k(t)=\cdots=\Delta u_k(N-1)=0 \tag{5-17}$$

相邻时刻的误差序列表示如下：

$$\begin{cases}\bar{\boldsymbol{e}}_k(t)=\bar{\boldsymbol{e}}_{k-1}-\sum\limits_{i=1}^{r}h_i(z(t))\left(G^i(0)\Delta u_k(0)+\cdots+G^i(t-1)\Delta u_k(t-1)\right)+\boldsymbol{w}_{k-1}\\ \boldsymbol{e}_k(t)=\bar{\boldsymbol{e}}_{k-1}-\sum\limits_{i=1}^{r}h_i(z(t))\left(G^i(0)\Delta u_k(0)+\cdots+G^i(t-1)\Delta u_k(t-1)\right)+\boldsymbol{w}_{k-1}+\boldsymbol{v}_k\end{cases} \tag{5-18}$$

$$\begin{cases}\bar{\boldsymbol{e}}_k(t+1)=\bar{\boldsymbol{e}}_{k-1}-\sum\limits_{i=1}^{r}h_i(z(t))\left(G^i(0)\Delta u_k(0)+\cdots+G^i(t)\Delta u_k(t)\right)+\boldsymbol{w}_{k-1}\\ \boldsymbol{e}_k(t+1)=\bar{\boldsymbol{e}}_{k-1}-\sum\limits_{i=1}^{r}h_i(z(t))\left(G^i(0)\Delta u_k(0)+\cdots+G^i(t)\Delta u_k(t)\right)+\boldsymbol{w}_{k-1}+\boldsymbol{v}_k\end{cases} \tag{5-19}$$

根据式(5-18)和式(5-19)，系统的递归时间表达式为

$$\begin{cases}\bar{\boldsymbol{e}}_k(t+1)=\bar{\boldsymbol{e}}_k(t)-\sum\limits_{i=1}^{r}h_i(z(t))G^i(t)\Delta u_k(t),\\ \boldsymbol{e}_k(t+1)=\boldsymbol{e}_k(t)-\sum\limits_{i=1}^{r}h_i(z(t))G^i(t)\Delta u_k(t),\end{cases}\quad t\in[0,N-1] \tag{5-20}$$

将式(5-20)整理为矩阵形式:

$$\begin{bmatrix}\bar{\boldsymbol{e}}_k(t+1)\\ \boldsymbol{e}_k(t+1)\end{bmatrix}=\begin{bmatrix}I&0\\0&I\end{bmatrix}\begin{bmatrix}\bar{\boldsymbol{e}}_k(t)\\ \boldsymbol{e}_k(t)\end{bmatrix}-\begin{bmatrix}\sum\limits_{i=1}^{r}h_i(z(t))G^i(t)\\ \sum\limits_{i=1}^{r}h_i(z(t))G^i(t)\end{bmatrix}\Delta u_k(t) \tag{5-21}$$

其中

$$\begin{aligned}&\boldsymbol{e}_k(t)=[0\ \ H(t)]\begin{bmatrix}\bar{\boldsymbol{e}}_k(t)\\ \boldsymbol{e}_k(t)\end{bmatrix},\quad t=0,\cdots,N-1\\ &H(t)=[\ \underbrace{0}_{n_y\times(t-1)n_y}\ \ \underbrace{I}_{n_y\times n_y}\ \ \underbrace{0}_{n_y\times(N-t)n_y}\ ]\end{aligned} \tag{5-22}$$

式(5-18)每次迭代由式(5-23)进行初始化：

$$\begin{bmatrix}\bar{\boldsymbol{e}}_k(0)\\ \boldsymbol{e}_k(0)\end{bmatrix}=\begin{bmatrix}I&0\\0&I\end{bmatrix}\begin{bmatrix}\bar{\boldsymbol{e}}_{k-1}(N)\\ \boldsymbol{e}_{k-1}(N)\end{bmatrix}+\begin{bmatrix}I\\I\end{bmatrix}\boldsymbol{w}_{k-1}+\begin{bmatrix}0\\I\end{bmatrix}\boldsymbol{v}_k \tag{5-23}$$

根据式(5-21)推导出预测模型为

$$\boldsymbol{e}_k(t+m\,|\,t)=\boldsymbol{e}_k(t)-\boldsymbol{G}^m(t)\Delta\boldsymbol{u}_k{}^m \tag{5-24}$$

其中

$$G^m(t)=\left(\sum_{i=1}^{r}h_i(z(t))G^i(t)\ \ \sum_{i=1}^{r}h_i(z(t))G^i(t+1)\ \cdots\ \sum_{i=1}^{r}h_i(z(t))G^i(t+m-1)\right) \tag{5-25}$$

$$\Delta u_k^m(t)=\left(\Delta u_k(t)\ \ \Delta u_k(t+1)\ \cdots\ \Delta u_k(t+m-1)\right)^{\mathrm{T}}$$

$e_k(t+m|t)$表示第 $k$ 次迭代中未来 $m$ 个时刻(从 $t$ 到$t+m-1$)的输入改变时，在 $t$ 时刻对误差序列的预测值，由卡尔曼滤波方法对当前时刻预测值$e_k(t|t)$进行状态估计：

$$\begin{pmatrix}\bar{e}_k(t|t)\\ e_k(t|t)\end{pmatrix}=\begin{pmatrix}\bar{e}_k(t|t-1)\\ e_k(t|t-1)\end{pmatrix}+K_k(t)\left[e_k(t)-H(t)e_k(t|t-1)\right] \tag{5-26}$$

$$\begin{pmatrix}\bar{e}_k(t|t-1)\\ e_k(t|t-1)\end{pmatrix}=\begin{pmatrix}\bar{e}_k(t-1|t-1)\\ e_k(t-1|t-1)\end{pmatrix}-\begin{bmatrix}\sum_{i=1}^{r}h_i(t-1)G^i(t-1)\\ \sum_{i=1}^{r}h_i(t-1)G^i(t-1)\end{bmatrix}\Delta u_k(t-1), \tag{5-27}$$

$$t=1,2,\cdots,N$$

$$\begin{bmatrix}\bar{e}_k(0|0)\\ e_k(0|0)\end{bmatrix}=\begin{bmatrix}\bar{e}_{k-1}(N|N)\\ \bar{e}_{k-1}(N|N)\end{bmatrix} \tag{5-28}$$

由式(5-29)计算$K_k(t)$：

$$K_k(t)=\begin{bmatrix}\hat{P}_k(t)\\ P_k(t)\end{bmatrix}H^{\mathrm{T}}(t)\left[H(t)P_k(t)H^{\mathrm{T}}(t)\right]^{-1} \tag{5-29}$$

其中，协方差矩阵沿时间轴根据式(5-30)进行更新：

$$\begin{pmatrix}\bar{P}_k(t+1) & \hat{P}_k(t+1)\\ \hat{P}_k(t+1) & P_k(t+1)\end{pmatrix}=\begin{pmatrix}\bar{P}_k(t) & \hat{P}_k(t)\\ \hat{P}_k(t) & P_k(t)\end{pmatrix}-K_k(t)H(t)\left[\hat{P}_k(t)\ \ P_k(t)\right],\quad t=1,2,\cdots,N \tag{5-30}$$

每次迭代开始时通过式(5-31)对协方差矩阵进行重置：

$$\begin{pmatrix}\bar{P}_k(1) & \hat{P}_k(1)\\ \hat{P}_k(1) & P_k(1)\end{pmatrix}=\begin{pmatrix}\bar{P}_{k-1}(N+1)+R_w & \hat{P}_{k-1}(N+1)+R_w\\ \hat{P}_{k-1}(N+1)+R_w & P_{k-1}(N+1)+R_w+R_v\end{pmatrix} \tag{5-31}$$

其中，$P_k$代表协方差矩阵，它既包括重复干扰协方差$R_w$，也包括随机干扰协方差$R_v$；$\bar{P}_k$是$P_k$沿迭代轴的重复部分；$\hat{P}_k$代表$P_k$的估计值。

控制器设计的目标是在整个预测时域范围内最小化$e_k(t+m|t)$，同时平滑控制输入。因此，跟踪性能优化问题设置如下：

$$\min_{\Delta u_k^m(t)}\frac{1}{2}\left\{\left\|e_k(t+m|t)\right\|_Q^2+\left\|\Delta u_k^m(t)\right\|_R^2\right\} \tag{5-32}$$

其中，$m$ 为控制时域；$Q$ 为加权矩阵；$R$ 为对称正定矩阵。

根据 $m$ 步预测方程(5-24)和性能指标(5-32)，可计算得到无约束情况的控制量：

$$\Delta u_k^m(t)=\left[\left(G^m\right)^{\mathrm{T}}QG^m+R\right]^{-1}\left(G^m\right)^{\mathrm{T}}Qe_k(t|t) \tag{5-33}$$

在每个采样时刻仅将 $\Delta \boldsymbol{u}_k^m(t)$ 中的第一个元素 $\Delta u_k(t)$ 作用于被控过程。

在工业应用中，优化问题(5-32)存在许多约束。这些约束包括输入幅值约束和输入变化率约束(迭代轴 $\Delta \boldsymbol{u}_k(t)$ 和时间轴 $\delta \boldsymbol{u}(t)$)。通常，约束以下述形式给出：

$$\begin{aligned} &\underline{\boldsymbol{u}}(t) \leqslant \boldsymbol{u}_k(t) \leqslant \bar{\boldsymbol{u}}(t) \\ &\delta \underline{\boldsymbol{u}}(t) \leqslant \delta \boldsymbol{u}(t) \leqslant \delta \bar{\boldsymbol{u}}(t) \\ &\Delta \underline{\boldsymbol{u}}(t) \leqslant \Delta \boldsymbol{u}_k(t) \leqslant \Delta \bar{\boldsymbol{u}}(t), \quad u_k(-1) = u_k(0) \end{aligned} \tag{5-34}$$

其中，$\underline{\boldsymbol{u}}(t)$、$\delta \underline{\boldsymbol{u}}(t)$ 和 $\Delta \underline{\boldsymbol{u}}(t)$ 分别表示 $\boldsymbol{u}_k(t)$、$\delta \boldsymbol{u}(t)$ 和 $\Delta \boldsymbol{u}_k(t)$ 的约束下限；$\bar{\boldsymbol{u}}(t)$、$\delta \bar{\boldsymbol{u}}(t)$ 和 $\Delta \bar{\boldsymbol{u}}(t)$ 分别表示 $\boldsymbol{u}_k(t)$、$\delta \boldsymbol{u}(t)$ 和 $\Delta \boldsymbol{u}_k(t)$ 的约束上限。

以上约束可写成如下一般形式：

$$\boldsymbol{C}^m(t)\Delta \boldsymbol{u}_k^m(t) \geqslant \mathcal{R}_k^m(t) \tag{5-35}$$

其中

$$\boldsymbol{C}^m(t) = \begin{bmatrix} 1 \\ -1 \\ 1 \\ -1 \\ 1 \\ -1 \end{bmatrix}, \quad \mathcal{R}_k^m(t) = \begin{bmatrix} \underline{\boldsymbol{u}}(t) - \boldsymbol{u}_{k-1}(t) \\ -\bar{\boldsymbol{u}}(t) + \boldsymbol{u}_{k-1}(t) \\ \delta \underline{\boldsymbol{u}}(t) + \boldsymbol{u}_k(t-1) - \boldsymbol{u}_{k-1}(t) \\ -\delta \bar{\boldsymbol{u}}(t) - \boldsymbol{u}_k(t-1) + \boldsymbol{u}_{k-1}(t) \\ \Delta \underline{\boldsymbol{u}}(t) \\ -\Delta \bar{\boldsymbol{u}}(t) \end{bmatrix} \tag{5-36}$$

利用二次规划求解以下约束优化问题，得到第 $k$ 次迭代 $t$ 时刻的控制信号：

$$\begin{aligned} &\min_{\Delta \boldsymbol{u}_k^m(t)} \frac{1}{2}\left\{ \left\| \boldsymbol{e}_k(t+m|t) \right\|_{\boldsymbol{Q}}^2 + \left\| \Delta \boldsymbol{u}_k^m(t) \right\|_{\boldsymbol{R}}^2 \right\} \\ &\text{s.t.} \quad 式(5\text{-}35) \end{aligned} \tag{5-37}$$

### 5.1.3　NMPILC 系统收敛性分析

NMPILC 系统收敛性问题可以描述为在 $\boldsymbol{v}_k = \boldsymbol{w}_k = \boldsymbol{0}$ 的条件下证明：当 $k \to \infty$ 时，$\boldsymbol{e}_k(t) \to 0$。

定义：

$$\tilde{\boldsymbol{e}}_k(t) = \boldsymbol{e}_k(t) - \boldsymbol{e}_k(t|t) = \boldsymbol{e}_k(t+1) - \boldsymbol{e}_k(t+1|t) \tag{5-38}$$

$$\boldsymbol{K}_k(t) \triangleq \begin{bmatrix} \bar{K}_k \\ K_k \end{bmatrix} \tag{5-39}$$

推导 $\boldsymbol{e}_k(t+1|t)$ 和 $\tilde{\boldsymbol{e}}_k(t)$ 的关系为

$$\begin{aligned} \boldsymbol{e}_k(t+1|t) &= \boldsymbol{e}_k(t|t) - \sum_{i=1}^{r} h_i(z(t)) G^i(t) \Delta u_k(t) \\ \boldsymbol{e}_k(t|t) &= \boldsymbol{e}_k(t|t-1) + K_k(t) H(t) \tilde{\boldsymbol{e}}_k(t-1) \end{aligned} \tag{5-40}$$

且有

$$\tilde{\boldsymbol{e}}_k(t) = \left(\boldsymbol{I} - K_k(t)H(t)\right)\tilde{\boldsymbol{e}}_k(t-1) \to$$
$$\tilde{\boldsymbol{e}}_k(t) = C_{1,k}(t)\tilde{\boldsymbol{e}}_k(0) \tag{5-41}$$
$$C_{1,k}(t) \triangleq \prod_{j=1}^{t}\left(\boldsymbol{I} - K_k(j)H(j)\right)$$

利用式(5-26)和式(5-41)，可得到$\boldsymbol{e}_k(0|0)$和$\tilde{\boldsymbol{e}}_k(0)$具有以下关系：

$$\boldsymbol{e}_{k+1}(0|0) = \boldsymbol{e}_k(N|N) + C_{2,k}\tilde{\boldsymbol{e}}_k(0) \tag{5-42}$$

$$\tilde{\boldsymbol{e}}_{k+1}(0) = C_{3,k}(t)\tilde{\boldsymbol{e}}_k(0) \tag{5-43}$$

其中

$$\begin{aligned} C_{2,k}(t) &\triangleq \sum_{t=1}^{N}\left(\bar{K}_k(t) - K_k(t)\right)H(t)\prod_{j=1}^{t-1}\left(\boldsymbol{I} - K_k(j)H(j)\right) \\ C_{3,k}(t) &\triangleq \prod_{j=1}^{N}\left(\boldsymbol{I} - K_k(j)H(j)\right) + \sum_{t=1}^{N}\left(K_k(t) - \bar{K}_k(t)\right)H(t)\prod_{j=1}^{t-1}\left(\boldsymbol{I} - K_k(j)H(j)\right) \end{aligned} \tag{5-44}$$

对卡尔曼滤波增益$\boldsymbol{K}_k(t)$，有$\left\|C_{3,k}(t)\right\| \leqslant \rho(0 \leqslant \rho < 1)$。因此，当$k \to \infty$，有$\tilde{\boldsymbol{e}}_k(0) \to \boldsymbol{0}$。

考虑第$k$次迭代过程的代价函数，即

$$J_k(t) \triangleq \min\left[\Psi_k(t) \triangleq \frac{1}{2}\left\{\boldsymbol{e}_k(t+m|t)^{\mathrm{T}}\boldsymbol{Q}\boldsymbol{e}_k(t+m|t) + \Delta\boldsymbol{u}_k^{m\mathrm{T}}(t)\boldsymbol{R}\Delta\boldsymbol{u}_k^m(t)\right\}\right] \geqslant 0 \tag{5-45}$$

其中，优化变量$\left(\boldsymbol{e}_k(t+m|t), \Delta\boldsymbol{u}_k^m(t)\right) \in \Omega_{k,t}$，$\Omega_{k,t}$是由预测方程(5-24)和约束(5-35)所定义的凸集。

假设$t+1$时刻优化中，$\Delta u_k(t+m) = 0$，则有

$$\begin{aligned} &\Delta\boldsymbol{u}_k^{m\mathrm{T}}(t+1)\boldsymbol{R}\Delta\boldsymbol{u}_k^m(t+1)|_{\Delta u_k(t+m)=0} \\ &= \Delta\boldsymbol{u}_k^{m\mathrm{T}}(t)\boldsymbol{R}\Delta\boldsymbol{u}_k^m(t) - \Delta u_k^{\mathrm{T}}(t)\boldsymbol{R}\Delta u_k(t) \end{aligned} \tag{5-46}$$

由式(5-24)、式(5-38)和式(5-40)，可以推导出：

$$\begin{aligned} &\boldsymbol{e}_k(t+m+1|t+1)|_{\Delta u_k(t+m)=0} \\ &= \boldsymbol{e}_k(t+1|t+1) - \boldsymbol{G}^m(t+1)\Delta\boldsymbol{u}_k^m(t+1)|_{\Delta u_k(t+m)=0} \\ &= \boldsymbol{e}_k(t+m|t) + K_k(t+1)H(t+1)\tilde{\boldsymbol{e}}_k(t) \end{aligned} \tag{5-47}$$

根据 Cauchy-Schwarz 不等式可知，对于任意$t$有

$$\Delta u_k(t) \to 0, \quad k \to \infty \tag{5-48}$$

由 QP 求解的正定性可知

$$\Delta\boldsymbol{u}_k^m(t) \to 0, \quad t = 0, \cdots, N \tag{5-49}$$

由于最优解$(\boldsymbol{e}_k^*(t+m|t), \Delta\boldsymbol{u}_k^{m*}(t))$必定优于可行解$(0, \Delta\boldsymbol{u}_{k,\infty}^m(t))$，可得

$$\begin{aligned} \Delta\boldsymbol{u}_k^{m*\mathrm{T}}(t)\boldsymbol{R}\Delta\boldsymbol{u}_{k,\infty}^m(t) &\geqslant \boldsymbol{e}_k^{*\mathrm{T}}(t+m|t)\boldsymbol{Q}\boldsymbol{e}_k^*(t+m|t) + \varepsilon_k^{*\mathrm{T}}(t)\boldsymbol{S}\varepsilon_k^*(t) \\ &\quad + \Delta\boldsymbol{u}_k^{m*\mathrm{T}}(t)\boldsymbol{R}\Delta\boldsymbol{u}_k^{m*}(t) \geqslant 0 \end{aligned} \tag{5-50}$$

因为 $k\to\infty$ 时有 $\Delta u_k^{m*}(t)\to\mathbf{0},\forall t\in\{0,1,\cdots,N-1\}$，所以有 $\boldsymbol{e}_k^{*}(t+m\,|\,t)\to\mathbf{0}$。再结合 $\tilde{\boldsymbol{e}}_k(t)\to\mathbf{0}$，可得当 $k\to\infty$ 时，$\boldsymbol{e}_k(t)\to\mathbf{0}$，收敛性得证。

### 5.1.4　锅炉-汽轮机系统仿真研究

著名控制理论与控制工程专家 Åström 围绕着锅炉-汽轮机的实验建模展开了大量的研究，建立了 160MW 燃油机组三阶三输入三输出的非线性动态数学模型，为后来许多控制学者深入研究先进控制策略提供了很好的依据。其非线性微分方程描述为[89]

$$
\begin{aligned}
&\dot{x}_1=-0.0018u_2x_1^{9/8}+0.9u_1-0.15u_3\\
&\dot{x}_2=\left(0.073u_2-0.016\right)x_1^{9/8}-0.1x_2\\
&\dot{x}_3=\left[141u_3-\left(1.1u_2-0.19\right)x_1\right]/85\\
&y_1=x_1\\
&y_2=x_2\\
&y_3=0.05\left(0.13073x_3+100\alpha_{cs}+q_e/9-67.975\right)\\
&\alpha_{cs}=\frac{\left(1-0.001538x_3\right)\left(0.8x_1-25.6\right)}{x_3\left(1.0394-0.0012304x_1\right)}\\
&q_e=\left(0.845u_2-0.147\right)x_1+45.59u_1-2.514u_3-2.096
\end{aligned}
\tag{5-51}
$$

其中，状态变量 $x_1$、$x_2$ 和 $x_3$ 分别代表汽包蒸汽压力($\mathrm{kg/cm^2}$)、输出功率(MW)和汽包内水蒸气流体密度。输出 $y_3$ 表示汽包水位(m)，它由蒸汽品质 $\alpha_{cs}$ 和蒸发率 $q_e$ ($\mathrm{kg/s}$)两个代数算子计算合成。输入量 $u_1$、$u_2$ 和 $u_3$ 分别代表燃料量、调汽门开度和给水流量。控制量约束为

$$
\begin{aligned}
&-0.007\leqslant\frac{\mathrm{d}u_1}{\mathrm{d}t}\leqslant 0.007\\
&-2.0\leqslant\frac{\mathrm{d}u_2}{\mathrm{d}t}\leqslant 0.02\\
&-0.05\leqslant\frac{\mathrm{d}u_3}{\mathrm{d}t}\leqslant 0.05
\end{aligned}
\tag{5-52}
$$

选择状态变量 $(x_1\ x_2\ x_3)$ 为以下三个典型的工作点：(120,40,0)，(135,90,0.5)，(150,140,1)。锅炉-汽轮机系统的 T-S 模糊模型可表达成如下形式[167]：

$$
\begin{cases}
R_1^{\,1}:y_1^{\,1}(t)=108+0.9792y_1(t-1)+9.5039u_1(t-1)\\
\qquad -298.1253u_2(t-1)+115.7860u_3(t-1)\\
R_1^{\,2}:y_1^{\,2}(t)=4.1736+0.9682y_1(t-1)+8.9645u_1(t-1)\\
\qquad -4.2498u_2(t-1)-1.5497u_3(t-1)\\
R_1^{\,3}:y_1^{\,3}(t)=4.8814+0.9688y_1(t-1)+8.9645u_1(t-1)\\
\qquad -5.2957u_2(t-1)-1.4789u_3(t-1)
\end{cases}
\tag{5-53}
$$

$$
\begin{cases}
R_2^{\ 1}: y_2^{\ 1}(t) = -33.7364 + 0.1868 y_1(t-1) \\
\qquad\qquad + 0.0491 y_2(t-1) + 104.9749 u_2(t-1) \\
R_2^{\ 2}: y_2^{\ 2}(t) = -120.6358 + 0.7299 y_1(t-1) \\
\qquad\qquad - 0.3592 y_2(t-1) + 209.4179 u_2(t-1) \\
R_2^{\ 1}: y_2^{\ 1}(t) = -170.5567 + 0.8565 y_1(t-1) \\
\qquad\qquad + 0.0195 y_2(t-1) + 201.3431 u_2(t-1)
\end{cases}
\tag{5-54}
$$

$$
\begin{cases}
R_3^{\ 1}: y_3^{\ 1}(t) = -0.3727 + 0.2428 y_3(t-1) - 0.8475 u_1(t-1) \\
\qquad\qquad + 0.7170 u_2(t-1) + 0.8352 u_3(t-1) \\
R_3^{\ 2}: y_3^{\ 2}(t) = 0.2704 + 0.1171 y_3(t-1) - 0.1904 u_1(t-1) \\
\qquad\qquad + 0.1894 u_2(t-1) + 0.0370 u_3(t-1) \\
R_3^{\ 3}: y_3^{\ 3}(t) = -0.0650 + 0.3692 y_3(t-1) - 0.2430 u_1(t-1) \\
\qquad\qquad + 0.5564 u_2(t-1) - 0.2019 u_3(t-1)
\end{cases}
\tag{5-55}
$$

图 5-2、图 5-3 和图 5-4 分别给出了上述 T-S 模型的隶属度函数(membership function, mf)。

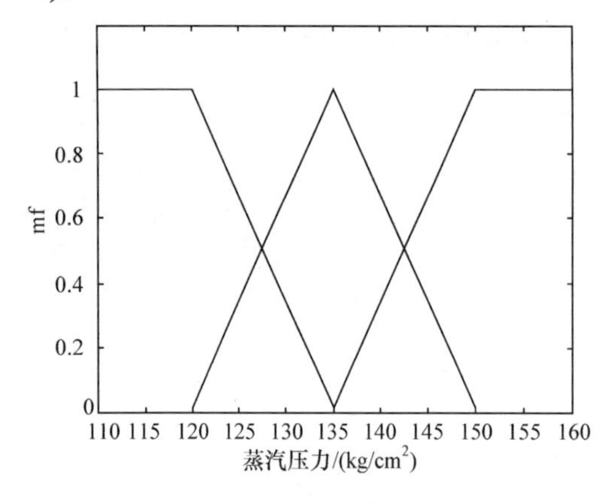


图 5-2　蒸汽压力的模糊集合

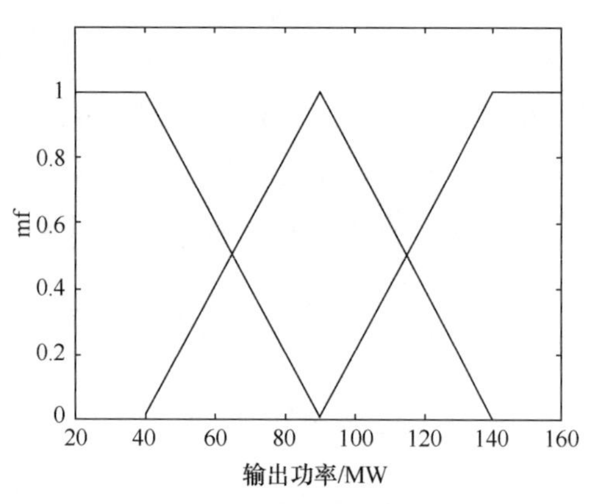


图 5-3　输出功率的模糊集合

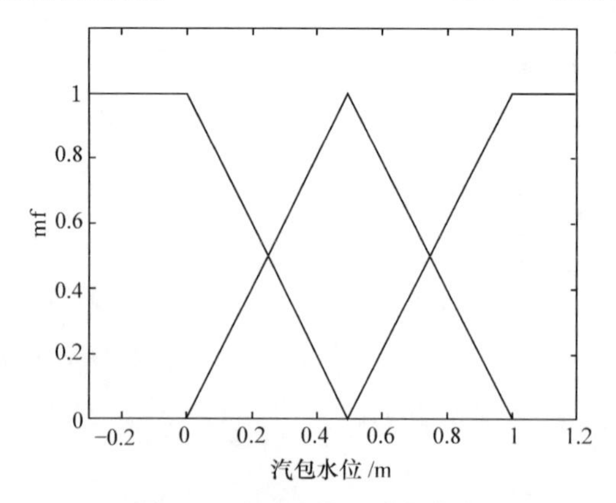


图 5-4　汽包水位的模糊集合

系统初始状态为如下稳定状态 $X=(100,50,449.5)$, $Y=(100,50,0)$ ， $U=(0.271,0.604,0.336)$ ，采样时间为 1s。

选取 1200 个采样点，系统动态矩阵 $\boldsymbol{G}$ 的维数为 $3600\times3600$。控制器参数选择如下：控制时域和预测时域分别为 $m=p=20$ 。随机干扰的协方差矩阵为 $\boldsymbol{R}_w=\boldsymbol{R}_v=0.05I$ 。$\boldsymbol{Q}$ 和 $\boldsymbol{R}$ 分别设置为 $I$ 和 $0.025I$。协方差初始值为

$$P_0=\begin{bmatrix} rI & rI \\ rI & rI \end{bmatrix},\quad r=200$$

为验证 NMPILC 的学习能力和负荷跟踪能力，仿真中设置如下负荷变化情况：

$$\begin{cases} y_1=110, & y_2=80, & y_3=0, & 0\leqslant t\leqslant 400 \\ y_1=120, & y_2=100, & y_3=0, & 400\leqslant t\leqslant 800 \\ y_1=130, & y_2=120, & y_3=0, & 800\leqslant t\leqslant 1200 \end{cases} \tag{5-56}$$

图 5-5～图 5-9 给出了传统 MPILC[165]或 NMPILC 控制下的仿真结果。传统 MPILC 的系统动态矩阵 $\boldsymbol{G}$ 与 NMPILC 相同。图 5-5～图 5-7 分别描述了系统的蒸汽压力(kg/cm$^2$)、输出功率(MW)和汽包水位(m)输出值。图 5-8、图 5-9 分别表示了第 20 次迭代的系统输出和系统控制量。

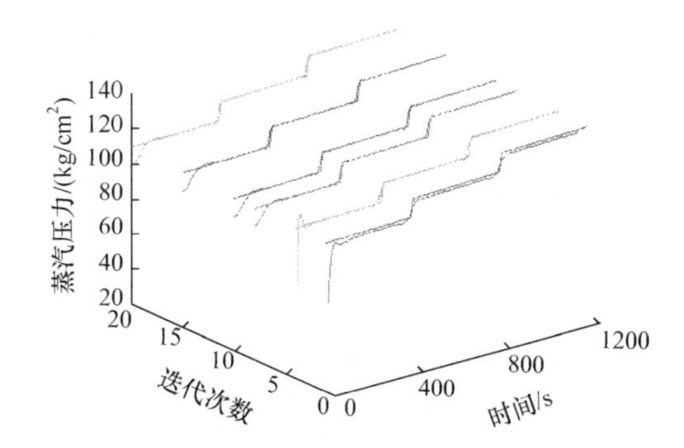


图 5-5　蒸汽压力输出值

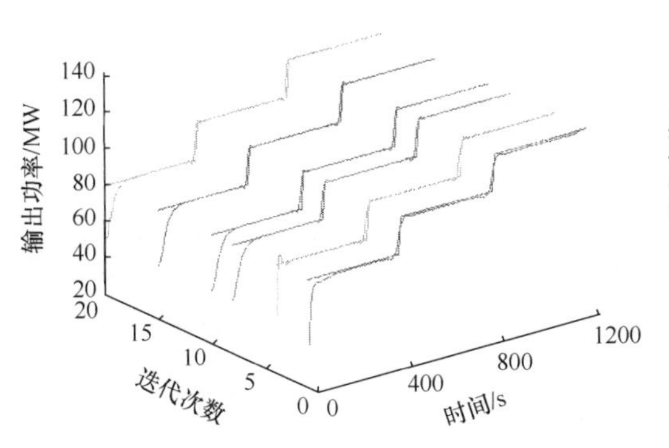


图 5-6　输出功率输出值

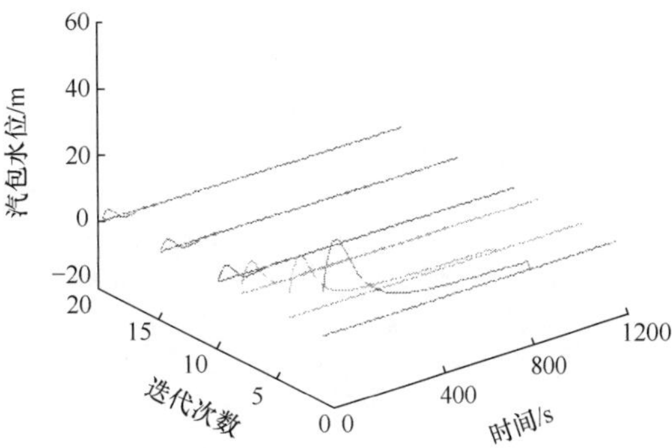


图 5-7　汽包水位输出值

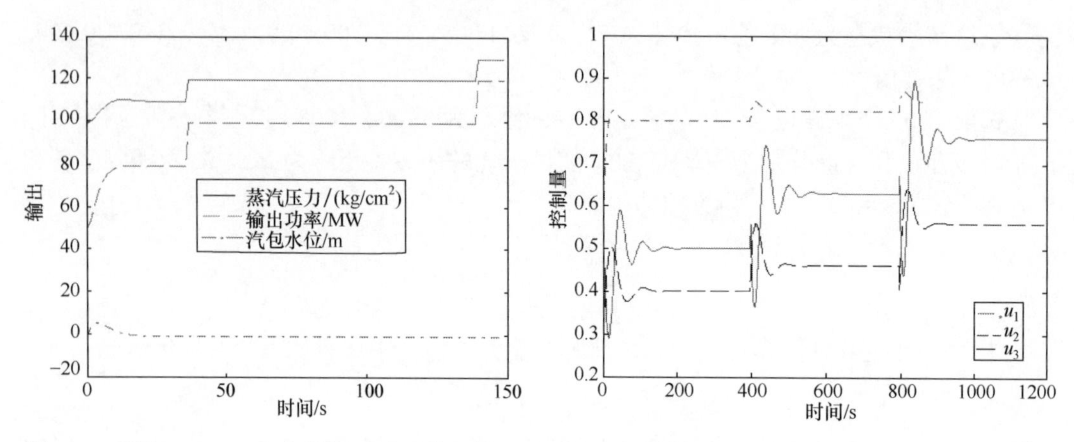


图 5-8　采用 NMPILC 方法在第 20 次迭代的输出结果　　图 5-9　采用 NMPILC 方法在第 20 次迭代的控制量

如图 5-5～图 5-7 所示，在经过 20 次迭代后，蒸汽压力、输出功率和汽包水位的输出值到达各自的设定值；图中曲线从右至左分别代表迭代一次、四次、八次、十次、十五次和二十次的输出轨迹。每组曲线都包括实际输出和期望输出轨迹。虽然在第一次迭代中初值选取粗略导致误差较大，但经过若干次迭代后，实际输出轨迹与期望轨迹越来越接近。结果表明 NMPILC 方法具有很好的收敛特性。为了更清晰地呈现时域跟踪特性，图 5-8 给出了第 20 次迭代的输出轨迹。图 5-9 为对应的第 20 次迭代控制量，表明控制量满足约束要求。

下面将 NMPILC 和传统 MPILC 进行对比分析。期望输出值选为：$y_1=120$，$y_2=100, y_3=0$。图 5-10～图 5-12 为第 20 次迭代过程的对比结果。显然，NMPILC 方法在跟踪性能上显示出了明显的优势，原因在于其采用了精确度更高的 T-S 模型。传统 MPILC 方法利用的线性模型在大范围变化工况下，难以准确描述系统的动态特性。

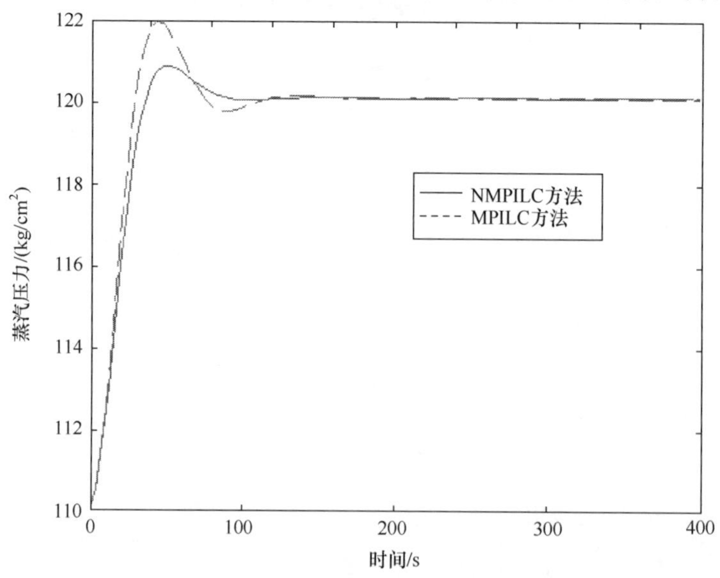


图 5-10　NMPILC 和传统 MPILC 蒸汽压力的对比

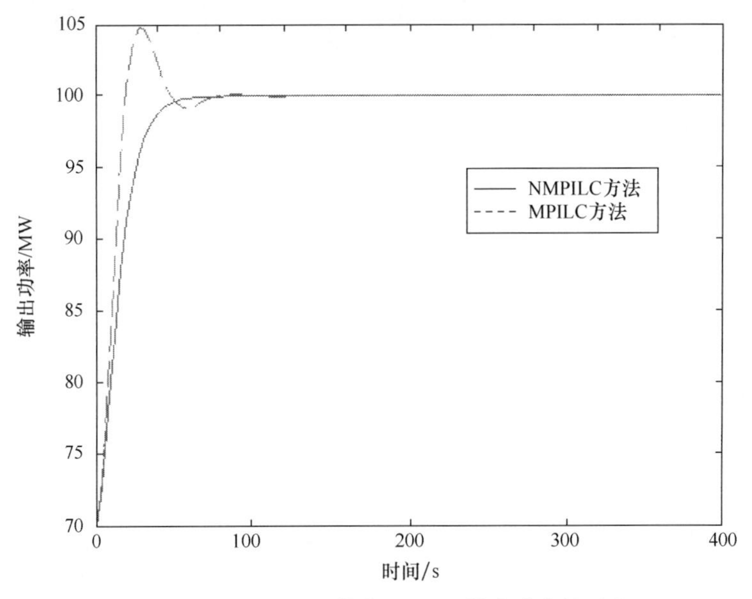


图 5-11　NMPILC 和传统 MPILC 输出功率的对比

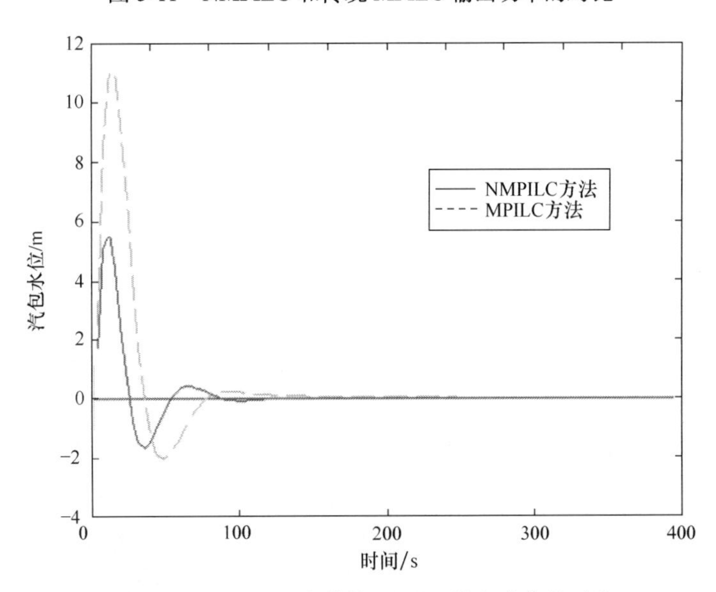


图 5-12　NMPILC 和传统 MPILC 汽包水位的对比

在实时的火电厂控制中，环境因素和长时间的负荷循环会引起蒸汽锅炉的设备疲劳和产生污垢，导致系统参数摄动问题。为了测试参数变化对系统性能的影响，仿真中将模型(5-51)中的参数设置为初始参数的 120%。图 5-13～图 5-15 显示在 NMPILC 方法下的仿真结果。通过对比原工况和参数变化工况下的第 20 次迭代跟踪轨迹，可以发现由于 T-S 模糊建模方法在系统参数变化时模型适应性较强，NMPILC 方法跟踪性能没有明显变化。而在传统 MPILC 方法下，由于负荷在大范围工况下运行时线性模型大幅偏离工作点，控制性能明显恶化。图 5-16～图 5-21 分别给出了第 20 次迭代时 NMPILC 方法和传统 MPILC 方法在原工况和变参数工况下的对比仿真结果。

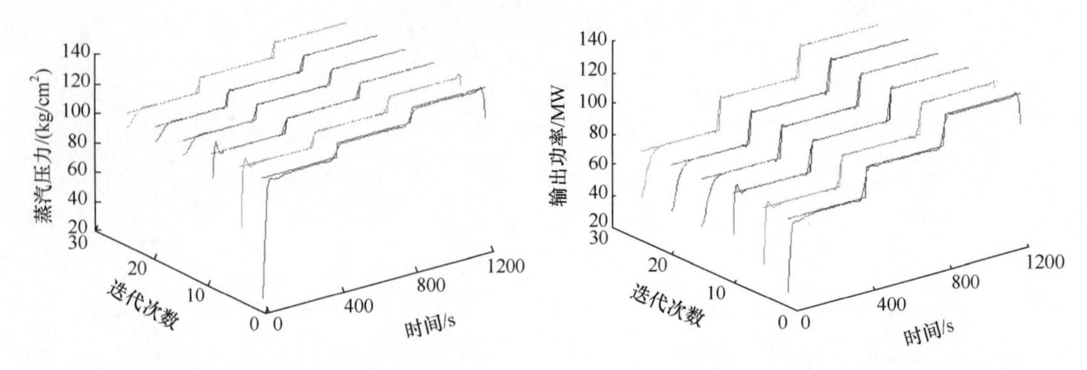


图 5-13　NMPILC 方法下参数变化时的蒸汽压力　　图 5-14　NMPILC 方法下参数变化时的输出功率

表 5-1 列出了 MPILC 和 NMPILC 方法的目标函数值对比。从表中可以清楚地看到，NMPILC 方法的控制性能明显优于传统 MPILC 方法，能以更高精度跟踪负荷指令。同时，由于 NMPILC 方法的控制量变化更为平滑，设备疲劳和由此产生的维修费用都会大幅减少。

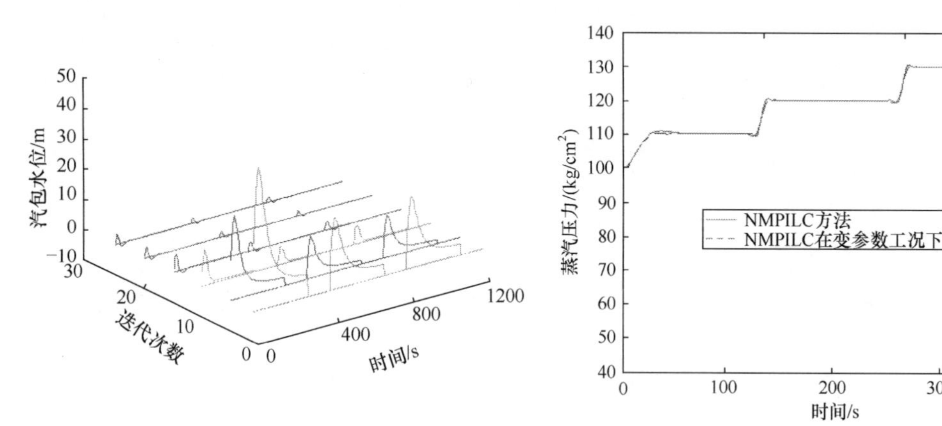


图 5-15　NMPILC 方法下参数变化时的汽包水位　　图 5-16　NMPILC 第 20 次迭代的蒸汽压力对比

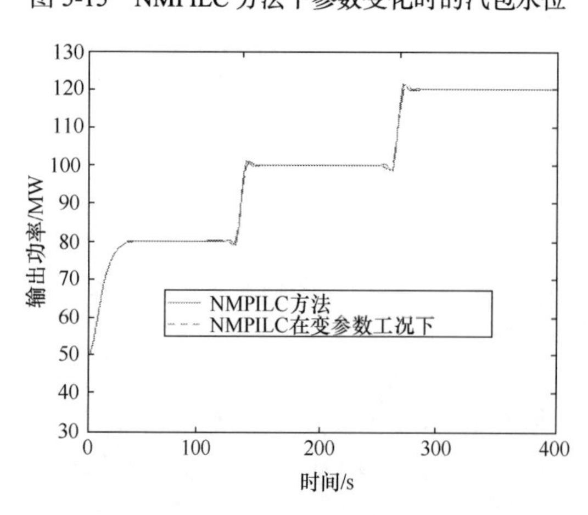


图 5-17　NMPILC 第 20 次迭代的输出功率对比

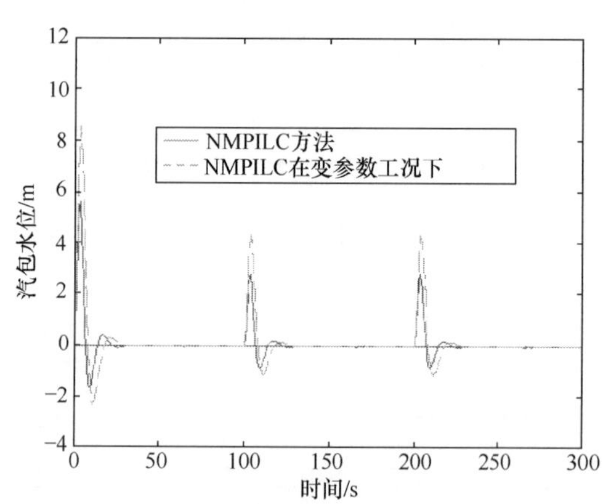


图 5-18　NMPILC 第 20 次迭代的汽包水位对比

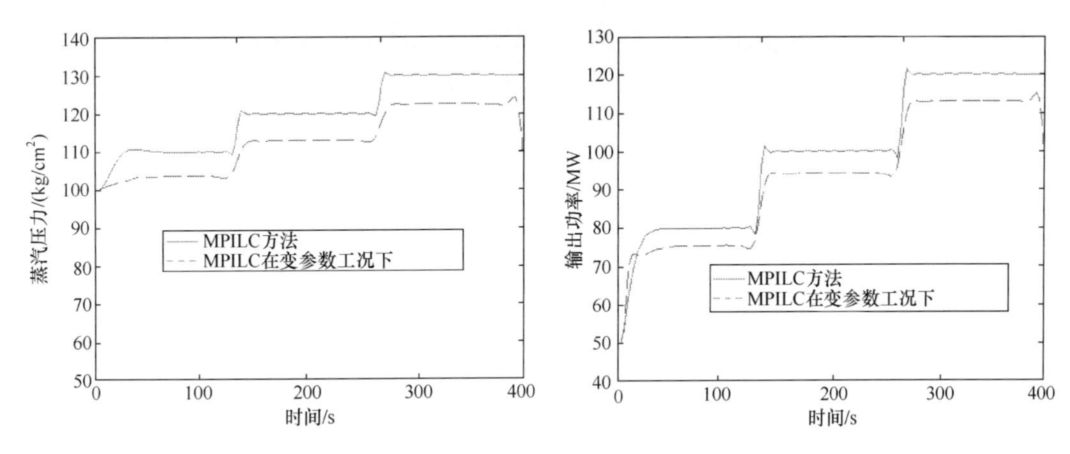


图 5-19　MPILC 方法下第 20 次迭代的蒸汽压力　　图 5-20　MPILC 方法下第 20 次迭代的输出功率

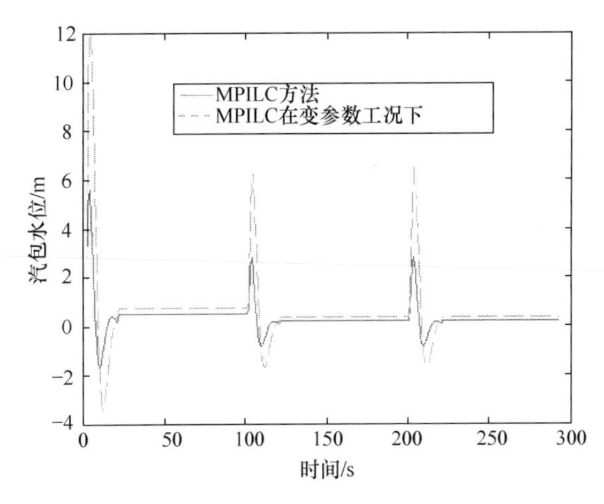


图 5-21　MPILC 方法下第 20 次迭代的汽包水位

**表 5-1　MPILC 方法与 NMPILC 方法的目标函数值对比**

| 迭代次数 | 1 | 5 | 10 | 15 | 20 | 25 |
|---|---|---|---|---|---|---|
| MPILC | 7845 | 6274 | 4956 | 3857 | 2183 | 2094 |
| NMPILC | 6984 | 5076 | 3792 | 2300 | 1857 | 965 |
| 参数变化时的MPILC | 8377 | 6830 | 5508 | 4395 | 2658 | 2582 |
| 参数变化时的NMPILC | 7033 | 5289 | 3944 | 2419 | 1974 | 985 |

针对锅炉-汽轮机系统，经典 NMPC 通常采取序列二次规划求解非线性优化问题以获得每个采样时刻的系统输入。为验证 NMPILC 方法在提高模型精度及优化效率上的作用，在负荷指令为 $y_1=120, y_2=100, y_3=0$ 的情况下进行 NMPILC(QP 求解)、MPILC(QP 求解)和 NMPC(SQP 求解)的对比实验，其中第 20 次迭代的仿真结果如图 5-22～图 5-24 所示。NMPILC 采用了 T-S 模糊模型逼近非线性锅炉-汽轮机系统的动态特性，能够在大范围负荷变化下保证模型精度，因此控制效果最佳；传统 MPILC 采用的工作点线性

化模型难以适应负荷动态变化，引起的模型失配问题导致其跟踪性能明显劣于NMPILC；NMPC 中的非线性优化问题通常为非凸优化，使得 SQP 的求解过程较长，计算负担较大。因此，NMPILC 在火力发电控制中具有模型适应性强及动态调节快的优势。

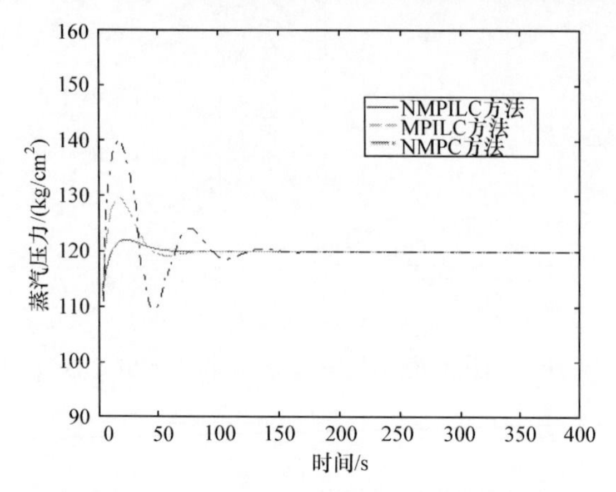


图 5-22　NMPILC、MPILC 和 NMPC 方法下第 20 次迭代的蒸汽压力

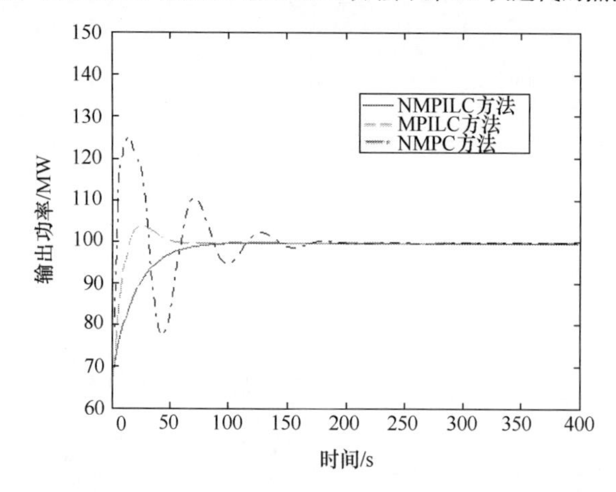


图 5-23　NMPILC、MPILC 和 NMPC 方法下第 20 次迭代的输出功率

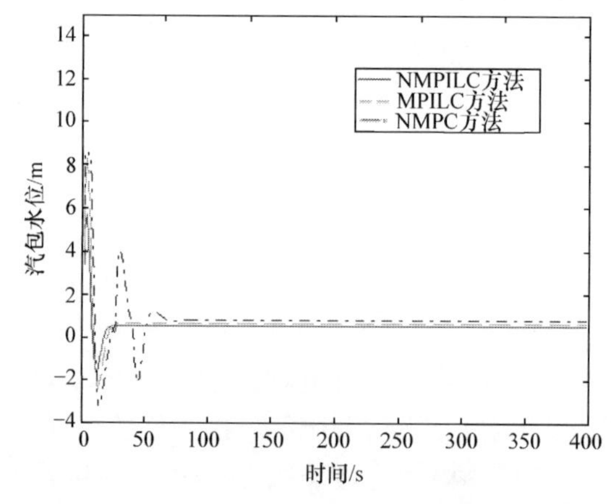


图 5-24　NMPILC、MPILC 和 NMPC 方法下第 20 次迭代的汽包水位

# 5.2　超超临界机组的分级递阶非线性模型预测控制

## 5.2.1　研究背景

在我国当今电力工业发展过程中，节能减排已然成为首要任务。尽管在过去的十余年，我国已大力发展清洁能源和可再生能源，但燃煤发电仍然占据主导地位。减少燃煤发电 $CO_2$ 排放是极具挑战性的课题，其中，提高机组运行效率是降低碳排放的有效方法。锅炉运行效率与蒸汽参数密切相关。通常而言，主蒸汽温度每升高 20℃，火电厂效率就会相应提高 1%。

超超临界机组是火力发电行业最先进的高参数、大容量、高效率发电设备，超超临界机组是在超临界机组参数的基础上进一步提高蒸汽压力和温度。国际上通常把主蒸汽压力在 24.1～31MPa、主蒸汽/再热蒸汽温度为 580～600℃/580～610℃的机组定义为高效超临界机组，即通常所说的超超临界机组。我国正在建设的超超临界机组的主蒸汽压力在 25～26.5MPa、主蒸汽/再热蒸汽温度超过 580℃。2002～2006 年，科技部启动 863 计划“超超临界机组燃煤发电技术”，紧跟国际发展形势，开发适用于超超临界机组的有效运行技术。经过四年努力，我国首座 1000MW 超超临界机组于 2006 年 12 月在华能玉环电厂投产。截至 2018 年底，我国已投产的 1000MW 超超临界机组达到 111 台。

与常规机组相比较，超超临界机组具有许多特殊性，如参数高、容量大、参数耦合严重、非线性程度高、参数波动要求严格、安全可靠性要求高等，对控制系统性能提出了更高的要求。超超临界机组运行效率的提高和污染物排放量的减少都会对环境和效益产生巨大的影响。近年来，许多学者围绕着超超临界机组建模和控制开展了深入的研究。文献[93]建立了 1000MW 超超临界机组的三阶非线性动力学模型，该模型为控制器设计以及仿真分析提供了有力支撑；文献[94]对该模型结构做了进一步改善，并增加了闭环验证环节。随着神经网络技术和大数据存储技术的发展，基于数据驱动的超超临界机组建模方法得到广泛应用；文献[95]对 1000MW 超超临界燃煤机组建立了神经网络模型，能够有效逼近实际系统的动态特性；此外，由于超超临界机组具有热动态依赖于负荷变化的特点，许多学者采用模糊建模拟合其动态特性；文献[168]结合 k-means++聚类算法和改进的随机梯度算法，建立超超临界机组 T-S 模糊模型，通过仿真验证了模型的有效性。

分级递阶控制结构是针对实际工业过程设计全局优化控制系统的有效手段(图 5-25)，其实质是在垂直方向上实行功能分解。在高层运用模型预测优化控制进行实时优化(real time optimization, RTO)，实现经济目标和全局优化。在低层利用简化线性动态模型和从较高层传递来的设定值设计校正控制器[122]。从而实现分级递阶模型预测控制。

由于超超临界机组是大范围变工况的复杂耦合系统，在 HMPC 结构中，上层基于超超临界机组的非线性模型，对包含经济指标和环境指标的目标函数进行优化获得下层机

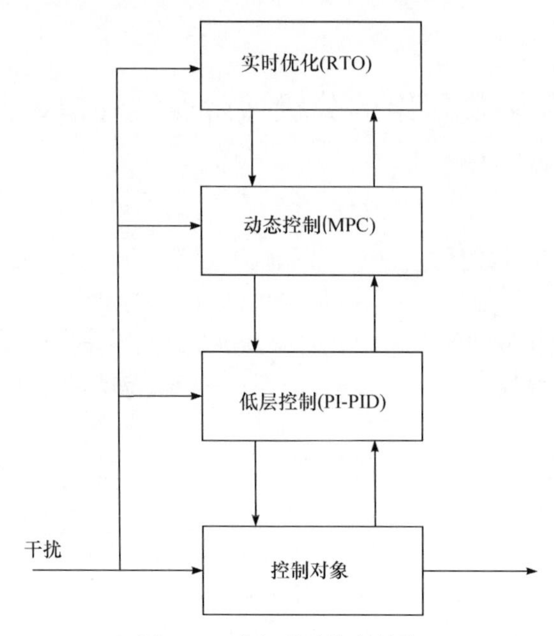


图 5-25　分级递阶控制结构

组运行的给定值。上层的目标是降低机组的运行成本，抑制机组本身和电网产生的扰动。下层实现超超临界机组对上层产生的优化给定值的精确跟踪。负荷的循环变换导致过程动态变化和系统非线性，使得模型预测控制成为复杂的非凸优化问题，且计算量庞大。然而，大型超超临界发电机组的动态特性仍然遵循一定的规律，即动态特性依赖于负荷变化。由此可基于大量的实时数据，依据超超临界发电机组实时运行工况建立模糊神经网络模型。基于此模型，非线性模型预测控制仍然采取满足 KTT 条件下的约束优化路径，从而达到系统整体的优化效果。

### 5.2.2　超超临界机组的控制问题

某 1000MW 超超临界机组如图 5-26 所示，机组的额定蒸汽流量为 2980 T/h，额定过热蒸汽压力为 26.15MPa，额定过热蒸汽温度为 605℃。图 5-26 中各部分的名称见表 5-2。

表 5-2　超超临界机的重要组成部分

| 编号 | 名称 | 编号 | 名称 |
|---|---|---|---|
| 1 | 炉膛 | 7 | 一次风机 |
| 2 | 空气预热器 | 8 | 密封风机 |
| 3 | 鼓风机 | 9 | 锅炉 |
| 4 | 给煤机 | 10 | 省煤器 |
| 5 | 磨煤机 | 11 | 水冷壁 |
| 6 | 选粉机 | 12 | 汽水分离器 |

续表

| 编号 | 名称 | 编号 | 名称 |
|---|---|---|---|
| 13 | 一级过热器 | 19 | 再热调节阀 |
| 14 | 二级过热器 | 20 | 高压缸 |
| 15 | 三级过热器 | 21 | 中/低压缸 |
| 16 | 末级过热器 | 22 | 发电机 |
| 17 | 主蒸汽阀 | 23 | 给水 |
| 18 | 再热器 | | |

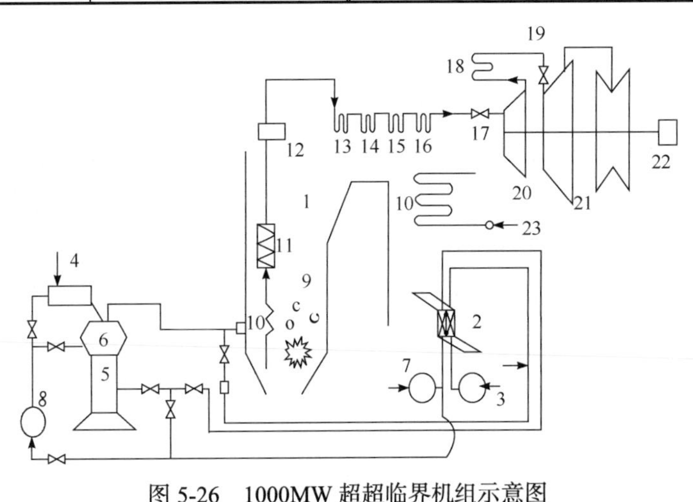

图 5-26　1000MW 超超临界机组示意图

超超临界机组的控制问题面临着许多挑战。由于没有汽包，在超超临界机组中水和蒸汽没有明显的分界。燃水比对主蒸汽温度的巨大影响使锅炉-汽轮机系统具有很强的耦合性。同时，机组负荷大范围循环变化使系统有很强的非线性。因此，除了常规的发电功率和主蒸汽压力控制之外，燃水比控制是超超临界机组又一重要任务。系统的输入输出关系如图 5-27 所示。

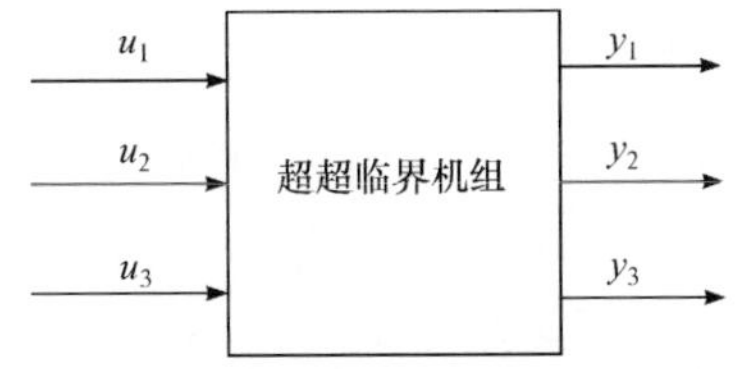

图 5-27　超超临界机组三输入三输出系统

系统控制量 $u_1$、$u_2$ 和 $u_3$ 分别是给煤量、主蒸汽阀门开度和给水流量。三个输出量中，$y_1$ 和 $y_2$ 分别是发电功率和主蒸汽压力，$y_3$ 是汽水分离器出口的温度，能有效代表主蒸汽焓值。这三个变量的控制性能直接影响系统的稳定性和电能质量。

在超超临界机组的分级递阶非线性模型预测协调控制中，上层控制目标包含经济指标和环境性能指标，针对全局的非线性模型采用预测控制策略进行优化获得下层的优化给定值。上层优化的主要作用是保证系统处在安全运行模式，获得最大生产效益，尽量降低生产成本。下层主要用来设计校正控制器以实现对上层优化给定值的精确跟踪控制。控制系统如图 5-28 所示。

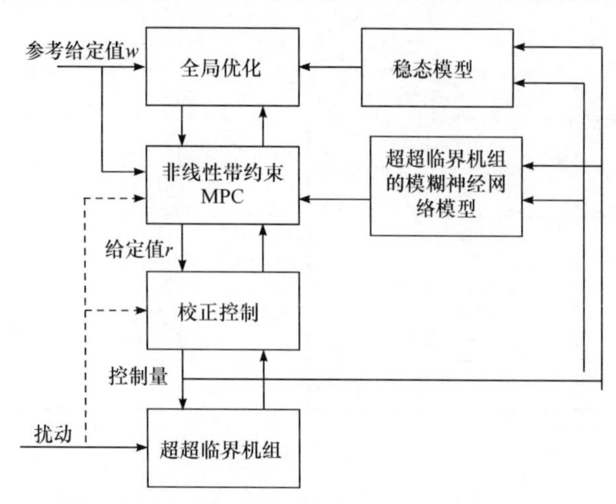


图 5-28　超超临界机组的分级递阶模型预测控制

在实际的系统控制中，顶层的“全局优化”可以保持系统在安全和高效模式下运行，该层是周期性实施而非实时控制，不在本书控制算法研究范围。“非线性带约束 MPC”基于带经济指标和环境保护因素的目标函数进行动态优化，获得下层的给定值。在实时超超临界机组控制中，大规模非线性优化问题有可能出现非凸问题。但是，通过有效的模糊神经网络建模，仍可保证该优化问题是凸优化问题。

### 5.2.3　USC 系统的分级递阶非线性模型预测控制

1. 模糊神经网络(NFN)建模

图 5-27 所示的三输入三输出 USC 系统可以表示成如下形式：

$$Y(t) = f[Y(t-1),\cdots,Y(t-n'_y),U(t),U(t-1),\cdots,U(t-n'_u+1),V(t-1),\cdots,V(t-n'_v)] + \frac{e(t)}{\Delta} \tag{5-57}$$

其中，$f$ 是光滑的非线性函数，可进行泰勒展开；变量 $Y(t)=\left[y_1(t),y_2(t),y_3(t)\right]^{\mathrm{T}}$，$U(t)=\left[u_1(t),u_2(t),u_3(t)\right]^{\mathrm{T}}$，$V(t)=\left[v_1(t),v_2(t),v_3(t)\right]^{\mathrm{T}}$ 和 $e(t)$ 分别是输出变量、输入变量、可测扰动和不可测零均值白噪声信号；$\Delta$是差分算子；$n'_y$、$n'_u$ 和 $n'_v$ 分别是模型时域。非线性系统(5-57)通过模糊神经网络(neural fuzzy network，NFN)方法建模，结构如图 5-29 所示，包含输入层、模糊化层、规则层、归一化层、逆模糊化层、输出层。隶属度函数节点与模糊规则节点之间的连接为前件连接，而模糊规则节点与输出节点之间的连接称为后件连接。

在模糊神经网络结构中，$x_i$ 代表第 $i$ 个输入语言变量。在超超临界机组建模中，负荷作为唯一的语言变量将系统操作区域划分为五部分，分别为高、中高、中、中低和低负荷区。

在模糊化层中，每一个神经元节点都与一个隶属函数表示的模糊集相对应，经过隶属度函数将给出模糊神经元的输出。采用的是 Gaussian 激活函数，其神经元输出形式如下：

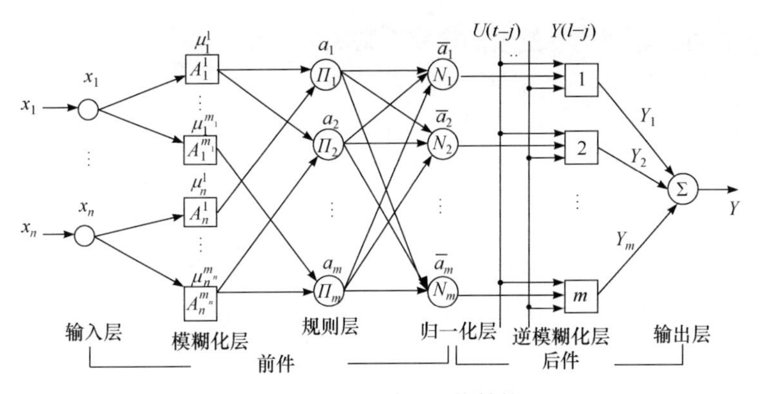


图 5-29　模糊神经网络结构

$$\mu_i^j = \mathrm{e}^{-\frac{(x_i - c_{ij})^2}{\sigma_{ij}^2}} \tag{5-58}$$

其中，$c_{ij}$ 和 $\sigma_{ij}$ 分别控制第 $i$ 个输入语言变量的第 $j$ 个模糊规则中 Gaussian 函数的中心值和宽度。规则层中的每个神经元从各自的模糊化神经元接收输入进行交叉，并计算它表示的规则激发强度。由于系统只存在“负荷”一个输入语言变量，规则层在此省略。因此第 $j$ 条规则的权重 $\alpha_j$ 可以直接从上层 $\mu_i^j$ 获得。在归一化层中，每个神经元接受来自规则层的所有神经元的输入，并计算给定规则的归一化激活强度：

$$\bar{\alpha}_j = \frac{\alpha_j}{\sum_{j=1}^{m} \alpha_j} \tag{5-59}$$

建模过程中共有 $m = 5$ 条模糊规则。

逆模糊化层的神经元代表模糊操作区域子模型，形式如下。

$R_i$：如果负荷处于第 $i$ 个操作区域，那么

$$\hat{Y}_i(t) = \sum_{j=1}^{n_o} A_{ij} Y(t-j) + \sum_{j=1}^{n_i} B_{ij} U(t-j+1) + V(t) \tag{5-60}$$

其中，$i = 1,2,\cdots,5$；$Y(t-j)$ 是系统过程输出；$U(t-j+1)$ 是系统过程输入；$\hat{Y}_i$ 是基于第 $i$ 个操作区域模型的预测输出；$n_i$ 和 $n_o$ 分别是输入和输出阶数，在超超临界机组建模中定义为 $n_i = n_o = 3$；$A_{ij}$ 和 $B_{ij}$ 是负荷处于第 $i$ 个操作区域的局部模型参数。系统输出为

$$\begin{aligned}\hat{Y}(t) &= \frac{\sum_{i=1}^{5} \alpha_i \hat{Y}_i}{\sum_{i=1}^{5} \alpha_i} = \sum_{i=1}^{5} \bar{\alpha}_i \hat{Y}_i \\ &= \sum_{i=1}^{5} \bar{\alpha}_i \left( A_1{}^i Y(t-1) + A_2{}^i Y(t-2) + A_3{}^i Y(t-3) + B_0{}^i U(t) + B_1{}^i U(t-1) + B_2{}^i U(t-2) + V(t) \right)\end{aligned} \tag{5-61}$$

经过训练，可得超超临界机组的模糊规则如下。

$R_1$：如果超超临界机组处于低负荷，那么

$$\hat{Y}(t)=\begin{bmatrix}-0.317 & 9.94 & -2.17\\ 0.136 & 0.491 & -0.504\\ 0.162 & -5.136 & 0.187\end{bmatrix}Y(t-3)+\begin{bmatrix}-0.172 & -57.603 & 3.907\\ 0.002 & -2.351 & -0.001\\ 0.004 & 6.621 & -0.416\end{bmatrix}Y(t-2)$$

$$+\begin{bmatrix}0.520 & 9.71 & -1.946\\ -0.198 & 0.896 & -0.576\\ 0.502 & -4.019 & -0.783\end{bmatrix}Y(t-1)+\begin{bmatrix}-0.048 & -0.029 & 245.117\\ 0.005 & -0.004 & -0.006\\ 0.018 & 0.005 & 6.642\end{bmatrix}U(t-2)$$

$$+\begin{bmatrix}0.17 & -0.001 & 181.241\\ -0.0007 & -0.0008 & 0.455\\ -0.030 & -0.005 & 2.784\end{bmatrix}U(t-1)+\begin{bmatrix}-0.157 & -0.016 & 100.585\\ 0.0002 & -0.0002 & 0.156\\ 0.0123 & 0.002 & 0.0556\end{bmatrix}U(t)+V(t)$$

$R_2$：如果超超临界机组处于中低负荷，那么

$$\hat{Y}(t)=\begin{bmatrix}0.316 & -18.65 & -0.841\\ -0.097 & 1.045 & 0.115\\ -0.01 & -1.55 & -0.72\end{bmatrix}Y(t-3)+\begin{bmatrix}-0.504 & 35.044 & 1.588\\ 0.0003 & -2.82 & -0.0007\\ 0.005 & 2.247 & -0.848\end{bmatrix}Y(t-2)$$

$$+\begin{bmatrix}-0.758 & -18.487 & -0.666\\ 0.097 & 0.773 & -0.114\\ 0.021 & -1.603 & 0.605\end{bmatrix}Y(t-1)+\begin{bmatrix}0.207 & -0.01 & 19.678\\ 0.0002 & 0.0001 & -0.016\\ -0.007 & -0.002 & -36.676\end{bmatrix}U(t-2)$$

$$+\begin{bmatrix}-0.366 & 0.0004 & 153.994\\ -0.0008 & 0.0002 & 0.422\\ 0.003 & 0.0008 & 8.92\end{bmatrix}U(t-1)+\begin{bmatrix}0.186 & 0.009 & -118.402\\ 0.0009 & -0.0002 & -0.35\\ 0.004 & -0.001 & 51.416\end{bmatrix}U(t)+V(t)$$

$R_3$：如果超超临界机组处于中等负荷，那么

$$\hat{Y}(t)=\begin{bmatrix}-0.305 & 16.237 & -0.077\\ 0.179 & 0.512 & -0.036\\ 0.467 & -0.412 & -0.236\end{bmatrix}Y(t-3)+\begin{bmatrix}-0.272 & -52.09 & -0.169\\ -0.0002 & -2.679 & 0.0002\\ -0.001 & 0.573 & -0.989\end{bmatrix}Y(t-2)$$

$$+\begin{bmatrix}0.362 & 15.918 & 0.2\\ -0.179 & 1.17 & 0.036\\ -0.466 & -0.165 & 0.227\end{bmatrix}Y(t-1)+\begin{bmatrix}0.204 & -0.02 & 361.947\\ 0.0006 & -0.0001 & 0.23\\ -0.003 & 0.0002 & -45.669\end{bmatrix}U(t-2)$$

$$+\begin{bmatrix}-0.164 & 0.003 & 323.03\\ -0.0002 & 0.0005 & 0.526\\ 0.004 & 0.0009 & 14.803\end{bmatrix}U(t-1)+\begin{bmatrix}-0.036 & -0.016 & -340.132\\ -0.0005 & -0.0004 & -0.542\\ -0.003 & 0.0004 & 31.202\end{bmatrix}U(t)+V(t)$$

$R_4$：如果超超临界机组处于中高负荷，那么

$$\hat{Y}(t)=\begin{bmatrix}-0.733 & 21.882 & -0.175\\ 0.316 & 1.347 & -0.796\\ -0.154 & -9.969 & -0.199\end{bmatrix}Y(t-3)+\begin{bmatrix}-0.311 & -62.97 & -0.106\\ 0.0003 & -2.878 & 0.0001\\ 0.011 & 19.904 & -0.742\end{bmatrix}Y(t-2)$$

$$+\begin{bmatrix} 0.835 & 21.242 & 0.234 \\ -0.316 & 0.529 & 0.796 \\ 0.155 & -10.302 & -0.044 \end{bmatrix} Y(t-1) + \begin{bmatrix} 0.109 & -0.028 & 66.707 \\ -0.0006 & -0.0001 & 0.736 \\ 0.098 & -0.001 & 16.138 \end{bmatrix} U(t-2)$$

$$+\begin{bmatrix} -0.211 & 0.01 & 224.54 \\ 0.0002 & 0 & -0.236 \\ -0.011 & -0.0007 & 6.84 \end{bmatrix} U(t-1) + \begin{bmatrix} 0.014 & -0.0138 & 142.175 \\ -0.0003 & 0.0002 & -0.479 \\ -0.041 & -0.003 & -13.74 \end{bmatrix} U(t) + V(t)$$

$R_5$：如果超超临界机组处于高负荷，那么

$$\hat{Y}(t) = \begin{bmatrix} -0.824 & -982.278 & 11.636 \\ -0.365 & 0.669 & -0.032 \\ -0.461 & -83.06 & 1.766 \end{bmatrix} Y(t-3) + \begin{bmatrix} -2.383 & 1996.36 & -19.454 \\ 0.0003 & -2.825 & -0.0006 \\ -0.115 & 167.537 & -2.898 \end{bmatrix} Y(t-2)$$

$$+\begin{bmatrix} -0.362 & -981.42 & 10.54 \\ 0.365 & 1.159 & 0.0327 \\ 0.395 & -82.157 & 0.31 \end{bmatrix} Y(t-1) + \begin{bmatrix} -3.565 & 0.209 & -10729.83 \\ 0.0009 & -0.0006 & 0.448 \\ -0.224 & 0.0153 & -713.206 \end{bmatrix} U(t-2)$$

$$+\begin{bmatrix} 0.249 & -0.0237 & 515.294 \\ 0.0004 & 0.0001 & -0.102 \\ 0.041 & -0.002 & 37.486 \end{bmatrix} U(t-1) + \begin{bmatrix} -0.959 & 0.308 & 10090.756 \\ -0.0009 & 0.0001 & -0.384 \\ -0.113 & 0.021 & 656.2 \end{bmatrix} U(t) + V(t)$$

2. 上层优化：非线性带约束预测控制

在 USC 机组的分级递阶非线性模型预测协调控制中，上层控制目标为

$$\operatorname{Min} J = J_e + J_r \tag{5-62}$$

其中

$$J_e = \sum_{i=1}^{M}\left[U(t+i-1)^{\mathrm{T}} Q_u^i U(t+i-1) + U(t+i-1)^{\mathrm{T}} \beta_u^i\right] - \sum_{j=1}^{N}\Big[\hat{Y}(t+j|t)^{\mathrm{T}} Q_y^j \hat{Y}(t+j|t) + \hat{Y}(t+j|t)^{\mathrm{T}} \beta_y^j\Big]$$

$$\begin{aligned} J_r = & \sum_{i=1}^{M}\Big[\left(\Delta U(t+i-1) - \Delta V(t+i-1)\right)^{\mathrm{T}} Q_{\Delta u-\Delta v}^i \left(\Delta U(t+i-1) - \Delta V(t+i-1)\right) \\ & + \left(\Delta U(t+i-1) - \Delta V(t+i-1)\right)^{\mathrm{T}} \beta_{\Delta u-\Delta v}^i\Big] \\ & + \sum_{j=1}^{N}\left[\left(\hat{Y}(t+j|t) - w(t+j|t)\right)^{\mathrm{T}} Q_{y-w}^j \left(\hat{Y}(t+j|t) - w(t+j|t)\right) + \left(\hat{Y}(t+j|t) - w(t+j|t)\right)^{\mathrm{T}} \beta_{y-w}^j\right] \end{aligned}$$

$$\text{s.t.} \quad \begin{array}{l} U_{\mathrm{L}} \leqslant U(t+i-1) \leqslant U_{\mathrm{H}}, \quad i = 1,2,\cdots,M \\ \Delta U_{\mathrm{L}} \leqslant \Delta U(t+i-1) \leqslant \Delta U_{\mathrm{H}}, \quad i = 1,2,\cdots,M \end{array}$$

$J_e$ 是经济指标，即尽量降低发电成本，获得最大发电量；$J_r$ 是传统的系统调节指标，即在尽量减小各输入量增量的情况下输出尽快跟踪系统给定值，权值矩阵定义如下：

$$Q_u^i = \begin{pmatrix} E_f & 0 & 0 \\ 0 & 0 & 0 \\ 0 & 0 & 0 \end{pmatrix}, \quad \beta_u^i = \begin{bmatrix} e_f \\ 0 \\ 0 \end{bmatrix}, \quad Q_y^j = \begin{pmatrix} E_p & 0 & 0 \\ 0 & 0 & 0 \\ 0 & 0 & 0 \end{pmatrix}, \quad \beta_y^j = \begin{bmatrix} e_p \\ 0 \\ 0 \end{bmatrix}, \quad Q_{\Delta u-\Delta v}^i = \begin{pmatrix} R_f & 0 & 0 \\ 0 & R_v & 0 \\ 0 & 0 & R_w \end{pmatrix}$$

$$\beta_{\Delta u-\Delta v}^{i}=\begin{bmatrix} r_f \\ r_v \\ r_w \end{bmatrix},\quad Q_{y-w}^{j}=\begin{pmatrix} R_p & 0 & 0 \\ 0 & R_{pr} & 0 \\ 0 & 0 & R_t \end{pmatrix},\quad \beta_{y-w}^{j}=\begin{bmatrix} r_p \\ r_{pr} \\ r_t \end{bmatrix}$$

其中，$E_f$ 和 $e_f$ 代表煤价；$E_p$ 和 $e_p$ 代表电价；$R_f$、$R_v$、$R_w$、$R_p$、$R_{pr}$、$R_t$ 和 $r_f$、$r_v$、$r_w$、$r_p$、$r_{pr}$、$r_t$ 分别是控制量和输出量增量的权值；$\hat{Y}(t+j|t)$ 是 $t$ 时刻对被控量在 $t+j$ 时刻的预测值；$w(t+j|t)$ 是 $t$ 时刻被控量给定值在 $t+j$ 时刻的预测值；$U(t+i-1)$ 是控制变量，$\Delta U(t+i-1)=U(t+i-1)-\Delta U(t+i-2)$ 是控制变量增量；$\Delta V(t+i-1)$ 是可测扰动增量；$N$ 和 $M$ 分别是预测时域和控制时域。

为了解式(5-62)的优化问题，目标函数可简写成如下形式：

$$\begin{aligned}\operatorname{Min} J=&\sum_{i=1}^{M}\left[U(t+i-1)^{\mathrm{T}} Q_u^i U(t+i-1)+U(t+i-1)^{\mathrm{T}} \beta_u^i\right]\\&+\sum_{j=1}^{N}\left[\hat{Y}(t+j|t)^{\mathrm{T}} Q_{\text{out}}^j \hat{Y}(t+j|t)+\hat{Y}(t+j|t)^{\mathrm{T}} \beta_{\text{out}}^j\right]\\&+\sum_{i=1}^{M}\left[\Delta U(t+i-1)^{\mathrm{T}} Q_{\Delta u}^i \Delta U(t+i-1)+\Delta U(t+i-1)^{\mathrm{T}} \beta_{\Delta u}^i\right]\\&+\sum_{i=1}^{M}\left[\Delta V(t+i-1)^{\mathrm{T}} Q_{\Delta u-\Delta v}^i \Delta V(t+i-1)-\Delta V(t+i-1)^{\mathrm{T}} \beta_{\Delta u-\Delta v}^i\right]\\&+\sum_{j=1}^{N}\left[w(t+j|t)^{\mathrm{T}} Q_{y-w}^j w(t+j|t)-w(t+j|t)^{\mathrm{T}} \beta_{y-w}^j\right]\end{aligned} \tag{5-63}$$

其中

$$\beta_{\text{out}}^j=\beta_{y-w}^j-\beta_y^j-2Q_{y-w}^j w(t+j|t),\quad Q_{\text{out}}^j=Q_{y-w}^j-Q_y^j$$

$$\beta_{\Delta u}^i=\beta_{\Delta u-\Delta v}^i-2Q_{\Delta u-\Delta v}^i \Delta v(t+i-1)+\sum_{i=1}^{M}\beta_u^i$$

$$Q_{\Delta u}^i=Q_{\Delta u-\Delta v}^i+\sum_{j=i}^{M}Q_u^i$$

由于式(5-63)中最后两项不依赖于优化变量，因此可简化为

$$\begin{aligned}\operatorname{Min} J=&\sum_{i=1}^{M}\left[U(t+i-1)^{\mathrm{T}} Q_u^i U(t+i-1)+U(t+i-1)^{\mathrm{T}} \beta_u^i\right]\\&+\sum_{j=1}^{N}\left[\hat{Y}(t+j|t)^{\mathrm{T}} Q_{\text{out}}^j \hat{Y}(t+j|t)+\hat{Y}(t+j|t)^{\mathrm{T}} \beta_{\text{out}}^j\right]\\&+\sum_{i=1}^{M}\left[\Delta U(t+i-1)^{\mathrm{T}} Q_{\Delta u-\Delta v}^i \Delta U(t+i-1)+\Delta U(t+i-1)^{\mathrm{T}} \beta_{\Delta u}^i\right]\end{aligned} \tag{5-64}$$

此优化问题可写成如下的二次规划形式：

$$\begin{aligned}
&\operatorname{Min} J(X) = X^{\mathrm{T}} D X + C^{\mathrm{T}} X \\
&\text{s.t.}\quad H(X) = \begin{bmatrix} A \\ -A \end{bmatrix} X - \begin{bmatrix} B_{\min} \\ -B_{\max} \end{bmatrix} \geqslant 0 \\
&\qquad G(X) = 0
\end{aligned} \tag{5-65}$$

其中，$X = [\hat{Y}(t+1); \cdots; \hat{Y}(t+N); U(t); \cdots; U(t+M-1); \Delta U(t); \cdots; \Delta U(t+M-1); r(t); \cdots; r(t+M-1)]$，其二次项系数矩阵

$$D = \operatorname{diag}\left(Q_{\text{out}}^{1}, \cdots, Q_{\text{out}}^{N}, Q_{u}^{1}, \cdots, Q_{u}^{M}, Q_{\Delta u-\Delta v}^{1}, \cdots, Q_{\Delta u-\Delta v}^{M}, 0_{3\times 3}^{1}, \cdots, 0_{3\times 3}^{M}\right)$$

是半正定实数矩阵。$X$ 的一次系数是一个列向量

$$C = [\beta_{\text{out}}^{1}; \cdots; \beta_{\text{out}}^{N}; \beta_{u}^{1}; \cdots; \beta_{u}^{M}; \beta_{\Delta u}^{1}; \cdots; \beta_{\Delta u}^{M};\ 0_{3\times 1}^{1}; \cdots; 0_{3\times 1}^{M}]$$

$$A = \begin{bmatrix} 0_{3M\times 3N} & I_{3M\times 3N} & & 0_{3M\times 3N} \\ 0_{3M\times 3N} & & I_{3M\times 3N} & 0_{3M\times 3N} \end{bmatrix},\quad B_{\min} = \begin{bmatrix} \overbrace{U_{\mathrm{L}};\ \cdots;\ U_{\mathrm{L}}}^{M} & \overbrace{\Delta U_{\mathrm{L}};\ \cdots;\ \Delta U_{\mathrm{L}}}^{M} \end{bmatrix}$$

$$B_{\max} = \begin{bmatrix} \overbrace{U_{\mathrm{H}};\ \cdots;\ U_{\mathrm{H}}}^{M} & \overbrace{\Delta U_{\mathrm{H}};\ \cdots;\ \Delta U_{\mathrm{H}}}^{M} \end{bmatrix}$$

优化问题(5-65)的等式约束也可写成如下形式：

$$G(X) = \left[G_1; G_2; \cdots; G_{N+M}\right]$$

其可分为两个部分，第一部分是式(5-61)中的模糊神经网络模型

$$G_j = \hat{Y}(k+j) - \sum_{i=1}^{5} \bar{\alpha}_i \begin{pmatrix} A_1{}^{i} \hat{Y}(k+j-1) + A_2{}^{i} \hat{Y}(k+j-2) \\ +A_3{}^{i} \hat{Y}(k+j-3) + B_0{}^{i} U(k+j) \\ +B_1{}^{i} U(k+j-1) + B_2{}^{i} U(k+j-2) \\ +C_i V(k+j) \end{pmatrix},\quad j = 1,2,\cdots,N$$

代表了超超临界机组的动态性能，第二部分是下层 PI 调节器的性能表达式：

$$G_{j+N+1} = A_c(z^{-1}) U(t+j) - B_{cr}(z^{-1}) r(t+j) - B_{cy}(z^{-1}) \hat{Y}(t+j),\quad j = 0,1,\cdots,M-1 \tag{5-66}$$

其中

$$A_c(z^{-1}) = \begin{bmatrix} 1-z^{-1} & 0 & 0 \\ 0 & 1-z^{-1} & 0 \\ 0 & 0 & 1-z^{-1} \end{bmatrix}$$

$$B_{cr}(z^{-1}) = B_{cy}(z^{-1}) = \begin{bmatrix} (K_{p_{11}} + K_{i_{11}}) - K_{p_{11}} z^{-1} & (K_{p_{12}} + K_{i_{12}}) - K_{p_{12}} z^{-1} & (K_{p_{13}} + K_{i_{13}}) - K_{p_{13}} z^{-1} \\ (K_{p_{21}} + K_{i_{21}}) - K_{p_{21}} z^{-1} & (K_{p_{22}} + K_{i_{22}}) - K_{p_{22}} z^{-1} & (K_{p_{23}} + K_{i_{23}}) - K_{p_{23}} z^{-1} \\ (K_{p_{31}} + K_{i_{31}}) - K_{p_{31}} z^{-1} & (K_{p_{32}} + K_{i_{32}}) - K_{p_{32}} z^{-1} & (K_{p_{33}} + K_{i_{33}}) - K_{p_{33}} z^{-1} \end{bmatrix}$$

$r(t+j)$ 是 $3\times 1$ 的给定值。

式(5-66)也可写成如下形式：

$$U(t) + A_{c1}U(t-1) = B_{cr0}r(t) + B_{cr1}r(t-1) + B_{cy0}Y(t) + B_{cy1}Y(t-1) \tag{5-67}$$

其中

$$A_{c1}(z^{-1}) = \begin{bmatrix} -1 & 0 & 0 \\ 0 & -1 & 0 \\ 0 & 0 & -1 \end{bmatrix}, \quad B_{cr0} = B_{cy0} = \begin{bmatrix} K_{p_{11}} + K_{i_{11}} & K_{p_{12}} + K_{i_{12}} & K_{p_{13}} + K_{i_{13}} \\ K_{p_{21}} + K_{i_{21}} & K_{p_{22}} + K_{i_{22}} & K_{p_{23}} + K_{i_{23}} \\ K_{p_{31}} + K_{i_{31}} & K_{p_{32}} + K_{i_{32}} & K_{p_{33}} + K_{i_{33}} \end{bmatrix}$$

$$B_{cr1} = B_{cy1} = \begin{bmatrix} -K_{p_{11}} & -K_{p_{12}} & -K_{p_{13}} \\ -K_{p_{21}} & -K_{p_{22}} & -K_{p_{23}} \\ -K_{p_{31}} & -K_{p_{32}} & -K_{p_{33}} \end{bmatrix}$$

式(5-67)可直接用于非线性优化的 Karush-Kuhn-Tucker (KKT)条件。

如果系统是线性的，约束优化目标函数 $J(X)$ 的优化是凸优化。如果系统是非线性的，寻优路经采用序列二次规划方法会导致非凸优化问题。在本书中，由于 USC 机组采用了模糊神经网络建模，在 KKT 条件下优化目标函数 $J(X)$ 仍是凸优化问题。引入拉格朗日乘子 $\phi=[\lambda_1,\cdots,\lambda_M,\Delta\lambda_1,\cdots,\Delta\lambda_M,\delta_1,\cdots,\delta_M,\Delta\delta_1,\cdots,\Delta\delta_M]$，$\Psi=[\gamma_1,\cdots,\gamma_N,\Upsilon_1,\cdots,\Upsilon_M]$ 实现上述问题的目标优化，式(5-65)可转化成：

$$L(X,\lambda,\gamma) = X^{\mathrm{T}}DX + C^{\mathrm{T}}X - \phi H(X) - \Psi G(X) \tag{5-68}$$

其中，1×3 的广义拉格朗日乘子 $\lambda_i,\Delta\lambda_i,\delta_i,\Delta\delta_i \geqslant 0$，$\gamma_j,\Upsilon_i \neq 0$，$i=1,2,\cdots,M, j=1, 2,\cdots,N$。

根据 KKT 条件可得

$$\begin{aligned} \frac{\partial L}{\partial \hat{Y}(t+j)} = {} & 2Q_{\text{out}}^j \hat{Y}(t+j) + \beta_{\text{out}}^j - \beta_y^j - \left[\gamma_j^{\mathrm{T}} - \left(\sum_{k=j+1}^{j+3}\gamma_k\left(\sum_{i=1}^{5}\bar{a}_i A_{k-j}^i\right)\right)^{\mathrm{T}}\right] \\ & -\left[-\left(\Upsilon_j B_{cy0}\right)^{\mathrm{T}} - \left(\Upsilon_{j+1}B_{cy1}\right)^{\mathrm{T}}\right] = 0 \end{aligned} \tag{5-69}$$

$$\begin{aligned} \frac{\partial L}{\partial U(t+i-1)} = {} & 2Q_u^i u(t+i-1) + \beta_u^i - \left(\lambda_i^{\mathrm{T}} - \delta_i^{\mathrm{T}}\right) - \left[\left(\Delta\lambda_i^{\mathrm{T}} - \Delta\lambda_{i+1}^{\mathrm{T}}\right) - \left(\Delta\delta_i^{\mathrm{T}} - \Delta\delta_{i+1}^{\mathrm{T}}\right)\right] \\ & -\left[-\left(\gamma_{i-1}\left(\sum_{j=1}^{5}\bar{a}_j B_0^j\right)\right)^{\mathrm{T}} - \left(\gamma_i\left(\sum_{j=1}^{5}\bar{a}_j B_1^j\right)\right)^{\mathrm{T}} - \left(\gamma_{i+1}\left(\sum_{j=1}^{5}\bar{a}_j B_2^j\right)\right)^{\mathrm{T}}\right] \\ & -\left[\Upsilon_i^{\mathrm{T}} - \left(\Upsilon_{i+1}A_{c1}\right)^{\mathrm{T}}\right] = 0 \end{aligned} \tag{5-70}$$

$$\frac{\partial L}{\partial \Delta U(t+i-1)} = 2Q_{\Delta u-\Delta v}^i \Delta u(t+i-1) + \beta_{\Delta u}^i - \left(\Delta\lambda_i^{\mathrm{T}} + \Delta\delta_i^{\mathrm{T}}\right) = 0 \tag{5-71}$$

$$\frac{\partial L}{\partial r(t+i-1)} = \left(\Upsilon_{j+1}B_{cr0} + \Upsilon_{j+2}B_{cr1}\right)^{\mathrm{T}} = 0 \tag{5-72}$$

等式约束根据 KKT 条件可得

$$\begin{cases}\lambda_j G_j(X)=0\\ \gamma_{N+i}G_{N+i}(X)=0\\ \left[\lambda_1,\cdots,\lambda_M,\Delta\lambda_1,\cdots,\Delta\lambda_M\right](AX-B_{\min})=0\\ \left[\delta_1,\cdots,\delta_M,\Delta\delta_1,\cdots,\Delta\delta_M\right](AX-B_{\max})=0\end{cases}\tag{5-73}$$
$$j=1,2,\cdots,N,\quad i=1,2,\cdots,M$$

式(5-73)可分解为

$$\hat{Y}(t+j)-\left\{\sum_{i=1}^{5}\bar{\alpha}_i\left[\begin{array}{l}A_1{}^i\hat{Y}_i(t+j-1)+A_2{}^i\hat{Y}_i(t+j-2)+A_3{}^i\hat{Y}_i(t+j-3)+B_0{}^iU_i(t+j)\\ +B_1{}^iU_i(t+j-1)+B_2{}^iU_i(t+j-2)+V(t+j)\end{array}\right]\right\}=0\tag{5-74}$$

$$\begin{aligned}&\Upsilon_i[U(t+i-1)+A_{c1}U(t+i-2)-B_{cr0}r(t+i-1)-B_{cr1}r(t+i-2)\\&-B_{cy0}\hat{Y}(t+i-1)-B_{cy1}\hat{Y}(t+i-2)]=0\end{aligned}\tag{5-75}$$

$$\lambda_i\left(U(t+i-1)-U_{\mathrm{L}}\right)=0\tag{5-76}$$

$$\delta_i\left(U(t+i-1)-U_{\mathrm{H}}\right)=0\tag{5-77}$$

$$\Delta\lambda_i\left(\Delta U(t+i-1)-\Delta U_{\mathrm{L}}\right)=0\tag{5-78}$$

$$\Delta\delta_i\left(\Delta U(t+i-1)-\Delta U_{\mathrm{H}}\right)=0\tag{5-79}$$

其中，$j=1,2,\cdots,N$，$i=1,2,\cdots,M$。

通过模糊神经网络建模，目标函数 $J(X)$ 直接成为凸函数，使优化问题(5-65)获得可行解。

### 5.2.4　仿真结果

采用 USC 机组全工况范围内运行的 2000 组动态数据进行模糊神经网络建模，网络参数训练采用监督梯度下降学习法。训练后的模糊隶属度函数如图 5-30 所示。为了对建模的精度进行对比，同时采用最小二乘法基于相同的 2000 组训练数据建立线性模型。

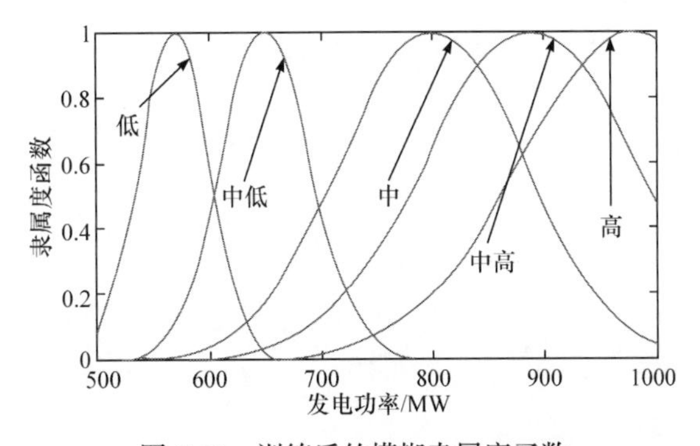


图 5-30　训练后的模糊隶属度函数

针对这两种方法所建的模型，采用另外 1000 组数据进行校验。校验过程如图 5-31 和图 5-32 所示，模糊神经网络模型能够对 USC 机组的全工况动态性能进行准确描述，而最小二乘法辨识的线性模型只在某个工况点准确度较高。因此，USC 机组所建的模糊神经网络模型适用于本书的分级递阶模型预测控制。

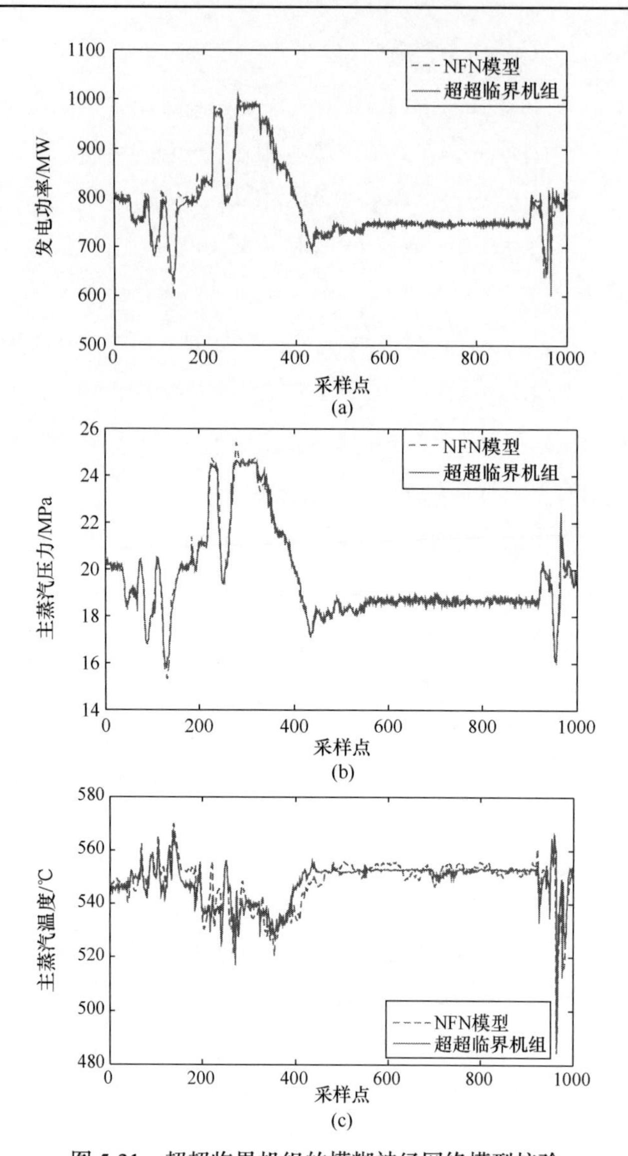


图 5-31　超超临界机组的模糊神经网络模型校验

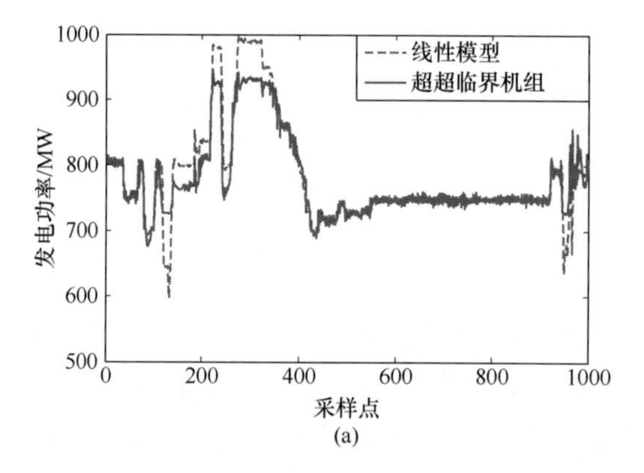


(a)

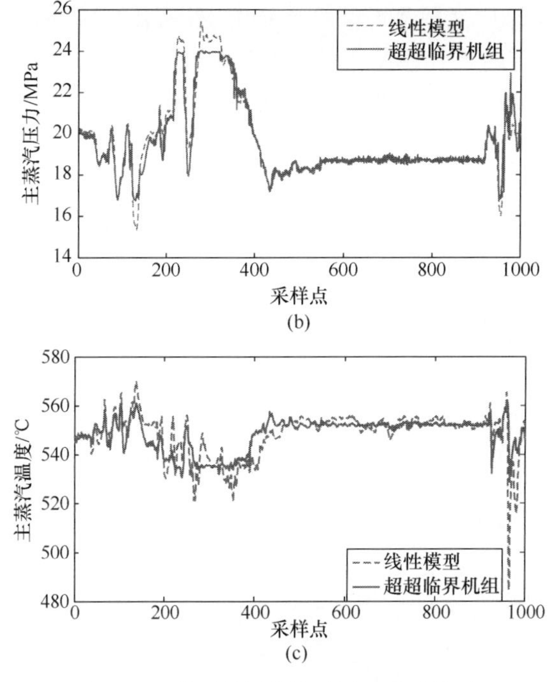


图 5-32　超超临界机组的线性模型校验

仿真一：变压力变负荷运行。初始条件设定为 $Y=(600, 15.38, 600)$，即发电功率、主蒸汽压力、主蒸汽温度分别为 600MW、15.38MPa、600℃，相应的输入值 $U=(0.27,0.283,0.54)$，即给煤量、主蒸汽阀门开度和主蒸汽压力分别为 0.27、0.283、0.54。系统的控制和模型建立都是在 MATLAB 环境下进行的。采样时间为 10s。在分级递阶模型预测控制结构中，下层是校正 PI 控制器，使系统动态稳定以保证分级递阶模型预测控制策略在稳态系统运行。PI 控制器参数选择如下：

$$K_p=\begin{bmatrix}K_{p11} & K_{p12} & K_{p13}\\ K_{p21} & K_{p22} & K_{p23}\\ K_{p31} & K_{p32} & K_{p33}\end{bmatrix}=\begin{bmatrix}0.0432 & 1.385 & 0.0973\\ 2.151 & 0.1769 & 0.3212\\ 0.0954 & 0.3291 & 1.0367\end{bmatrix}$$

$$K_i=\begin{bmatrix}K_{i11} & K_{i12} & K_{i13}\\ K_{i21} & K_{i22} & K_{i23}\\ K_{i31} & K_{i32} & K_{i33}\end{bmatrix}=\begin{bmatrix}0.3342 & 0.1463 & 0.1285\\ 0.2528 & 0.1085 & 0.2427\\ 0.1076 & 0.0314 & 0.2823\end{bmatrix}$$

选择控制时域 $M=5$，预测时域 $N=10$。优化目标函数(5-62)中的参数和系统约束分别为：$E_f=10$，$e_f=5$，$E_p=0.01$，$e_p=1$，$R_f=50$，$R_v=30$，$R_w=10$，$r_f=1$，$r_v=0.5$，$r_w=0.2$，$R_{pr}=0.1$，$R_p=0.1$，$R_t=0.15$，$r_{pr}=50$，$r_p=50$，$r_t=10$，$U_{\mathrm{H}}=[1\ \ 1\ \ 1]^{\mathrm{T}}$，$U_{\mathrm{L}}=[0\ \ 0\ \ 0]^{\mathrm{T}}$，$\Delta U_{\mathrm{H}}=[0.5\ \ 0.65\ \ 0.7]^{\mathrm{T}}$，$\Delta U_{\mathrm{L}}=[-0.5\ \ -4\ \ -0.7]^{\mathrm{T}}$。

基于 USC 机组的模糊神经网络模型，采用 KKT 条件解约束优化问题(5-62)，可以通过解式(5-69)～式(5-79)获得优化给定值。

为了进行比较，同时构造了校正广义预测控制(generalized predictive control，GPC)

策略和传统的 PI 控制器。广义预测控制策略和本书提出的分级递阶模型预测控制策略采用相同的目标函数、预测时域和控制时域。图 5-33～图 5-38 显示三种控制策略下超超临界机组负荷从 600～750WM 变化的阶跃响应曲线，从图中可以看出本书提出的分级递阶预测控制策略明显优于广义预测控制策略和 PI 控制器。

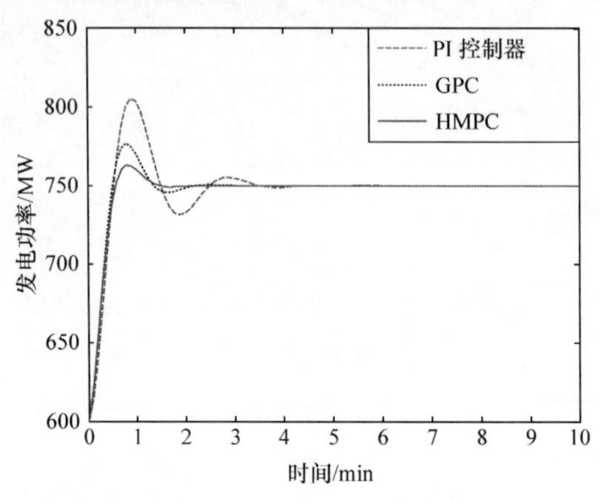


图 5-33　发电功率阶跃响应曲线对比

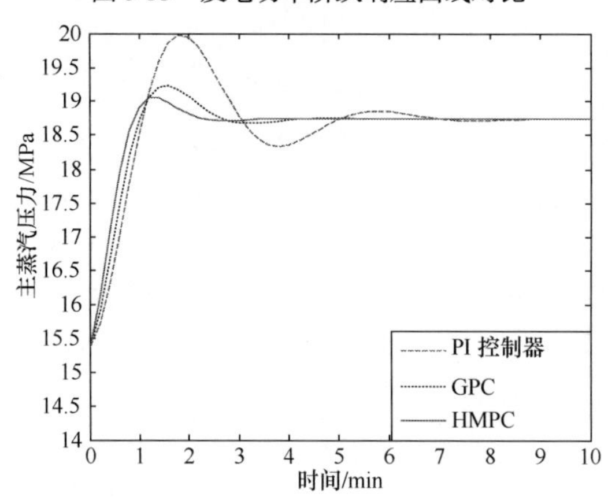


图 5-34　主蒸汽压力阶跃响应曲线对比

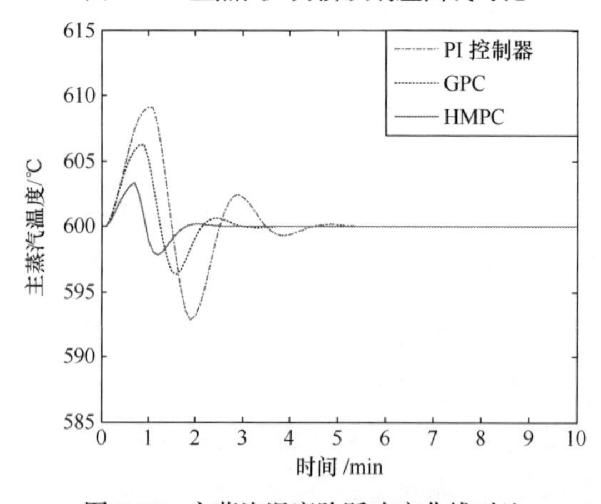


图 5-35　主蒸汽温度阶跃响应曲线对比

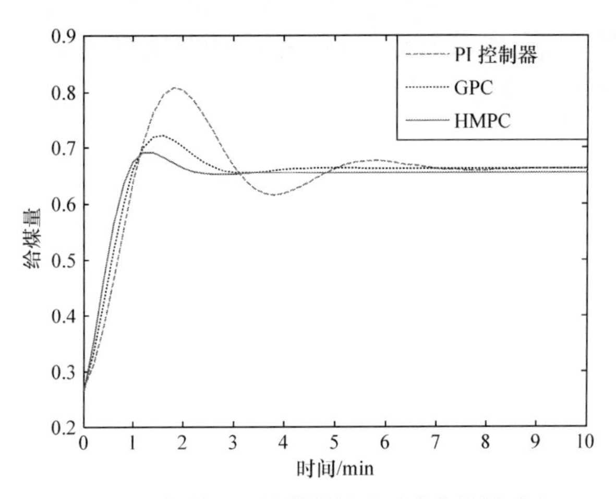


图 5-36　控制量：给煤量的阶跃响应曲线对比

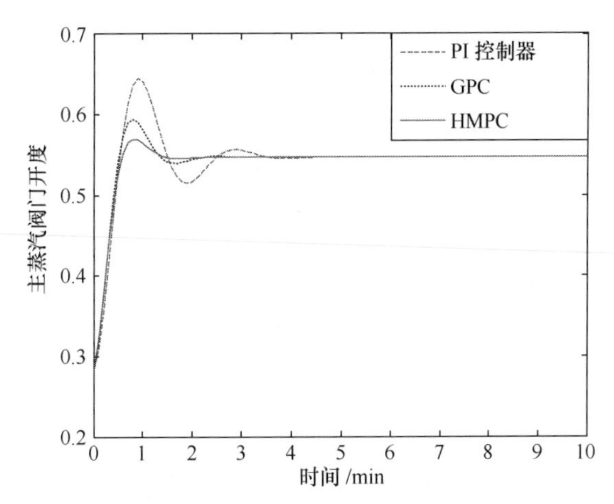


图 5-37　控制量：主蒸汽阀门开度的阶跃响应曲线对比

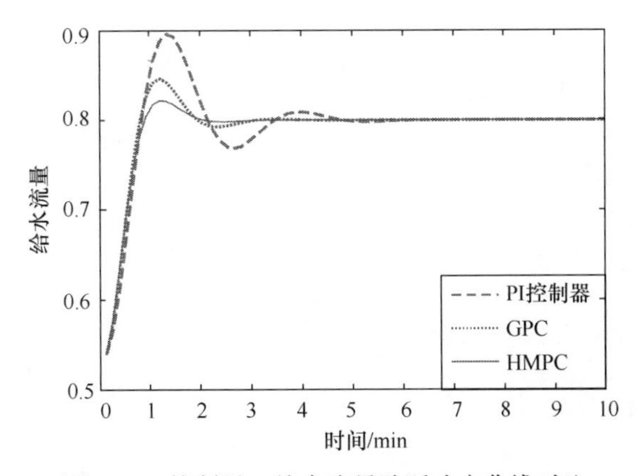


图 5-38　控制量：给水流量阶跃响应曲线对比

仿真二：机组负荷大范围变化。初始条件设定为 $Y=(600,15.38,600)$，机组负荷变化到 850MW，即 $Y=(850,21.38,600)$。仿真结果如图 5-39～图 5-44 所示，当机组考虑给煤量和给水流量幅值约束时，本书所提出的分级递阶模型预测控制策略与广义预测控制策略和传统 PI 控制器相比具有明显的优势。

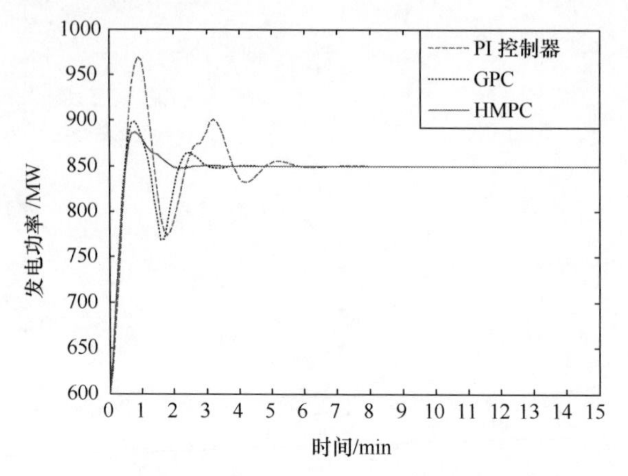


图 5-39　大范围变工况下发电功率的阶跃响应对比曲线

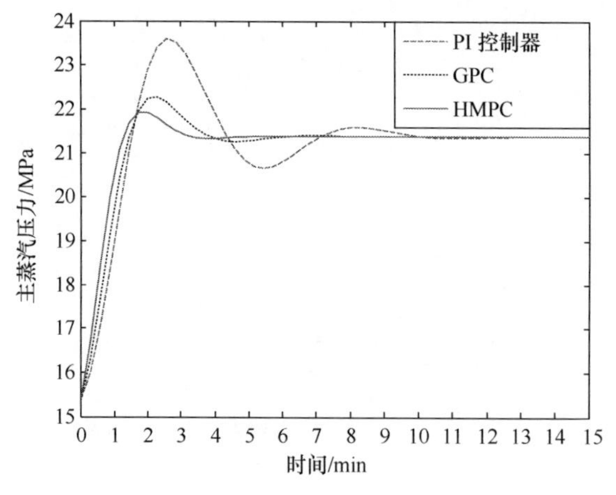


图 5-40　大范围变工况下主蒸汽压力的阶跃响应对比曲线

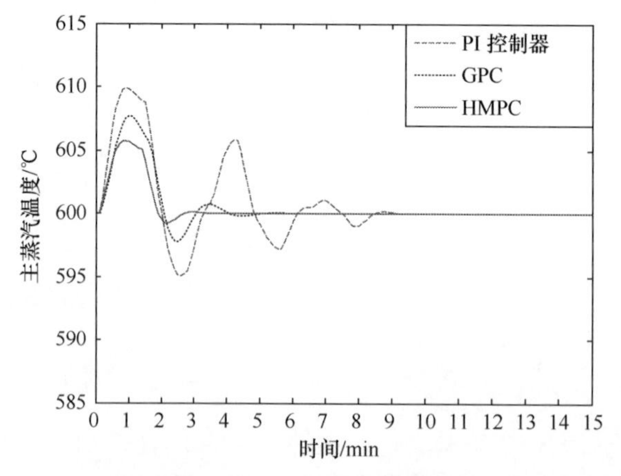


图 5-41　大范围变工况下主蒸汽温度的阶跃响应对比曲线

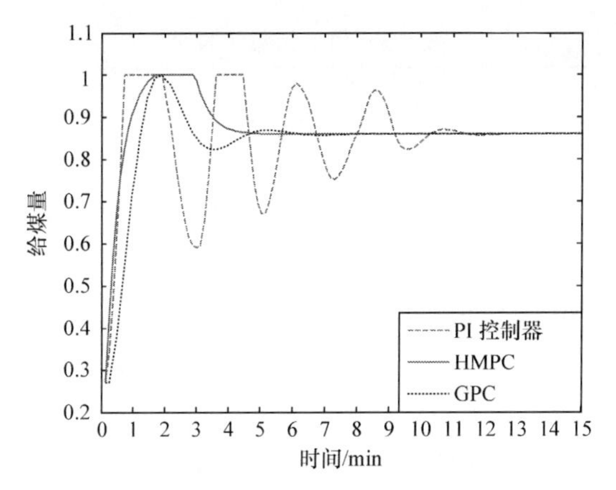


图 5-42　大范围变工况下给煤量的阶跃响应对比曲线

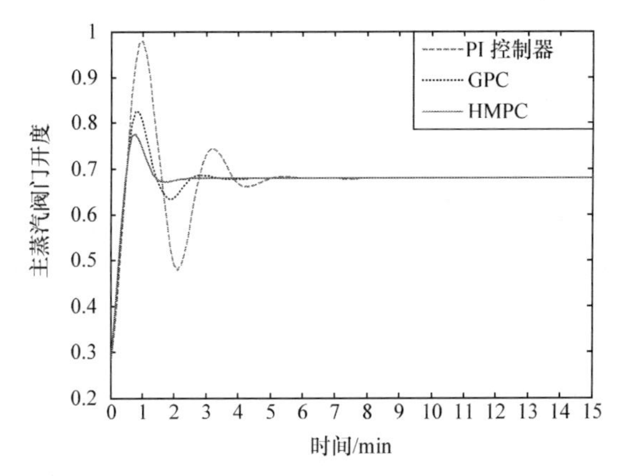


图 5-43　大范围变工况下主蒸汽阀门开度的阶跃响应对比曲线

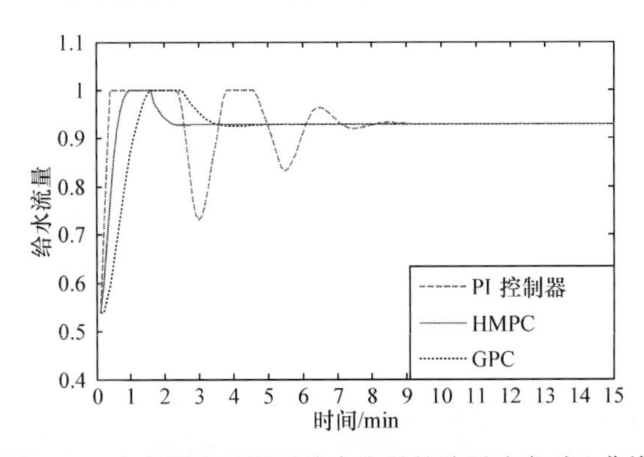


图 5-44　大范围变工况下给水流量的阶跃响应对比曲线

为了做更为详细的比较，表 5-3 中列出了大范围变工况情况下三种控制策略的经济性能指标和跟踪性能指标。从表 5-3 可以清楚地看出本书提出的分级递阶模型预测控制无论在经济性能还是跟踪性能上都具有明显的优势。分级递阶模型预测控制策略的经济指标 $J_e$ 最小，代表在获得更高经济效益的同时给煤量、给水流量和蒸汽量最小。

**表 5-3 目标函数值对比**

| 控制策略 | $J_e$ | $J_r$ |
|---|---|---|
| PI | 0.0625 | 0.083 |
| GPC | 0.0214 | 0.034 |
| HMPC | 0.0176 | 0.020 |

仿真三：电网负荷频率扰动。电力系统必须保持电力生产和电力需求的平衡。如果发电量或电网需求突然出现变化，电网频率会发生突变。在此情况下，USC 机组要快速调整发电功率来校正电网频率的大幅扰动。仿真中，电网频率扰动给负荷带来 50MW 的脉冲扰动(图 5-45)，USC 机组快速打开主蒸汽阀门来增加机组的发电功率输出以抵御电网干扰，主蒸汽压力迅速下降，因此给煤量也快速增加使主蒸汽压力维持在原来的水平。从仿真图 5-46～图 5-51 可以看出，本书提出的分级递阶模型预测控制策略明显优于广义预测控制策略。

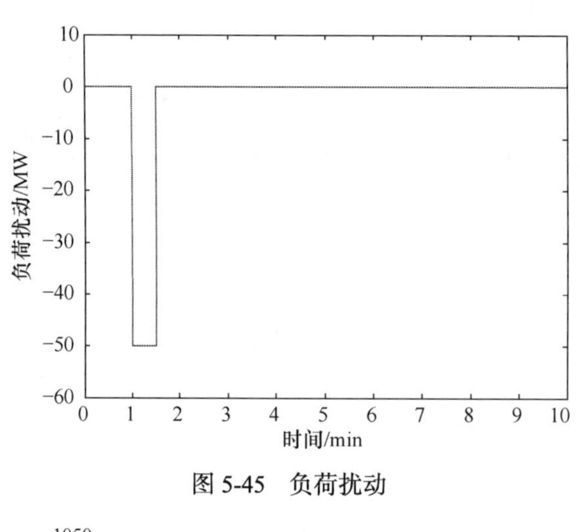


图 5-45 负荷扰动

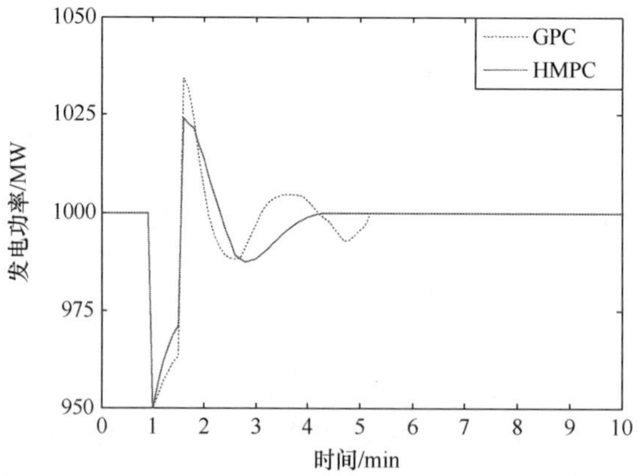


图 5-46 负荷扰动情况下的发电功率响应

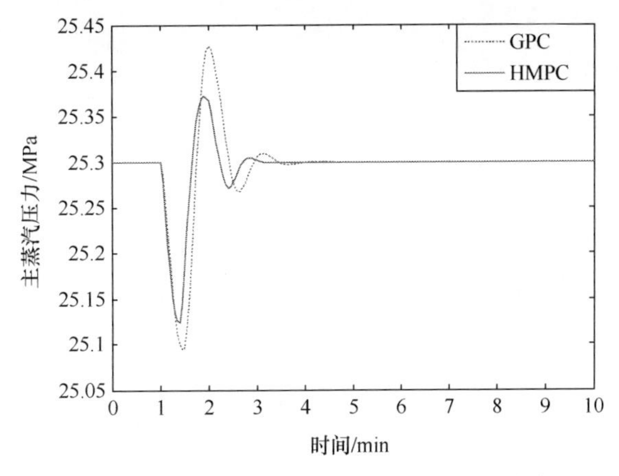


图 5-47　负荷扰动情况下的主蒸汽压力响应

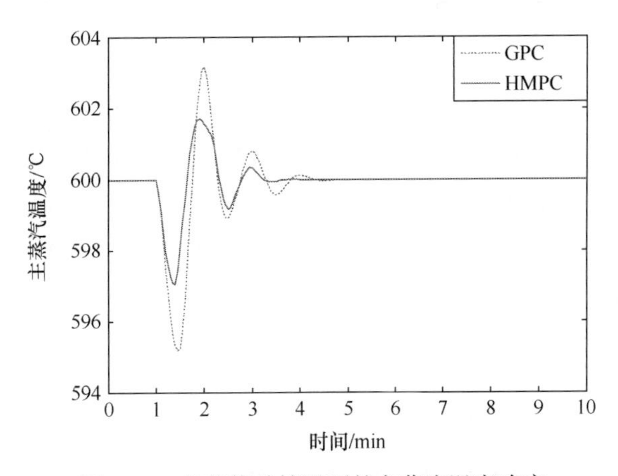


图 5-48　负荷扰动情况下的主蒸汽温度响应

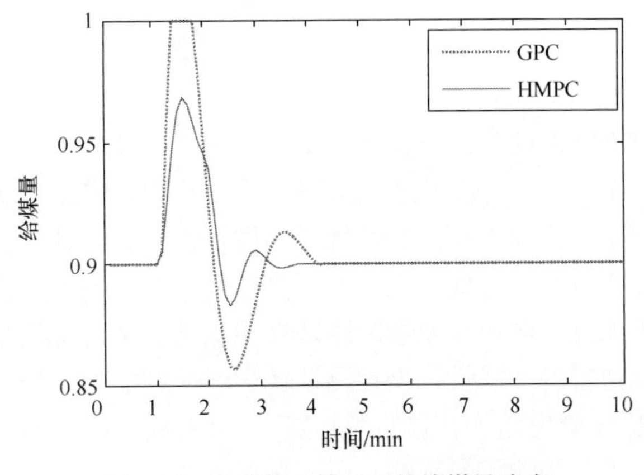


图 5-49　负荷扰动情况下的给煤量响应

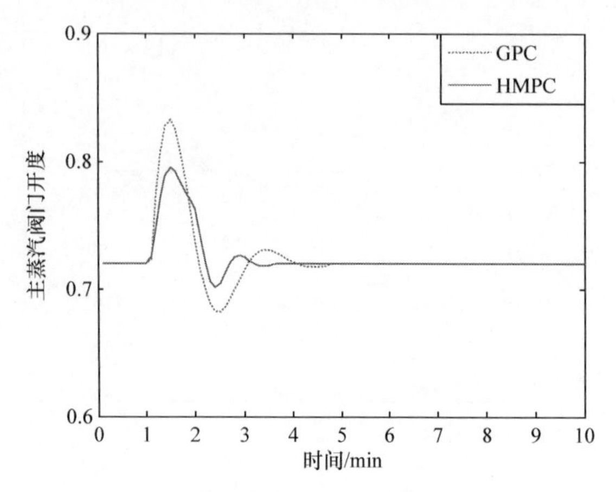


图 5-50　负荷扰动情况下的主蒸汽阀门开度响应

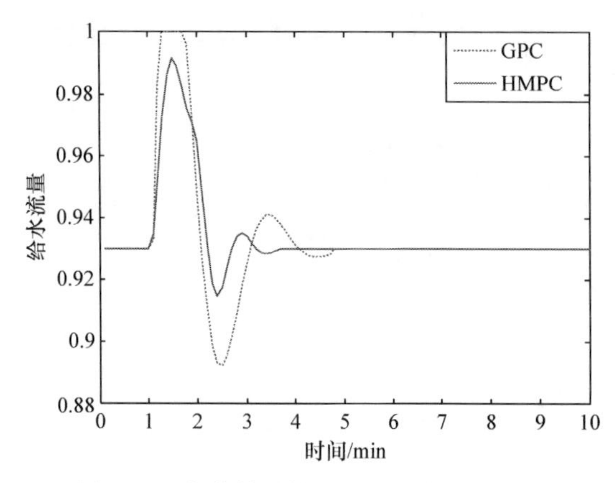


图 5-51　负荷扰动情况下的给水流量响应

## 5.3　本 章 小 结

火电机组具有复杂的非线性动态特性，本章基于模糊建模方法构造非线性模糊模型预测控制方法。针对 160MW 锅炉-汽轮机系统，将整个操作范围分为若干局部区域，在每个局域模型中建立了暂态误差模型，并针对局域线性模型设计相应的局部模型预测迭代学习控制器，通过模糊规则合成全局模型预测迭代学习控制器。仿真结果表明本章所构造的非线性模型预测迭代学习控制器的跟踪性能明显优于传统模型预测迭代学习控制器。由此，基于模糊建模的非线性模型预测迭代学习控制器为一类动态特性随负荷变化的非线性锅炉-汽轮机系统提供了有效的控制方法。针对超超临界机组提出了提高经济性能的分级递阶非线性模型预测控制策略。由于常规的非线性预测控制是非凸优化且极易导致局部最优，本节中依据机组的负荷跟随性能建立超超临界机组的模糊神经网络模型，基于 KKT 条件，模型预测控制仍为具有可行解的凸优化问题。仿真结果表明，在负荷变化时，系统能在保持最佳跟踪性能的同时保证系统的经济性，同时也能够克服电网负荷频率扰动实现稳定控制。

# 第6章　火力发电系统的经济模型预测控制

现代电厂的优化控制通常采用分级递阶结构，上层通过优化经济性能指标获得最优稳态设定值，传递到下层的先进控制器实现设定值跟踪，如图6-1(a)所示。模型预测控制作为一种可以有效处理多变量耦合以及约束的先进控制策略，近年来广泛应用于电力生产过程的设定值跟踪层[11]，通过对过程系统构造有效的在线优化策略，实现发电厂跟踪控制的同时提高机组运行效率。

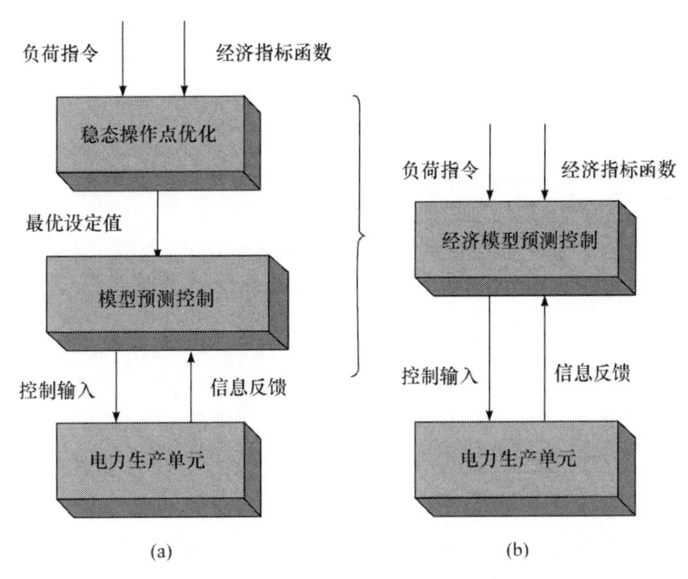


图6-1　电力生产过程控制结构

电力生产过程控制在过去的十几年发生了深刻的变化，现代电厂的控制需要更多地考虑经济运行和环境保护问题，已不再是单纯的跟踪控制问题。传统的分层控制结构往往会忽略系统动态跟踪过程中的经济性能。如图6-2所示，通常情况下，系统的稳态经济最优点和全局经济最优点是不同的。采用传统的分层结构对锅炉-汽轮机系统进行控制会使被控系统达到稳态经济最优点，忽略整个动态过程中的经济性，无法达到全局经济最优点。

近年来，经济模型预测控制(economic model predictive control, EMPC)受到了学术界与工业界的广泛关注，其本质是将稳态优化层与动态控制层整合，如图6-1(b)所示[18,82,83]。经济模型预测控制可以直接利用火力发电过程中的经济性能指标作为在线优化问题的目标函数，因此与基于传统模型预测控制的双层控制结构相比，可以大大提高火力发电动态响应过程中的经济效益。与此同时，目标函数的任意性，使得传统基于二次型目标函数的模型预测控制稳定性分析方法不再适用，给其稳定性保证带来了巨大的挑战。本章前半部分针对160MW燃油火电机组，构造稳定的非线性经济模型预测控制；后半部分

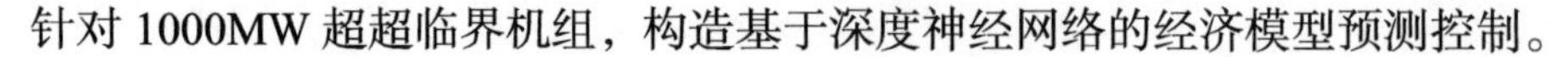
针对 1000MW 超超临界机组，构造基于深度神经网络的经济模型预测控制。

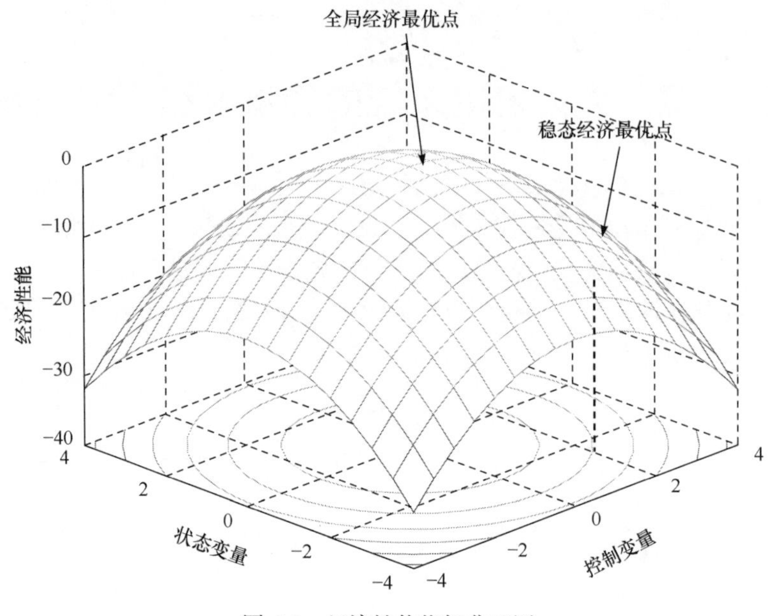


图 6-2　经济性能指标曲面图

## 6.1　火电机组稳定模糊经济模型预测控制

由于火电机组是大范围变工况的复杂耦合系统，负荷的循环变换导致了系统的非线性特性，这使得经济模型预测控制优化问题成为复杂的非凸优化问题，加大了计算负担。然而，火电机组的动态特性遵循一定的规律，即其动态特性依赖于负荷的变化。因此，依据火电机组实时运行工况建立模糊模型成为解决非线性问题的有效手段。一般情况下，传统的模糊模型预测控制采用无穷时域性能指标来保证其稳定性。因其目标函数为二次型形式，利用线性矩阵不等式技术将基于无穷时域性能指标的优化问题转化为可以求解的凸优化问题，求得满足约束的稳定线性反馈控制律。但经济模型预测控制目标函数的任意性使得传统模糊模型预测控制保证稳定性的设计手段难以实施。本节将针对 160MW 燃油机组设计具有稳定性保证的模糊经济模型预测控制策略。一方面，利用传统模糊模型预测控制设计稳定辅助控制器，即线性反馈控制律和其相应的稳定域；另一方面，基于有限时域性能指标构造双模态模糊经济模型预测控制(fuzzy economic model predictive control, FEMPC)，以实现火电厂负荷跟踪，提高跟踪动态过程中的经济效益。

### 6.1.1　锅炉-汽轮机模糊模型

第 5 章的 160MW 燃油机组非线性动态数学模型可描述为[89]

$$\begin{cases}\dot{x}(t)=F\big(x(t)\big)+G\big(x(t)\big)u(t)+w(t)\\ y(t)=H\big(x(t)\big)\end{cases} \tag{6-1}$$

其中

$$F(x(t))=\begin{bmatrix}0\\-0.1x_2-0.016x_1^{9/8}\\0.0022x_1\end{bmatrix},\quad G(x(t))=\begin{bmatrix}0.9 & -0.0018x_1^{9/8} & -0.15\\0 & 0.73x_1^{9/8} & 0\\0 & -0.0129x_1 & 1.6588\end{bmatrix}$$

$$H(x(t))=\left[x_1\quad x_2\quad 0.05(0.13073x_3+100\alpha_s+q_e/9-67.975)\right]^{\mathrm{T}}$$

模型输入量$u=[u_1\quad u_2\quad u_3]^{\mathrm{T}}$分别为燃料流量调节阀门开度、蒸汽流量调节阀门开度、给水流量调节阀门开度；模型输出量$y=[y_1\quad y_2\quad y_3]^{\mathrm{T}}$分别为汽包压力$P$、输出功率$E$、汽包与设定值水位偏差$L$；状态变量$x=[x_1\quad x_2\quad x_3]^{\mathrm{T}}$分别为汽包压力$P$、输出功率$E$、系统内流体密度$\rho_f$。$w=[w_1\quad w_2\quad w_3]^{\mathrm{T}}$为过程噪声，主要由锅炉的水动力噪声和火焰燃烧噪声引起。$q_e$和$\alpha_s$表达式为

$$q_e=(0.854u_2-0.147)x_1+45.59u_1-2.51u_3-2.096$$

$$\alpha_s=\frac{(1-0.001538x_3)(0.8x_1-25.6)}{x_3(1.0394-0.0012304x_1)}$$

控制量$u_1$、$u_2$、$u_3$需满足如下增量和幅值约束：

$$\begin{cases}-0.007\leqslant\dfrac{\mathrm{d}u_1}{\mathrm{d}t}\leqslant 0.007, & 0\leqslant u_1\leqslant 1\\-2.0\leqslant\dfrac{\mathrm{d}u_2}{\mathrm{d}t}\leqslant 0.02, & 0\leqslant u_2\leqslant 1\\-0.05\leqslant\dfrac{\mathrm{d}u_3}{\mathrm{d}t}\leqslant 0.05, & 0\leqslant u_3\leqslant 1\end{cases}\tag{6-2}$$

模糊建模技术是非线性系统建模的一种有效手段，采用模糊规则可以有效地逼近锅炉-汽轮机系统的内部非线性动态特性。因此，锅炉-汽轮机系统的动态可由如下离散的模糊模型来表示：

$$\begin{aligned}R^i:\ \text{if}\quad & x_2(k)\ \text{is}\ f^i\\\text{then}\quad & x(k+1)=A_ix(k)+B_iu(k)+\tilde{G}_iw(k)\\& i\in\{1,2,\cdots,m\}\end{aligned}\tag{6-3}$$

其中，$R^i$表示第$i$条模糊推理规则；$m$为模糊规则个数；$f^i$为第$i$个模糊集。状态矩阵$A_i$和$B_i$可通过基于最小二乘拟合的线性化方法求得。由于锅炉-汽轮机系统的动态特性依赖于机组负荷变化，因此在模糊建模中选取状态变量$x_2$作为唯一的前提变量。基于单点模糊化、中心平均去模糊化和乘积模糊推理方法，锅炉-汽轮机系统带干扰的离散模糊模型可表示为

$$x(k+1)=A_\mu x(k)+B_\mu u(k)+\tilde{G}_\mu w(k)\tag{6-4}$$

其中，$A_\mu=\sum_{i=1}^{m}\mu_i(k)A_i$；$B_\mu=\sum_{i=1}^{m}\mu_i(k)B_i$；$\tilde{G}_\mu=\sum_{i=1}^{m}\mu_i(k)\tilde{G}_i$；$\mu$表示隶属度；$k$表示采样时刻。

### 6.1.2 模糊经济模型预测控制器设计

1. 经济性能指标

锅炉-汽轮机系统的经济效益通常考虑负荷跟踪、燃料消耗、主蒸汽阀以及给水阀的节流损失等指标[169]，定义为

$$\begin{cases} l_{e1}(x,u)=(\text{Euld}-x_2)^2 \\ l_{e2}(x,u)=u_1 \\ l_{e3}(x,u)=-u_2 \\ l_{e4}(x,u)=-u_3 \end{cases} \tag{6-5}$$

其中，Euld是单元负荷需求(MW)；$l_{e1}(x,u)$表示负荷跟踪误差；$l_{e2}(x,u)$表示燃料阀门的开度，反映燃料消耗量；$l_{e3}(x,u)$和$l_{e4}(x,u)$分别表示主蒸汽阀和给水阀节流损失。阀门开度越大，节流损失越小，能量损耗也就越小。

通过将负荷跟踪、燃料量消耗、阀门节流损失等指标线性加权可获得锅炉-汽轮机系统的经济性能函数：

$$l_e(x,u)=\beta_1 l_{e1}+\beta_2 l_{e2}+\beta_3 l_{e3}+\beta_4 l_{e4} \tag{6-6}$$

其中，$\beta_1$、$\beta_2$、$\beta_3$、$\beta_4$为权重系数。

2. 辅助控制器及稳定域设计

为了保证基于模糊模型的经济模型预测控制策略的稳定性，需设计稳定的线性反馈控制律$u=Kx$和稳定域$\Omega_\gamma$。将经济最优稳态转移至零点，定义Lyapunov函数$V(x)=x^{\mathrm{T}}Px$，其中$P$为对称正定矩阵。则基于锅炉-汽轮机模糊模型的min-max预测控制优化问题表示为如下线性矩阵不等式[170]：

$$\min_{\gamma,Q,Y}\gamma \tag{6-7}$$

$$\text{s.t.}\quad \begin{bmatrix} 1 & x_0^{\mathrm{T}} \\ x_0 & Q \end{bmatrix}\geqslant 0 \tag{6-8}$$

$$\begin{bmatrix} Q & QA_\mu^{\mathrm{T}}+Y^{\mathrm{T}}B_\mu^{\mathrm{T}} & Qq^{0.5} & Y^{\mathrm{T}}r^{0.5} \\ A_\mu Q+B_\mu Y & Q & 0 & 0 \\ q^{0.5}Q & 0 & \gamma I & 0 \\ r^{0.5}Y & 0 & 0 & \gamma I \end{bmatrix}\geqslant 0 \tag{6-9}$$

$$\begin{bmatrix} X & Y \\ Y^{\mathrm{T}} & Q \end{bmatrix}\geqslant 0,\quad X_{jj}\leqslant u_{j,\max}^2,\quad j=1,2,3 \tag{6-10}$$

其中，$\gamma$为最差性能指标的上界；$x_0$为获得负荷指令初始时刻测得的状态量；正定矩阵$q$和$r$为传统跟踪目标函数的权重系数。求得的辅助控制器以及相应的稳定域表示为

$$K = YQ^{-1} \tag{6-11}$$

$$P = Q^{-1}\gamma \tag{6-12}$$

$$\Omega_\gamma = \left\{ x \in R^{n_x} \middle| V(x) = x^{\mathrm{T}} P x \leqslant \gamma \right\} \tag{6-13}$$

3. 模糊经济模型预测控制

基于上述的模糊模型、经济性能指标、辅助控制器以及稳定域，针对锅炉-汽轮机系统构造双模态模糊经济模型预测控制策略，其在线优化问题表示如下：

$$\min_{u(k+i|k), i=0,1,\cdots,N-1} \sum_{i=0}^{N-1} \beta_1 \tilde{x}_2 (k+i|k)^2 + \beta_2 u_1(k+i|k) - \beta_3 u_2(k+i|k) - \beta_4 u_3(k+i|k) \tag{6-14}$$

$$\text{s.t.} \quad \tilde{x}(k) = x(t_k) \tag{6-15}$$

$$\tilde{x}(k+i+1|k) = \sum_{j=1}^{m} \mu_j(k) A_j \tilde{x}(k+i|k) + \sum_{j=1}^{m} \mu_j(k) B_j u(k+i|k) \tag{6-16}$$

$$\left| u_j(k+i|k) \right| \leqslant u_{j,\max} \tag{6-17}$$

$$\left| u_j(k+i|k) - K_j \tilde{x}(k+i|k) \right| \leqslant \Delta u'_{j,\max}, \quad i = 0,1,\cdots,N-1, \quad j = 1,2,3 \tag{6-18}$$

$$\text{Mode 1: } V\left(\tilde{x}(k+i|k)\right) \leqslant \gamma_e, \quad i = 1,2,\cdots,N, \text{ if } t_k < t' \text{ and } V\left(x(t_k)\right) \leqslant \gamma_e \tag{6-19}$$

$$\text{Mode 2: } V\left( \sum_{j=1}^{m} \mu_j(k) A_j x(t_k) + \sum_{j=1}^{m} \mu_j(k) B_j u(k) \right) \leqslant \frac{1}{\varepsilon+1} \left[ V\left(x(t_k)\right) - \left\| x(t_k) \right\|_H^2 \right] \tag{6-20}$$

$$\text{if } t_k \geqslant t' \text{ or } \gamma_e < V\left(x(t_k)\right) < \gamma$$

其中，$N$ 为预测时域。式(6-15)中，$x(t_k)$ 为 $t_k$ 时刻测得的实际状态变量；式(6-16)为当前时刻锅炉-汽轮机系统的名义模糊模型，用于预测系统未来时刻的动态，其中 $\tilde{x}(k+i|k)$ 表示系统未来时刻的状态；式(6-17)表示控制量幅值约束；式(6-18)为修正的控制量的增量约束，$\Delta u'_{j,\max}$ 为其修正上界，$K$ 为离线设计的稳定线性反馈控制律增益矩阵，$K_j$ 表示其第 $j$ 行；式(6-19)中，$V(x) = x^{\mathrm{T}} P x$ 和 $\gamma$ 为通过线性矩阵不等式优化问题(6-7)～(6-10)计算的 Lyapunov 函数与最差性能指标上界，$\gamma_e$ 为考虑有界干扰，即系统的过程噪声 $w$ 在内的性能指标上界，满足 $0 \leqslant \gamma_e \leqslant \gamma$；式(6-20)中的矩阵 $H$ 为 $H = q + K^{\mathrm{T}} r K$，$\varepsilon$ 为正实数。

上述模糊经济模型预测控制优化问题分为两个运行模态，如式(6-19)和式(6-20)所示。当控制器运行于 Mode 1 时，经济性能优化为主要目标，将锅炉-汽轮机系统的状态变量控制在稳定域 $\Omega_{\gamma_e} = \left\{ x \in R^{n_x} \middle| V(x) = x^{\mathrm{T}} P x \leqslant \gamma_e \right\}$ 内，优化其经济成本函数。稳定域 $\Omega_{\gamma_e}$ 为 $\Omega_\gamma$ 在考虑有界干扰情况下的子域，即 $\Omega_{\gamma_e} \subseteq \Omega_\gamma$；当控制器运行于 Mode 2 时，收缩性约束(6-20)利用线性反馈控制律 $u = Kx$ 保证了锅炉-汽轮机闭环系统的稳定性，使得闭环状态的轨迹收敛到最优稳态。当 $t_k < t'$ 时，控制器运行于 Mode 1，即经济性能优化模态；当 $t_k \geqslant t'$ 时，控制器运行于 Mode 2，即驱动锅炉-汽轮机系统的状态回到稳态设定值。其中，$t'$ 为两模式的切换时刻。

因此，锅炉-汽轮机系统的双模态模糊经济模型预测控制可由示意图 6-3 表示。$X$ 轴、$Y$ 轴和 $Z$ 轴分别表示锅炉-汽轮机系统的三个状态变量。在每一采样时刻，利用模糊模型作为预测模型来预测系统未来时刻的动态。当 $t_k < t'$ 时，若当前时刻的状态变量 $x(t_k)$ 在稳定域 $\Omega_{\gamma_e}$ 内，约束(6-19)激活，优化其经济性能，同时控制系统状态在稳定域 $\Omega_{\gamma_e}$ 内，则实际锅炉-汽轮机闭环系统状态控制在稳定域 $\Omega_{\gamma}$ 内；若当前时刻的状态变量 $x(t_k)$ 不在稳定域 $\Omega_{\gamma_e}$ 内，约束(6-20)激活，通过收缩约束使得选定的 Lyapunov 函数不断减小，驱动系统状态回到稳定域 $\Omega_{\gamma_e}$ 中。当 $t_k \geqslant t'$ 时，控制器运行于 Mode 2，实现被控系统设定值跟踪。

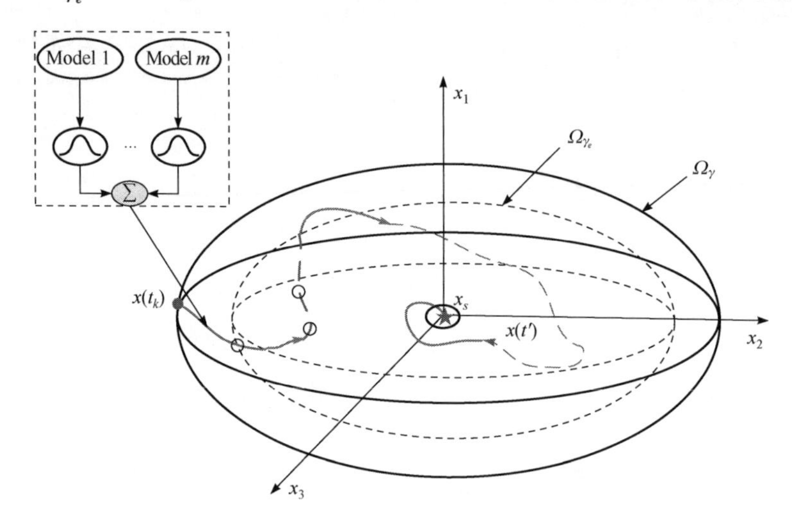


图 6-3　锅炉-汽轮机系统模糊经济模型预测控制动态优化轨迹示意图
(Mode 1：虚线轨迹；Mode 2：实线轨迹)

在 $t_k$ 时刻，上述在线优化问题的最优解表示为

$$U^*(t_k) = \left\{ u^*(k|k) \ \cdots \ u^*(k+N-1|k) \right\} \tag{6-21}$$

取当前时刻的控制量为 $u^*(k|k)$ 施加于锅炉-汽轮机系统。

综上，锅炉-汽轮机系统的模糊经济模型预测控制策略归纳如下。

(1) 离线部分。

建立锅炉-汽轮机系统的模糊模型。

(2) 在线部分。

Step1：基于给定的负荷指令，求解线性矩阵不等式(6-7)，得稳定域 $\Omega_\gamma$ 和稳定辅助控制器 $u = Kx$ 。

Step2：在 $t_k$ 时刻，测得锅炉-汽轮机系统状态量 $x(t_k)$ 。

Step3：如果 $t_k < t'$ ，转向 Step4；否则转向 Step6。

Step4：如果 $V(x(t_k)) \leqslant \gamma_e$ ，约束(6-19)激活，在稳定域 $\Omega_{\gamma_e}$ 内优化经济性能指标，转向 Step7；否则转向 Step5。

Step5：约束(6-20)激活，驱动系统状态进入稳定域 $\Omega_{\gamma_e}$ 中，转向 Step7。

Step6：约束(6-20)激活，将系统状态驱动到最优稳态，保证闭环系统的稳定性。

Step7：得到控制量 $u^*\left(k|k\right)$ 并施加给系统(6-1)。采样时刻 $k=k+1$，返回 Step1。

4. 可行性分析

前面给出了双模态模糊经济模型预测控制的在线优化问题，本节将对该优化问题的可行性进行详细分析。首先，由于在优化问题(6-7)～(6-10)中只考虑了控制量幅值约束，因此所求的辅助控制器 $u=Kx$ 在稳定域 $\Omega_\gamma$ 内只满足控制量幅值约束，并不能保证满足控制量增量约束。为保证 $u=Kx$ 为优化问题(6-14)的可行解，模糊经济模型预测控制采用修正的控制量增量约束(6-18)，使得 $u=Kx$ 可以在稳定域 $\Omega_\gamma$ 内既满足幅值约束也满足增量约束；其次，需证明存在干扰的情况下，锅炉-汽轮机系统的实际状态始终在稳定域 $\Omega_\gamma$ 内，由此可知，辅助控制器 $u=Kx$ 满足优化问题(6-14)～(6-20)的所有约束，即其优化问题的一个可行解。

**定理 6-1**　考虑系统(6-4)的模糊经济模型预测控制闭环状态轨迹。若存在控制量增量约束修正上界 $\Delta u'_{j,\max}$ 和实数 $M>0$ 满足

$$2\Delta u'_{j,\max}+\left|K_j\right|MT\leqslant\Delta u_{j,\max}\,,\quad j=1,2,3 \tag{6-22}$$

其中，$T$ 为采样时间间隔；$\Delta u_{j,\max}$ 为第 $j$ 个控制量的实际增量约束上界，则修正约束(6-18)可以保证优化问题(6-14)的解满足锅炉-汽轮机系统实际控制量约束(6-2)。

**证明**　锅炉-汽轮机系统是典型的连续系统，对于所有的状态变量 $\tilde{x}\left(k+i|k\right),\tilde{x}(k+i-1|k)\in\Omega_\gamma$，存在 $M>0$ 使得下面的不等式成立：

$$\left|\tilde{x}\left(k+i|k\right)-\tilde{x}\left(k+i-1|k\right)\right|\leqslant MT\,,\quad i=0,1,\cdots,N-1 \tag{6-23}$$

其中，$x\left(k-1|k\right)$ 为 $t_{k-1}$ 时刻的状态变量。若不等式(6-22)成立，则基于修正后的控制量增量约束(6-18)以及三角不等式、Cauchy-Schwartz 不等式可得实际控制量增量满足：

$$\begin{aligned}&\left|u_j\left(k|k\right)-u_j\left(k-1|k-1\right)\right|\\&=\left|u_j\left(k|k\right)-u_j\left(k-1|k-1\right)-K_j\tilde{x}\left(k|k\right)+K_j\tilde{x}\left(k|k\right)-K_jx\left(k-1|k-1\right)+K_jx\left(k-1|k-1\right)\right|\\&\leqslant\left|u_j\left(k|k\right)-K_j\tilde{x}\left(k|k\right)\right|+\left|u_j\left(k-1|k-1\right)-K_jx\left(k-1|k-1\right)\right|+\left|K_j\right|\left|\tilde{x}\left(k|k\right)-x\left(k-1|k-1\right)\right|\\&\leqslant 2\Delta u'_{j,\max}+\left|K_j\right|MT\leqslant\Delta u_{j,\max}\end{aligned} \tag{6-24}$$

$$\begin{aligned}&\left|u_j\left(k+i+1|k\right)-u_j\left(k+i|k\right)\right|\\&=\left|u_j\left(k+i+1|k\right)-u_j\left(k+i|k\right)-K_j\tilde{x}\left(k+i+1|k\right)+K_j\tilde{x}\left(k+i+1|k\right)-K_j\tilde{x}\left(k+i|k\right)+K_j\tilde{x}\left(k+i|k\right)\right|\\&\leqslant\left|u_j\left(k+i+1|k\right)-K_j\tilde{x}\left(k+i+1|k\right)\right|+\left|u_j\left(k+i|k\right)-K_j\tilde{x}\left(k+i|k\right)\right|+\left|K_j\right|\left|\tilde{x}\left(k+i+1|k\right)-\tilde{x}\left(k+i|k\right)\right|\\&\leqslant 2\Delta u'_{j,\max}+\left|K_j\right|MT\leqslant\Delta u_{j,\max}\end{aligned} \tag{6-25}$$

对于锅炉-汽轮机系统的实际增量约束 $\Delta u_{j,\max}$，始终存在 $\Delta u'_{j,\max}$ 使得式(6-22)成立。

因此，模糊模型预测控制策略(6-14)～(6-20)中修正的控制量增量约束(6-18)满足锅炉-汽轮机系统的实际增量约束。

**定理 6-2** 存在$c \geqslant 0$，$\gamma > \gamma_e > \gamma_s > 0$，$\varepsilon > 0$满足下面的不等式：

$$(\varepsilon+1)\left(\sum_{j=1}^{m}\mu_j(k)A_j+\sum_{j=1}^{m}\mu_j(k)B_jK\right)^{\mathrm{T}}P\left(\sum_{j=1}^{m}\mu_j(k)A_j+\sum_{j=1}^{m}\mu_j(k)B_jK\right)\leqslant P-q-K^{\mathrm{T}}rK \tag{6-26}$$

$$(1+\varepsilon)\gamma_e+\left(1+\varepsilon^{-1}\right)\bar{\sigma}(P)\bar{w}^2\leqslant\gamma \tag{6-27}$$

$$-HP^{-1}\gamma_s+\left(1+\varepsilon^{-1}\right)\bar{\sigma}(P)\bar{w}^2\leqslant -c \tag{6-28}$$

式中，$\bar{\sigma}(P)$表示矩阵$P$的最大特征值。$\bar{w}$为已知的有界干扰的上界，即$\|w\|_2\leqslant\bar{w}$。则锅炉-汽轮机系统的闭环实际状态在稳定域$\Omega_\gamma$内，优化问题(6-14)～(6-20)存在可行解。

**证明** 当$x(t_k)\in\Omega_\gamma$时，优化问题(6-14)～(6-20)始终存在可行解$u(k+i|k)=K\tilde{x}(k+i|k)$，$i=0,1,\cdots,N-1$。基于不等式(6-26)，该可行解不仅满足控制量幅值约束和增量约束，同时也满足 Mode 1 和 Mode 2 中的约束。因此只要状态变量在稳定域$\Omega_\gamma$内，优化问题即存在可行解。下面即证明锅炉-汽轮机闭环系统状态始终在稳定域$\Omega_\gamma$内。

若$x(t_k)\in\Omega_{\gamma_e}$，约束(6-19)激活，则存在名义状态$\bar{x}(t_{k+1})\in\Omega_{\gamma_e}$。其系统实际的状态可以表示为

$$x(t_{k+1})=\bar{x}(t_{k+1})+\tilde{G}_\mu w(t_k) \tag{6-29}$$

式中，$\tilde{G}_\mu$为干扰矩阵。利用文献[171]中的引理 2，可得

$$\begin{aligned}V\left(x(t_{k+1})\right)&=\left(\bar{x}(t_{k+1})+\tilde{G}_\mu w(t_k)\right)^{\mathrm{T}}P\left(\bar{x}(t_{k+1})+\tilde{G}_\mu w(t_k)\right)\\&\leqslant(1+\varepsilon)\left(\bar{x}(t_{k+1})\right)^{\mathrm{T}}P\left(\bar{x}(t_{k+1})\right)+\left(1+\varepsilon^{-1}\right)w(t_k)^{\mathrm{T}}\tilde{G}_\mu{}^{\mathrm{T}}P\tilde{G}_\mu w(t_k)\\&\leqslant(1+\varepsilon)\left(\bar{x}(t_{k+1})\right)^{\mathrm{T}}P\left(\bar{x}(t_{k+1})\right)+\left(1+\varepsilon^{-1}\right)\bar{\sigma}(P)\bar{\sigma}\left(\tilde{G}_\mu{}^{\mathrm{T}}\tilde{G}_\mu\right)\bar{w}^2\end{aligned} \tag{6-30}$$

由于存在$V\left(\bar{x}(t_{k+1})\right)\leqslant\gamma_e$成立，若不等式(6-27)成立，则有$x(t_{k+1})\in\Omega_\gamma$成立。

若$x(t_k)\in\Omega_\gamma/\Omega_{\gamma_e}$，则不等式约束(6-20)可以写为

$$(1+\varepsilon)V\left(\sum_{j=1}^{m}\mu_j(k)A_jx(t_k)+\sum_{j=1}^{m}\mu_j(k)B_ju(t_k)\right)\leqslant V\left(x(t_k)\right)-\left\|x(t_k)\right\|_H^2 \tag{6-31}$$

沿最优轨迹的 Lyapunov 函数变化为

$$\begin{aligned}&V\left(\bar{x}(t_{k+1})+\tilde{G}_\mu w(t_k)\right)-V\left(x(t_k)\right)\\&=V\left(\bar{x}(t_{k+1})+\tilde{G}_\mu w(t_k)\right)-V\left(x(t_k)\right)+\left[(1+\varepsilon)V\left(\bar{x}(t_{k+1})\right)-V\left(x(t_k)\right)\right]\\&\quad-\left[(1+\varepsilon)V\left(\bar{x}(t_{k+1})\right)-V\left(x(t_k)\right)\right]\\&\leqslant-\|x\|_H^2+V\left(\bar{x}(t_{k+1})+\tilde{G}_\mu w(t_k)\right)-(1+\varepsilon)V\left(\bar{x}(t_{k+1})\right)\\&\leqslant-\|x\|_H^2+\left(1+\varepsilon^{-1}\right)\bar{\sigma}(P)\bar{\sigma}\left(\tilde{G}_\mu^{\mathrm{T}}\tilde{G}_\mu\right)\bar{w}^2\end{aligned} \tag{6-32}$$

存在$c \geqslant 0$，对任意的$x(k) \in \Omega_{\gamma} / \Omega_{\gamma_s}$存在

$$V\left(\bar{x}\left(t_{k+1}\right)+\tilde{G}_{\mu} w(k)\right)-V(x(k)) \leqslant -HP^{-1}\gamma_s+\left(1+\varepsilon^{-1}\right)\bar{\sigma}(P)\bar{\sigma}\left(\tilde{G}_{\mu}^{\mathrm{T}}\tilde{G}_{\mu}\right)\bar{w}^2 \tag{6-33}$$

若不等式(6-28)成立，则有

$$V\left(\bar{x}\left(t_{k+1}\right)+\tilde{G}_{\mu} w(k)\right)-V(x(k)) \leqslant -c \tag{6-34}$$

因此，当$x(t_k) \in \Omega_{\gamma} / \Omega_{\gamma_e}$时，系统状态总能在有限步收敛到稳定域$\Omega_{\gamma_e}$内。

综上，锅炉-汽轮机系统的闭环实际状态在稳定域$\Omega_{\gamma}$内，优化问题(6-14)～(6-20)存在可行解。

5. 稳定性分析

本节对锅炉-汽轮机闭环系统的稳定性进行详细分析。与前面可行性分析思路相同，需要证明锅炉-汽轮机系统的实际状态存在于稳定域$\Omega_{\gamma}$内。

**定理 6-3**　存在$c \geqslant 0$，$\gamma > \gamma_e > \gamma_s > 0$，$\varepsilon > 0$满足不等式(6-27)和不等式(6-28)，则锅炉-汽轮机系统的闭环实际状态存在于稳定域$\Omega_{\gamma}$内，且最终收敛于以最优稳态为中心的邻域$\Omega_{\gamma_s}$内。

**证明**　与定理 6-2 的证明步骤一致，在 Mode 2 情况下，对任意的$x(k) \in \Omega_{\gamma} / \Omega_{\gamma_s}$存在不等式(6-34)成立，系统状态总能在有限步收敛到稳定域$\Omega_{\gamma_e}$内。一旦状态进入稳定域$\Omega_{\gamma_e}$，其闭环系统动态将一直在$\Omega_{\gamma_e}$内，且最终收敛于以最优稳态为中心的邻域$\Omega_{\gamma_s}$内。

### 6.1.3　仿真研究

锅炉-汽轮机系统控制的基本任务是实现负荷跟踪，并在此基础上提高系统的动态经济性能。为了验证 FEMPC 的有效性，与传统的分级递阶模糊模型预测控制策略(hierarchical fuzzy model predictive control, HFMPC)[120]进行比较。在该分级递阶控制结构中，锅炉-汽轮机系统的经济最优稳态点由上层的实时优化计算所得，下层的模糊模型预测控制将系统状态驱动到该最优稳态操作点。仿真在 PC 中完成，采用 MATLAB 优化工具箱。两种控制器的设计参数如表 6-1 所示。

**表 6-1　控制器参数**

| 参数 | 数值 |
|---|---|
| $\beta_1$ | 1 |
| $\beta_2$ | 100 |
| $\beta_3$ | 80 |
| $\beta_4$ | 80 |
| $N$ | 50 |
| $T$ | 1s |
| $t'$ | 15s |
| $q$ | Diag{0.001,0.001,0.001} |
| $r$ | Diag{1,1,1} |

1. 隶属度函数选取

与第 5 章的模糊建模不同，本章通过间隙测度来度量锅炉-汽轮机系统的非线性度，更多的模糊规则需要分布在非线性程度强的运行区域[120]。选择线性化操作点为 20MW、50MW、90MW、110MW 和 130MW，其隶属度函数如图 6-4 所示。

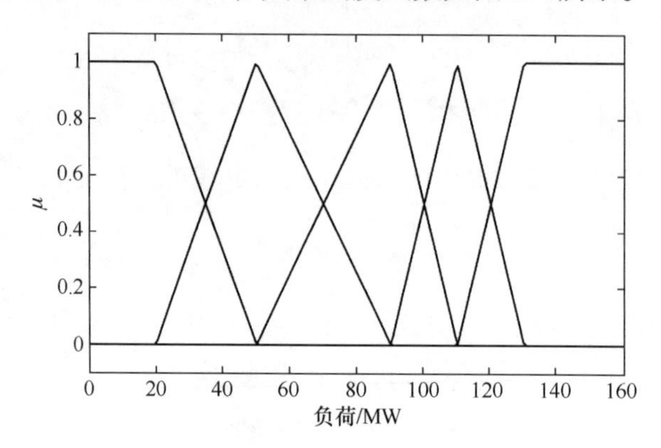


图 6-4　160MW 锅炉-汽轮机系统隶属度函数

2. 大范围功率变化

初始负荷为 60MW，大范围升负荷至 Euld=140MW。基于该模糊模型求解线性矩阵不等式优化问题(6-7)，相应的辅助控制器 $u = Kx$ 和 Lyapunov 函数计算可得

$$K=\begin{bmatrix} -0.0041 & -0.0001 & 0.0012 \\ -0.0001 & -0.0006 & 0.0003 \\ 0.0003 & 0 & -0.0012 \end{bmatrix}$$

$$V = x^{\mathrm{T}} P x = x^{\mathrm{T}} \begin{bmatrix} 0.2967 & 0.0038 & -0.1088 \\ 0.0038 & 0.0063 & 0.0005 \\ -0.1088 & 0.0005 & 0.145 \end{bmatrix} x$$

同时可以求解得稳定域为 $\Omega_{\gamma} = \left\{ x \in R^{n_x} \middle| x^{\mathrm{T}} P x \leqslant 4720.6 \right\}$。

图 6-5 为不考虑锅炉-汽轮机系统有界噪声干扰情况下的大范围变工况系统输出量变化过程，图 6-6 为其相应的控制量曲线。由图 6-5 和图 6-6 可知，模糊经济模型预测控制和传统分级递阶模糊预测控制均可使锅炉-汽轮机系统稳定在最优设定值，且均满足控制量的物理约束。模糊经济模型预测控制器下动态响应过程中 $u_1$ 阀门开度减小，动态响应过程燃料量的消耗降低。$u_2$ 和 $u_3$ 阀门开度增大，降低了蒸汽阀门和给水阀门的节流损失，使经济性能提高。

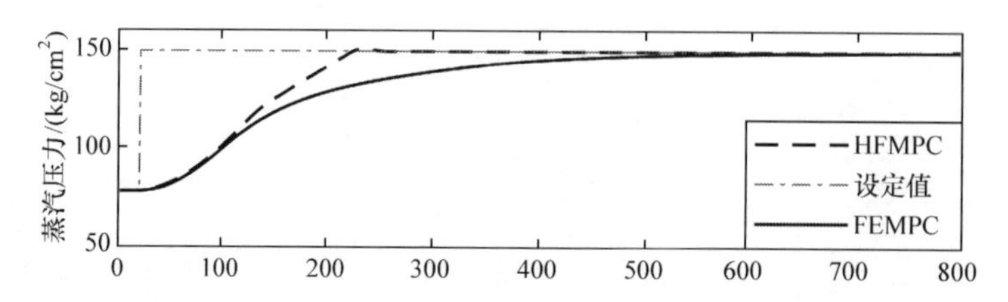

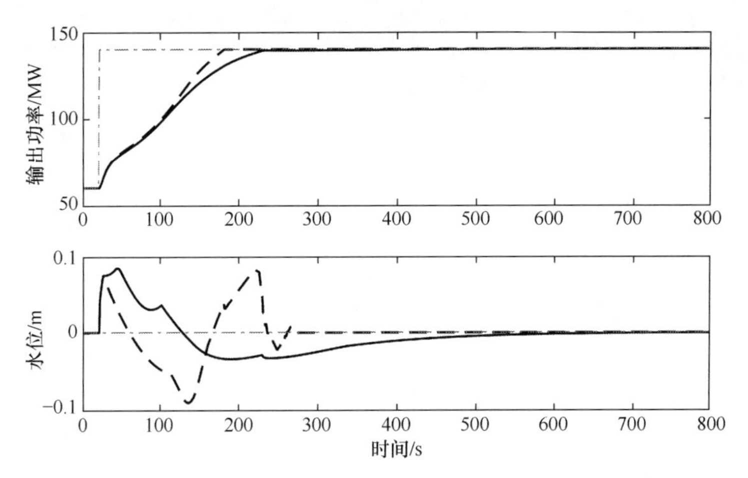


图 6-5　FEMPC 与 HFMPC 两种控制器输出量响应曲线

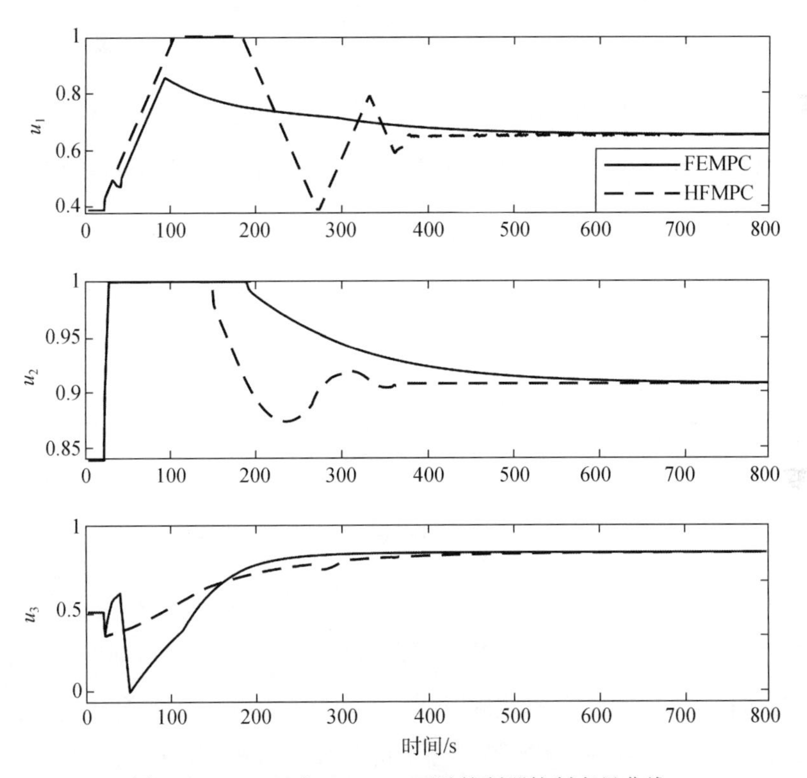


图 6-6　FEMPC 与 HFMPC 两种控制器控制变量曲线

图 6-7 显示大范围变工况下，双模态模糊经济模型预测控制和传统分级递阶模糊预测控制的闭环动态响应。*X* 轴、*Y* 轴和 *Z* 轴分别表示锅炉-汽轮机系统的三个输出量，即蒸汽压力、输出功率以及水位。三维图中的颜色代表该时刻经济阶段成本，其成本随着颜色的加深而增大。两种控制策略均始于同一初始稳态(77.67kg/cm$^2$, 60MW, 0m)，如图 6-7 中三角形所示。圆圈代表全局经济最优点，五角星代表稳态经济最优点。由图 6-7 可以清晰地看出，FEMPC 可以达到动态经济最优点，而传统的 HFMPC 只能到达稳态经济最优点。

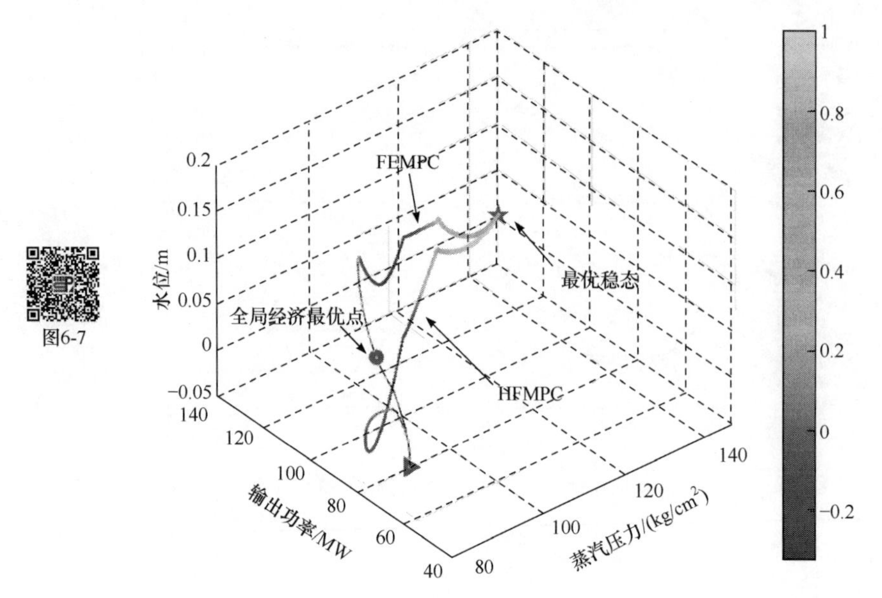


图 6-7　FEMPC 和 HFMPC 两种控制器的闭环动态响应三维图

为了定量分析系统动态过程中的经济性。定义平均瞬态经济成本函数：

$$J_{T_w} = \frac{1}{N_{\text{sim}}} \sum_{i=0}^{N_{\text{sim}}} \left( l_e\left(x\left(k+i\right), u\left(k+i\right)\right) - l_e\left(x_s, u_s\right) \right) \tag{6-35}$$

其中，$N_{\text{sim}}$ 表示仿真步数。表 6-2 列出了分级递阶模型预测控制和本章提出的模糊经济模型预测控制这两种控制器下的瞬态经济成本。

**表 6-2　瞬态经济成本**

| 控制器 | $J_{T_w}(\times 10^3)$ |
|---|---|
| HFMPC | 7.78 |
| FEMPC | 7.13 |

考虑系统存在有界白噪声干扰，$|w_1| \leqslant 0.5$，$|w_2| \leqslant 0.5$，$|w_3| \leqslant 0.01$。利用定理 6-2 可以设计出稳定域 $\Omega_\gamma$ 的子域 $\Omega_{\gamma_e} = \left\{ x \in R^{n_x} \middle| x^{\mathrm{T}} P x \leqslant 4670.3 \right\}$。通过约束锅炉-汽轮机系统状态在安全域 $\Omega_{\gamma_e}$ 内，则实际状态在稳定域 $\Omega_\gamma$ 内，并且最终将驱动到包含最优稳态的邻域内。带干扰的锅炉-汽轮机系统 FEMPC 输出量响应曲线如图 6-8 所示。由图 6-8 可以看出，尽管存在白噪声干扰，模糊经济模型预测控制依然可以将锅炉-汽轮机驱动回最优稳态，该结论同时验证了定理 6-3 中给出的理论证明结果。

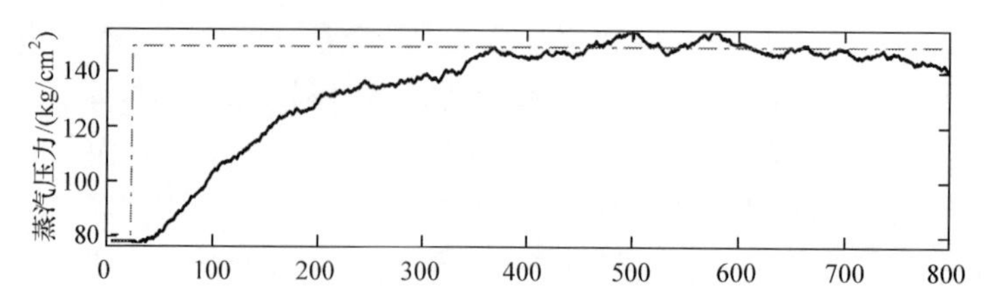

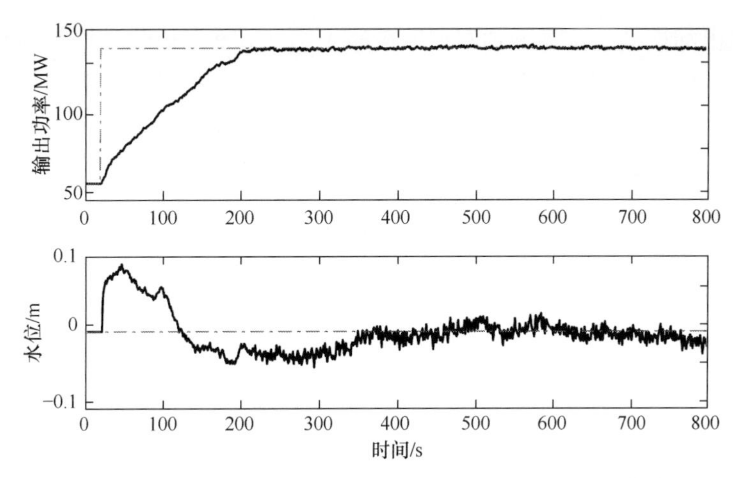


图 6-8 带干扰的锅炉-汽轮机系统 FEMPC 输出量响应曲线

3. 与非线性经济模型预测控制比较

非线性经济模型预测控制(nonlinear economic model predictive control, NEMPC) 直接采用非线性模型预测系统动态。为保证控制器设计的稳定性和可行性，同样需要设计稳定的辅助控制器以及相应的稳定域。针对非线性模型，稳定辅助 Sontag 控制器表示如下[172]：

$$h(x)=\begin{cases}-\dfrac{L_F V_s(x)+\sqrt{\left|L_F V_s(x)\right|^2+\left|L_G V_s(x)\right|^4}}{\left|L_{G_i} V_s(x)\right|^2}\left[L_G V_s(x)\right]^{\mathrm{T}}, & \left|L_G V_s(x)\right|\neq 0\\ 0, & \left|L_G V_s(x)\right|=0\end{cases}$$

$$L_F V_s(x)=\frac{\partial V_s}{\partial x}F(x)$$

$$L_G V_s(x)=\left[L_{G_1}V_s\cdots L_{G_3}V_s\right]=\left[\frac{\partial V_s}{\partial x}G_1(x)\cdots\frac{\partial V_s}{\partial x}G_3(x)\right]$$

其中，$V_s(x)=x^{\mathrm{T}}P_s x$ 为 Lyapunov 函数。对称正定矩阵 $P_s$ 取值为 $P_s=\mathrm{diag}\{5\times10^{-3},5\times10^{-5},5\times10^{-4}\}$。

非线性经济模型预测控制中的非线性规划采用序列二次规划，锅炉-汽轮机微分方程的求解采用四阶显式龙格-库塔法。预测时域与切换时间的选取及模糊经济模型预测控制一致。

图 6-9 显示大范围变工况下，双模态模糊经济模型预测控制和非线性经济模型预测控制两种控制器的闭环动态响应，图 6-10 为其相应的控制量曲线。表 6-3 从三方面比较两种控制器的控制性能。第一方面是式(6-35)定义的闭环经济性能：由于本章建立的模糊经济模型可以很好地逼近锅炉-汽轮机系统的非线性动态，模糊经济模型预测控制的闭环性能可以逼近非线性经济模型预测控制的闭环性能。第二方面为计算负担：可以通过 MATLAB 中的“cputime”指令进行计算。求解非线性经济模型预测控制所需要的计算时间是模糊经济模型预测控制的 7.21 倍，可见，非线性经济模型预测控制的计算负荷远

远大于本章提出的模糊经济模型预测控制策略。第三方面为优化过程中的优化不可行次数。由于非线性优化问题通常为非凸优化问题，很容易导致优化问题不可行。从表 6-3 可以看到，非线性经济模型预测控制不可行次数为 78 次，而模糊经济模型预测控制始终存在可行解，该结论已经在定理 6-2 中给出了理论证明。

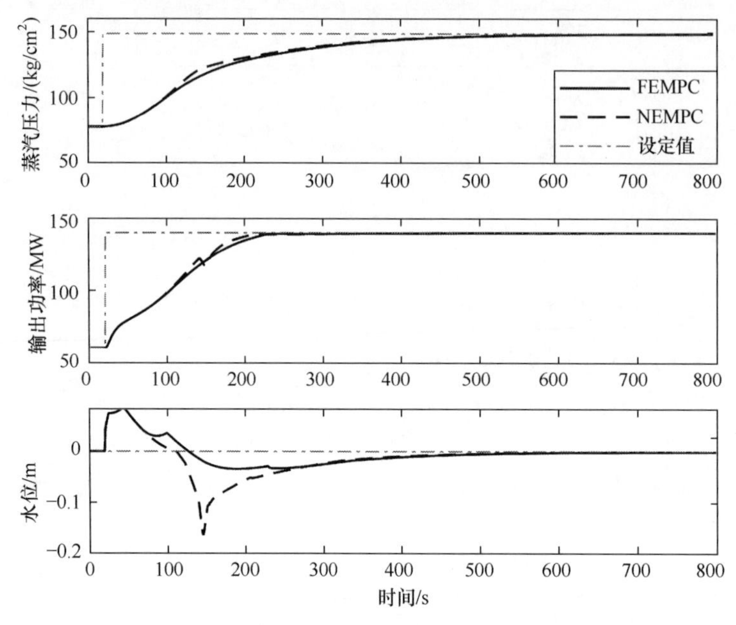


图 6-9　FEMPC 与 NEMPC 两种控制器输出量响应曲线

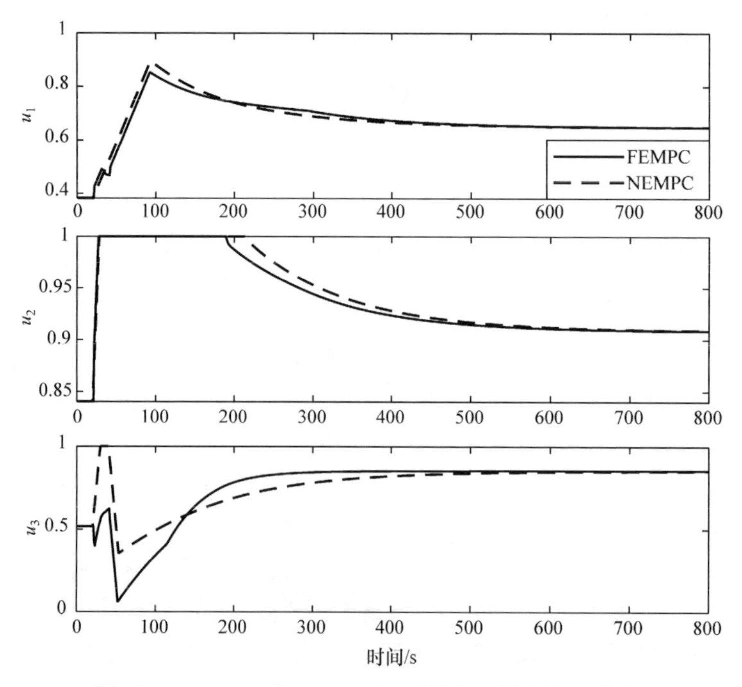


图 6-10　FEMPC 与 NEMPC 两种控制器控制变量曲线

表 6-3　FEMPC 和 NEMPC 两种控制器性能比较

| 控制器 | $J_{T_w}(\times 10^3)$ | 计算负担/s | 不可行次数 |
|---|---|---|---|
| FEMPC | 7.13 | 114 | 0 |
| NEMPC | 7.09 | 936 | 78 |

## 6.2　基于深度神经网络的超超临界机组经济模型预测控制

超超临界机组对控制系统的可靠性和安全性有着很高要求，建立可靠的发电机组模型并准确预测未来的系统状态变化成为应用 EMPC 的一个重要前提。

神经网络作为一种典型的数据驱动建模方法，能够用系统的输入输出数据来逼近非线性动态,已成为发电厂建模的有力工具。20 世纪 90 年代,英国学者 Irwin 等针对 200MW 机组最早建立了的神经网络模型[92]。近年来，刘向杰等[95]针对 1000MW 超超临界燃煤发电机组建立了神经网络模型,证明了其优于典型的递推最小二乘法(recursive least squares, RLS)。然而，传统的神经网络由于其计算复杂度随着训练样本量的增加呈指数级增长，存在梯度消失和爆炸的问题。

在机组运行过程中，大量的历史数据能够反映实际运行状况，体现机组复杂的物理化学特性。深度神经网络(deep neural network, DNN)克服了传统算法需要人工进行特征提取的缺点，适合于大数据分析。作为 DNN 的一种，深度信念网(deep belief network, DBN)[173]模型是通过叠加一组受限 Boltzmann 机(restricted Boltzmann machines, RBM)来构建的，其中 RBM 由可见层和隐含层组成。DBN 首先通过非监督分层预训练方法得到网络的初始权值，然后通过全局监督学习对整个网络的参数进行微调。这种学习算法使 DBN 能够在大量训练数据下获得较高的性能，是建立超超临界机组模型的有效工具。

本节针对 1000MW 超超临界机组设计基于深度神经网络模型的经济模型预测控制策略。首先建立考虑 USC 机组非线性和时延特性的 DBN 模型。在此基础上，通过增广状态对历史输入量进行存储和记忆，建立带有内嵌式预测器的增广模型来处理其非线性和时延特性。为基于此增广模型设计稳定的经济模型预测控制器，需提前设计辅助控制器以及相应的稳定域。然后，基于有限时域性能指标构造双模态模糊经济模型预测控制。Mode 1 在稳定域内优化超超临界机组的经济性能，Mode 2 利用辅助控制器以及 Lyapunov 函数实现机组的设定值跟踪。仿真结果验证了本节所设计控制器的有效性。

### 6.2.1　超超临界机组模型

在超超临界机组的直流锅炉运行方式下，水和蒸汽之间没有明显的分界线。由于没有汽包的缓冲，USC 机组相比于亚临界机组更容易收到各种扰动的影响。给水从省煤器的进口处开始就不断地进行加热、蒸发和过热。根据水、湿饱和蒸汽和过热蒸汽的不同物理性质，从给水到过热蒸汽的整个过程可分为加热段、蒸发段和过热段三个区域。各区域的长度同时随燃料流量、汽轮机调汽门开度和给水流量的变化而变化，从而导致汽水分离器出口蒸汽温度、主蒸汽压力和实发功率的变化。

根据USC机组参数之间的耦合关系，该系统可以描述成一个三输入三输出的复杂非线性系统。其中三个输入量$u=\begin{bmatrix}u_1 & u_2 & u_3\end{bmatrix}^{\mathrm{T}}=\begin{bmatrix}u_B & D_{fw} & u_t\end{bmatrix}^{\mathrm{T}}$分别为燃料量指令$u_B$、给水流量$D_{fw}$以及汽轮机调汽门开度$u_t$；三个输出量$x=\begin{bmatrix}x_1 & x_2 & x_3\end{bmatrix}^{\mathrm{T}}=\begin{bmatrix}p_{st} & h_m & N_e\end{bmatrix}^{\mathrm{T}}$为主蒸汽压力$p_{st}$、汽水分离器的比焓$h_m$以及汽轮机实发功率$N_e$。输入输出关系采用如图6-11所示的深度信念网(DBN)表示。USC机组当前时刻的输入量和输出量为DBN模型的输入，下一时刻的输出量作为DBN模型的输出。$\tau$为制粉系统的时延，$L$为隐含层层数，$h_i$表示第$i$个隐含层，$i=1,2,\cdots,L$。第$i$个隐含层可表示为

$$h_i=\sigma\left(W_i h_{i-1}+c_i\right),\quad i=1,2,\cdots,L \tag{6-36}$$

其中，$W_i$和$c_i$表示第$i-1$层和第$i$层之间的参数；$\sigma$为Sigmoid激励函数。输入层表示为

$$h_0=\left[x_1(k)\ \ x_2(k)\ \ x_3(k)\ \ u_1(k-\tau)\ \ u_2(k)\ \ u_3(k)\right]^{\mathrm{T}}$$

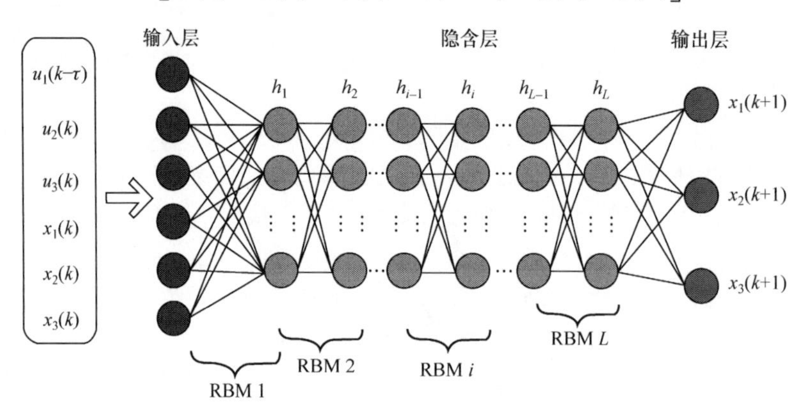


图6-11　DBN结构图

输出层为隐含层$h_L$的线性加权，表示为

$$x(k+1)=W_{L+1}h_L+c_{L+1} \tag{6-37}$$

非线性DBN模型可表示为

$$x(k+1)=f\left(x(k),u_1(k-\tau),u_2(k),u_3(k)\right) \tag{6-38}$$

其中，$f=W_{L+1}\mathrm{sig}\left(W_L\mathrm{sig}\left(W_{L-1}\mathrm{sig}(\cdots)+c_{L-1}\right)+c_L\right)+c_{L+1}$。

上述DBN模型在预训练阶段逐层采用贪婪学习算法，通过无监督逐层预训练，网络能够获得较为合理的初始参数，从而能够避免陷入局部最优等问题。

### 6.2.2　经济模型预测控制

1. 增广模型

由于USC机组存在非线性和时延，因此需要建立带有内嵌式预测器的增广模型，选取500MW、600MW、700MW、800MW和900MW为工作点，对DBN模型进行线性化得

$$x(k+1)=A_i x(k)+B_i u(k)+B_i^{\tau} u(k-\tau)+B_i^{d} d(k) \tag{6-39}$$

其中，$A_i$、$B_i$、$B_i^{\tau}$、$B_i^{d}$ 为局部模型矩阵，$i \in \{1,2,\cdots,5\}$；干扰项 $d(k)$ 表示系统的模型失配误差。系统矩阵为局部模型矩阵的线性组合 $\sum_{i=1}^{5} \mu_i \left[A_i, B_i, B_i^{\tau}, B_i^{d}\right]$，其中参数需满足 $\sum_{i=1}^{5} \mu_i=1, 0 \leqslant \mu_i \leqslant 1$。

将超超临界机组的稳态运行点 $(x_s, u_s)$ 转移至零点，有

$$x(k+1)-x_s=A_i\left(x(k)-x_s\right)+B_i\left(u(k)-u_s\right)+B_i^{\tau}\left(u(k-\tau)-u_s\right)+B_i^{d} \hat{d}(k) \tag{6-40}$$

定义实际状态偏差 $x_d(k)=x(k)-x_s$ 和输入偏差 $u_d(k)=u(k)-u_s$。则用于预测的名义模型可表示为

$$\bar{x}_d(k+1)=A_i \bar{x}_d(k)+B_i u_d(k)+B_i^{\tau} u_d(k-\tau) \tag{6-41}$$

其中，$\bar{x}_d(k)$ 为名义状态跟踪偏差。为了有效处理制粉系统的时延，将上述名义模型转化为不显含时延的名义增广模型：

$$\bar{z}_d(k+1)=\bar{A}_i \bar{z}_d(k)+\bar{B}_i u_d(k) \tag{6-42}$$

其中，$\bar{z}_d(k)=\left[\bar{x}_d(k)^{\mathrm{T}} \quad u_d(k-1)^{\mathrm{T}} \quad \cdots \quad u_d(k-\tau)^{\mathrm{T}}\right]$，$\bar{z}_d(k)$ 表示名义增广状态：

$$\bar{A}_i=\begin{bmatrix} A_i & 0 & \cdots & 0 & B_i^{\tau} \\ 0 & 0 & \cdots & 0 & 0 \\ 0 & I & \cdots & 0 & 0 \\ \vdots & \vdots & & \vdots & \vdots \\ 0 & 0 & \cdots & I & 0 \end{bmatrix}, \quad \bar{B}_i=\begin{bmatrix} B_i \\ I \\ 0 \\ \vdots \\ 0 \end{bmatrix}$$

增广模型通过增广状态 $\bar{z}_d(k)$ 来存储历史时刻的控制动作，等价于内嵌一个预测器来补偿控制量时延的影响，通过将时延的影响整合成状态变量来得到一个无时延形式的状态空间方程。

2. 经济模型预测控制策略

基于名义增广模型(6-42)，带时延补偿的双模态经济模型预测控制策略表示如下：

$$\min_{u_d(k+i|k), i=0,1,\cdots,N-1} \sum_{i=0}^{N-1} l_e\left(\tilde{\bar{z}}_d(k+i|k), u_d(k+i|k)\right) \tag{6-43}$$

$$\text{s.t.} \quad \tilde{\bar{z}}_d(k+i+1|k)=\bar{A}\tilde{\bar{z}}_d(k+i|k)+\bar{B}u_d(k+i|k) \tag{6-44}$$

$$\bar{z}_d(k|k)=z_d(t_k) \tag{6-45}$$

$$\left|u_{d,j}(k+i|k)\right| \leqslant u_{d,j,\max}, \quad i=0,1,\cdots,N-1, \quad j=1,2,3 \tag{6-46}$$

$$\text{Mode1}: V\left(\tilde{\bar{z}}_d(k+i|k)\right) \leqslant \gamma_e, \quad i=1,2,\cdots,N$$

$$\text{if } t_k < t' \text{ and } z_d(t_k) \in \Omega_{\gamma_e} \tag{6-47}$$

$$\text{Mode 2}: V\left(\bar{A}z_d(t_k) + \bar{B}u_d(k)\right) \leqslant V\left(\bar{A}z_d(t_k) + \bar{B}u_{\text{aux}}(k)\right)$$
$$\text{if} \quad t_k \geqslant t' \text{ or } z_d(t_k) \in \Omega_\gamma / \Omega_{\gamma_e} \tag{6-48}$$

其中，$N$ 为预测时域；$\tilde{\bar{z}}_d(k+i|k)$ 表示系统在时刻 $k+i$ 的名义状态预测值；$z_d(t_k)$ 为 $t_k$ 时刻包含模型失配的增广状态；矩阵 $\bar{A}$ 和 $\bar{B}$ 为局部模型矩阵的线性组合，为 $u_{\text{aux}}(k)$ 辅助控制器；$t'$ 为双模态的切换时间；$z_d(t_k) \in \Omega_\gamma / \Omega_{\gamma_e}$ 表示 $z_d(t_k)$ 属于集合 $\Omega_\gamma$ 但不属于 $\Omega_{\gamma_e}$。约束(6-46)表示 USC 机组的控制量的幅值约束：

$$40 \leqslant u_1 \leqslant 100, \quad 350 \leqslant u_2 \leqslant 800, \quad 0 \leqslant u_3 \leqslant 1$$

上述优化问题的成本函数 $l_e$ 需代表 USC 机组的经济性能，包括负荷需求偏差、煤耗率和节流损失三个重要经济指标。负荷需求偏差意味着电耗的供需平衡；煤耗率是发电厂效率的直接评价标准，是指每千瓦时用电量所消耗的燃料量；节流损失是指阀门所带来的能量损失。USC 机组的经济指标函数可表示为[169]

$$\begin{cases} l_{e1} = (\text{Euld} - N_e)^2 \\ l_{e2} = -N_e \\ l_{e3} = r_B \\ l_{e4} = -u_t \end{cases} \tag{6-49}$$

其中，Euld 是单元负荷需求(MW)；$l_{e1}$ 表示负荷跟踪误差；$l_{e2}$ 和 $l_{e3}$ 表示最大化发电量的同时最小化燃料量来降低煤耗率；$l_{e4}$ 表示主蒸汽阀门的节流损失。阀门开度越大，节流损失越小，能量损耗就越小。

将负荷需求偏差、煤耗率、节流损失等指标线性加权可获得超超临界机组的经济性能函数：

$$l_e = \beta_1 l_{e1} + \beta_2 l_{e2} + \beta_3 l_{e3} + \beta_4 l_{e4} \tag{6-50}$$

其中，$\beta_1$、$\beta_2$、$\beta_3$、$\beta_4$ 为权重系数。

上述带时延补偿的经济模型预测控制优化问题分为两个运行模态，如式(6-47)和式(6-48)所示。当控制器运行于 Mode 1 时，经济性能优化为主要目标，将超超临界机组的状态变量控制在稳定域 $\Omega_{\gamma_e}$ 内，优化其经济成本函数。稳定域 $\Omega_{\gamma_e}$ 是 $\Omega_\gamma$ 在考虑线性化 DBN 模型时产生的模型失配的子域，即 $\Omega_{\gamma_e} \subset \Omega_\gamma$；当控制器运行于 Mode 2 时，收缩性约束(6-48)通过辅助控制器(6-55)保证了超超临界机组的闭环系统稳定性，使得闭环状态轨迹收敛到最优稳态。当 $t_k < t'$ 时，控制器运行于 Mode 1，即经济性能优化模态；当 $t_k \geqslant t'$ 时，控制器运行于 Mode 2，即驱动超超临界机组的状态回到稳态设定值。

3. 辅助控制器设计

在双模态 EMPC 控制策略中，须在稳定域 $\Omega_\gamma$ 中设计辅助控制器 $u_{\text{aux}}(k) = K\bar{z}_d(k)$，同时满足约束(6-46)。定义 Lyapunov 函数 $V(\bar{z}_d) = \bar{z}_d^{\mathrm{T}} P \bar{z}_d$，其中 $P$ 为对称正定矩阵，定义标量 $\gamma$，对称正定矩阵 $Q = \gamma P^{-1}$，矩阵 $K = YQ^{-1}$，其中

$$Q=\begin{bmatrix} Q_0 & R^{\mathrm{T}} \\ R & S \end{bmatrix}，\ R^{\mathrm{T}}=\begin{bmatrix} R_1^{\mathrm{T}} & R_2^{\mathrm{T}} & \cdots & R_\tau^{\mathrm{T}} \end{bmatrix}^{\mathrm{T}}，\ S=\operatorname{diag}\{S_1 \quad S_2 \quad \cdots \quad S_\tau\}$$

$$K=[F_0 \quad H_1 \quad \cdots \quad H_\tau]，\ Y=[Y_0 \quad X_1 \quad \cdots \quad X_\tau]$$

基于超超临界机组增广模型的 min-max 预测控制优化问题表示为如下线性矩阵不等式形式：

$$\min_{\{\gamma,Q_0,S_j,R_j,Y_0,X_j\},j\in\{1,2,\cdots,\tau\}} \gamma \tag{6-51}$$

$$\text{s.t.} \quad \begin{bmatrix} 1 & z_{d0}^{\mathrm{T}} \\ z_{d0} & Q \end{bmatrix} \geqslant 0 \tag{6-52}$$

$$\begin{bmatrix} Q & M_i^{\mathrm{T}} & N^{\mathrm{T}} \\ M_i & Q & 0 \\ N & 0 & \gamma I \end{bmatrix} \geqslant 0, \quad i\in\{1,2,\cdots,5\} \tag{6-53}$$

$$\begin{bmatrix} Z & Y \\ Y^{\mathrm{T}} & Q \end{bmatrix} \geqslant 0, \quad \text{with } Z_{jj} \leqslant u_{d,j,\max}^2, \quad j=1,2,3 \tag{6-54}$$

其中，$\gamma$ 为最差情况性能的上界；$z_{d0}$ 为获得负荷指令初始时刻测得的状态量；$u_{d,j,\max}$ 为输入量约束的界限。矩阵 $M_i$、$N$ 的表达式如下：

$$M_i=\begin{bmatrix} \tilde{A}_i & \tilde{B}_{i,1} & \tilde{B}_{i,2} & \cdots & \tilde{B}_{i,\tau-2} & \tilde{B}_{i,\tau-1} & \tilde{B}_{i,\tau} \\ Q_0 & R_1^{\mathrm{T}} & R_2^{\mathrm{T}} & \cdots & R_{\tau-2}^{\mathrm{T}} & R_{\tau-1}^{\mathrm{T}} & R_\tau^{\mathrm{T}} \\ Y_0 & X_1 & X_2 & \cdots & X_{\tau-2} & X_{\tau-1} & X_\tau \\ R_1 & S_1 & 0 & \cdots & 0 & 0 & 0 \\ \vdots & \vdots & \vdots & & \vdots & \vdots & \vdots \\ R_{\tau-2} & 0 & 0 & \cdots & S_{\tau-2} & 0 & 0 \\ R_{\tau-1} & 0 & 0 & \cdots & 0 & S_{\tau-1} & 0 \end{bmatrix}$$

$$\tilde{A}_i=A_iQ_0+B_i^\tau R_\tau+B_iY_0, \quad \tilde{B}_{i,\tau}=A_iR_\tau^{\mathrm{T}}+B_iX_\tau+B_i^\tau S_\tau$$

$$\tilde{B}_{i,j}=A_iR_j^{\mathrm{T}}+B_iX_j, \quad j\in\{1,\cdots,\tau-1\}$$

$$N=\begin{bmatrix} q^{1/2}Q_0 & q^{1/2}R_1^{\mathrm{T}} & q^{1/2}R_2^{\mathrm{T}} & \cdots & q^{1/2}R_{\tau-1}^{\mathrm{T}} & q^{1/2}R_\tau^{\mathrm{T}} \\ r^{1/2}Y_0 & r^{1/2}X_1 & r^{1/2}X_2 & \cdots & r^{1/2}X_{\tau-1} & r^{1/2}X_\tau \end{bmatrix}$$

其中，$q$ 和 $r$ 为权重系数。综上，辅助控制器以及稳定域可表示为

$$u_{\text{aux}}(k)=K\bar{z}_d(k)=F_0\bar{x}_d(k)+\sum_{j=1}^{\tau}H_ju_d(k-j) \tag{6-55}$$

$$\Omega_\gamma=\left\{\bar{z}_d\in\mathbb{R}^{n_z} \,\middle|\, V(\bar{z}_d)=\bar{z}_d^{\mathrm{T}}P\bar{z}_d\leqslant\gamma\right\} \tag{6-56}$$

基于上述的辅助控制器以及稳定域，EMPC 优化问题可表示为

$$\min_{u_d(k+i|k),i=0,1,\cdots,N-1} \sum_{i=0}^{N-1} l_e\left(\tilde{\bar{z}}_d(k+i|k), u_d(k+i|k)\right) \tag{6-57}$$

$$\text{s.t.}\quad 式(6\text{-}44)\sim式(6\text{-}46) \tag{6-58}$$

$$\text{Mode1: } V\left(\tilde{\bar{z}}_d(k+i|k)\right) \leqslant \gamma_e,\quad i=1,2,\cdots,N \tag{6-59}$$

$$\text{if } t_k < t' \text{ and } V\left(z_d(t_k)\right) \leqslant \gamma_e$$

$$\text{Mode 2}: V\left(\bar{A}z_d(t_k)+\bar{B}u_d(k)\right) \leqslant \frac{1}{\varepsilon+1}\left[V\left(z_d(t_k)\right)-\left\|z_d(t_k)\right\|_H^2\right] \tag{6-60}$$

$$\text{if}\quad t_k \geqslant t' \text{ or } \gamma_e < V\left(z_d(t_k)\right) < \gamma$$

矩阵 $H$ 可表示为 $H=\tilde{q}+K^{\mathrm{T}}rK$，其中 $\tilde{q}=\mathrm{diag}\{q\quad 0\quad \cdots\quad 0\}$。$\gamma$ 为目标函数最差性能的上界，$\gamma_e$ 为考虑模型失配在内的性能指标上界，满足 $0\leqslant\gamma_e\leqslant\gamma$，$\varepsilon>0$。

因此，超超临界机组的双模态带时延补偿的经济模型预测控制思想可由示意图 6-12 表示。其中，$X$ 轴、$Y$ 轴和 $Z$ 轴分别表示超超临界机组的三个状态变量。在每一采样时刻，增广模型作为预测模型来预测系统未来时刻的动态。内嵌式预测器利用当前的测量状态量和历史的输入量数据来预测未来时刻 $t_k\sim t_k+\tau$ 状态变量 $x_1$ 的动态轨迹。当 $t_k<t'$ 时，当前时刻的状态变量 $z_d(t_k)$ 在稳定域 $\Omega_{\gamma_e}$ 内，约束(6-59)激活，即约束系统状态维持在稳定域 $\Omega_{\gamma_e}$，同时优化其经济性能。考虑模型失配，超超临界机组闭环系统实际的状态将约束在稳定域 $\Omega_\gamma$ 内；若当前时刻的状态变量 $z_d(t_k)$ 不在稳定域 $\Omega_{\gamma_e}$ 内，约束(6-60)激活驱动系统状态回到稳定域 $\Omega_{\gamma_e}$ 中。当 $t_k\geqslant t'$ 时，控制器运行于 Mode 2，通过收缩约束使得选定的 Lyapunov 函数不断减小，实现系统设定值跟踪。

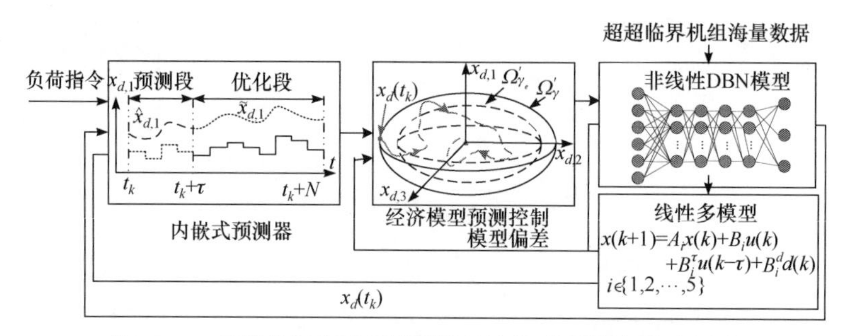


图 6-12　双模态带有时延补偿的经济模型预测控制示意图

在 $t_k$ 时刻，上述在线优化问题的最优解为

$$U_d^*(t_k)=\left\{u_d^*(k|k)\quad\cdots\quad u_d^*(k+N-1|k)\right\} \tag{6-61}$$

因此，当前时刻施加于超超临界机组被控系统的控制量为 $u_d^*(k|k)$。

4. 可行性及稳定性分析

为了保证优化问题的可行性，基于增广模型设计的辅助控制器(6-55)需为优化问题(6-57)～(6-60)的可行解。由于辅助控制器在稳定域 $\Omega_\gamma$ 内满足系统约束，则证明系统的实际状态维持在稳定域$\Omega_\gamma$内即可，优化问题可行性证明过程将在定理 6-4 中给出。

本节提出的基于 DBN 的 EMPC 的稳定性证明过程将在定理 6-5 中给出，证明存在模型失配的情况下，超超临界机组的实际状态始终能够维持在稳定域$\Omega_\gamma$内，并最终收敛于以最优稳态为中心的邻域$\Omega_{\gamma_s}$内。其原理为：找到一个递减的 Lyapunov 函数$V(z_d)$，使系统状态收敛到设定值。为此，首先给出下面的引理。

**引理 6-1**　令$M$和$N$为实矩阵，$P$为具有相容维数的正矩阵，则不等式

$$M^{\mathrm{T}}PN+N^{\mathrm{T}}PM\leqslant\varepsilon M^{\mathrm{T}}PM+\varepsilon^{-1}N^{\mathrm{T}}PN \tag{6-62}$$

对任何$\varepsilon>0$都成立。

**引理 6-2**　令$A$为一个对称矩阵，$x$为一个向量，则有

$$\underline{\sigma}(A)x^{\mathrm{T}}x\leqslant x^{\mathrm{T}}Ax\leqslant\overline{\sigma}(A)x^{\mathrm{T}}x \tag{6-63}$$

**定理 6-4**　存在$c\geqslant0$，$\gamma>\gamma_e>\gamma_s>0$，$\varepsilon>0$满足下面的不等式：

$$(\varepsilon+1)\left(\overline{A}_i+\overline{B}_iK\right)^{\mathrm{T}}P\left(\overline{A}_i+\overline{B}_iK\right)\leqslant P-\tilde{q}-K^{\mathrm{T}}rK,\ i\in\{1,\cdots,5\} \tag{6-64}$$

$$(1+\varepsilon)\gamma_e+\left(1+\varepsilon^{-1}\right)\overline{\sigma}(P)\overline{w}^2\leqslant\gamma \tag{6-65}$$

$$-M'\gamma_s+\left(1+\varepsilon^{-1}\right)\overline{\sigma}(P)\overline{w}^2\leqslant-c \tag{6-66}$$

其中，$\overline{\sigma}(P)$表示矩阵$P$的最大特征值；$\overline{w}$为已知的有界干扰的上界，即$\left\|B_\mu^d\hat{d}\right\|_2\leqslant\overline{w}$；$M'$表示$-\underline{\sigma}(H)/\overline{\sigma}(P)$，$\underline{\sigma}(H)$表示矩阵$H$的最小特征值。则超超临界机组的增广状态$z_d$维持在稳定域$\Omega_\gamma$内，实际状态$x_d$维持在$\Omega_\gamma$的投影域内，优化问题(6-57)～(6-60)对所有状态$z_d(t_k)\in\Omega_\gamma$存在可行解。

**证明**　为保证可行性，当$z_d(t_k)\in\Omega_\gamma$，要求辅助控制器$u_{\mathrm{aux}}=Kz_d$为优化问题(6-57)～(6-60)的可行解。这是由于基于线性矩阵不等式优化问题(6-51)～(6-54)和不等式(6-64)可得，在稳定域$\Omega_\gamma$内，该可行解满足优化问题(6-57)～(6-60)的所有约束。因此，需证明式(6-57)～式(6-60)在双模态下，总能使闭环系统状态变量维持在稳定域$\Omega_\gamma$内。

若$z_d(t_k)\in\Omega_{\gamma_e}$，Mode 1 激活，则存在名义增广状态$\overline{z}_d(t_{k+1})\in\Omega_{\gamma_e}$，具有模型失配误差的增广状态可以表示为

$$z_d(t_{k+1})=\overline{z}_d(t_{k+1})+\tilde{G}\hat{d}(t_k) \tag{6-67}$$

其中，$\tilde{G}=\left[B_\mu^d\ \ 0\ \ \cdots\ \ 0\right]^{\mathrm{T}}$为干扰矩阵。由引理 6-1，得

$$\begin{aligned}V\left(z_d(t_{k+1})\right)&=\left(\overline{z}_d(t_{k+1})+\tilde{G}\hat{d}(t_k)\right)^{\mathrm{T}}P\left(\overline{z}_d(t_{k+1})+\tilde{G}\hat{d}(t_k)\right)\\&\leqslant(1+\varepsilon)\left(\overline{z}_d(t_{k+1})\right)^{\mathrm{T}}P\left(\overline{z}_d(t_{k+1})\right)+\left(1+\varepsilon^{-1}\right)\hat{d}(t_k)^{\mathrm{T}}\tilde{G}^{\mathrm{T}}P\tilde{G}\hat{d}(t_k)\\&\leqslant(1+\varepsilon)\left(\overline{z}_d(t_{k+1})\right)^{\mathrm{T}}P\left(\overline{z}_d(t_{k+1})\right)+\left(1+\varepsilon^{-1}\right)\overline{\sigma}(P)\overline{w}^2\end{aligned} \tag{6-68}$$

由于$V\left(\overline{z}_d(t_{k+1})\right)\leqslant\gamma_e$，若不等式(6-65)和不等式(6-68)成立，则有$z_d(t_{k+1})\in\Omega_\gamma$成立。

若$z_d(t_k) \in \Omega_\gamma / \Omega_{\gamma_e}$，Mode 2 激活。则不等式约束(6-60)可以写为

$$(\varepsilon+1)V\left(\bar{A}z_d(t_k)+\bar{B}u_d(k)\right) \leqslant V\left(z_d(t_k)\right)-\left\|z_d(t_k)\right\|_H^2 \tag{6-69}$$

相邻时间瞬间沿计算状态轨迹的 Lyapunov 函数的差值为

$$\begin{aligned}
&V\left(\bar{z}_d(t_{k+1})+\tilde{G}\hat{d}(t_k)\right)-V\left(z_d(t_k)\right) \\
&=V\left(\bar{z}_d(t_{k+1})+\tilde{G}\hat{d}(t_k)\right)-V\left(z_d(t_k)\right) \\
&\quad+\left[(1+\varepsilon)V\left(\bar{z}_d(t_{k+1})\right)-V\left(z_d(t_k)\right)\right]-\left[(1+\varepsilon)V\left(\bar{z}_d(t_{k+1})\right)-V\left(z_d(t_k)\right)\right] \\
&\leqslant-\left\|z_d(t_k)\right\|_H^2+V\left(\bar{z}_d(t_{k+1})+\tilde{G}\hat{d}(t_k)\right)-(1+\varepsilon)V\left(\bar{z}_d(t_{k+1})\right) \\
&\leqslant-\left\|z_d(t_k)\right\|_H^2+\left(1+\varepsilon^{-1}\right)\bar{\sigma}(P)\bar{w}^2
\end{aligned} \tag{6-70}$$

基于引理 6-2，对任意的$z_d(k) \in \Omega_\gamma / \Omega_{\gamma_s}$存在

$$V\left(\bar{z}_d(t_{k+1})+\tilde{G}\hat{d}(t_k)\right)-V\left(z_d(t_k)\right) \leqslant -M'\gamma_s+\left(1+\varepsilon^{-1}\right)\bar{\sigma}(P)\bar{w}^2 \tag{6-71}$$

若不等式(6-66)成立，则存在$c \geqslant 0$，使得下面的不等式对任意$z_d(k) \in \Omega_\gamma / \Omega_{\gamma_s}$成立：

$$V\left(\bar{z}_d(t_{k+1})+\tilde{G}\hat{d}(t_k)\right)-V\left(z_d(t_k)\right) \leqslant -c \tag{6-72}$$

因此，当$z_d(k) \in \Omega_\gamma / \Omega_{\gamma_e}$时，系统增广状态总能在有限步收敛到稳定域$\Omega_{\gamma_e}$内。

综上，超超临界机组的闭环增广状态$z_d$能够保证在稳定域$\Omega_\gamma$内，基于 DBN 的 EMPC 优化问题存在可行解，USC 单元的 EMPC 优化问题(6-57)～(6-60)的可行性得到了保证。

与上述可行性分析思路相同，定理 6-5 证明了 USC 机组闭环系统的稳定性。

**定理 6-5** 存在$c \geqslant 0$，$\gamma > \gamma_e > \gamma_s > 0$，$\varepsilon > 0$满足不等式(6-65)、不等式(6-66)，则超超临界机组的闭环增广状态$z_d$维持在稳定域$\Omega_\gamma$内，且实际状态$x_d$最终收敛于设定值附近的邻域$\Omega_{\gamma_s}$内。

**证明** 与定理 6-4 的证明步骤一致，在 Mode 2 情况下，对任意的$z_d(k) \in \Omega_\gamma / \Omega_{\gamma_s}$存在不等式(6-69)成立，系统增广状态总能在有限步收敛到稳定域$\Omega_{\gamma_e}$内。一旦状态进入稳定域$\Omega_{\gamma_e}$，其闭环系统动态将一直停留在$\Omega_{\gamma_e}$内。因此，式(6-57)～式(6-60)能使实际状态$x_d$进入一个包含设定值的邻域内。

### 6.2.3 仿真研究

为了建立 1000MW USC 机组的 DBN 模型，选择 40000 组 I/O 数据进行训练，负荷变化涵盖 550～1000MW。同时，选择另外 5000 组数据进行验证。首先确定 DBN 中隐含层的数量，通过选择 1～10 不同的 RBM 的数量反复进行实验。使用均方根误差(root mean-squared error, RMSE)作为指标在不同的参数配置中确定最佳的模型。RMSE 可以表示为

$$\mathrm{RMSE}=\sqrt{\sum_{k=1}^{K}(y_k^*-y_k)^2 \Big/ K} \tag{6-73}$$

其中，$y^*$ 是模型输出；$y$ 是系统实际输出；$K$ 是数据的数量。注意，$y^*$ 和 $y$ 都是归一化值。

神经网络的 RBM 数量与 RMSE 之间的关系如图 6-13 所示。当 RBMS 的数量太少时，由于模型中可调参数的数量不足，网络的泛化效果较差。随着 RBM 数量从 1 增加到 7，网络的性能逐渐提高。然而，当 RBM 的数量进一步增加时，网络性能改善不大。这是因为采用更多 RBM 会导致网络结构更加复杂，从而容易导致过拟合。因此，设置 USC 机组的 DBN 网络结构为 7 个隐含层，表示如下：

$$x(k+1)=W_8\text{sig}\Big(W_7\text{sig}\big(W_6\text{sig}(\cdots)+c_6\big)+c_7\Big)+c_8 \tag{6-74}$$

图 6-14 和图 6-15 分别显示了模型的训练和校验结果。

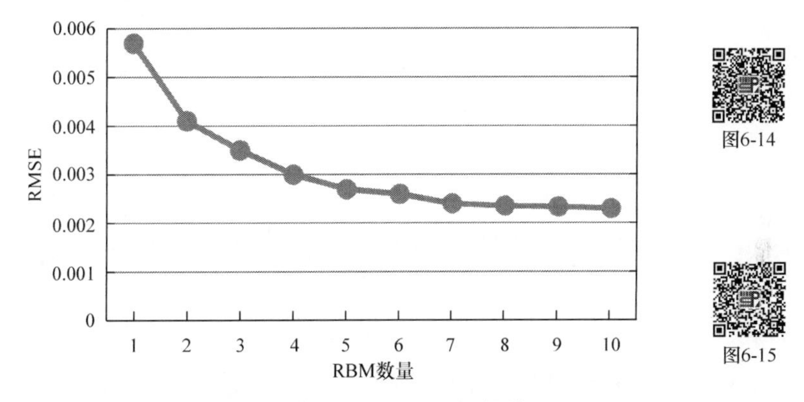


图 6-13　RBM 的数量和 RMSE 之间的关系

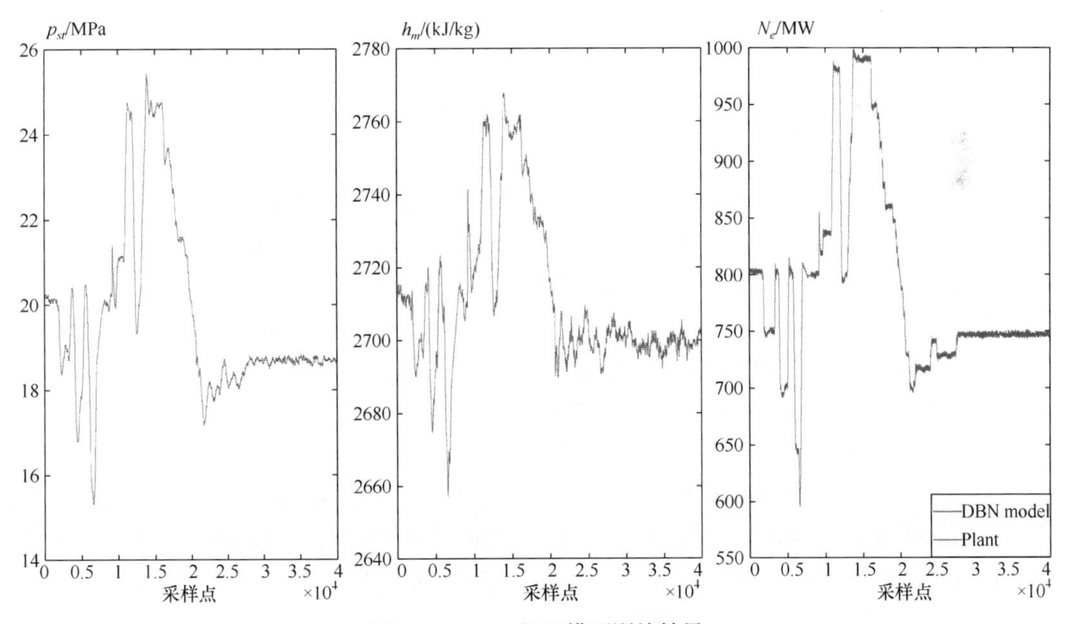


图 6-14　USC 机组模型训练结果

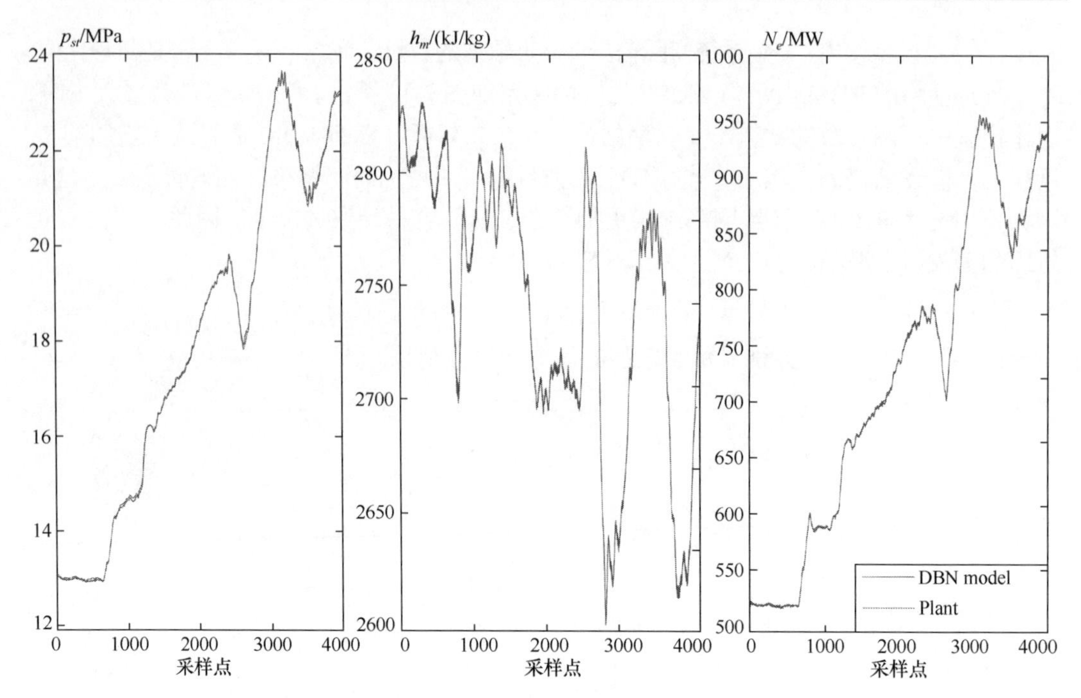


图 6-15　USC 机组模型校验结果

在 EMPC 策略中，设置采样时间为 5s，时延步数 $\tau=\lceil \tau_d/\Delta \rceil=4$ [93]，预测时域为 50。线性矩阵不等式优化问题中的权重系数 $q$ 和 $r$ 取值为

$$q=\begin{bmatrix} 0.0006 & 0 & 0 \\ 0 & 0.0107 & 0 \\ 0 & 0 & 0.0001 \end{bmatrix},\quad r=\begin{bmatrix} 6\times10^{-4} & 0 & 0 \\ 0 & 7\times10^{-4} & 0 \\ 0 & 0 & 1.2\times10^{3} \end{bmatrix}$$

在经济指标函数中选择合适的加权系数对于提高经济优化性能非常重要。由于本节所提出的双模 EMPC 属于多目标优化问题，因此在确定这些加权系数时采用了 Pareto 最优法则。按照 Pareto 最优法则反复进行 EMPC 优化，设置经济性能函数(6-50)中的加权系数为 $\beta_1=5$，$\beta_2=1$，$\beta_3=2$，$\beta_4=80$。本节所构造的双模 EMPC 与经典的分级递阶 MPC(hierarchical MPC, HMPC)进行对比，在 HMPC 的设计中，上层采用与 EMPC 相同的目标函数，并将设定值传递到下层进行跟踪。

1. 升负荷变化

设置初始负荷为 800MW，升负荷至 Euld=900MW。在这一负荷变化范围内，需构建基于 DBN 模型(6-74)的两个局部增广模型。在设计 EMPC 时，使用增广模型构造辅助控制器 $u_{\text{aux}}$ (6-55)和稳定域(6-56)。通过求解基于线性矩阵不等式的优化问题(6-51)～(6-54)，辅助控制器(6-55)的增益矩阵计算可得

$$F_0=\begin{bmatrix} -0.0042 & 0.0028 & -0.0025 \\ -0.1183 & 0.0183 & -0.0063 \\ -3.1892\times10^{-5} & 2.6197\times10^{-4} & 3.3209\times10^{-6} \end{bmatrix}$$

$$H_1=\begin{bmatrix} 0.0011 & 0.0011 & 0.0011 \\ -0.0234 & -0.0234 & -0.0234 \\ -1.2508\times10^{-5} & -1.2508\times10^{-5} & -1.2508\times10^{-5} \end{bmatrix}$$

$$H_2=\begin{bmatrix} 2.422\times10^{-4} & 2.422\times10^{-4} & 2.422\times10^{-4} \\ -0.0085 & -0.0085 & -0.0085 \\ -2.5487\times10^{-6} & -2.5487\times10^{-6} & -2.5487\times10^{-6} \end{bmatrix}$$

$$H_3=\begin{bmatrix} 1.7371\times10^{-5} & 1.7371\times10^{-5} & 1.7371\times10^{-5} \\ -0.0031 & -0.0031 & -0.0031 \\ -3.75\times10^{-7} & -3.75\times10^{-7} & -3.75\times10^{-7} \end{bmatrix}$$

$$H_4=\begin{bmatrix} -7.4388\times10^{-5} & 0 & 0 \\ -0.0032 & 0 & 0 \\ -1.258\times10^{-6} & 0 & 0 \end{bmatrix}$$

取 $P=Q^{-1}\gamma$，由线性矩阵不等式优化问题(6-51)～(6-54)同样可得稳定域为 $\Omega_\gamma=\left\{z_d\in\mathbb{R}^{n_z}\middle|V\left(z_d\right)=z_d^{\mathrm{T}}Pz_d\leqslant 2421.8\right\}$，由定理 6-4 的不等式(6-65)可得稳定域的子域为 $\Omega_{\gamma_e}=\left\{z_d\in\mathbb{R}^{n_z}\middle|V\left(z_d\right)=z_d^{\mathrm{T}}Pz_d\leqslant 2109.8\right\}$。

EMPC 和 HMPC 的闭环性能对比如图 6-16 和图 6-17 所示。

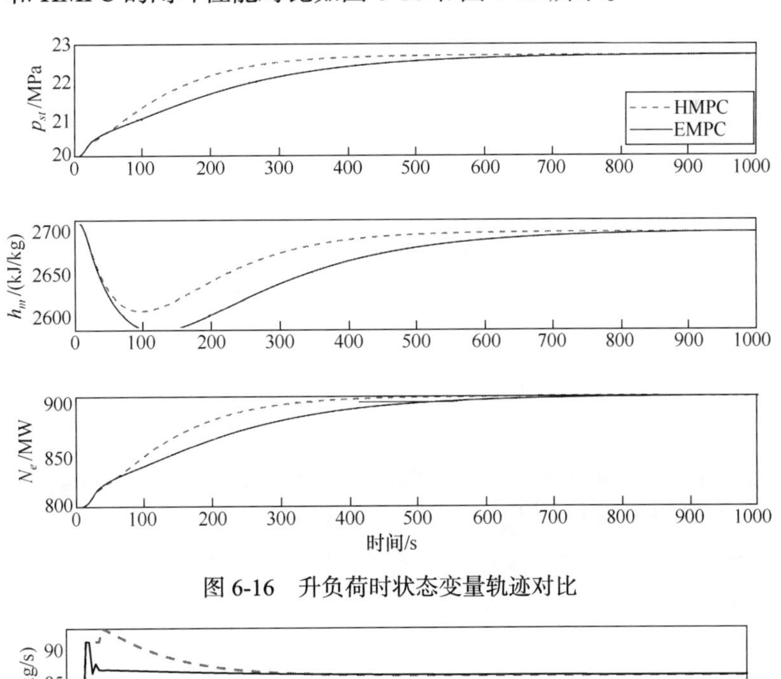


图 6-16　升负荷时状态变量轨迹对比

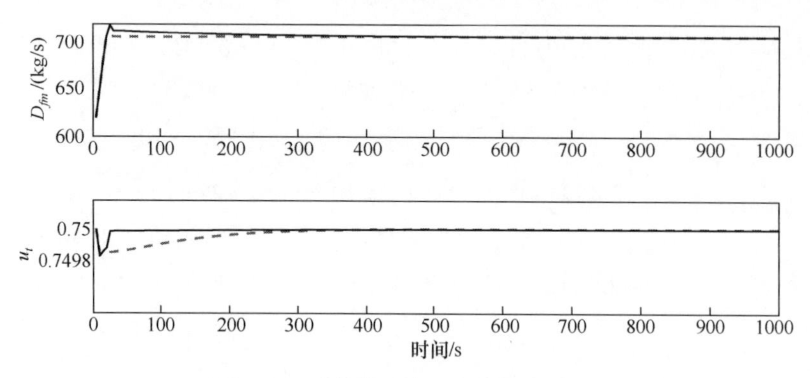


图 6-17　升负荷时输入变量轨迹对比

当负荷从 800MW 阶跃变化到 900MW 时，可以观察到给水流量迅速增加，这导致分离器蒸汽压力和主蒸汽压力均增加。两种控制器都可以同时满足不断变化的负荷需求及物理约束。此外，由于经济性能函数(6-50)中存在的$l_{e3}$和$l_{e4}$项，EMPC 可以避免过度增加燃料量指令$u_1$，同时保持足够的汽轮机调汽门开度$u_3$。结果表明，EMPC 在降低燃料消耗方面有明显的优势。为了进一步定量分析 USC 机组的动态闭环性能，定义了两个性能指标，即经济性能指标$J_{\text{eco}}$和跟踪性能指标$J_{\text{tra}}$：

$$J_{\text{eco}} = \frac{1}{N_{\text{sim}}} \sum_{i=0}^{N_{\text{sim}}} l_e\left(x\left(k+i\right), u\left(k+i\right)\right) \tag{6-75}$$

$$J_{\text{tra}} = \frac{1}{N_{\text{sim}}} \sum_{i=0}^{N_{\text{sim}}} \left(\left\|x - x_s\right\|_q^2 + \left\|u - u_s\right\|_r^2\right) \tag{6-76}$$

其中，$N_{\text{sim}}$为仿真步数；$\left(x_s, u_s\right)$为设定值。表 6-4 给出了两种控制器的性能比较结果。

**表 6-4　经济性能和跟踪性能(一)**

| 策略 | $J_{\text{eco}}(\times 10^4)$ | $J_{\text{tra}}$ |
|---|---|---|
| EMPC | 1.613 | 0.0203 |
| HMPC | 2.1375 | 0.018 |

2. 大范围降负荷变化

设置初始负荷为 900MW，降负荷至 Euld=650MW。在这一负荷变化范围内，需构建基于 DBN 模型(6-74)的四个局部增广模型。仿真结果如图 6-18 及图 6-19 所示，性能比较结果如表 6-5 所示。从实验结果可以看出，在负荷大范围变化条件下，基于 DBN 的 EMPC 和 HMPC 都可以使 USC 机组的输出跟踪设定值。从图 6-19 中可以看出，EMPC 在实现负荷跟踪、闭环稳定性、满足输入约束的同时减少了燃料量消耗。总体而言，本节所提出的 EMPC 方法无论在经济性能还是跟踪性能上都显示出明显的优越性。

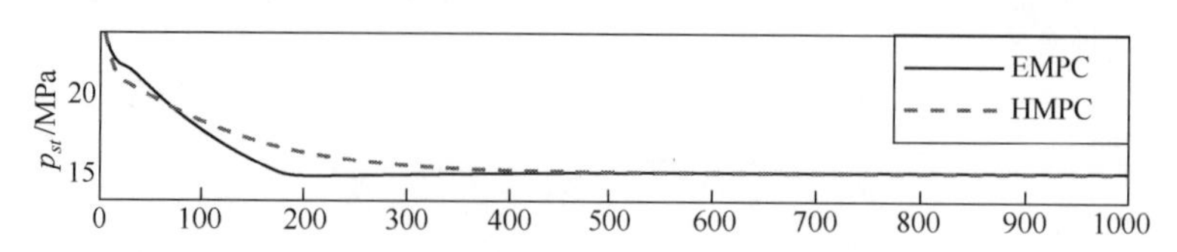

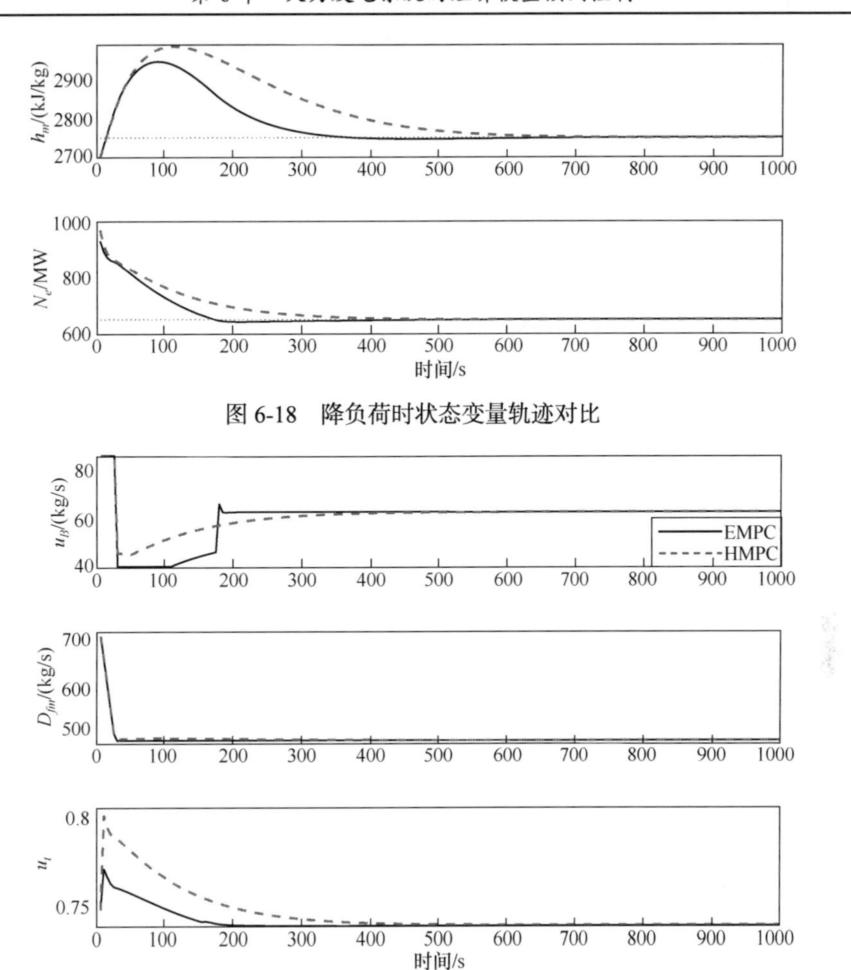


图 6-18　降负荷时状态变量轨迹对比

图 6-19　降负荷时输入变量轨迹对比

**表 6-5　经济性能和跟踪性能(二)**

| 策略 | $J_{eco}(\times10^4)$ | $J_{tra}$ |
|---|---|---|
| EMPC | 4.4046 | 0.1221 |
| HMPC | 5.7099 | 0.1484 |

图 6-20 显示上述仿真过程的动态响应轨迹，其中 $X$ 轴代表主蒸汽压力 $p_{st}$，$Y$ 轴代表分离器蒸汽焓值 $h_m$，$Z$ 轴代表有功功率 $N_e$。右侧的颜色分布图代表经济性能，即颜色越深，其实现的经济性能就越高。从图中可以清楚地看出，两种控制器都从相同的初始点出发，并达到相同的稳态设定值。EMPC 动态轨迹的经济性能优于 HMPC，尤其是在动态轨迹的初期，EMPC 工作在 Mode 1(即最大化经济性能)时更为明显。同时，EMPC 可以达到动态经济性能全局最优点(五角星)，而 HMPC 则只能达到稳态经济性能最优点(圆圈)。

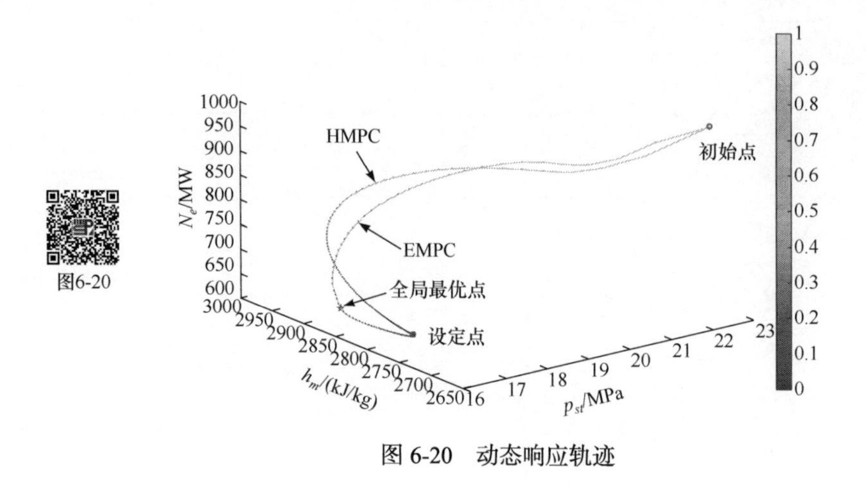


图 6-20　动态响应轨迹

## 6.3　本 章 小 结

经济模型预测控制不同于原有的双层结构模型预测控制体系，而直接采用经济指标作为目标函数，是当今发电企业实现节能减排的重要手段。本章针对 160MW 锅炉-汽轮机系统提出了双模态模糊经济模型预测控制策略。基于线性矩阵不等式设计了辅助控制器和稳定域，为在线模糊经济模型预测控制优化问题的可行性和闭环系统的稳定性保证提供了充分条件。同时，采用双模态的控制，有效地实现了闭环系统动态过程中经济性能的提高。仿真表明，在大范围变负荷情况下，模糊经济模型预测控制采取一条经济最优的动态路径。随后，针对 USC 机组提出了一种带时延补偿的基于深度学习的 EMPC。通过堆叠一组 RBM，建立了能够用数学结构表示 USC 机组的复杂动态的 DBN 模型。基于该 DBN 模型构造了双模态(即经济优化模态和稳定性保持模态)EMPC 控制器。DBN 模型使用从实时 USC 机组中获取的大量数据进行训练和校验。实验结果清楚地表明，本节所提出的 EMPC 在满足负荷需求的同时，采用了比 HMPC 更经济的动态轨迹。本节所提出的基于 DBN 的 EMPC 不仅为提高 USC 机组的经济性提供了一种有效的方法，同时也是对深度学习在模型预测控制领域应用的有效探索。

# 第 7 章　核电机组的非线性模型预测控制

我国目前处于产业结构和能源结构调整的大背景下，核电具有能量密度大、稳定性好、燃料运输量小的特点，在满足国家能源供应安全、实施能源供给侧结构性改革和实现能源结构调整中发挥了重要作用。核反应堆控制系统是核电站控制系统的重要组成部分，主要通过调节蒸汽发生器水位和核反应堆功率维持核电机组核功率、热功率和负载功率的平衡，并实时自动跟踪电力系统负荷的变化，对核电机组的安全高效运行起到举足轻重的作用。随着我国核电装机比例以及单机容量不断增加，电网需要核电机组采取“堆跟机”模式来提高电网的稳定性及供电质量。在“堆跟机”模式下，核反应堆频繁的功率变化激发了系统的本质非线性，给核反应堆系统的控制与运行带来了新的挑战。因此，在“堆跟机”模式下，研究核反应堆控制系统合理的优化控制方法，对核电机组安全高效运行具有重要意义。

本章在深入研究“堆跟机”模式下核反应堆控制系统特性的基础上，采用非线性模型预测控制理论分析与数值仿真结合的方法，对“堆跟机”模式下的核电机组蒸汽发生器水位控制问题和压水堆的空间功率控制问题开展了深入研究。前半部分针对压水堆核电站广泛使用的 U 形管蒸汽发生器，构造了基于离线不变集的水位模糊预测控制；后半部分针对大型重水堆核电站，构造了空间功率分散模糊预测控制。

## 7.1　基于离线不变集的水位模糊预测控制

蒸汽发生器是连接核岛和常规岛的关键设备，肩负着将核反应堆内一回路的能量转移到饱和蒸汽内的重任。蒸汽发生器的水位直接影响核电机组的安全运行，其水位特性存在“虚假水位”现象。水位收缩会降低水位，使得蒸汽发生器的换热效率变差；水位膨胀会升高水位，使得出口蒸汽含水量超标。因此，蒸汽发生器的水位必须尽量保持在安全的范围内。水位高低的决定性因素是给水流量与蒸汽流量的差值，因此所设计的控制器必须能在采样时间内快速计算给水流量来抑制频繁变化的蒸汽扰动。除此之外，控制器设计还需要考虑水位动态特性在整个蒸汽负荷区间内所体现出的强非线性；同时，给水流量和水位必须满足生产过程的物理约束。

MPC 基于模型对系统未来动态行为进行预测，基于未来时刻的输入、输出或状态约束，将控制问题显式表示成一个在线求解的约束优化问题。MPC 反映了约束控制的研究从反馈镇定向系统优化的发展，已得到了工业过程控制领域的广泛认同。MPC 显式处理约束的能力对蒸汽发生器水位控制的可靠性和安全性起到关键作用。

由于蒸汽发生器水位的动态特性与蒸汽负荷相关，因此可以将蒸汽负荷作为前置变量，建立核电站蒸汽发生器水位系统的模糊模型。然后通过求解线性矩阵不等式(linear matrix inequality，LMI)约束的凸优化问题得到终端约束集合，使得状态在蒸汽扰动下保持在终端约束集中，并在“三要素”的框架下分析系统的稳定性[4]。由于终端约束集的设计采用了模糊 Lyapunov 函数，虽然能够有效减小控制器的保守性，但同时增加了控制器的复杂性，不利于控制器的在线实施。因此，本章通过离线计算不同蒸汽流量扰动下的不变集，采用二分搜索策略根据测量的状态值在线选择不变集参数，构造部分离线模糊预测控制策略，有效减少了在线计算负担。

### 7.1.1 蒸汽发生器水位控制系统

1. 水位控制系统概述

蒸汽发生器接收一回路的高温冷却剂和二回路的给水，在 U 形管内完成热交换，产生饱和蒸汽。它主要由管板、给水环管、U 形管束、两级汽水分离装置等部件组成。蒸汽发生器内部和二回路一些环节对蒸汽发生器水位控制系统有直接或间接影响。

1) 蒸汽发生器内部环节[174,175]

本章研究的是立式 U 形管自然循环蒸汽发生器，主要应用在我国秦山、大亚湾等核电机组，其结构如图 7-1(a)所示。它包括两个相互作用的流体系统：一回路水循环系统和给水温度较低的二回路水循环系统，一回路和二回路之间通过 U 形管壁进行热传递。冷却剂在反应堆内加热后经一回路水循环从蒸汽发生器底部的冷却剂入口进入，然后在 U 形管内与二回路温度较低的给水在 U 形管表面进行热交换并汽化给水。冷却剂在完成热量传递过程后，温度降低，经过下封头的出口水室和出口接管再流向反应堆。

二回路的给水经过给水泵输送到蒸汽发生器的给水管。通过给水环管进入管束与外壳之间的环形空间(下降管)。经 U 形管加热后的汽水混合物上升，当进入旋叶式汽水分离器时，蒸汽中大部分水在离心力的作用下与给水混合后一起流入下降管。在下降管区域内安装了差压变送器来检测蒸汽发生器的水位。混合后的水流动到底部管板后，改变方向沿着 U 形管束区域向上流动，并再次与一回路的冷却剂发生热交换，其温度不断升高并沸腾，产生蒸汽。汽水混合物离开 U 形管弯头区域时，进入旋叶式和波纹管分离器。然后，蒸汽由出口管嘴流向主蒸汽阀门。

2) 二回路水循环[176]

如图 7-1(b)所示，二回路主要由给水系统和主蒸汽系统构成。干燥蒸汽从蒸汽发生器顶部通过一个流量限制器(flow restrictor，RST)流出，并造成了额外的系统压头损失。压力变送器检测到压头损失，并测量出口蒸汽流量($W_S$)。蒸汽在蒸汽管道内流动，并依次经过安全阀门(safety valve，SV)和主蒸汽隔离阀门(main steam isolation valve，MSIV)。压力变送器测量蒸汽压力($P_S$)，将其用于给水泵转速控制。之后蒸汽经过主蒸汽阀门(main steam valve，MSV)和主控制阀门(main control valve，MCV)通往汽轮机。当主蒸汽阀门关闭时，蒸汽可经过汽轮机旁路直接分流到冷凝器。蒸汽在汽轮机内膨胀做功之后，在冷凝器内凝结成水，经冷凝水泵返回到给水系统。当给水泵排出给水时，差压变送器检测出口压力($P_F$)用于给水泵转速控制。从给水泵排出的水在给水加热器管道中加热，并在管道出口处，通过文丘里管测量给水流量($W_F$)，之后流向给水调节阀门。该阀门根据水位控制系统的开度信号自动调节阀门开度，改变通往蒸汽发生器的给水流量。给水调节阀门由主阀门和旁路阀门并联组成，在低功率条件下由旁路阀门控制给水流量。

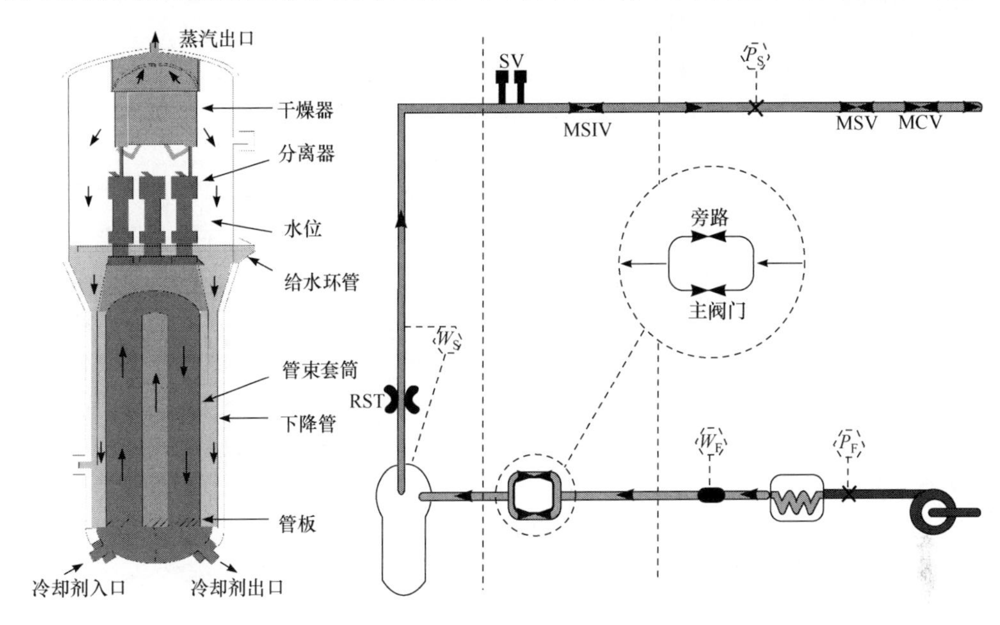


(a) U形管蒸汽发生器示意图　(b) 给水和主蒸汽系统示意图

图 7-1　蒸汽发生器水位控制系统

2. 水位特性

蒸汽发生器是连接核反应堆和汽轮机的能量储存和交换装置，其水位对核电机组的安全运行至关重要。水位过高意味着蒸汽发生器内水的总质量大，在管道破裂等事故工况下，会对一回路造成过冷却，使得反应堆反应性增强，危及反应堆的运行。而且水位过高还会降低汽水分离器的效率，使得主蒸汽含水量增加。一般情况下，通向汽轮机的蒸汽含水量不能超过 0.3%[174]，含水量过高会加剧汽轮机的磨损。水位低于 U 形管顶部的弯形区域，会降低 U 形管内的热交换效率，使得冷却剂的热量不能被二回路水充分吸收，进而影响堆芯余热的导出。水位的动态响应主要由二回路、主蒸汽系统以及蒸汽发生器两相混合物的热力学性质等共同决定。

1) 二回路对水位的影响

给水阀门开度的变化将会改变进入蒸汽发生器的给水流量，在蒸汽流量保持不变的前提下，蒸汽发生器内部水的总量会不断地改变，导致水位不断偏离设定值。

2) 主蒸汽系统对水位的影响

主蒸汽系统通过改变出口处的蒸汽流量影响水位。汽轮机组调频会改变进气阀门开度，该阀门开度的变化将会改变离开蒸汽发生器的蒸汽流量，具体分析与给水流量的分析类似。

由以上分析可知，决定蒸汽发生器内水的总质量增加还是减少的唯一标志是蒸汽与给水流量之间的差值。当蒸汽流量大于给水流量时，内部水的总质量不断减少，所以水位的稳态值下降，反之亦然，因此核电站蒸汽发生器水位系统表现出无自平衡能力的积分特性。

3) 两相混合物的热力学性质

蒸汽发生器下降管中汽水两相混合物的热力学性质给水位带来的影响也称作“虚假水位”，其影响的结果是“掩盖”了水总质量的真正变化趋势。当汽轮机负荷减少时，进气阀门开度减小，导致蒸汽发生器的出口蒸汽减少，蒸汽的产生率大于蒸汽的去除率。在饱和系统中，这种不平衡导致压力上升，使得管束区域内汽水两相混合物中存在的气泡迅速破裂。随着气泡的破裂，两相混合物的体积突然减少。水会占据下降管中空出的区域，导致水位“收缩”。然而，由于此时给水流量仍大于蒸汽流量，所以蒸汽发生器中水的质量实际上在增加。当汽轮机负荷增加时，进气阀门开度增大，导致出口蒸汽流量增大，蒸汽发生器内的蒸汽压力迅速降低。压力的降低导致管束区域内汽水两相混合物中蒸气膨胀。突然增大的体积代替给水进入下降管，造成水位的“膨胀”。然而，由于此时给水流量小于蒸汽流量，所以蒸汽发生器中水的总质量实际上在减小。

给水流量的突然变化也会造成“虚假水位”现象。由于给水温度通常(尤其在低负荷下)低于蒸汽发生器内的饱和水温度，所以当给水流量增加时，管束区域内焓值减少，导致汽包破裂。尽管机制不同，给水增加和蒸汽减少都造成了水位的“收缩”。类似地，减小给水造成水位的“膨胀”。

在低负荷条件下，蒸汽发生器水位更容易受到来自蒸汽流量或给水流量扰动的影响。同时，由于低负荷下给水的温度更低，管束蒸汽含量对给水流量和循环水流量的比值更加敏感。随着机组功率逐渐升高，给水加热器开始工作，给水温度逐渐上升。因此低负荷下“虚假水位”的现象更加明显，水位动态响应的过渡时间也更长。这也是低负荷条件下水位调节更加困难的主要原因。

3. 水位系统状态空间模型

蒸汽发生器水位系统具有复杂的非线性特性。根据热工水力特性以及能量守恒方程建立的机理模型过于复杂，很难直接用来进行控制器设计和控制性能评估。因此，这类机理模型通常仅被用来离线模拟运行或用来做事故分析等。Irving 等[177]基于给水和蒸汽流量的扰动，对水位的瞬态响应进行系统辨识，建立了随蒸汽负荷变化的传递函数模型，该简化模型在蒸汽发生器水位控制的研究中得到了广泛的应用。该模型是一个以蒸汽流量和给水流量为输入、以水位为输出的拉普拉斯传递函数，表示为[177]

$$Y(s)=\left(\frac{G_1(\theta)}{s}-\frac{G_2(\theta)}{1+\tau_2(\theta)s}\right)\left(Q_w(s)-Q_v(s)\right)+\frac{G_3(\theta)s}{\tau_1^{-2}(\theta)+4\pi^2T^{-2}(\theta)+2\tau_1^{-1}(\theta)s+s^2}Q_w(s) \tag{7-1}$$

其中，$Y$ 表示蒸汽发生器水位(mm)；$Q_w$ 和 $Q_v$ 分别表示给水和蒸汽流量(kg/s)；$\tau_1$ 和 $\tau_2$ 表示阻尼时间常数(s)；$\theta$ 表示蒸汽发生器蒸汽负荷百分比(%)；$G_1$、$G_2$、$G_3$ 分别表示容积效应、负热效应、机械振荡效应((mm·s)/kg)；$T$ 表示机械振荡周期(s)。

式(7-1)含有三部分：

(1) 第一项 $G_1/s$ 表示蒸汽发生器的容积效应，是一个积分过程，其中 $G_1$ 是一个与蒸汽负荷无关的正常数。

(2) 第二项 $-G_2/(1+\tau_2 s)$ 是分别由蒸汽流量和给水流量阶跃变化引发的水位逆动态(虚假水位)。其中，$G_2$ 是一个正常数，并且随着蒸汽负荷的增大而减小，$\tau_2$ 是水位逆动态的时间常数，并且随着蒸汽负荷的增大而减小。

(3) 最后一项表示给水加入下降管因冲力引起的机械振荡，因此这一项仅与给水流量有关。$G_3$ 是一个正常数，随着蒸汽负荷的增大而先增大后减小。式(7-1)中各参数的数值列于表 7-1。

**表 7-1　蒸汽发生器水位系统线性参数变化模型在不同负荷下的参数**

| 功率/% | $G_1$/((mm · s)/kg) | $G_2$/((mm · s)/kg) | $G_3$/((mm · s)/kg) | $T$/s | $\tau_1$/s | $\tau_2$/s |
|---|---|---|---|---|---|---|
| 5 | 0.058 | 9.63 | 0.181 | 119.6 | 41.9 | 48.4 |
| 15 | 0.058 | 4.46 | 0.226 | 60.5 | 26.3 | 21.5 |
| 30 | 0.058 | 1.83 | 0.310 | 17.7 | 43.4 | 4.5 |
| 50 | 0.058 | 1.05 | 0.215 | 14.2 | 34.8 | 3.6 |
| 100 | 0.058 | 0.47 | 0.105 | 11.7 | 28.6 | 3.4 |

图 7-2 显示了蒸汽发生器水位控制系统模拟结构图。选择状态变量：

$$\dot{x}_1(t)=G_1(\theta)(Q_w(t)-Q_v(t))$$

$$\dot{x}_2(t)=-\tau_2^{-1}(\theta)x_2(t)-(Q_w(t)-Q_v(t))G_2/\tau_2(\theta)$$

$$\dot{x}_3(t)=-2\tau_1^{-1}(\theta)x_3(t)+x_4(t)+G_3(\theta)Q_w(t)$$

$$\dot{x}_4(t)=-\left(\tau_1^{-2}(\theta)+4\pi^2T^{-2}(\theta)\right)x_3(t)$$

则式(7-1)的状态空间方程可以写为

$$\begin{cases}\dot{x}(t)=A(\theta)x(t)+B(\theta)u(t)+W(\theta)d(t)\\ y(t)=Cx(t)\end{cases} \tag{7-2}$$

其中，$x=[x_1,x_2,x_3,x_4]$ 为状态变量；$u(t)$ 表示控制输入，相应的系统矩阵为

$$A(\theta)=\begin{bmatrix}0&0&0&0\\0&a_{22}&0&0\\0&0&a_{33}&1\\0&0&a_{43}&0\end{bmatrix},\ B(\theta)=\begin{bmatrix}b_1\\b_2\\b_3\\0\end{bmatrix},\ W(\theta)=\begin{bmatrix}d_1\\d_2\\0\\0\end{bmatrix},\ C=\begin{bmatrix}1\\1\\1\\0\end{bmatrix}$$

其中，$a_{22}=-\tau_2^{-1}(\theta)$，$a_{33}=-2\tau_1^{-1}(\theta)$，$a_{43}=-\left(\tau_1^{-2}(\theta)+4\pi^2T^{-2}(\theta)\right)$，$b_1=-d_1=G_1(\theta)$，$b_2=-d_2=-G_2(\theta)/\tau_2(\theta)$，$b_3=G_3(\theta)$。

由式(7-2)可以看出，蒸汽发生器的水位动态特性与蒸汽负荷 $\theta$ 有关，并且在整个负荷区间内变化明显(表 7-1)。因此，蒸汽发生器的水位模型是典型的线性参数变化模型。蒸汽流量 $d$ 可以看作扰动，水位控制的目标就是通过调节给水流量来抵御蒸汽扰动给水位带来的影响，并控制水位维持在设定值上。

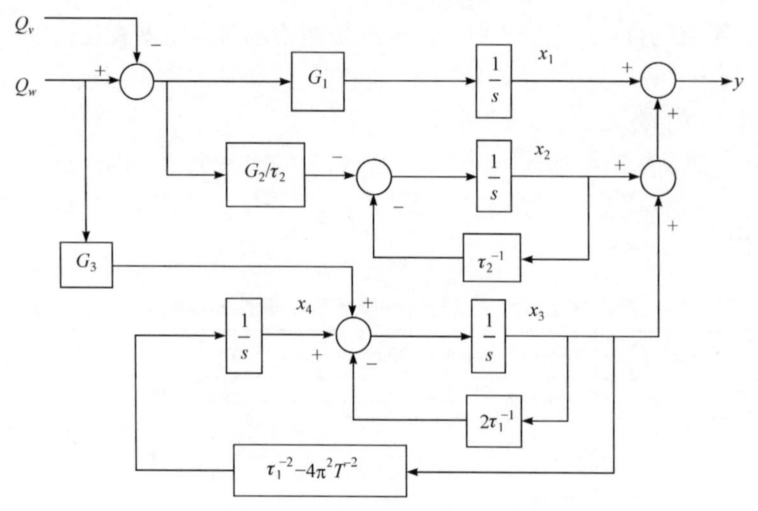


图 7-2　蒸汽发生器水位控制系统模拟结构图

### 7.1.2　水位模糊系统

根据蒸汽发生器水位的模型(7-2)，建立功率运行点分别在 5%、15%、30%、50%、100%处的线性模型[178]，选择蒸汽负荷大小$\theta$作为 T-S 模糊系统的前置变量，并设置语言变量集合$Y=\{很低,较低,低,中,满\}$，分别对应于上述选取的 5 个功率运行点，可以得到对应的离散模糊模型如下。

模糊系统规则$R^{\mathrm{i}}$：if　$\theta$　is　$Y(i)$

$$\text{then}\quad \begin{cases} x(k+1)=A_i x(k)+B_i u(k)+W_i d(k), \\ y(k)=Cx(k), \end{cases} \quad i=1,2,\cdots,5 \tag{7-3}$$

其中，$A_i$、$B_i$以及$W_i$为负荷在 5%、15%、30%、50%、100%下的线性离散模型的系数矩阵，隶属度函数$\mu_i\,(i=1,2,\cdots,5)$如图 7-3 所示。

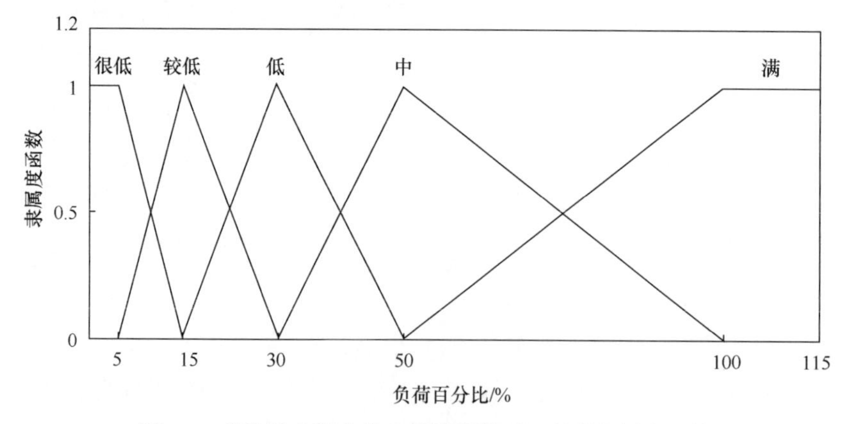


图 7-3　蒸汽发生器水位系统模糊模型三角形隶属度函数

采用单点模糊化、乘积推理、加权平均反模糊化的方法，式(7-3)所定义的模糊模型

的最终输出可以表述为

$$x(k+1)=A_{\mu}(k)x(k)+B_{\mu}(k)u(k)+W_{\mu}(k)d(k) \tag{7-4}$$

其中，$A_{\mu}(k):=\sum_{i=1}^{5}\mu_i(\theta(k))A_i$，$B_{\mu}(k):=\sum_{i=1}^{5}\mu_i(\theta(k))B_i$，$W_{\mu}(k):=\sum_{i=1}^{5}\mu_i(\theta(k))W_i$，$\mu_i(\theta)$ 是图 7-3 中对应的隶属度函数，$k$ 表示采样时刻。定义 $\Delta x(k+1)=x(k+1)-x(k)$，$\Delta u(k)=u(k)-u(k-1)$，$\Delta d(k)=d(k)-d(k-1)$，可以得到状态空间方程为

$$\Delta x(k+1)=A_{\mu}(k)\Delta x(k)+B_{\mu}(k)\Delta u(k)+W_{\mu}(k)\Delta d(k) \tag{7-5}$$

定义增广状态 $\tilde{x}(k)=\begin{bmatrix}\Delta x(k)^{\mathrm{T}} & y(k)\end{bmatrix}^{\mathrm{T}}$，其中上标 T 表示矩阵转置，并注意到 $y(k+1)-y(k)=C\left(A_{\mu}\Delta x(k)+B_{\mu}\Delta u(k)+W_{\mu}\Delta d(k)\right)$，得到增广状态空间方程为

$$\begin{cases}\tilde{x}(k+1)=\tilde{A}_{\mu}(k)\tilde{x}(k)+\tilde{B}_{\mu}(k)\Delta u(k)+\tilde{W}_{\mu}(k)\Delta d(k)\\ y(k)=\tilde{C}\tilde{x}(k)\end{cases} \tag{7-6}$$

其中

$$\tilde{A}_{\mu}=\begin{bmatrix}A_{\mu} & \mathbf{0}\\ CA_{\mu} & 1\end{bmatrix},\quad \tilde{B}_{\mu}=\begin{bmatrix}B_{\mu}\\ CB_{\mu}\end{bmatrix},\quad \tilde{W}_{\mu}=\begin{bmatrix}W_{\mu}\\ CW_{\mu}\end{bmatrix},\quad \tilde{C}=\begin{bmatrix}\mathbf{0}\\ 1\end{bmatrix}^{\mathrm{T}}$$

上式的推导过程中使用了两个隐含的近似条件。其一，局部线性离散模型的模糊加权和，即式(7-4)，是原非线性系统的近似。其二，在推导式(7-5)中，假设连续两次采样时刻对应的模型近似相同。采用这两种近似的理由如下：①对于复杂的非线性系统，经零阶保持器离散化的模型通常没有解析解，所以第一个近似通常是无法避免的，通过选取较短的采样周期可以降低离散化带来的误差影响。同时注意到，更小的采样周期意味着更快的控制器在线求解速度。②由于控制系统的采样时间通常远小于系统的惯性时间常数，因此可以近似认为相邻采样间隔内水位动态特性不变。在每个采样时刻得到蒸汽负荷 $\theta$，根据隶属度函数对线性模型进行更新，能够较好地反应水位系统的非线性特性。

由于未来蒸汽流量的信息通常是未知的，假设蒸汽流量保持不变，即 $\Delta d(k+i|k)=0$，得到预测模型为

$$\begin{cases}\tilde{x}(k+1+i|k)=\tilde{A}_{\mu}(k+i|k)\tilde{x}(k+i|k)+\tilde{B}_{\mu}(k+i|k)\Delta u(k+i|k)\\ y(k+i|k)=\tilde{C}\tilde{x}(k+i|k),\qquad i=1,2,\cdots,\infty\end{cases} \tag{7-7}$$

其中，$k+i|k$ 表示在 $k$ 采样时刻对未来第 $k+i$ 时刻的预测。注意到对于任意蒸汽负荷 $\theta$ 只有两条规则被激活，因此，在本章后续的内容中使用 $\Theta$ 表示隶属度激活的规则集合。

由于式(7-6)将非线性部分表示成局部线性的加权和，控制器的设计通常选择并行分配补偿(parallel distributed compensation，PDC)策略。如图 7-4 所示，PDC 策略的主要思想是针对模糊模型(7-7)中的每个局部线性化的子系统，设计线性控制器，然后整体的反馈控制律为各线性控制器输出的加权和。该加权和的系数与模糊模型的隶属度函数相同。PDC 策略的数学表达式如下。

模糊系统规则 $R^i$：　　if $\theta$ is $Y(i)$

$$\text{then}\quad \Delta u(k)=K_i\tilde{x}(k),\quad i\in\Theta \tag{7-8}$$

控制器的总输出为

$$\Delta u(k)=\sum_{i=1}^{2}\mu_i(\theta)K_i\tilde{x}(k),\quad i\in\Theta \tag{7-9}$$

其中，$K_i$ 为针对每个局部线性系统设计的线性状态反馈控制律。

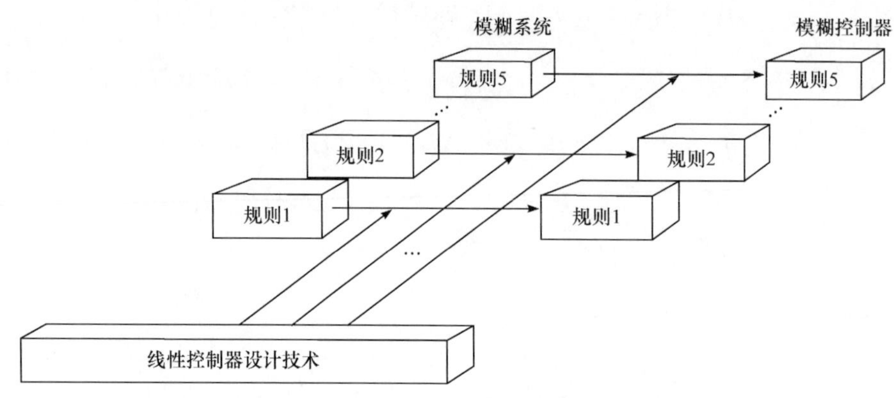


图 7-4　PDC 策略示意图

将式(7-9)代入式(7-7)，可以得到模糊增广系统的闭环状态方程：

$$\tilde{x}(k+1+i\,|\,k)=\left(\tilde{A}_\mu+\tilde{B}_\mu K_\mu\right)\tilde{x}(k+i\,|\,k) \tag{7-10}$$

其中，$K_\mu:=\sum_{i=1}^{2}\mu_i\left(\theta(k)\right)K_i$ 。

### 7.1.3　水位准最小最大模糊预测控制

1. 控制目标

蒸汽发生器水位控制系统需要实现如下的控制目标：

(1) 保证蒸汽发生器水位稳定；

(2) 优化水位动态响应，同时消除水位静态误差；避免给水流量开度变化过大；

(3) 满足给水阀门开度硬约束并保证水位动态响应在设定的安全范围内。

控制目标(2)可以通过最小化以下性能指标实现：

$$J_0^\infty(k)=\sum_{i=0}^{\infty}\left\|\tilde{x}(k+i\,|\,k)\right\|_Q^2+\left\|\Delta u(k+i\,|\,k)\right\|_R^2 \tag{7-11}$$

其中，$Q$ 是正定矩阵；$R$ 是正数。式(7-11)表示最小化无穷时域内系统增广状态和给水流量增量的二次范数之和。最小化该性能指标得到的给水流量是考虑水位动态和给水流量开度变化后的折中，同时将水位作为增广状态后，模型中引入了水位的积分环节，保证了无静态误差。

控制目标(3)是水位和给水流量的约束，可以表示为

$$\left\|\Delta u(k+i\,|\,k)\right\|_2 \leqslant \Delta u_{\max},\quad i \geqslant 0 \tag{7-12}$$

$$\left\|y(k+i\,|\,k)\right\|_2 \leqslant y_{\max},\quad i \geqslant 1 \tag{7-13}$$

其中，$\Delta u_{\max}$ 和 $y_{\max}$ 分别表示给水阀门开度硬约束和水位的安全范围。

2. 准最小最大模糊预测控制

定义模糊 Lyapunov 函数：

$$V\left(\tilde{x}(k+i\,|\,k)\right) = \tilde{x}(k+i\,|\,k)^{\mathrm{T}} P_{\mu}\left(\theta(k+i\,|\,k)\right)\tilde{x}(k+i\,|\,k) \tag{7-14}$$

其中，$P_{\mu}\left(\theta(k+i\,|\,k)\right) := \sum_{i=1}^{5}\mu_i\left(\theta(k+i\,|\,k)\right)P_i$，$P_i$ 为正定矩阵。

选择控制律：

$$\Delta u(k+i\,|\,k) = \sum_{i=1}^{2}\mu_i\left(\theta(k+i\,|\,k)\right)K_i\tilde{x}(k+i\,|\,k) \tag{7-15}$$

使得闭环状态轨迹强制满足以下的鲁棒稳定性条件[80]：

$$V\left(\tilde{x}(k+i+1\,|\,k)\right) - V\left(\tilde{x}(k+i\,|\,k)\right) < -\left\|\tilde{x}(k+i\,|\,k)\right\|_Q^2 - \left\|\Delta u(k+i\,|\,k)\right\|_R^2 \tag{7-16}$$

式(7-16)表示 $V\left(\tilde{x}(k+i\,|\,k)\right)$ 沿着闭环轨迹严格递减，如果系统的状态处在有限集合内，那么 $V\left(\tilde{x}(k+i\,|\,k)\right)$ 为有限值并且 $V\left(\tilde{x}(k+i\,|\,k)\right) \to 0$，$i \to \infty$。式(7-16)不等号右边与性能指标式(7-11)相似，将式(7-16)不等式两边由 $i=1$ 叠加到 $i=\infty$ 可以得到闭环轨迹的性能指标上界 $\gamma$，即

$$\begin{aligned} J_0^{\infty}(k) &= \left\|\tilde{x}(k\,|\,k)\right\|_Q^2 + \left\|\Delta u(k\,|\,k)\right\|_R^2 + J_1^{\infty}(k) \\ &\leqslant \left\|\tilde{x}(k\,|\,k)\right\|_Q^2 + \left\|\Delta u(k\,|\,k)\right\|_R^2 + V\left(\tilde{x}(k+1\,|\,k)\right) \\ &\leqslant \gamma \end{aligned} \tag{7-17}$$

(1) 式(7-16)是一个 Lyapunov 函数递减的强制约束，与其他先设计控制律然后寻找 Lyapunov 函数证明稳定性的控制方法相比，预测控制的一个天然优势是待优化的目标函数本身就是一个候选的 Lyapunov 函数，控制器的设计目标是寻找使得目标函数递减的控制律从而保证系统的稳定性。

(2) 式(7-17)中的 $J_1^{\infty}$ 是指在控制律(7-15)下的闭环性能指标。对于非线性系统的性能指标(7-11)的最优值，即使在没有约束式(7-12)和式(7-13)的情况下，也是非凸的优化问题。因此，在线控制器的设计目标是最小化式(7-11)的一个上界 $\gamma$。

(3) 如果对未来任意时刻的蒸汽负荷 $\theta$ 均存在控制律满足式(7-16)，那么所设计的控制律就能保证系统的稳定性。控制器的设计必须考虑到未来所有可能的 $\theta$，并最小化最坏情况下的性能指标。另外，在 $k$ 采样时刻得到蒸汽负荷 $\theta(k)$，因此该时刻的模糊模型是已知的，所以控制量是一个待优化变量 $\Delta u(k)$，这种方法被称为“准最小最大”

策略[179]。

结合以上的分析，准最小最大模糊模型预测控制器在 $k$ 采样时刻求解下面的优化问题：

$$\min_{\gamma,\Delta u(k),K_i,P_i} \gamma, \quad \text{s.t.} \quad 式(7\text{-}6), 式(7\text{-}7), 式(7\text{-}12), 式(7\text{-}13), 式(7\text{-}16), 式(7\text{-}17) \tag{7-18}$$

3. 终端不变集合

本小节计算满足优化问题(7-18)约束的终端不变集合。

1) 鲁棒稳定性约束式(7-16)、预测模型约束(7-7)

将控制律式(7-15)代入式(7-16)，并结合式(7-7)可得到鲁棒稳定性充分条件为

$$\left(\tilde{A}_i + \tilde{B}_i K_j\right)^{\mathrm{T}} P_l \left(\tilde{A}_i + \tilde{B}_i K_j\right) - P_i < -Q - K_j^{\mathrm{T}} R K_j, \quad i,j,l \in \Theta \tag{7-19}$$

其中，下标 $i$ 、 $j$ 、 $l$ 表示模糊规则。式(7-19)等价于下面的 LMI：

$$\begin{bmatrix} -P_i & \tilde{A}_i^{\mathrm{T}} + K_j^{\mathrm{T}} \tilde{B}_i^{\mathrm{T}} & Q & K_j^{\mathrm{T}} R \\ * & -P_l^{-1} & 0 & 0 \\ * & * & -Q & 0 \\ * & * & * & -R \end{bmatrix} < 0, \quad i,j,l \in \Theta \tag{7-20}$$

其中，$*$ 表示矩阵中的对称项，对不等式(7-20)的两边左乘 $\mathrm{diag}\left\{G_j^{\mathrm{T}}, I, I, I\right\}$ ，右乘 $\mathrm{diag}\left\{G_j^{\mathrm{T}}, I, I, I\right\}^{\mathrm{T}}$ 。同时注意到对于不等式 $G^{\mathrm{T}} X^{-1} G \geqslant G + G^{\mathrm{T}} - X$ ，在 $X$ 为正定矩阵条件下恒成立，那么式(7-20)等价于

$$\begin{bmatrix} X_i - G_j - G_j^{\mathrm{T}} & G^{\mathrm{T}} \tilde{A}_i^{\mathrm{T}} + F_j^{\mathrm{T}} \tilde{B}_i^{\mathrm{T}} & G_j^{\mathrm{T}} Q & F_j^{\mathrm{T}} R \\ * & -X_l & 0 & 0 \\ * & * & -\gamma Q & 0 \\ * & * & * & -\gamma R \end{bmatrix} < 0, \quad i,j,l \in \Theta \tag{7-21}$$

其中， $X_l = \gamma P_l^{-1}$ ， $K_j = F_j G_j^{-1}$ 。

由式(7-17)可知， $\tilde{x}^{\mathrm{T}}(k+1|k) P_\mu (k+1|k) \tilde{x}(k+1|k) \leqslant \gamma$ ，结合约束(7-16)，有

$$\tilde{x}^{\mathrm{T}}(k+i|k) P_\mu (k+i|k) \tilde{x}(k+i|k) \leqslant \gamma, \quad i \geqslant 1 \tag{7-22}$$

式(7-22)表示，如果系统的状态 $\tilde{x}(k+i|k) \in \mathcal{V}$ ， $\mathcal{V} := \left\{\upsilon \mid \upsilon^{\mathrm{T}} X_\mu^{-1} \upsilon \leqslant 1\right\}$ ，那么在控制律(7-15)驱动下，下一时刻的状态依然属于该集合。

2) 给水流量约束(7-12)、水位约束(7-13)

给定不变集合 $\mathcal{V}$ ，由反馈控制律(7-15)可知 $\|\Delta u\| = \|K_\mu \tilde{x}\| \leqslant \|K_\mu\| \|\tilde{x}\|$ ，为了满足给水流量约束，需要限制反馈增益的大小使得 $\|K_\mu\| \leqslant \Delta u_{\max} / \|\tilde{x}\|$ ， $\tilde{x} \in \mathcal{V}$ 。因此，不变集合给反馈增益施加了上界约束。另外，水位是状态的线性函数，所以水位约束等同于对不变集

合施加了两个中心对称的超平面约束，将不变集合包围在中间。根据以上分析，满足给水约束和水位约束的充分条件为

$$\begin{bmatrix} \Delta u_{\max}^2 I & F_j \\ * & G_i + G_i^{\mathrm{T}} - X_i \end{bmatrix} \geqslant 0, \quad i,j \in \Theta \tag{7-23}$$

$$\begin{bmatrix} G_j + G_j^{\mathrm{T}} - X_i & * \\ \tilde{C}\left(\tilde{A}_i G_j + \tilde{B}_i F_j\right) & y_{\max}^2 \end{bmatrix} \geqslant 0, \quad i,j \in \Theta \tag{7-24}$$

3) 模型约束(7-6)、性能指标上界约束(7-17)

将模型(7-6)代入式(7-17)中，有

$$\left\|\tilde{x}(k|k)\right\|_Q^2 + \left\|\Delta u(k|k)\right\|_R^2 + \tilde{x}(k+1|k)^{\mathrm{T}} P_{\mu}\left(\theta(k+1|k)\right)\tilde{x}(k+1|k) \leqslant \gamma \tag{7-25}$$

下一采样时刻的蒸汽负荷 $\theta(k+1|k)$ 是未知的，所以约束(7-25)的充分条件是

$$\begin{bmatrix} 1 & \tilde{x}^{\mathrm{T}}(k+1) & \tilde{x}^{\mathrm{T}}(k)Q & \Delta u^{\mathrm{T}}(k)R \\ * & X_l & 0 & 0 \\ * & * & \gamma Q & 0 \\ * & * & * & \gamma R \end{bmatrix} \geqslant 0, \quad l \in \Theta \tag{7-26}$$

结合式(7-19)～式(7-26)，终端不变集合 $\mathcal{V}$ 满足约束式(7-7)、式(7-12)、式(7-13)、式(7-16)，同时约束(7-26)保证了在控制量 $\Delta u(k)$ 的驱动下，$\tilde{x}(k)$ 在下一时刻进入 $\mathcal{V}$ 中。那么优化问题(7-18)转化为

$$\min_{\gamma,\Delta u(k),F_i,G_i,X_i} \gamma, \quad \text{s.t.} \quad 式(7\text{-}21), 式(7\text{-}22), 式(7\text{-}24), 式(7\text{-}26)以及\left\|\Delta u(k)\right\| \leqslant \Delta u_{\max} \tag{7-27}$$

水位准最小最大模糊预测控制在线策略实现如下。

Step1：在采样时刻 $k$，得到系统的状态 $\tilde{x}(k)$，转向 Step2。

Step2：求解优化问题(7-27)，得到控制量 $\Delta u^*(k)$，转向 Step3。

Step3：得到给水流量 $u(k) = \Delta u^*(k) + u(k-1)$ 并施加到水位控制系统，令 $k = k+1$ 并转向 Step1。

4. 部分离线策略

在线算法在每个采样时刻需要在线求解问题(7-27)得到给水流量。在线求解的计算量与模糊规则有关。由于采用了模糊 Lyapunov 函数逼近性能指标上界，因此求解 LMI 的个数呈指数增加，不利于控制器的实施。采用部分离线策略，可将在线算法中占据大量运算量的不变集合和 PDC 控制律的计算转移到离线进行，在线优化问题变为控制时域为 1 的简单优化问题，因此可以大大减少运算量。具体设计方法如下。

1) 离线不变集合设计

选取不断远离原点的若干初始状态 $\tilde{x}_h$，$h = 0,1,\cdots,N$，分别求解优化问题：

$$\min_{\gamma_h,F_{i,h},G_{i,h},X_{i,h}} \gamma_h, \quad \text{s.t.} \quad 式(7\text{-}21), 式(7\text{-}23), 式(7\text{-}24), X_{i,h} \geqslant X_{i,h\text{-}1} \tag{7-28}$$

以及

$$\begin{bmatrix} 1 & * \\ \tilde{x}_h & X_{i,h} \end{bmatrix} \geqslant 0, \quad i \in \Theta \tag{7-29}$$

经过离线设计，可以得到空间中嵌套的椭圆不变集合 $\mathcal{V}_h := \left\{ \tilde{x} \mid \tilde{x}^{\mathrm{T}} P_{\mu,h} \tilde{x} \leqslant \gamma_h \right\}$ 并且 $\mathcal{V}_h \subset \mathcal{V}_{h+1}$。其中，初始参数 $X_{i,0}$ 可以通过将状态 $\tilde{x}_0$ 输入优化问题(7-27)中获得。

2) 在线优化

离线设计的不变集合中考虑了水位和给水流量约束以及鲁棒稳定性约束，因此在线优化中仅需要考虑剩余的约束。在线求解：

$$\min_{\gamma,\Delta u(k)} \gamma, \quad \text{s.t.} \quad \left\| \Delta u(k) \right\| \leqslant \Delta u_{\max} \tag{7-30}$$

以及

$$\begin{bmatrix} 1 & \tilde{x}^{\mathrm{T}}(k+1) & \tilde{x}^{\mathrm{T}}(k) Q & \Delta u^{\mathrm{T}}(k) R \\ * & \gamma P_{i,h}^{-1} & 0 & 0 \\ * & * & \gamma Q & 0 \\ * & * & * & \gamma R \end{bmatrix} \geqslant 0 \tag{7-31}$$

水位准最小最大模糊预测控制部分离线策略实现如下。

离线部分：

Step1：选择不同的离散状态 $\tilde{x}_h$，$h = 0,1,\cdots,N-1$。

Step2：离线求解优化问题(7-28)，得到不变集合 $\mathcal{V}_h$，$h = 0,1,\cdots,N-1$。

在线部分：

Step1：在采样时刻 $k$，得到系统的状态 $\tilde{x}(k)$，转向 Step2。

Step2：如果 $\tilde{x}(k) \in \mathcal{V}_0$，得到 $\Delta u^*(k) = K_\mu \tilde{x}(k)$，转向 Step4，否则转向 Step3。

Step3：根据 $\tilde{x}(k)$，采用二分搜索策略，选择离线不变集合 $\mathcal{V}_h$ 使得 $\tilde{x}(k) \in \mathcal{V}_h / \mathcal{V}_{h-1}$。在线求解优化问题(7-30)，得到控制量 $\Delta u^*(k)$，转向 Step4。

Step4：得到给水流量 $u(k) = \Delta u^*(k) + u(k-1)$ 并施加到水位控制系统，令 $k = k+1$ 并转向 Step1。

部分离线和在线算法均需要计算不变集，控制性能主要取决于不变集合的设计。不变集合的作用是在该集合内施加控制律，沿着该闭环轨迹的性能指标是最优性能指标的上界，并随着闭环轨迹逐渐收敛到最优性能指标。在线算法根据 $\tilde{x}$ 计算得到不变集合参数，而离线算法采用若干离散状态计算不变集合，离线设计只是在线算法的特例，所以在线算法控制性能优于部分离线算法。通过选取更多的离散状态，可以提高其控制性能。但是更多的离线不变集合增大了在线二分搜索的复杂度。离线求解不变集合，在线运算通过二分搜索查找不变集合参数，在损失少量控制性能的同时，大大减少了计算量，是控制性能和计算量的折中。

5. 计算复杂度

部分离线和在线算法都需要在线计算 LMI，求解这些 LMI 的复杂度表示为

$\mathcal{O}\left(MN^3\right)$，其中，$M$ 是 LMI 的行数，$N$ 是 LMI 中待优化变量的个数。观察优化问题(7-27)可知，在线算法的整体复杂度为 $\mathcal{O}\left(\left(4m^3+10m\right)N_1^3\right)$，其中，$m$ 表示激活的模糊规则数，$N_1$ 是标量的个数。在部分离线算法中，二分搜索的次数为 $\log_2 N$，每次二分搜索需要进行矩阵的乘法，对应的时间复杂度为 $\mathcal{O}\left(n_s^2\log_2 N\right)$，其中，$n_s$ 表示系统的状态变量个数。在线部分求解 LMI 的复杂度为 $\mathcal{O}\left(4mN_2^3\right)$，所以部分离线算法的整体复杂度为 $\mathcal{O}\left(n_s^2\log_2 N+4mN_2^3\right)$，$N_2$ 是标量变量的个数。表 7-2 总结了部分离线算法和在线算法的复杂度，可以看到部分离线策略的复杂度大大低于在线策略，增加离线不变集合的个数不会明显增大部分离线算法的复杂度，但是需要更多的存储空间来保存离线不变集合参数。

**表 7-2　在线和部分离线算法的时间复杂度($m$=2，$n_s$=5)**

| 控制策略 | 标量个数 | 离线集个数 | 复杂度 |
|---|---|---|---|
| 在线 | $45m+2$ | — | $\mathcal{O}\left(4\times10^7\right)$ |
| 部分离线 | 2 | $N$ | $\mathcal{O}\left(64+8\log_2 N\right)$ |

### 7.1.4　数值仿真研究

蒸汽发生器水位控制的基本任务是在克服蒸汽扰动、满足负荷跟踪要求的前提下控制水位维持在设定值。数值仿真研究了水位设定值跟踪与蒸汽流量扰动以及斜坡变负荷下(特别是低负荷下)水位的控制效果，并与经典的控制方法进行比较。仿真使用的是 MATLAB YALMIP 工具箱，运行机器为 Intel i3 3.4 GHz 计算机。

1. 水位设定值跟踪与蒸汽扰动

控制器参数设置如下：给水流量的约束为 $\Delta u_{\max}=10\,\text{kg/s}$，水位约束为 $y_{\max}=80\,\text{mm}$，采样时间为 2s。正定矩阵 $Q$ 的取值为 $\text{diag}\{0.1,0.1,0.1,0.1,1\}$，$R$ 的取值为 0.1。离线设计不变集合取决于所选择的离散状态点。然而，水位动态特性在蒸汽全负荷范围内参数变化明显。因此，在隶属度函数对应的不同区间内选取蒸汽负荷 $\Delta d_h$ $(h=0,1,\cdots,N-1)$，得到对应的离散状态 $\tilde{x}_h=\tilde{W}\Delta d_h$，其中，$\tilde{W}$ 表示隶属度函数中不同区间 $\tilde{W}_\mu$ 的平均值，求解优化问题(7-27)得到各区域的最内层不变集合 $X_{i,0}$ 以及求解优化问题(7-28)得到剩余各区域内的不变集合。

假设 $t=0\,\text{s}$ 时，系统处于 5%蒸汽负荷下的稳定状态。在 $t=20\,\text{s}$ 时，水位设定值由 0mm 阶跃上升到 20mm，在 $t=150\,\text{s}$ 时，蒸汽流量加入 20kg/s 的扰动，同时在蒸汽流量中加入均值为 0、方差为 1 的白噪声。图 7-5 显示了准最小最大模糊预测控制下水位和给水流量的变化过程。

从图 7-5 可以看出部分离线算法和在线算法均能在存在白噪声的情况下得到稳定的响应过程。这一方面是因为控制器的自身鲁棒性可以抵御一定程度的扰动，使受扰动的状态依然处于收敛域内；另一方面由于控制器已经考虑了最坏情况下的系统状态轨迹，并最小化该性能指标，使得未来的预测轨迹不依赖于蒸汽负荷 $\theta$。

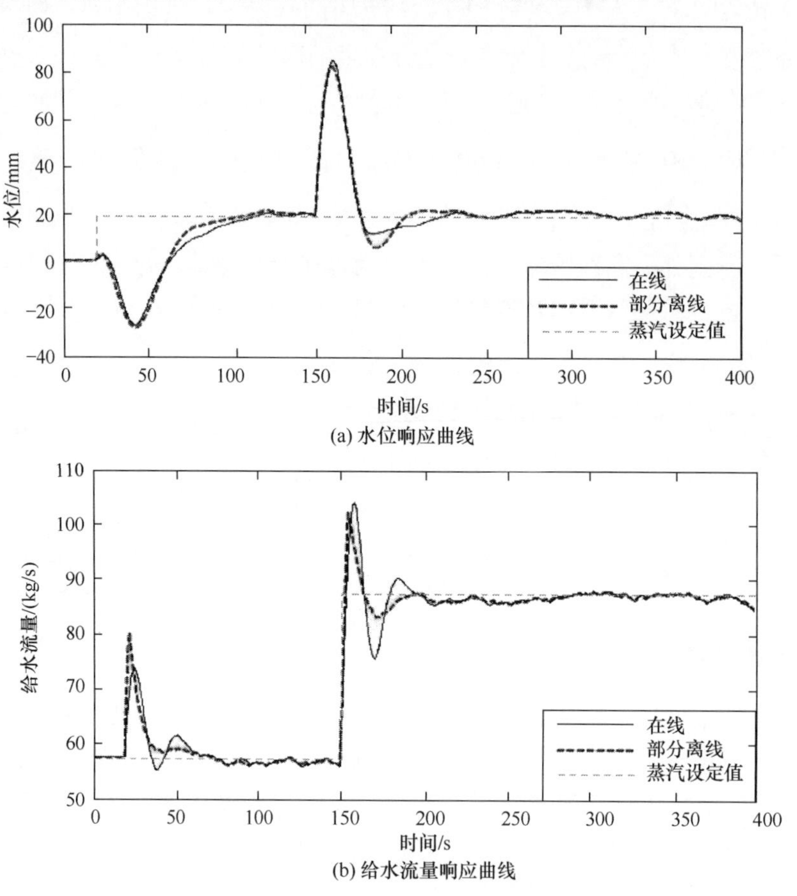


图 7-5　5%蒸汽负荷下给水流量和水位响应曲线

根据当前负荷大小，得到线性模型(7-6)以及未来时刻系统的模糊模型，在各区域内选择若干离散的状态，计算离线终端不变集合。然后二分搜索离线参数，在线求解一个控制时域为一的约束优化问题，得到给水流量快速跟踪蒸汽流量。在线算法与部分离线算法性能指标变化过程如图 7-6 所示，可以看出在开始时刻，在线算法的控制性能优于部分离线算法，随着系统状态逐渐趋近于设定值，部分离线计算的离线反馈控制律接近于最优反馈控制律，因此两种算法的控制性能逐渐相同。

2. 负荷阶跃上升与斜坡下降

在核电站水位控制中，电力负荷往往在较大的运行区域内发生变化。因此考虑两种不同的瞬态条件：①在 $t=10\,\text{s}$ 和 $t=130\,\text{s}$ 加入阶跃变化的幅度为 30kg/s 的蒸汽扰动；②在 $t=250\sim310\,\text{s}$ 之间蒸汽流量斜坡下降 60kg/s。图 7-7 显示了所提出的控制器在变负荷条件下的水位和给水流量的响应过程。从图中可以看出本方法较好地处理了水位和给水流量约束。给水流量随着蒸汽流量的改变而平稳变化，水位没有明显的振荡。

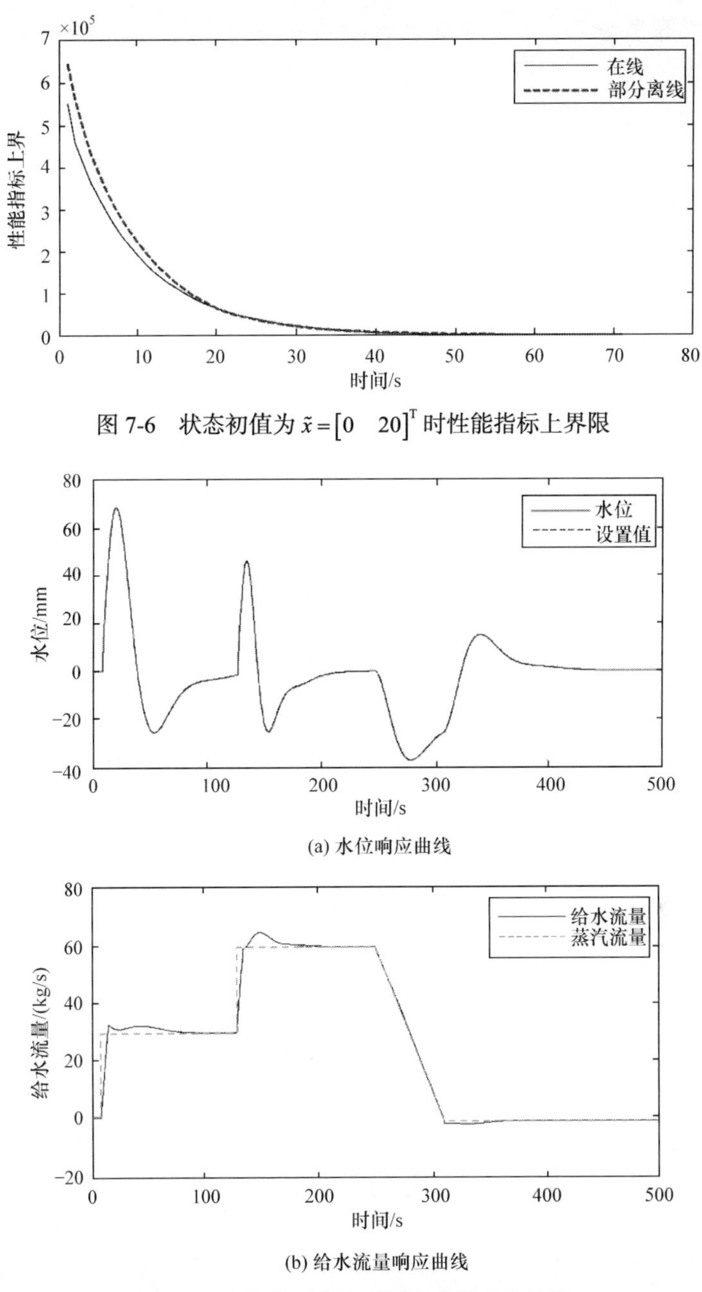


图 7-6　状态初值为 $\tilde{x}=\begin{bmatrix}0 & 20\end{bmatrix}^{\mathrm{T}}$ 时性能指标上界限

图 7-7　变负荷下给水流量和水位响应曲线

3. 与经典控制器比较

假设水位处于 5%负荷下的稳定状态。在 $t=20\,\mathrm{s}$ 时，加入蒸汽流量幅值为 30kg/s 的阶跃干扰，并且以 2kg/s 的速率逐渐上升到 187.4kg/s。在 $t=170\,\mathrm{s}$ 时，水位的设定值阶跃变化为 50mm。相关参数与前述仿真设置一致。将本章提出的部分离线控制器与传统 LQR 以及文献[180]提出的方法进行比较，仿真结果如图 7-8 所示。LQR 得出的给水流量变化更加剧烈。在升负荷的过程中，LQR 采用不同负荷下的线性模型得到反馈控制律，同时没有考虑未来时刻水位系统参数的变化，由于虚假水位以及给水流量约束的存在，给出了相反的控制作用，同时给水流量变化较为剧烈。本章的部分离线算法和文献[180]中的离线方法将未来时刻水位系统看作一个多胞模型，将控制器的设计转化为求解若干 LMI，得到满足约束的给水流量，能够较好地处理虚假水位现象，控制给水流量快速跟踪蒸汽流量变化。值得注意的是，文献[180]提出的方法随着控制反馈时域的增加，可行域收敛到最大范围；本章提出的部分离线算法选择若干离散的状态点，对这些状态点分别设计反馈控制律，得到恰好包含这些初始状态的椭圆不变集以及反馈控制律，然后在线求解一个简单的凸优化问题，得到的给水流量是系统最优性和稳定性以及计算量之间的折中。

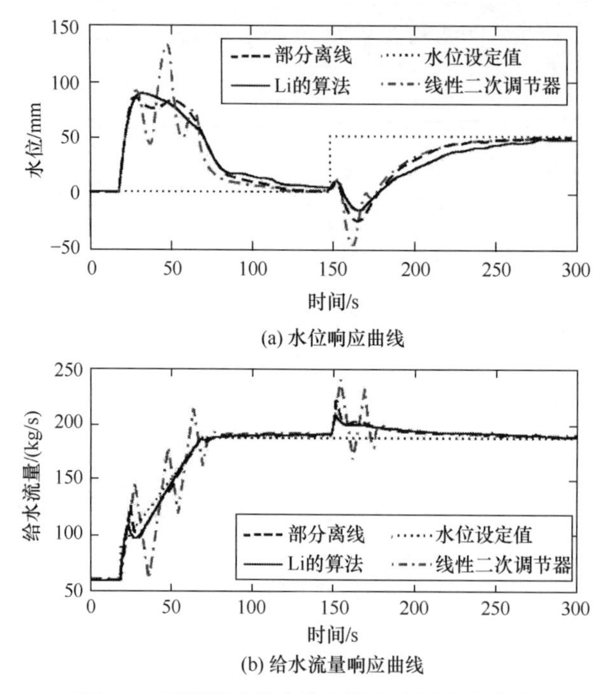


(a) 水位响应曲线

(b) 给水流量响应曲线

图 7-8　不同算法的水位和给水流量响应曲线

## 7.2　重水堆空间功率分散模糊预测控制

核反应堆通过链式裂变反应将核能转化为热能，并通过改变堆芯内的反应性进行功率机动。良好的核反应堆的功率控制是核电厂能够安全可靠运行的前提条件。大型核反应堆的轴向长度远大于中子迁移距离，堆芯内的功率分布有着明显的区域差别，同时核裂变产物中，氙-135 具有很大的热中子吸收截面，可以显著影响反应堆不同区域的中子通量大小，进而引起各个区域内的功率振荡。若空间功率控制不当，会导致中子“通量倾斜”。因此，对于大型核反应堆，设计有效的空间功率控制器是十分必要的。

加压重水反应堆是一种典型的大型反应堆，在更换燃料或者功率调度情况下会引起堆内整体或局部功率分布的变化。随着这些功率的变化，堆内会产生氙浓度变化。氙浓度变化对堆内功率是正反馈，会进一步扭曲功率分布。另外，从控制的角度来看，加压重水反应堆是堆芯内部各个空间互相耦合的高阶非线性系统，每个点的状态与相邻节点相互耦合，需要系统地设计控制策略来抑制空间功率振荡。本节针对重水堆的空间功率控制问题构造了准最小最大策略的分散模糊预测控制(decentralized fuzzy model predictive control，DFMPC)。该控制器的全局稳定性可由渐近正实约束(Asymptotic positive real constraint，APRC)[181]得到保证。控制器的设计转换成求解一组 LMI 约束的凸优化问题。

### 7.2.1 反应堆功率控制系统

1. 反应堆功率控制系统概述

如图 7-9 所示，加压重水反应堆(pressurized heavy water reactor，PHWR)堆芯是直径 800cm、轴长 600cm、水平放置的圆柱体[182]。加压重水反应堆采用二氧化铀($UO_2$)作为燃料，重水($D_2O$)为慢化剂和冷却剂，其额定热功率为 1800MW，电功率为 540MW。冷却剂通过压力管，吸收热量并传递到蒸汽发生器产生蒸汽。为了进行节点空间功率控制，反应堆被分成 14 个节点，每个节点内有一个区域控制组件(zone control compartment，ZCC)内的水作为中子吸收剂在堆芯内引入了额外的反应性。如图 7-10 所示，ZCC 内部装有脱盐水，作为中子吸收剂的脱盐水，从水箱通过换热器输送到进水管，并通往每个 ZCC。ZCC 进水口处安装有一个控制阀门来控制 ZCC 的进水量，从 ZCC 出来的水在出水管处汇集并流向水箱。由于 ZCC 的出水流量是恒定值，因此水位阀门的开度影响了 ZCC 内水位的高低。该阀门接受反应堆调节系统(reactor regulation system，RRS)的电压控制信号，阀门开度大小与电压信号的大小成正比。当电压信号达到最大时，阀门关闭，此时 ZCC 内水位下降速率最快，每秒引入的正反应性最大，反之亦然。通过调节 ZCC 的电压，可以改变水位高低，进而引入额外的反应性。

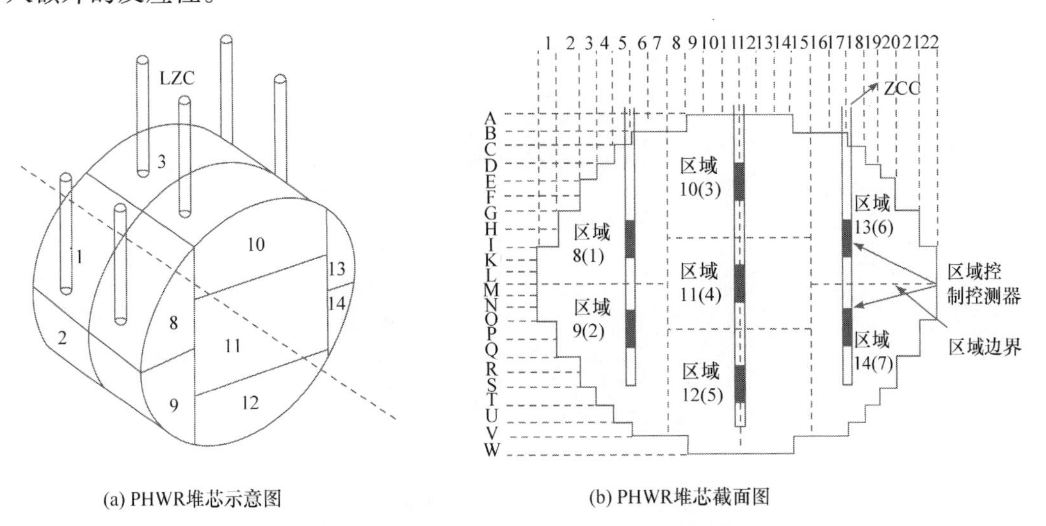


(a) PHWR堆芯示意图　　(b) PHWR堆芯截面图

图 7-9　加压重水反应堆功率控制系统结构

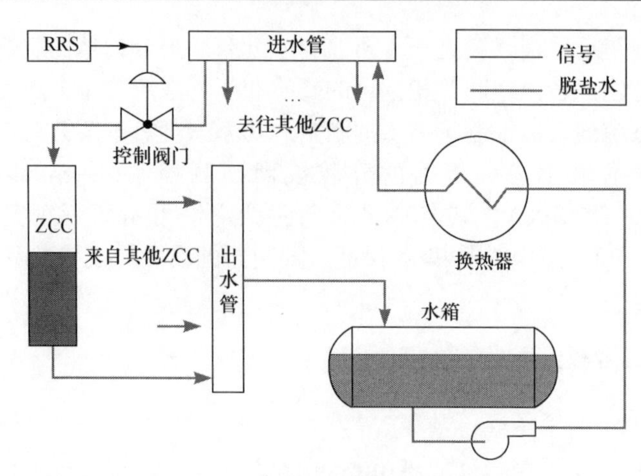


图 7-10　ZCC 控制系统的简化流程图

2. “空间功率”倾斜

反应堆的裂变产物中，氙-135$\left({}^{135}_{54}\mathrm{Xe}\right)$对空间功率控制具有重要的影响。${}^{135}_{54}\mathrm{Xe}$的微观热中子吸收截面为 $3.5\times10^6$ barn①，相比于天然铀的微观热中子吸收截面 7.58 barn，${}^{135}_{54}\mathrm{Xe}$可以显著减小热中子利用率，引入负反应性。${}^{135}_{54}\mathrm{Xe}$的产生有两种途径：

(1) 直接来自裂变产物(5%)。

(2) 来自碘-135$\left({}^{135}_{52}\mathrm{I}\right)$的衰减产物，即

$$
{}^{135}_{52}\mathrm{Te}\xrightarrow[t_{1/2}=19\mathrm{s}]{\beta,\gamma}{}^{135}_{53}\mathrm{I}\xrightarrow[t_{1/2}=6.7\mathrm{h}]{\beta,\gamma}{}^{135}_{54}\mathrm{Xe}
$$

其中，$\beta$、$\gamma$分别表示$\beta$和$\gamma$衰变；$t_{1/2}$表示元素半衰期；Te 表示元素碲。

${}^{135}_{54}\mathrm{Xe}$消失的两种途径是自身衰变和燃耗，${}^{135}_{54}\mathrm{Xe}$产生和消失类似于水箱模型，如图 7-11 所示。当堆芯内部功率上升时，中子通量增大，${}^{135}_{54}\mathrm{Xe}$燃耗增大，而来自${}^{135}_{53}\mathrm{I}$衰

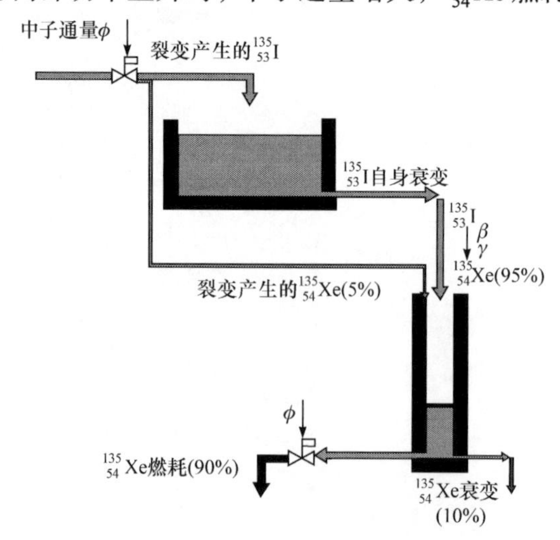


图 7-11　氙产生和消失的水箱类比

①barn 是微观截面单位，1barn=$10^{-28}\mathrm{m}^2$。

减的 ${}^{135}_{54}\mathrm{Xe}$ 并不能立刻增加，所以堆内 ${}^{135}_{54}\mathrm{Xe}$ 浓度反而降低，使得热中子利用率提高，导致功率进一步上升，直到由 ${}^{135}_{53}\mathrm{I}$ 衰变和裂变增加的 ${}^{135}_{54}\mathrm{Xe}$ 等量于由燃耗和衰变减少的 ${}^{135}_{54}\mathrm{Xe}$。由于 ${}^{135}_{53}\mathrm{I}$ 衰变使得 ${}^{135}_{54}\mathrm{Xe}$ 的浓度继续增加，功率开始降低。上述过程在大型反应堆的堆芯内部各区域内均会发生，若不加以适当反应性控制，会产生空间功率振荡[183]。

3. 重水堆空间功率节点模型

通常反应堆内中子的动态由扩散方程描述，可以使用有限差分方法进行数值求解，但计算负担庞大，不适用于控制器的设计。节点建模法是一种能够较准确描述堆内中子通量的方法。该方法通过对匀质区域求解中子扩散方程得到平均中子通量。整个反应堆被分成若干个区域(节点)，并假设每个节点的中子通量和材料组成是均匀一致的，每个节点都可以看作一个小的反应堆，各节点之间通过中子扩散系数相互耦合。如果划分的每个区域很小，那么节点建模方法等价于有限差分方法。节点建模方法的真正优势是选择较大的区域(即选择较少的节点数目)，使得热中子仅扩散到相邻的区域内，在每个区域内采用中子通量、吸收和裂变截面数值的平均值。因此，节点之间耦合系数越精确，节点模型越准确；节点的个数越多，空间功率建模越准确。每个节点区域用一组微分方程来表示中子动态，反应堆整体的功率模型是由各节点模型组成的高阶微分方程组。从控制理论角度，可以通过比较工作点附近线性系统的能控性、能观性以及不稳定极点数目来选择合理的节点划分方案。

根据图 7-9 可知，核反应堆堆芯划分了 14 个节点，其中在径向上划分了 7 个节点，在轴向上划分了 2 个节点。每个区域内安装有 2 个快速响应的铂中子探测器来测量区域功率。一共有 6 个液态区域控制系统从顶部向底部插入堆芯内部，每个管内部分为若干 ZCC，整个堆芯内部一共安装了 14 个 ZCC。

节点动力学模型可以由下面的一组微分方程表示[184]：

$$
\begin{cases}
\dfrac{\mathrm{d}P_i}{\mathrm{d}t} = \dfrac{-\alpha_{i,i} - Kh_i - \bar{\sigma}_X X_i / \varSigma_a - \beta}{\varLambda} P_i + \displaystyle\sum_{j=1}^{14} \dfrac{\alpha_{i,j}}{\varLambda} P_j + \lambda C_i \\
\dfrac{\mathrm{d}C_i}{\mathrm{d}t} = \dfrac{\beta}{\varLambda} P_i - \lambda C_i \\
\dfrac{\mathrm{d}I_i}{\mathrm{d}t} = \gamma_I \varSigma_f P_i - \lambda_I I_i \\
\dfrac{\mathrm{d}X_i}{\mathrm{d}t} = \gamma_X \varSigma_f P_i + \lambda_I I_i - \left(\lambda_X + \bar{\sigma}_{X_i} P_i\right) X_i \\
\dfrac{\mathrm{d}h_i}{\mathrm{d}t} = -m_i q_i, \quad i \in \{1, 2, \cdots, 14\}
\end{cases}
\tag{7-32}
$$

其中，$P_i$ 和 $C_i$ 分别表示区域 $i$ 的功率(MW)和有效单组缓发中子先驱核浓度；$I_i$、$X_i$ 和 $h_i$ 分别表示区域 $i$ 的碘浓度、氙浓度和 ZCC 水位；$q_i$ 表示 ZCC 的液位阀门电压(V)；$\alpha_{i,j}$ 表示区域 $j$ 对区域 $i$ 的中子扩散耦合系数；$\bar{\sigma}_X$ 表示氙的微观吸收截面(barn)；$\varSigma_a$ 和 $\varSigma_f$ 分别表示宏观吸收和裂变截面(cm$^{-1}$)；$\lambda_I$ 和 $\lambda_X$ 分别表示碘和氙衰变常数(s$^{-1}$)；$\gamma_I$ 和 $\gamma_X$ 分别表示碘和氙裂变产出系数。

(1) 与经典的点堆模型相比较，多点模型的功率额外受到氙反馈和各区域之间的耦合，非相邻区域之间的耦合系数为零。

(2) 反应堆模型可分为中子多点动力学方程、氙和碘反馈方程以及 ZCC 水位控制方程。式(7-32)的稳态解记为 $P_{i,d}$，$C_{i,d}$，$I_{i,d}$，$X_{i,d}$，$h_{i,d}$，可以由式(7-33)计算得到：

$$\begin{cases}\left(\alpha_{i,i}+Kh_{i,d}+\bar{\sigma}_X X_{i,d}/\Sigma_a\right)P_{i,d}=\dfrac{\alpha_{i,j}}{\Lambda}P_{j,d}\\ \beta P_{i,d}=\Lambda\lambda C_{i,d}\\ \gamma_I\Sigma_f P_{i,d}=\lambda_I I_{i,d}\\ \gamma_X\Sigma_f P_{i,d}+\lambda_I I_{i,d}=\left(\lambda_X+\bar{\sigma}_X P_{i,d}\right)X_{i,d}\\ q_{i,d}=0\end{cases} \tag{7-33}$$

(3) 表 7-3 列出了满功率下式(7-32)的开环特征值(采样时间为 2s)。假设在稳态时对某一区域加入正反应性 $\Delta\rho$，由式(7-33)可知，由于存在区域之间的耦合，全部区域的功率都会偏离原稳态点。同时，由于氙引入的功率正反馈，存在开环不稳定极点(表 7-3)，所以需要设计具有良好性能的控制器来抑制空间功率振荡。

**表 7-3　满功率下式(7-32)的开环特征值(采样时间 2s)**

| $i$ | 特征值 | $i$ | 特征值 | $i$ | 特征值 |
|---|---|---|---|---|---|
| 1～2 | 0.8572 | 11～14 | 0.8847 | 35～40 | 0.9999 |
| 3～4 | 0.8730 | 15～28 | 0.0001 | 41～48 | 0.9998 |
| 5～6 | 0.8760 | 29～30 | 0.9999 | 49～56 | 0.9994 |
| 7～10 | 0.8859 | 31～34 | 0.9995 | 57～70 | 1.0002 |

注：$i$ 表示式(7-32)中 14 个区域，共 70 个状态的序号。

(4) 在式(7-32)中没有考虑温度反馈，这主要因为在 PHWR 中 ZCC 主要用来调节氙反馈引起的空间功率振荡、小范围内的功率调度$(\leqslant 10\%)$以及在线更换燃料引起的局部功率扰动，在这些情况下，温度变化引起的反应性不大，在建模的时候可以忽略其对功率的影响。

### 7.2.2　模糊建模

根据 7.2.1 节给出的重水堆节点模型，选择状态变量 $\phi_{i,1}=P_i$、$\phi_{i,2}=C_i$、$\phi_{i,3}=h_i$、$\phi_{i,4}=I_i$ 和 $\phi_{i,5}=X_i$，控制变量 $q_i$=$v_i$，式(7-33)可以表示为下面的状态空间方程：

$$\frac{\mathrm{d}\phi_i}{\mathrm{d}t}=f\left(\phi_i,v_i,\phi_j\right) \tag{7-34}$$

其中，$\phi_{j,1}$ 表示其他节点的功率，$i,j\in\{1,2,\cdots,14\}$，$i\neq j$。非线性方程(7-34)可以进一步表示为

$$\frac{\mathrm{d}\phi_i}{\mathrm{d}t}=\begin{bmatrix}k_1 & k_2 & 0 & k_3\phi_{i,1} & k_4\phi_{i,1}\\ k_6 & -k_3 & 0 & 0 & 0\\ 0 & 0 & 0 & 0 & 0\\ k_7 & 0 & -k_8 & 0 & 0\\ k_9 & 0 & k_8 & k_{10}+k_{11}\phi_{i,1} & 0\end{bmatrix}\phi_i+\begin{bmatrix}0\\0\\0\\0\\k_5\end{bmatrix}v_i+\sum_{j=1,j\neq i}^{14}\begin{bmatrix}k_{12} & 0_{1\times4}\\ 0_{4\times1} & 0_{4\times4}\end{bmatrix}\phi_j \tag{7-35}$$

其中，$k_1,k_2,\cdots,k_{12}$ 是第 $i$ 个区域空间功率模型的常数。由式(7-35)可以看出系统的非线性体现在系统矩阵中存在依赖于状态的变量 $\phi_{i,1}$，同时节点 $i$ 的系统状态受到其余各节点的耦合影响。

控制器的主要任务是在每个采样时刻，找到合适的液态区域控制组件电压信号 $q_i$ 来稳定节点的功率并满足电压饱和特性：

$$U:=\{q_i\,|\,|q_i\leqslant u_{\max}|\},\quad i\in\{1,2,\cdots,14\} \tag{7-36}$$

非线性系统式(7-35)可以采用模糊动态模型描述非线性系统在局部工作点的线性关系。重水堆的非线性模型(7-35)可以表示成如下形式：

$$R^l:\ \text{if}\quad P_i\quad \text{is}\quad f^l$$

$$\text{then}\quad\begin{cases}\phi_i(k+1)=A_{ii,l}\phi_i(k)+B_iv_i(k)+\sum\limits_{j=1}^{14}A_{ij}\phi_j(k)\\ y(k)=C_i\phi_i(k)\end{cases} \tag{7-37}$$

其中，$C_i=[1\quad 0_{1\times4}]$；$A_{ij}$ 是第 $j$ 个节点到第 $i$ 个节点的系统矩阵；$R^l$ 表示第 $l$ 个模糊规则；$f^l$ 表示模糊集。

不失一般性，系统的稳态为 $(\phi_{i0},v_{i0})$，通过坐标变换 $x_i=\phi_i-\phi_{i0}$，$u_i=v_i-v_{i0}$，定义 $z_i=k_3(x_{i,1}+\phi_{i0,1})$，计算得到 $z_i$ 的最大值和最小值：$\max z_i=0$，$\min z_i=k_3\phi_{i0,1}$，$-\phi_{i0,1}\leqslant x_{i,1}\leqslant 0$。$\max z_i=k_3\phi_{i0,1}$，$\min z_i=k_3P_{i,\max}$，$P_{i,\max}-\phi_{i0,1}\leqslant x_{i,1}\leqslant 0$。$z_i$ 可以表示为

$$\begin{cases}z_1=k_3\phi_{i,1}=\mu_1(\max z_1)+\mu_2(\min z_1)\\ \mu_1+\mu_2=1,\quad -\phi_{i0,1}\leqslant x_{i,1}\leqslant 0\end{cases},\quad\begin{cases}z_1=k_3\phi_{i,1}=\mu_2(\max z_1)+\mu_3(\min z_1)\\ \mu_2+\mu_3=1,\quad P_{i,\max}-\phi_{i0,1}\leqslant x_{i,1}\leqslant 0\end{cases}$$

隶属度函数可以表示为

$$\mu_1=\begin{cases}1, & x_{i,1}\leqslant-\phi_{i0,1}\\ -x_{i,1}/\phi_{i0,1}, & -\phi_{i0,1}\leqslant x_{i,1}\leqslant 0,\\ 0, & 0\leqslant x_{i,1}\end{cases}\quad \mu_2=\begin{cases}1-\mu_1, & -\phi_{i0,1}\leqslant x_{i,1}\leqslant 0\\ 1-\mu_3, & 0\leqslant x_{i,1}\leqslant P_{i,\max}-\phi_{i0,1}\end{cases}$$

$$\mu_3=\begin{cases}1, & P_{i,\max}\leqslant x_{i,1}\\ x_{i,1}/\left(P_{i,\max}-\phi_{i0,1}\right), & 0\leqslant x_{i,1}\leqslant P_{i,\max}-\phi_{i0,1}\\ 0, & x_{i,1}\leqslant 0\end{cases}$$

选取语言变量“大”、“中”和“小”，归一化的 PHWR 系统模糊模型的隶属度函数如图 7-12 所示。通过单点模糊化、乘积模糊推理和中心平均去模糊化，离散的模糊模型可以改写为

$$\begin{cases}x_i\left(k+1\right)=A_{ii,\mu}x_i\left(k\right)+B_{i,\mu}u_i\left(k\right)+\sum_{j=1}^{14}A_{ij}x_j\left(k\right)\\ y_i\left(k\right)=C_ix_i\left(k\right)\end{cases} \tag{7-38}$$

其中，$(\ )_{ii,\mu}:=\sum_{l=1}^{3}\mu_l\left(x_i\right)(\ )_{ii,l}$。令

$$A_\mu:=\left[A_{ij,\mu}\right],\ B_\mu:=\text{diag}\left[B_{i,\mu}\right],\ C:=\text{diag}\left[C_i\right]$$

$$x\left(k\right):=\begin{bmatrix}x_1\left(k\right)\\ x_2\left(k\right)\\ \vdots\\ x_{14}\left(k\right)\end{bmatrix},\ u\left(k\right):=\begin{bmatrix}u_1\left(k\right)\\ u_2\left(k\right)\\ \vdots\\ u_{14}\left(k\right)\end{bmatrix},\ y\left(k\right):=\begin{bmatrix}y_1\left(k\right)\\ y_2\left(k\right)\\ \vdots\\ y_{14}\left(k\right)\end{bmatrix}$$

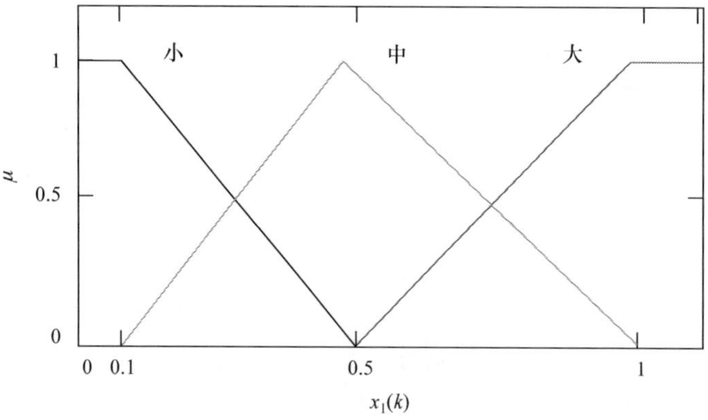

图 7-12　PHWR 系统模糊模型的隶属度函数

PHWR 的整体状态空间模型为

$$\begin{cases}x\left(k+1\right)=A_\mu x\left(k\right)+B_\mu u\left(k\right)\\ y\left(k\right)=Cx\left(k\right)\end{cases} \tag{7-39}$$

为了简洁，使用$\Theta_1$表示集合$\{1,2,\cdots,r\},r=3$。$\Theta_2$表示集合$\{1,2,\cdots,n\},n=14$。

式(7-39)的状态矩阵$A_\mu$在满功率下的特征值$\psi_i$列于表 7-3，由于氙反馈的存在，有 14 个特征值处在单位圆外，说明反应堆节点模型是一个开环不稳定的系统。本章设计分散结构的模糊预测控制器来稳定氙等引起的空间功率振荡，维持空间功率处于设定值上。

### 7.2.3　分散模糊预测控制

为稳定反应堆内的氙反馈造成的节点功率振荡，反应堆模型预测控制可表示为如下的约束优化问题：

$$\min J(k)=\sum_{i=1}^{n}J_i(k),\quad \text{s.t. 式(7-37), 式(7-40)} \tag{7-40}$$

其中，$J_i(k)$是节点二次型性能指标，$J_i(k)=\sum_{j=0}^{\infty}\ell_i(k+j\mid k)$，$\ell_i=\|x_i\|_{\mathbb{Q}}^2+\|u_i\|_{\mathbb{R}}^2$，$\mathbb{Q}$、$\mathbb{R}$是正定矩阵。

反应堆节点模型是一个高阶的非线性系统，非线性优化问题(7-40)难以在线实施。因此，需通过构造分散控制结构来优化节点功率分布。每个节点设计模糊预测控制器，将未来时刻的控制量参数化为反馈控制律，凸优化转化为半正定编程问题。采用准最小最大策略，使得 APRC 可以嵌入模糊控制器的设计中，从而保证了系统全局的稳定性。

1. 分散控制结构的稳定性约束

PHWR 是各节点之间有明显耦合作用的非线性系统，并且执行器具有饱和特性。这使得在分散控制结构下保证全局稳定具有挑战性。APRC 仅需要节点功率和液态区域控制组件电压信号$(y_i,u_i)$，是保证分散结构控制器稳定的充分条件。每个节点均满足 APRC 就能够保证全局稳定性。APRC 是简单凸约束，可以嵌入准最小最大模糊控制器的设计中，适合实时在线优化。对于每一个节点，定义二次型函数：

$$\xi_i(k):=\begin{bmatrix}y_i(k)\\u_i(k)\end{bmatrix}^{\mathrm{T}}\begin{bmatrix}Q_i & S_i\\S_i^{\mathrm{T}} & R_i\end{bmatrix}\begin{bmatrix}y_i(k)\\u_i(k)\end{bmatrix} \tag{7-41}$$

其中，$i\in\Theta_2$；$Q_i$、$S_i$、$R_i$是节点参数矩阵；$Q_i$、$R_i$是对称结构。可以通过离线求解下面的 LMI 得到：

$$\mathcal{T}(P,Q,S,R)<0,\quad P>0 \tag{7-42}$$

$$\mathcal{T}(P,Q,S,R):=\begin{bmatrix}A_\mu^{\mathrm{T}}PA_\mu-P+C^{\mathrm{T}}QC & *\\B_\mu^{\mathrm{T}}PA_\mu+S^{\mathrm{T}}C & B_\mu^{\mathrm{T}}PB_\mu+R\end{bmatrix}$$

其中，*表示矩阵的对称结构。$Q=\operatorname{diag}\{Q_i\}$、$S=\operatorname{diag}\{S_i\}$、$R=\operatorname{diag}\{R_i\}$、$C=\operatorname{diag}\{C_i\}$。节点 APRC 的充分条件为

$$\xi_i(k)>\xi_i(k-1) \tag{7-43}$$

通过模糊建模，式(7-43)中的$Q_i$、$S_i$、$R_i$参数矩阵可以通过离线求解式(7-42)得到，其中，系统矩阵$A_\mu$、$B_\mu$为设定点对应的局部线性模型的矩阵。在每个采样时刻，APRC 仅需要已知$y_i(k)$、$u_i(k-1)$、$y_i(k-1)$。所以式(7-43)是一个 LMI 约束，可以嵌入准最小最大模糊预测控制器的设计中。定义$\beta_i(k)=\max_{u_i(k)}\xi_i(k)$，那么式(7-44)有可行解可表示为$\xi_i(k-1)\leqslant\beta_i(k)$。

式(7-41)～式(7-43)的几何解释如图 7-13 所示。各节点的 APRC 相当于给闭环控制律

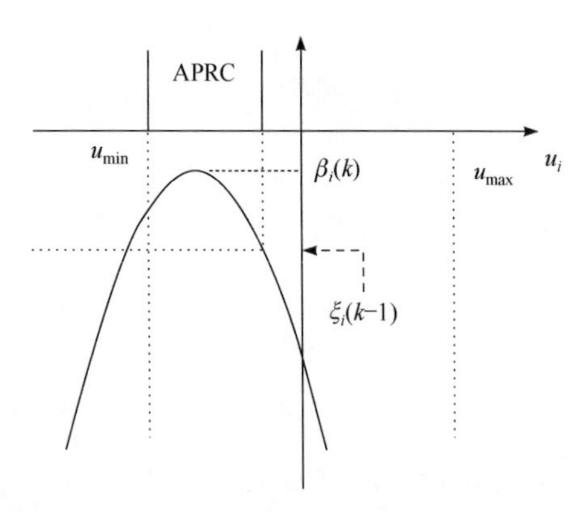


图 7-13 APRC 的区域$\left(\xi_i(k-1)<\beta_i(k)<0\right)$

施加了一个硬约束，在该约束内的$\xi_i$均大于上一时刻的值。系统的全局稳定性可以由 14 个节点的 APRC 得到。有关条件(7-42)、条件(7-43)以及各节点的 APRC 如何保证全局稳定性的详细推导可参见文献[181]。需要指出的是，APRC 能够保证全局稳定性的原因是离线求解的系统矩阵$Q_i$、$S_i$、$R_i$包含了设定点对应线性系统的全局信息[185]，即 LMI 式(7-43)中的矩阵$A_\mu$、$B_\mu$、$C_\mu$。APRC 条件刻画了 PHWR 系统设定值附近的一个稳定域，即$\mathcal{X}_{\text{APRC}}=\left\{x\mid\forall i\in\Theta_2,\exists u_i(k),\xi_i(k-1)\leqslant\beta_i(k)\right\}$，显然该稳定域的大小与矩阵$A_\mu$、$B_\mu$、$C_\mu$有关。重水堆的空间功率分布控制主要采用 14 个区域的 ZCC 来抑制氙振荡和在线换料引起的功率扰动，并且进行功率机动$(\leqslant 10\%)$。在式(7-43)中，可采用稳态点附近的线性模型计算矩阵$Q_i$、$S_i$、$R_i$。

2. 准最小最大模糊预测控制

为了求解节点非线性系统的无穷时域优化问题，定义模糊 Lyapunov 函数为

$$V_i(k)=x_i^{\mathrm{T}}(k)P_{i,\mu}(k)x_i(k) \tag{7-44}$$

其中，$P_{i,r}$是正定矩阵。$V_i(k)$是一个依赖于节点功率的模糊函数，隶属度函数选取同建模隶属度函数(图 7-12)。为了得到每个节点的性能指标的上界，加入鲁棒稳定性条件：

$$\Delta V_i(k+j+1\mid k)\leqslant-\left\|x_i(k+j\mid k)\right\|_{\mathbb{Q}}^2-\left\|u_i(k+j\mid k)\right\|_{\mathbb{R}}^2 \tag{7-45}$$

节点控制器采用 PDC 策略，即$u_i(k+j\mid k)=F_{i,\mu}(k+j\mid k)x_i(k+j\mid k)$。将式(7-45)两边由$j=1$加到$\infty$，注意到$V_i(\infty\mid k)=0$，那么

$$-V_i(k+1\mid k)\leqslant-\sum_{j=1}^{\infty}\ell_i(k+j\mid k) \tag{7-46}$$

等价于

$$J_i(k)=\left\|x_i(k)\right\|_{\mathbb{Q}_i}^2+\left\|u_i(k)\right\|_{\mathbb{R}_i}^2+\sum_{j=1}^{\infty}\ell_i(k+j\mid k)\leqslant\left\|x_i(k)\right\|_{\mathbb{Q}_i}^2+\left\|u_i(k)\right\|_{\mathbb{R}_i}^2+V_i(k+1\mid k) \tag{7-47}$$

式(7-47)的右边是第$i$个节点的性能指标上界，等价于$\min\gamma_i+\kappa_i$，并满足

$$\left\|x_i(k)\right\|_{\mathbb{Q}_i}^2+\left\|u_i(k)\right\|_{\mathbb{R}_i}^2\leqslant\kappa_i \tag{7-48}$$

$$V_i(k+1\mid k)\leqslant\gamma_i \tag{7-49}$$

注意到式(7-49)中的$V_i(k+1\mid k)$依赖于隶属度函数$\mu_{i,r}(k+1\mid k)$，而该隶属度函数依赖于节点功率$y_i(k+1\mid k)$，因此$V_i(k+1\mid k)$最终取决于控制量$u_i(k)$。所以$V_i(k+1\mid k)$的

精确表达通常是非凸的。基于模糊模型和模糊 Lyapunov 函数，考虑式(7-49)的充分条件：

$$\left(x_i\left(k+1\mid k\right)\right)^{\mathrm{T}}P_{i,r}x_i\left(k+1\mid k\right)\leqslant\gamma_i \tag{7-50}$$

在每个采样时刻，DFMPC 求解下面的优化问题，得到每个节点的电压信号，从而稳定系统的空间功率：

$$\min\gamma_i+\kappa_i\ \ \text{s.t.}\quad 式(7\text{-}36), 式(7\text{-}43), 式(7\text{-}45), 式(7\text{-}47), 式(7\text{-}49) \tag{7-51}$$

其中，式(7-36)、式(7-43)、式(7-45)、式(7-47)和式(7-49)可以转化为线性矩阵不等式，具体过程与 7.1 节水位控制类似。

分散模糊预测控制算法如下。

离线部分：

求解线性矩阵不等式可行性问题式(7-42)，得到矩阵参数 $Q_i$ 、 $S_i$ 、 $R_i$ ， $i\in\Theta_2$ 。

在线部分：

Step1：在采样时刻 $k$ ，根据系统状态 $x_i(k)$ 选择对应的线性模型 $A_{i,\mu}(k)$ 、 $B_{i,\mu}(k)$ 。

Step2：对每个节点求解优化问题(7-51)，得到控制电压信号 $u_i(k)$ ，将控制电压信号 $\left[u_1(k),u_2(k),\cdots,u_{14}(k)\right]$ 施加到 PHWR 控制系统，令 $k=k+1$ ，转向 Step1。

### 7.2.4　仿真结果

反应堆功率的暂态变化会影响碘和氙浓度，如果控制不当，会加剧空间功率振荡，导致中子“通量倾斜”。将本章构造的节点功率 DFMPC 控制在功率设定值变化以及节点功率倾斜两种工况下进行仿真，并与常用的 PDC 策略和非线性序列二次规划方法进行比较。在模糊控制策略中，模糊模型中的每个模糊规则的后件是一个局部线性化的子系统，针对该子系统设计局部线性控制器，然后通过模糊规则进行模糊整合得到系统的合成控制器。SQP 是求解非线性约束优化问题的有效方法，由 MATLAB 函数“fmincon”求解。在预测控制器的设计中，设置 $\mathbb{Q}_i$ 和 $\mathbb{R}_i$ 分别为 diag{1, 0.01, 0.01, 0.01, 0.01}，0.01。液态区域控制组件电压信号的饱和特性设置为 2 V。采样时间为 2 s。采用 MATLAB YALMIP 工具箱来求解优化问题(7-51)。

1. 功率阶跃变化

在实际的核电站运行中，节点功率的设定值会频繁变化。假设系统初始时刻处于满负荷的稳定状态。在 $t=0\,\mathrm{s}$，各节点功率设定值由 1800 MW 阶跃下降到 1620 MW，每个节点的暂态功率和反应堆整体暂态功率变化如图 7-14 所示。

图 7-15 为节点 1 的液态区域控制组件电压和功率的暂态变化过程。DFMPC 在每个采样时刻，在线计算电压控制信号。由于控制器的设计中采用了 APRC，因此分散控制的全局稳定性得到保证。图 7-16 显示了不同控制策略下，二次函数 $\xi$ 和节点之间耦合能量的变化情况。DFMPC 对应的曲线是单调递增的，满足 APRC 的充分条件(7-43)，而 PDC 策略控制下虽然能够使得系统稳定，但是由于忽略了各区域间的耦合，系统的暂态过程出现了较大的振荡过程。

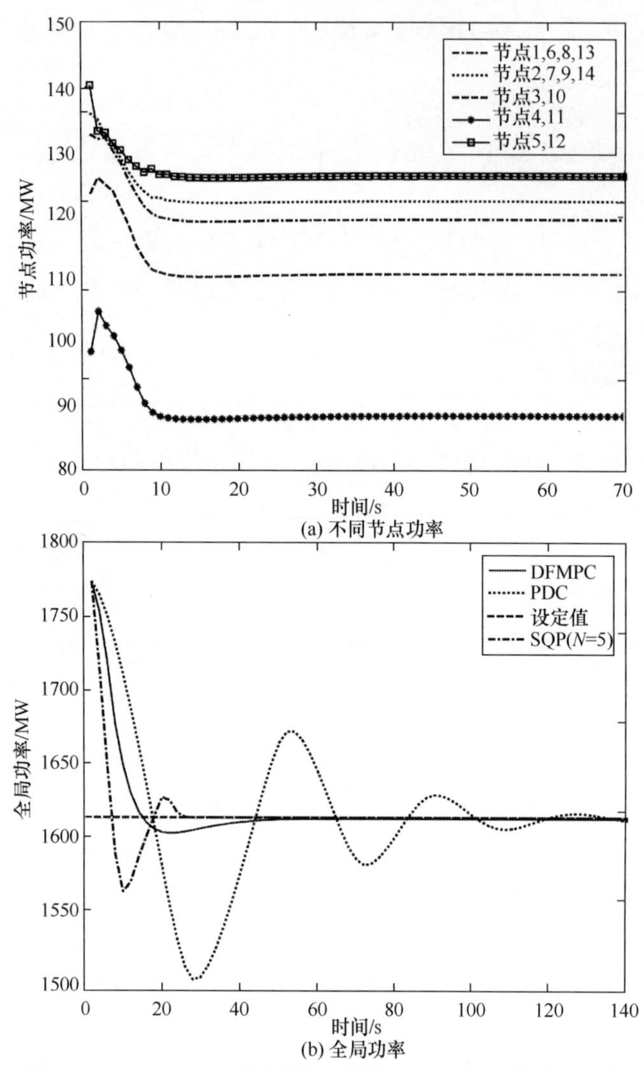


(a) 不同节点功率

(b) 全局功率

图 7-14　90%～100%阶跃降功率下 PHWR 的功率动态响应

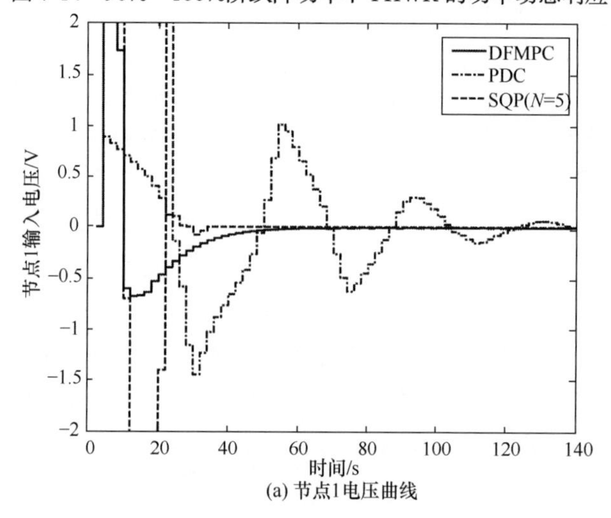


(a) 节点1电压曲线

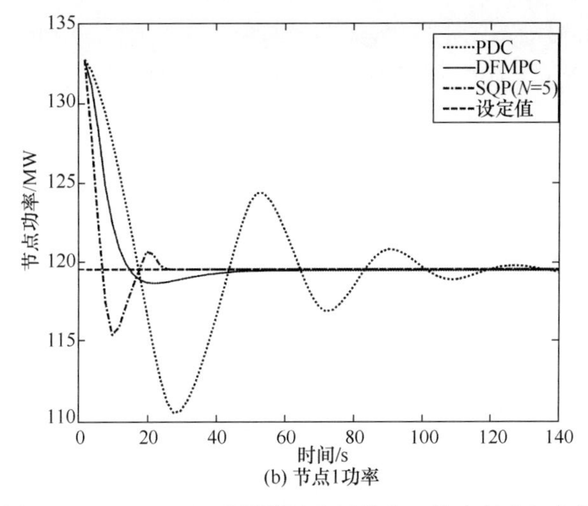

(b) 节点1功率

图 7-15　90%～100%阶跃降功率下节点 1 的功率动态响应

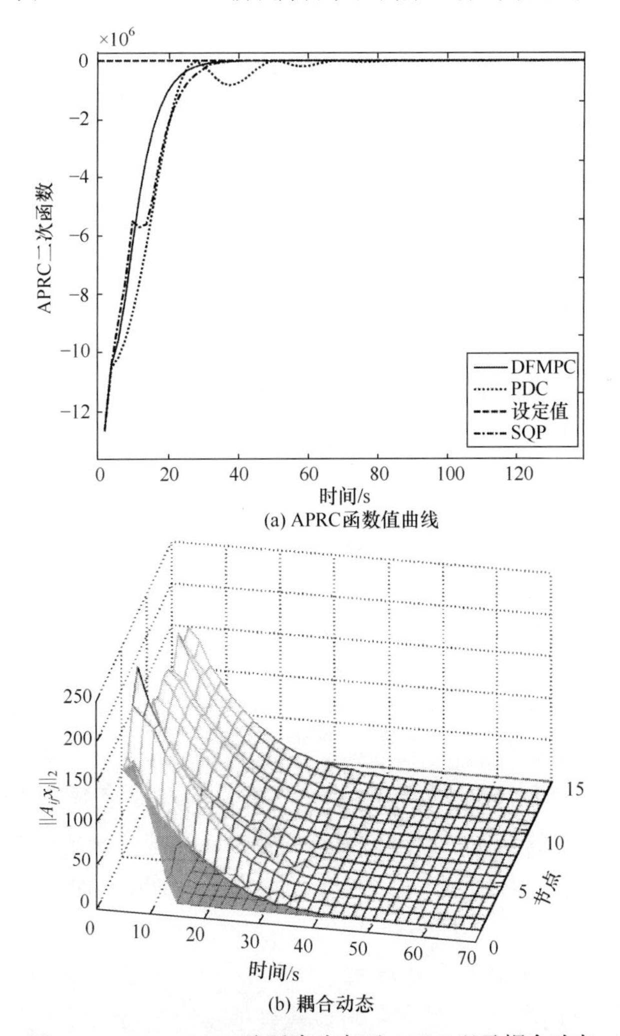

(a) APRC函数值曲线


(b) 耦合动态

图 7-16　90%～100%阶跃降功率下 APRC 以及耦合动态

氙的衰变是一种慢动态的正反馈(其半衰期为 10h 左右)，由此会加剧局部功率的变化趋势。如图 7-17 所示，DFMPC 最小化最差情况下的准无穷时域性能指标上界，并采用 APRC 保证了系统的稳定性，能够较好地抑制氙振荡。

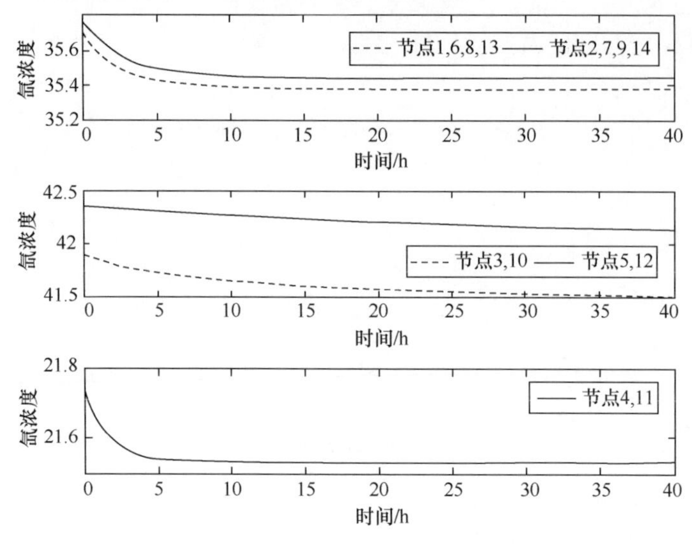


图 7-17　不同节点的氙动态

预测控制器需要在每个采样时刻在线求解优化问题，控制时域的选取通常是控制性能和计算时间的折中。为了比较三种控制方法的控制性能和计算时间的关系，选择 SQP 的控制时域由 2 增加到 6，结果见图 7-18。三种控制方法的最大时间、最小时间、平均时间、调节时间和性能指标列于表 7-4。由表 7-4 可以看出，综合考虑控制性能和计算量，本节所提出的 DFMPC 明显优于 SQP 和常规的 PDC 方法。

**表 7-4　计算时间、调节时间和性能指标比较**

| 算法 | SQP($N$=5) | PDC | DFMPC |
|---|---|---|---|
| 最小时间 | 0.57 s | 10 ms | 82 ms |
| 最大时间 | 2.272 s | 27 ms | 127 ms |
| 平均时间 | 2.23 s | 16 ms | 97 ms |
| 调节时间 | 23.3 s | 96 s | 27.6 s |
| 性能指标 | $1.21\times10^6$ | $1.81\times10^6$ | $1.17\times10^6$ |

2. 功率倾斜

在重水堆正常运行中，由于在线替换燃料和氙引起的振荡，常常引发功率倾斜，DFMPC 通过调节 ZCC 的水位来稳定节点功率振荡。系统的初始状态处在表 7-5 对应的稳态上，堆内节点间存在功率倾斜，尽管全局的功率是 1800 MW，但是功率分布的边到边(side to side)倾斜为 3 %，上下(top to bottom)倾斜为 0.4 %。空间功率倾斜的设定值为边到边倾斜为 1.9 %，上下倾斜为 0.95 %。图 7-19(a)显示了 DFMPC 对功率倾斜条件下的空间功率控制响应过程。本章的方法可以较好地将边到边以及上到下的功率倾斜调节到设定值。图 7-19(b)显示了全局和节点 1、4、6、8 的功率暂态过程，可以看到微小功率偏差出现在开始的 20s 内，然后逐渐收敛到设定点。

**表 7-5　节点功率分布**

| 节点 | $P_{i,\max}$ /MW | 节点 | $P_{i,\max}$ /MW |
|---|---|---|---|
| 1 | 112.8 (132.75) | 8 | 154.3 (132.75) |
| 2 | 125.2 (135.99) | 9 | 138.7 (135.99) |
| 3 | 123.0 (123.30) | 10 | 123.3 (123.30) |
| 4 | 98.6 (98.55) | 11 | 98.6 (98.55) |
| 5 | 130.1 (123.30) | 12 | 130.1 (123.30) |
| 6 | 153.4 (132.75) | 13 | 135.4 (132.75) |
| 7 | 138.7 (135.99) | 14 | 138.7 (135.99) |

注：节点功率表示倾斜后的功率(节点功率设定值)。

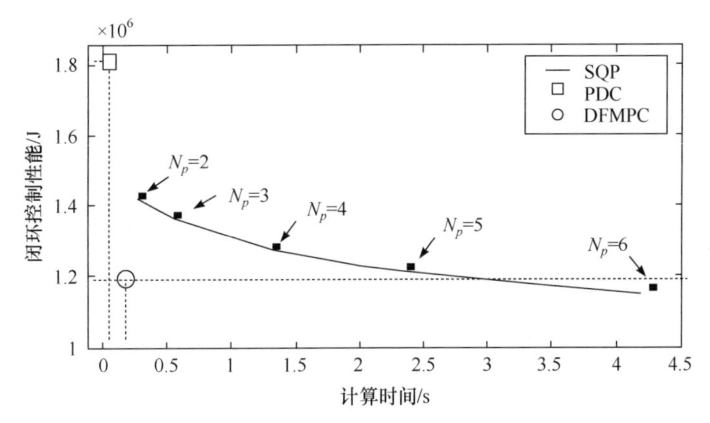


图 7-18　不同算法计算时间与控制性能比较

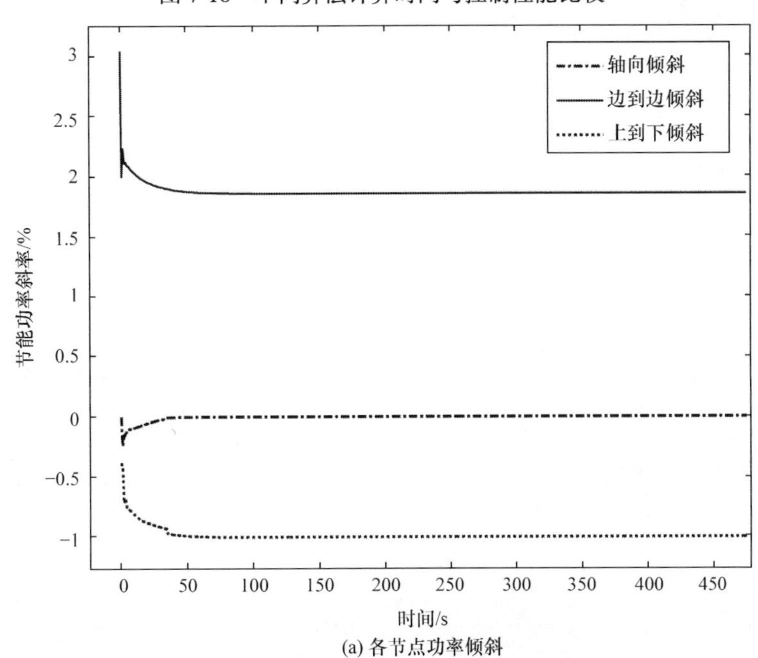


(a) 各节点功率倾斜

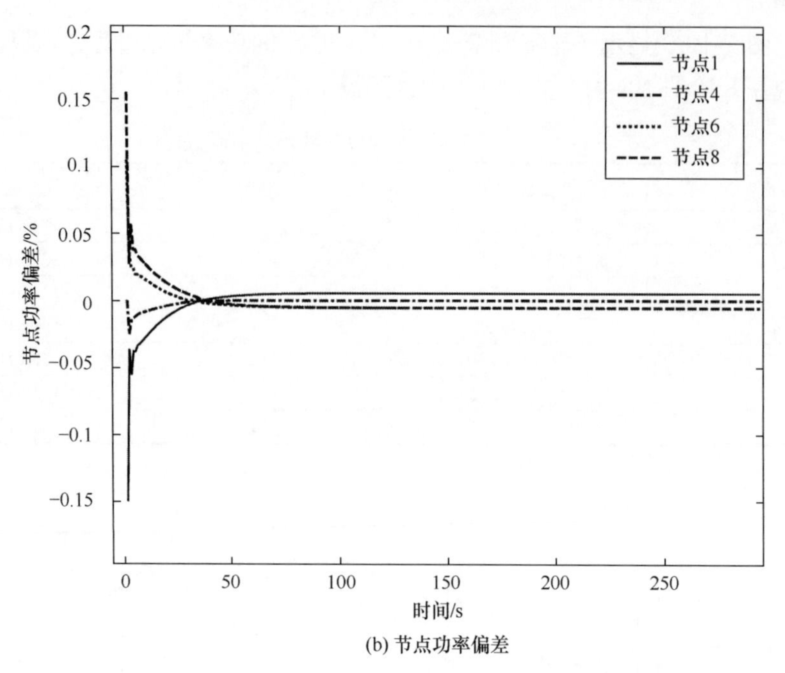


(b) 节点功率偏差

图 7-19　90%～100%阶跃降功率下各节点功率倾斜以及偏差

图 7-20 显示功率倾斜条件下 DFMPC 和 PDC 的控制响应过程。PDC 反馈增益主要取决于电压饱和特性和节点系统状态。由于 PDC 没有考虑重水堆内部各节点子系统之间的耦合，因此在功率倾斜条件下，功率和控制量均出现了较大的振荡。离线计算的 PDC 施加到 PHWR 系统的局部线性模型，模型闭环极点列于表 7-6。可以看出 PDC 能够使得闭环系统稳定，但是与表 7-3 相比，同时出现了很多对称分布的极点，导致功率响应出现振荡。需要注意，在线 PDC 在每个采样时刻计算一次 PDC 的反馈增益，控制效果优于离线 PDC。

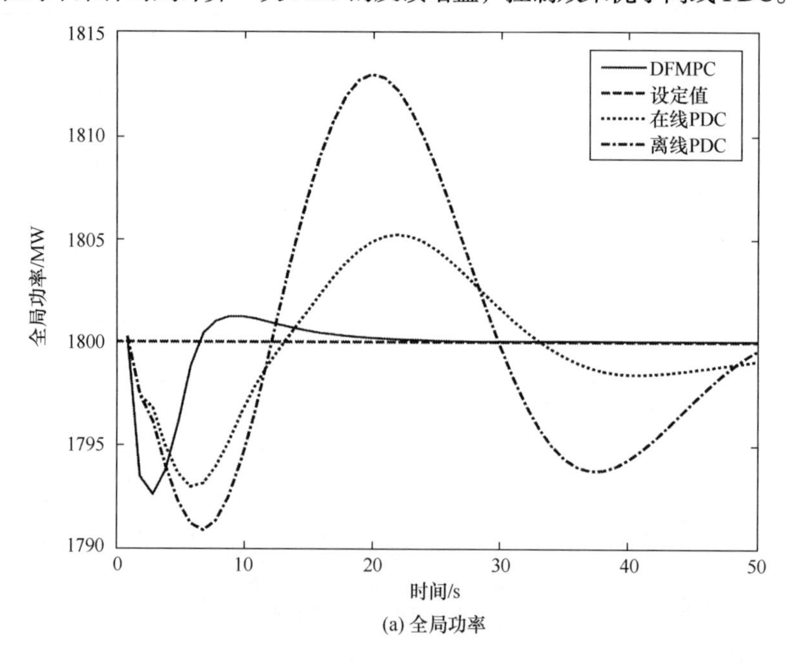


(a) 全局功率

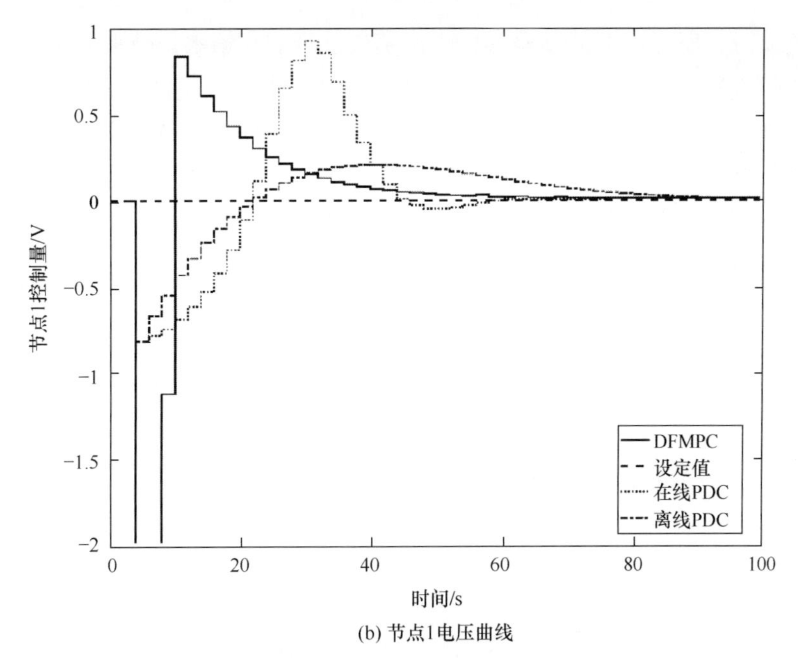


(b) 节点1电压曲线

图 7-20　功率倾斜下不同算法的功率动态响应

**表 7-6　满功率下离线 PDC 闭环特征值(采样时间 2s)**

| $j$ | 特征值 | $j$ | 特征值 | $j$ | 特征值 |
|---|---|---|---|---|---|
| 1～2 | 0.564±0.396i | 11～16 | −0.829±0.199i | 29～42 | 0 |
| 3～4 | −0.134±0.060i | 17～18 | −0.897±0.103i | 43～44 | 0.9991 |
| 5～6 | −0.180±0.182i | 19～20 | −0.913±0.070i | 45～48 | 0.9995 |
| 7～8 | −0.180±0.182i | 21～24 | −0.897±0.092i | 49～56 | 0.9994 |
| 9～10 | −0.826±0.203i | 25～28 | −0.913±0.068i | 57～70 | 0.9999 |

注：i 表示虚轴，$j$ 表示极点序号。

## 7.3　本 章 小 结

随着核电装机比例持续增加，核电机组在负荷跟踪下的控制问题已经成为重要的研究方向。核反应堆控制系统在维持核电机组安全高效的运行中发挥了关键作用。本章在深入分析反应堆功率空间振荡特性和蒸汽发生器水位非最小相位特性的基础上，根据核电机组在变负荷条件下对安全性、经济性和稳定性等多个方面的要求，设计了基于模糊模型的非线性模型预测控制算法。

针对蒸汽发生器水位控制提出了部分在线的准最小最大模糊预测控制策略。这种方法在损失少量控制性能的同时大大减轻了在线的运算量。仿真结果表明，当核电站机组处于不同负荷时，所提出的控制器可以克服蒸汽流量变化给水位带来的扰动，在核电站机组变负荷的过程中，将水位维持在安全的范围内。针对加压重水反应堆堆芯体积大、区域功率差别明显、易导致功率倾斜的问题，提出了一种基于节点模型的空间功率分散模糊预测控制器。控制器的设计考虑了采样时刻各节点之间的耦合信息，并加入渐近正实性约束，保证了分散控制结构的全局稳定性。所提出的方法适用于反应堆功率控制这种对安全性和可靠性有很高要求的复杂系统。

# 参 考 文 献


[1] Richalet J, Rault A, Testud J L, et al. Model predictive heuristic control: Applications to industrial processes[J]. Automatica, 1978, 14(5): 413-428.

[2] Cutler C R, Ramaker B L. Dynamic matrix control—A computer control algorithm[C]. Proceedings of the Joint Automatic Control Conference, 1980: WP5-B.

[3] Clarke D W, Mohtadi C, Tuffs P S. Generalized predictive control—Part I. The basic algorithm[J]. Automatica, 1987, 23(2): 137-148.

[4] Mayne D Q, Rawlings J B, Rao C V, et al. Constrained model predictive control: Stability and optimality[J]. Automatica, 2000, 36(6): 789-814.

[5] Cannon M. Efficient nonlinear model predictive control algorithms[J]. Annual Reviews in Control, 2004, 28(2): 229-237.

[6] Findeisen R, Imsland L, Allgöwer F, et al. State and output feedback nonlinear model predictive control: An overview[J]. European Journal of Control, 2003, 9(2-3): 190-206.

[7] Qin S J, Badgwell T A. A survey of industrial model predictive control technology[J]. Control Engineering Practice, 2003, 11(7): 733-764.

[8] 席裕庚, 李德伟, 林姝. 模型预测控制——现状与挑战[J]. 自动化学报, 2013, 39(3): 222-236.

[9] 陈虹, 刘志远, 解小华. 非线性模型预测控制的现状与问题[J]. 控制与决策, 2001, 16(4): 385-391.

[10] 何德峰, 丁宝苍, 于树友. 非线性系统模型预测控制若干基本特点与主题回顾[J]. 控制理论与应用, 2013, 30(3): 273-287.

[11] 刘向杰, 孔小兵. 电力工业复杂系统模型预测控制——现状与发展[J]. 中国电机工程学报, 2013, 33(5): 79-85.

[12] Camacho E F, Bordons C. Model predictive control [M]. London: Springer, 1999.

[13] Maciejowski J M. Predictive control with constraints [M]. New Jersey: Prentice Hall, 2000.

[14] Rossiter J A. Model-based predictive control: A practical approach[M]. CRC Press, 2003.

[15] Kouvaritakis B, Cannon M. Nonlinear predictive control: Theory and practice[J]. IEEE Transactions on Neural Networks, 2006, 17(2): 535.

[16] Rawlings J B, Mayne D Q. Model predictive control: Theory and design[M]. Santa Barbara: Nob Hill, 2009.

[17] Grüne L, Pannek J. Nonlinear model predictive control: Theory and algorithms[M]. London: Springer, 2011.

[18] Ellis M, Liu J F, Christofides P D. Economic model predictive control: Theory, formulations and chemical process applications [M]. London: Springer, 2017.

[19] 席裕庚. 预测控制[M]. 2 版. 北京: 国防工业出版社, 2012: 1-5.

[20] 陈虹. 模型预测控制[M]. 北京: 科学出版社, 2013: 1-10.

[21] 李少远, 李柠. 复杂系统的模糊预测控制及其应用[M]. 北京: 科学出版社, 2003.

[22] 李少远. 全局工况系统预测控制及其应用[M]. 北京: 科学出版社, 2008: 1-10.

[23] 邹涛, 丁宝苍, 张端. 模型预测控制工程应用导论[M]. 北京: 化学工业出版社, 2010.

[24] Chen H, Allgöwer F. A quasi-infinite horizon nonlinear model predictive control scheme with guaranteed stability[J]. Automatica, 1998, 34(10): 1205-1217.

[25] de Nicolao G, Magni L, Scattolini R. Stability and robustness of nonlinear receding horizon control[A].

International Symposium on Nonlinear Model Predictive Control[C]. Ascona: Birkhäuser Basel, 1998, 26: 3-22.

[26] Hanema J, Lazar M, Tóth R. Stabilizing tube-based model predictive control: Terminal set and cost construction for LPV systems [J]. Automatica, 2017, 85: 137-144.

[27] Tang X M, Deng L, Liu N, et al. Observer-based output feedback MPC for T-S fuzzy system with data loss and bounded disturbance[J]. IEEE Transactions on Cybernetics, 2019, 49(6): 2119-2132.

[28] Botto M A, van den Boom T J J, Krijgsman A, et al. Predictive control based on neural network models with i/o feedback linearization[J]. International Journal of Control, 1999, 72(17): 1538-1554.

[29] Zheng A. A Computationally Efficient Nonlinear Model Predictive Control Algorithm with Guaranteed Stability[M]//Berber R, Kravaris C. Nonlinear Model Based Process Control. Springer, 1998: 495-511.

[30] Cetin M, Bahtiyar B, Beyhan S. Adaptive uncertainty compensation-based nonlinear model predictive control with real-time applications [J]. Neural Computing & Applications, 2019, 31(2): 1029-1043.

[31] Belarbi K, Megri F. A stable model-based fuzzy predictive control based on fuzzy dynamic programming [J]. IEEE Transactions on Fuzzy Systems, 2007, 15(4): 746-754.

[32] Zhang T J, Feng G, Lu J H. Fuzzy constrained min-max model predictive control based on piecewise Lyapunov functions[J]. IEEE Transactions on Fuzzy Systems, 2007, 15(4): 686-698.

[33] Liu X J, Jiang D, Lee K Y. Quasi-min-max fuzzy MPC of UTSG water level based on off-line invariant set [J]. IEEE Transactions on Nuclear Science, 2015, 62(5): 2266-2272.

[34] Liu X J, Jiang D, Lee K Y. Decentralized fuzzy MPC on spatial power control of a large PHWR [J]. IEEE Transactions on Nuclear Science, 2016, 63(4): 2343-2351.

[35] Li S Y, Hu C F. Two-step interactive satisfactory method for fuzzy multiple objective optimization with preemptive priorities[J]. IEEE Transactions on Fuzzy Systems, 2007, 15(3): 417-425.

[36] Xia Y Q, Yang H J, Shi P, et al. Constrained infinite-horizon model predictive control for fuzzy discrete-time systems[J]. IEEE Transactions on Fuzzy Systems, 2010, 18(2): 429-436.

[37] Killian M, Mayer B, Schirrer A, et al. Cooperative fuzzy model-predictive control[J]. IEEE Transactions on Fuzzy Systems, 2016, 24(2): 471-482.

[38] Francisco M, Mezquita Y, Revollar S, et al. Multi-agent distributed model predictive control with fuzzy negotiation [J]. Expert Systems with Applications, 2019, 129: 68-83.

[39] Mills P M, Zomaya A Y, Tadé M O. Adaptive model based control using neural networks[J]. International Journal of Control, 1994, 60(6): 1163-1192.

[40] Sørensen P H, Nørgaard M, Ravn O. Implementation of neural network based non-linear predictive control[J]. Neurocomputing, 1999, 28 (1-3): 37-51.

[41] Cheng L, Liu W, Hou Z G, et al. Neural-network-based nonlinear model predictive control for piezoelectric actuators[J]. IEEE Transactions on Industrial Electronics, 2015, 62(12): 7717-7727.

[42] Fairbank M, Li S H, Fu X G, et al. An adaptive recurrent neural-network controller using a stabilization matrix and predictive inputs to solve a tracking problem under disturbances[J]. Neural Networks, 2014, 49(1): 74-86.

[43] Najim K, Rusnak A, Meszaros A. Constrained long range predictive control based on artificial neural networks[J]. International Journal of Systems Science, 1997, 28 (12): 1211-1226.

[44] te Braake H A B, Botto M A, van Can H J L, et al. Linear predictive control based on approximate input-output feedback linearisation[J]. IEE Proceedings-Control Theory and Applications, 1999, 146(4): 295-300.

[45] 李少远, 刘浩, 袁著祉. 基于神经网络误差修正的广义预测控制[J]. 控制理论与应用, 1996 , 13(5): 677-680.

[46] Liu X J, Felipe L R, Chan C W. Model-reference adaptive control using neuro-fuzzy network[J]. IEEE Transactions on Systems, Man, and Cybernetics, Part C, 2004, 34(3): 302-309.

[47] Lu C H. Wavelet fuzzy neural networks for identification and predictive control of dynamic systems [J]. IEEE Transactions on Industrial Electronics, 2011, 58(7): 3046-3058.

[48] Liu X J, Liu J Z. Constrained power plant coordinated predictive control using neurofuzzy model[J]. Acta Automatica Sinica, 2006, 32(5): 785-790.

[49] 席裕庚, 王凡. 非线性系统预测控制的多模型方法[J]. 自动化学报, 1996, 22(4): 456-460.

[50] Li N, Li S Y, Xi Y G. Multi-model predictive control based on the Takagi-Sugeno fuzzy models: A case study[J]. Information Sciences, 2004, 165(3-4): 247-263.

[51] Aufderheide B, Prasad V, Bequette B W. A comparison of fundamental model-based and multiple model predictive control[A]. Proceedings of the 40th IEEE Conference on Decision and Control, Florida, 2001: 4683-4688.

[52] Dougherty D, Cooper D. A practical multiple model adaptive strategy for multivariable model predictive control[J]. Control Engineering Practice, 2003, 11(6): 649-664.

[53] Du J J, Johansen T A . A gap metric based weighting method for multimodel predictive control of MIMO nonlinear systems[J]. Journal of Process Control, 2014, 24(9): 1346-1357.

[54] Allaoui M, Messaoud A, Dehri K, et al. Multimodel Repetitive-predictive control of nonlinear systems: Rejection of unknown non-stationary sinusoidal disturbances[J]. International Journal of Control, 2017, 90(7): 1478-1494.

[55] 邹涛, 王昕, 李少远. 基于混合逻辑的非线性系统多模型预测控制[J]. 自动化学报, 2007, 33(2): 188-192.

[56] Pang Z H , Liu G P , Zhou D H, et al. Data-based predictive control for networked nonlinear systems with network-induced delay and packet dropout[J]. IEEE Transactions on Industrial Electronics, 2016, 63(2): 1249-1257.

[57] Lu X H, Chen H, Gao B Z, et al. Data-driven predictive gearshift control for dual-clutch transmissions and FPGA implementation[J]. IEEE Transactions on Industrial Electronics, 2015, 62(1):599-610.

[58] Kong X B, Liu X J, Lee K Y. An effective nonlinear multivariable HMPC for USC power plant incorporating NFN-based modeling[J]. IEEE Transactions on Industrial Informatics, 2016,12(2): 555-566.

[59] Lu Y, Li D W, Xu Z H, et al. Convergence analysis and digital implementation of a discrete-time neural network for model predictive control[J]. IEEE Transactions on Industrial Electronics, 2014, 61(12): 7035-7045.

[60] Wu X, Shen J, Li Y G, et al. Data-driven modeling and predictive control for boiler-turbine unit [J]. IEEE Transactions on Energy Conversion, 2013, 28(3): 470-481.

[61] Wu X, Shen J, Sun S Z, et al. Data-driven disturbance rejection predictive control for SCR denitrification system[J]. Industrial & Engineering Chemistry Research, 2016, 55(20): 5923-5930.

[62] Rosolia U, Zhang X J, Borrelli F. Data-driven predictive control for autonomous systems[J]. Annual Review of Control, Robotics, and Autonomous Systems, 2018, 1(1): 259-286.

[63] Rosolia U, Borrelli F. Learning model predictive control for iterative tasks. A data-driven control framework[J]. IEEE Transactions on Automatic Control, 2018, 63(7): 1883-1896.

[64] Hou Z S, Liu S D, Tian T T. Lazy-learning-based data-driven model-free adaptive predictive control for a class of discrete-time nonlinear systems[J]. IEEE Transactions on Neural Networks and Learning Systems, 2017, 28(8): 1914-1928.

[65] Wu Z, Christofides P D. Economic machine-learning-based predictive control of nonlinear systems [J].

Mathematics, 2019, 7(6): 494.

[66] Smarra F, Jain A, de Rubeis T, et al. Data-driven model predictive control using random forests for building energy optimization and climate control[J]. Applied Energy, 2018, 226: 1252-1272.

[67] Aswani A, Gonzalez H, Sastry S S, et al. Provably safe and robust learning-based model predictive control[J]. Automatica, 2013, 49(5): 1216-1226.

[68] Aswani A, Master N, Taneja J, et al. Reducing transient and steady state electricity consumption in HVAC using learning-based model-predictive control[J]. Proceedings of the IEEE, 2012, 100(1): 240-253.

[69] Michael H, Johannes K, Sebastian T, et al. Learning an approximate model predictive controller with guarantees[J]. IEEE Control Systems Letters, 2018, 2(3): 543-548.

[70] Xu X, Chen H, Lian C Q, et al. Learning-based predictive control for discrete-time nonlinear systems with stochastic disturbances[J]. IEEE Transactions on Neural Networks and Learning Systems, 2018(99): 1-12.

[71] Baumeister T, Brunton S L, Nathan Kutz J. Deep learning and model predictive control for self-tuning mode-locked lasers[J]. Journal of the Optical Society of America B, 2018, 35(3): 617-626.

[72] Yoo J, Molin A, Jafarian M, et al. Event-triggered model predictive control with machine learning for compensation of model uncertainties[C]//2017 IEEE 56th Annual Conference on Decision and Control (CDC), Melbourne, 2017: 5463-5468.

[73] Negenborn R R, de Schutter B, Wiering M A, et al. Learning-based model predictive control for Markov decision processes[J]. IFAC Proceedings Volumes, 2005, 38(1): 354-359.

[74] Shang C, You F. A data-driven robust optimization approach to scenario-based stochastic model predictive control[J]. Journal of Process Control, 2019, 75: 24-39.

[75] Keerthi S S, Gilbert E G. Optimal infinite-horizon feedback laws for a general class of constrained discrete-time systems: Stability and moving horizon approximations[J]. Journal of Optimization Theory and Applications, 1988, 57(2): 265-293.

[76] Michalska H, Mayne D Q. Robust receding horizon control of constrained nonlinear systems[J]. IEEE Transactions on Automatic Control, 1993, 38(11): 1623-1633.

[77] Chen W H, Ballance D J, O'reilly J. Optimisation of attraction domains of nonlinear MPC via LMI methods[A]. Proceedings of the American Control Conference, Arlington, 2001: 3067-3072.

[78] Chen W H, Hu X B. Model predictive control of linear systems with nonlinear terminal control [J]. International Journal of Robust and Nonlinear Control, 2004, 14(4): 327-339.

[79] Cannon M, Deshmukh V, Kouvaritakis B. Nonlinear model predictive control with polytopic invariant sets [J]. Automatica, 2003, 39(8): 1487-1494.

[80] Kothare M V, Balakrishnan V, Morari M. Robust constrained model predictive control using linear matrix inequalities[J]. Automatica, 1996, 32 (10): 1361-1379.

[81] Su Y X, Wang Q L, Sun C Y. Self-triggered robust model predictive control for nonlinear systems with bounded disturbances[J]. IET Control Theory and Applications, 2019, 13(9): 1336-1343.

[82] Diehl M, Amrit R, Rawlings J B. A Lyapunov function for economic optimizing model predictive control[J]. IEEE Transactions on Automatic Control, 2011, 56(3): 703-707.

[83] Angeli D, Amrit R, Rawlings J B. On average performance and stability of economic model predictive control[J]. IEEE Transactions on Automatic Control, 2012, 57(7): 1615-1626.

[84] Wu Z, Durand H, Christofides P. Safeness index-based economic model predictive control of stochastic nonlinear systems[J]. Mathematics, 2018, 6(5): 69.

[85] de Oliveira Kothare S L, Morari M. Contractive model predictive control for constrained nonlinear systems[J]. IEEE Transactions on Automatic Control, 2000, 45(6): 1053-1071.

[86] 刘吉臻，胡勇，曾德良，等. 智能发电厂的架构及特征[J]. 中国电机工程学报，2017，37(22): 6463-6470.

[87] 刘吉臻，王庆华，房方，等. 数据驱动下的智能发电系统应用架构及关键技术[J]. 中国电机工程学报, 2019, 39(12): 3578-3586.

[88] Åström K J, Eklund K. A simplified nonlinear model of a drum boiler-turbine unit[J]. International Journal of Control, 1972, 16 (1): 145-169.

[89] Bell R D, Åström K J. Dynamic models for boiler-turbine-alternator units: Data logs and parameter estimation for a 160MW unit[A]. Institutionen for reglerteknik, Lunds tekniska hogskola, 1987: 3162-3192.

[90] Åström K J, Bell R D. Drum boiler dynamics[J]. Automatica, 2000, 36(3): 363-378.

[91] Pellegrinetti G, Bentsman J. Nonlinear control oriented boiler modeling—a benchmark problem for controller design[J]. IEEE Transactions on Control Systems Technology, 1996, 4(1): 57-64.

[92] Irwin G, Brown M, Hogg B, et al. Neural network modelling of a 200 MW boiler system[J]. IEE Proceedings-Control Theory and Applications, 1995, 142(6): 529-536.

[93] 闫姝, 曾德良, 刘吉臻, 等. 直流炉机组简化非线性模型及仿真应用[J]. 中国电机工程学报, 2012, 32(11): 126-134.

[94] Fan H, Zhang Y F, Su Z G, et al. A dynamic mathematical model of an ultra-supercritical coal fired once-through boiler-turbine unit[J]. Applied Energy, 2017(189): 654-666.

[95] Liu X J, Kong X B, Hou G L, et al. Modeling of a 1000 MW power plant ultra super-critical boiler system using fuzzy-neural network methods[J]. Energy Conversion and Management, 2013, 65(1): 518-527.

[96] Liu X J, Zhang H, Niu Y G, et al. Modeling of an ultra-supercritical boiler-turbine system with stacked denoising auto-encoder and long short-term memory network[J]. Information Science, 2020, 525: 134-152.

[97] Lee K Y, Barr R O. Sampled-data optimization in distributed parameter system[J]. IEEE Transactions on Automatic Control, 1972, 17(6): 806-809.

[98] Taylor C W, Lee K Y, Dave D P. Automatic generation control analysis with governor deadband effects[J]. IEEE Transactions on Power Apparatus and Systems, 1979, 98(6): 2030-2036.

[99] Park Y M, Lee K Y, Youn L T O. New analytical approach for long-term generation expansion planning based on maximum principle and Gaussian distribution function[J]. IEEE Transaction on Power Apparatus and Systems, 1985, 104(2): 390-398.

[100] Ku C C, Lee K Y. Diagonal recurrent neural networks for dynamic systems control[J]. IEEE Transactions on Neural Networks, 1995, 6(1): 144-156.

[101] Park Y M, Moon U C, Lee K Y. A self-organizing fuzzy logic controller for dynamic systems using fuzzy auto-regressive moving average (FARMA) model[J]. IEEE Transactions on Fuzzy Systems, 1995, 3(1): 75-82.

[102] Dimeo R, Lee K Y. Boiler-turbine control system design using a genetic algorithm[J]. IEEE Transactions on Energy Conversion, 1995, 10(4): 752-759.

[103] Ben-Abdennour A, Lee K Y. A decentralized controller design for a power plant using robust local controllers and functional mapping[J]. IEEE Transactions on Energy Conversion, 1996, 11(2): 394-400.

[104] Ku C C, Lee K Y, Edwards R M. Improved nuclear reactor temperature control using diagonal recurrent neural networks[J]. IEEE Transactions on Nuclear Science, 1992, 39(6): 2298-2309.

[105] Heo J S, Lee K Y. A multi-agent system-based reference governor for multiobjective power plant operation[J]. IEEE Transactions on Energy Conversion, 2008, 23(4): 1082-1092.

[106] Garduno-Ramirez R, Lee K Y. Wide-range operation of a power unit via feedforward fuzzy control[J]. IEEE Transactions on Energy Conversion, 2000, 15(4): 421-426.

[107] Moon U C, Lee K Y. An adaptive dynamic matrix control with fuzzy-interpolated step-response model for a drum-type boiler-turbine system[J]. IEEE Transactions on Energy Conversion, 2011, 26(2): 393-401.

[108] Flynn D. Thermal Power Plant Simulation and Control[M]. London: IET Digital Library, 2003.

[109] Hogg B W, El-Rabaie N M. Multivariable generalized predictive control of a boiler system[J]. IEEE Transactions on Energy Conversion, 1991, 6(2): 282-288.

[110] Prasad G, Swidenbank E, Hogg B W. A local model networks based multivariable long-range predictive control strategy for thermal power plants[J]. Automatica, 1998, 34(10): 1195-1204.

[111] Prasad G, Irwin G W, Swidenbank E, et al. A hierarchical physical model-based approach to predictive control of a thermal power plant for efficient plant-wide disturbance rejection[J]. Transactions of Institute of Measurement and Control, 2002, 24(2): 107-128.

[112] Liu X J, Chan C W. Neuro-fuzzy generalized predictive control of boiler steam temperature [J]. IEEE Transactions on Energy Conversion, 2006, 21(4): 900-908.

[113] Liu X J, Guan P, Chan C W. Nonlinear multivariable power plant coordinate control by constrained predictive scheme[J]. IEEE Transactions on Control Systems Technology, 2010, 18(5): 1116-1125.

[114] Liu X J, Kong X B. Nonlinear fuzzy model predictive iterative learning control for drum-type boiler-turbine system[J]. Journal of Process Control, 2013, 23(8): 1023-1040.

[115] Kong X B, Liu X J, Lee K Y. Nonlinear multivariable hierarchical model predictive control for boiler-turbine system[J]. Energy, 2015, 93: 309-322.

[116] Liu X J, Cui J H. Economic model predictive control of boiler-turbine system[J]. Journal of Process Control, 2018, 66: 59-67.

[117] Liu X J, Cui J H. Fuzzy economic model predictive control for thermal power plant[J]. IET Control Theory and Application, 2019, 13(8): 1113-1120.

[118] Cui J H, Chai T Y, Liu X J. Deep-neural-network-based economic model predictive control for ultra-supercritical power plant[J]. IEEE Transactions on Industrial Informatics, 2020, 16(9): 5905-5913.

[119] Liu X J, Kong X B. Nonlinear model predictive control for DFIG-based wind power generation[J]. IEEE Transactions on Automation Science and Engineering, 2014, 4: 1046-1055.

[120] Wu X, Shen J, Li Y G, et al. Hierarchical optimization of boiler-turbine unit using fuzzy stable model predictive control[J]. Control Engineering Practice, 2014, 30(9): 112-123.

[121] Sun L, Hua Q, Shen J, et al. Multi-objective optimization for advanced superheater steam temperature control in a 300 MW power plant[J]. Applied Energy, 2017, 208: 592-660.

[122] Scattolini R. Architectures for distributed and hierarchical model predictive control-A review[J]. Journal of Process Control, 2009, 19(5): 723-731.

[123] Kouvaritakis B, Cannon M. Nonlinear Predictive Control Theory and Practice[M]. London: The Institution of Engineering and Technology, 2008.

[124] Scokaert P O M, Mayne D Q, Rawlings J B. Suboptimal model predictive control (feasibility implies stability)[J]. IEEE Transactions on Automatic Control, 1999, 44(3): 648-654.

[125] Keerthi S S, Gilbert E G. Optimal infinite horizon feedback laws for a general class of constrained discrete time systems: Stability and moving-horizon approximations[J]. Journal of Optimization Theory and Applications, 1988, 57(2): 265-293.

[126] Powell M J D. A fast algorithm for nonlinearly constrained optimization calculations[J]. Mathematical Programming, 1978, 45(3): 547-566.

[127] Mayne D, Polak E, Voreadis A. A cut-map algorithm for design problems with parameter tolerances[J]. IEEE Transactions on Circuits & Systems , 1982, 29(1): 35-45.

[128] Panier E R, Tits A L. A superlinearly convergent feasible method for the solution of inequality constrained optimization problems[J]. Siam Journal on Control & Optimization, 1987, 25(4): 934-950.

[129] Fletcher R, Leyffer S, Toint P L. On the global convergence of a trust-region SQP-filter algorithm[J]. SIAM Journal on Optimization, 2002, 13(3): 44-59.

[130] Aarts E, Korst J. Simulated Annealing and Boltzmann Machines[M]. New York: John Wiley & Sons, 1989.

[131] Aggelogiannaki E, Sarimveis H. A simulated annealing algorithm for prioritized multiobjective optimization—implementation in an adaptive model predictive control configuration[J]. IEEE Transactions on Systems, Man, and Cybernetics. Part B, Cybernetics, 2007, 37(4): 902-915.

[132] 曾科, 何小阳, 刘红艳, 等. 基于 B-P 神经网络的非线性预测控制[J]. 控制工程, 2006, 13(4): 348-350.

[133] 付秋峰, 肖军, 李书臣, 等. 基于微粒群优化和模拟退火的约束广义预测控制算法[J]. 石油化工高等学校学报, 2010(2): 91-94.

[134] 杨建军, 刘民, 吴澄. 基于遗传算法的非线性模型预测控制方法[J]. 控制与决策, 2003, 18(2): 141-144.

[135] Saez D, Milla F, Vargas L S. Fuzzy predictive supervisory control based on genetic algorithms for gas turbines of combined cycle power plants[J]. IEEE Transactions on Energy Conversion, 2007, 22(3): 689-696.

[136] Nguang S K. GA-based nonlinear predictive switching control for a boiler-turbine system[J]. Journal of Control Theory & Applications, 2012(1): 102-108.

[137] Molina D, Lu C, Sherman V, et al. Model predictive and genetic algorithm-based optimization of residential temperature control in the presence of time-varying electricity prices[J]. IEEE Transactions on Industry Applications, 2013, 49(3): 1137-1145.

[138] Lucas L, Alain S, Omar A C, et al. Tuning a model predictive controller for doubly fed induction generator employing a constrained genetic algorithm[J]. IET Electric Power Applications, 2019, 13(6): 819-826.

[139] Bououden S, Chadli M, Karimi H R, et al. An ant colony optimization-based fuzzy predictive control approach for nonlinear processes[J]. Information Sciences, 2015, 299: 143-158.

[140] Dentler J, Rosalie M, Danoy G, et al. Collision avoidance effects on the mobility of a UAV swarm using chaotic ant colony with model predictive control[J]. Journal of Intelligent and Robotic Systems, 2019, 93(1): 227-243.

[141] Nobahari H, Nasrollahi S. A non-linear estimation and model predictive control algorithm based on ant colony optimization[J]. Transactions of the Institute of Measurement and Control, 2019, 41(4): 1123-1138.

[142] 龙文, 梁昔明, 龙祖强, 等. 基于蚁群算法和 LSSVM 的锅炉燃烧优化预测控制[J]. 电力自动化设备, 2011, 31(11): 89-93.

[143] Kennedy J, Eberhart R. A discrete binary version of the particle swarm optimization algorithm[C]. Proceedings of the 1997 Conference on Systems, Man, and Cybernetics, 1997: 4104-4109.

[144] Yoshida H, Kawata K, Fukuyama Y, et al. A particle swarm optimization for reactive power and voltage control considering voltage security assessment[J]. IEEE Transactions on Power Systems, 2000, 15(4): 1232-1239.

[145] Angeline P. Using selection to improve particle swarm optimization[C]. Proceedings of IEEE

International Conference on Evolutionary Computation, Anchorage, 1998.
[146] Miranda V, Fonseca N. EPSO—Best of two world of meta-heuristic applied to power system problems[C]. Proceedings of the 2002 Congress of Evolutionary Computation, Honolulu, 2002.
[147] Xu F, Chen H, Gong X, et al. Fast nonlinear model predictive control on FPGA using particle swarm optimization[J]. IEEE Transactions on Industrial Electronics, 2016, 63(1): 310-321.
[148] Smoczek J, Szpytko J. Particle swarm optimization-based multivariable generalized predictive control for an overhead crane[J]. IEEE-ASME Transactions on Mechatronics, 2017, 22(1): 258-268.
[149] Song Y, Chen Z Q, Yuan Z Z, et al. New chaotic PSO-based neural network predictive control for nonlinear process[J]. IEEE Transactions on Neural Networks, 2007, 18(2): 595-601.
[150] 胡跃明. 非线性控制系统理论与应用[M]. 2 版. 北京：国防工业出版社, 2005.
[151] Zheng A. A computationally efficient nonlinear model predictive control algorithm[A]. Proceedings of American Control Conference, Albuquerque, 1997: 1623-1627.
[152] Kurtz M J, Zhu G Y, Henson M A. Constrained output feedback control of a multivariable polymerization reactor[J]. IEEE Transactions on Control Systems Technology, 2000, 8(1): 87-97.
[153] Henson M A, Seborg D E . Input-output linearization of general nonlinear processes[J]. Aiche Journal, 1990, 36(11): 1753-1757.
[154] Wang L P. Model Predictive Control System Design and Implementation using MATLAB[M]. New York: Springer, 2009.
[155] Global Wind Energy Council. GWEC global wind report 2018[R]. http://mp.ofweek.com/windpower/a845673725866[2019-04-08].
[156] 孔小兵, 刘向杰. 双馈风力发电机非线性模型预测控制[J]. 自动化学报, 2013, 39(5): 636-643.
[157] Pannocchia G, Rawlings J B, Wright S J. Fast large-scale model predictive control by partial enumeration[J]. Automatica, 2007, 43(5): 852-860.
[158] Wang Y, Boyd S. Fast model predictive control using online optimization[J]. IEEE Transactions on Control Systems Technology, 2010, 18(2): 267-278.
[159] Li S E, Jia Z Z, Li K Q, et al. Fast online computation of a model predictive controller and its application to fuel economy-oriented adaptive cruise control[J]. IEEE Transactions on Intelligent Transportation Systems, 2015, 16(3): 1199-1209.
[160] Fiacchini M, Alvarado I, Limon D, et al. Predictive control of a linear motor for tracking of constant references[A]. The 45th IEEE Conference on Decision & Control, San Diego, 2006: 4526-4531.
[161] Chai S, Wang L P, Rogers E. Model predictive control of a permanent magnet synchronous motor[A]. 37th Annual Conference on IEEE Industrial Electronics Society, Melbourne, 2011: 1928-1933.
[162] 林辉, 王永宾, 计宏. 基于反馈线性化的永磁同步电机模型预测控制[J]. 测控技术, 2011, 30(3): 53-57.
[163] Shi J, Xu J, Sun J, et al. Iterative learning control for time-varying systems subject to variable pass lengths: Application to robot manipulators[J]. IEEE Transactions on Industrial Electronics, 2020, 67 (10): 8629-8637.
[164] Wang Y Q, Zhou D H, Gao F R. Iterative learning model predictive control for multi-phase batch processes[J]. Journal of Process Control, 2008, 18(6): 543-557.
[165] Lee K S, Lee J H, Chin I S, et al. Model predictive control technique combined with iterative learning for batch processes[J]. AIChE Journal, 1999, 45(10): 2175-2187.
[166] Takagi T, Sugeno M. Fuzzy identification of systems and its applications to modeling and control[J]. IEEE Transactions on Systems Man Cybernetics, 1985, 15(1): 116-132.
[167] Huh U, Kim J H. MIMO fuzzy model for boiler-turbine systems[C]. Proceedings of the Fifth IEEE

International Conference on Fuzzy Systems, 1996: 541-547.
[168] Hou G L, Du H, Yang Y, et al. Coordinated control system modelling of ultra-supercritical unit based on a new T-S fuzzy structure[J]. ISA Transactions, 2018, 74: 120-133.
[169] Garduno-ramirez R, Lee K Y. Multiobjective optimal power plant operation through coordinate control with pressure set point scheduling[J]. IEEE Transactions on Energy Conversion, 2001, 16(2): 115-122.
[170] Kothare M, Balakrishnan V, Morari M. Robust constrained model predictive control using linear matrix inequalities[J]. Automatica, 1996, 32(10): 1361-1379.
[171] Poursafar N , Taghirad H D , Haeri M . Model predictive control of non-linear discrete time systems: A linear matrix inequality approach[J]. IET Control Theory & Applications, 2010, 4(10): 1922-1932.
[172] Lin Y D, Sontag E D. A universal formula for stabilization with bounded controls[J]. Systems & Control Letters, 1998, 16 (6): 393-397.
[173] Hinton G E, Salakhutdinov R R. Reducing the dimensionality of data with neural networks[J]. Science, 2006, 313( 5786): 504-507.
[174] 濮继龙. 大亚湾核电站运行教程[M]. 北京: 原子能出版社, 1999: 79-85.
[175] Kothare M V, Mettler B, Morari M, et al. Level control in the steam generator of a nuclear power plant[J]. IEEE Transactions on Control Systems Technology, 2000, 8(1): 55-69.
[176] Choi J I. Nonlinear digital computer control for the steam generator system in a pressurized water reactor plant[D]. Cambridge: Massachusetts Institute of Technology, 1987.
[177] Irving E, Miossec C, Tassart J. Toward efficient full automatic operation of the PWR steam generator with water level adaptive control[C]. Bournemouth, UK: 2nd Int. Conf. Boiler Dynamics and Control in Nuclear Power Stations,1979: 309-329.
[178] 杨柳. 压水堆核电站蒸汽发生器水位先进控制系统设计研究[D]. 上海：上海交通大学, 2008.
[179] Yang W L, Feng G, Zhang T J. Quasi-min-max fuzzy model predictive control of direct methanol fuel cells[J]. Fuzzy Sets and Systems, 2014, 248: 39-60.
[180] Li D W, Xi Y G, Zheng P Y. Constrained robust feedback model predictive control for uncertain systems with polytopic description[J]. International Journal of Control, 2009, 82(7): 1267-1274.
[181] Tuan H D, Savkin A, Nguyen T N, et al. Decentralised model predictive control with stability constraints and its application in process control[J]. Journal of Process Control, 2015, 26: 73-89.
[182] Munje R K, Patre B M, Londhe P S, et al. Investigation of spatial control strategies for AHWR: A comparative study[J]. IEEE Transactions on Nuclear Science, 2016, 63(2): 1236-1246.
[183] 王诗倩, 王金雨, 启伟, 等. 百万千瓦级压水堆堆芯氙稳定性分析[J]. 核动力工程, 2015, 36(S2): 24-26.
[184] Reddy G D, Bandyopadhyay B, Tiwari A P. Multirate output feedback based sliding mode spatial control for a large PHWR[J]. IEEE Transactions on Nuclear Science, 2007, 54(6): 2677-2686.
[185] 郑毅，李少远. 网络信息模式下分布式系统协调预测控制[J]. 自动化学报，2013, 39(11): 1778-1786.